iHuman

成
为
更
好
的
人

U0190209

[万物]

Peter Moore

The Weather Experiment

The Pioneers who Sought
to See the Future

天气预报

一 部 科 学 探 险 史

[英] 彼得·穆尔———著

张朋亮———译

GUANGXI NORMAL UNIVERSITY PRESS
广西师范大学出版社
·桂林·

天气预报：一部科学探险史
TIANQI YUBAO：YIBU KEXUE TANXIANSHI

The Weather Experiment: The Pioneers Who Sought to See the Future by Peter Moore
Copyright © 2015 by Peter Moore
The Simplified Chinese translation copyright © 2019 by Guangxi Normal University
Press Group Co., Ltd.
All Rights Reserved.
著作权合同登记号桂图登字：20-2016-294 号

图书在版编目（CIP）数据

天气预报：一部科学探险史 / （英）彼得·穆尔
（Peter Moore）著；张朋亮译. —桂林：广西师范
大学出版社，2019.1（2020.3 重印）
（万物）
书名原文：The Weather Experiment：The Pioneers
Who Sought to See the Future
  ISBN 978-7-5495-7691-3

  Ⅰ．①天… Ⅱ．①彼…②张… Ⅲ．①天气预报－
普及读物 Ⅳ．①P45-49

中国版本图书馆 CIP 数据核字（2018）第 208874 号

广西师范大学出版社出版发行

（广西桂林市五里店路 9 号　　邮政编码：541004）
（网址：http://www.bbtpress.com）
出版人：黄轩庄
全国新华书店经销
广西民族印刷包装集团有限公司印刷
（南宁市高新区高新三路 1 号　邮政编码：530007）
开本：845 mm × 1 340 mm　1/32
印张：16.5　　插页：4　　字数：372 千字
2019 年 1 月第 1 版　　2020 年 3 月第 4 次印刷
定价：68.00 元

如发现印装质量问题，影响阅读，请与出版社发行部门联系调换。

所谓愚人，就是一生中从未试着做过实验的人。

伊拉斯谟·达尔文（Erasmus Darwin）

英国医学家、诗人、发明家

只有当我们理解某个事物的时候，我们才算是真正认识它。

约翰·康斯太勃尔（John Constable）

英国风景画家

气象员通过长期的亲身实践与研究，会越来越重视"预报"，并将之作为海上活动的科学依据。

罗伯特·菲茨罗伊（Robert Fitzroy）

英国皇家海军上将

权威推荐

英国气象局局长、英国皇家学会院士　朱利安·哈恩特 (Julian Hunt)

　　真知灼见。

《纽约时报》(*The New York Times*)

　　穆尔是一个杰出的自然科学作家，他对晨露的描述很有诗情画意，让你仿佛和他一起置身于凉爽的夏季清晨，在一片布满白色车轴草的原野上，看着无数的露珠在阳光的照射下熠熠生辉。穆尔的历史故事富于启发，为当今时代提供了丰富的智慧启迪。

《华尔街日报》(*The Wall Street Journal*)

　　巧妙的构思……《天气预报》通过将人们熟悉的和不熟悉的事物进行巧妙穿插，给读者带来源源不断的惊喜。例如，穆尔先生以萨缪·莫尔斯于1844年发明的电报机为切入点，逐步引出了当时如何绘制出有史以来第一幅天气运行图；又以物理学家约翰·丁达尔在1861年发表的一场有关太阳辐射吸收的演讲，指出其竟为后来的温室气体科学奠定了基础。

《泰晤士报》(*The Times*)

一部研究深入、引人入胜的作品……不论是对书中人物的性格冲突，还是对天气本身的宏伟壮丽（包括风暴和沉船、热浪和洪水等，都进行了生动的描绘），穆尔都有着浓厚的研究兴趣。通过将前面几章进行巧妙的串联，以及故事场景在不同大陆之间的切换，穆尔生动地刻画出了具有豪侠气概的舰长、苛刻的官员、吝啬的政客以及疯狂的发明家等人物角色，凭借其敏锐的视角，展现一个个古怪、荒诞、悲惨和天才的故事。全书是对维多利亚时代的（开拓进取精神的）全景式展现……它就像菲茨罗伊所指挥的"小猎犬号"一样，在惊涛骇浪的合恩角砥砺前行。

《泰晤士报文学增刊》(*The Times Literary Supplement*)

（本书是）对19世纪天气科学的一段引人入胜的讲述……《天气预报》并不是第一本讲述菲茨罗伊的故事的书（菲茨罗伊是近年来3本传记文学和1本小说的创作对象），穆尔的成就在于以翔实的生活叙事，加上同时代的一大群背景人物（即"菲茨罗伊的气象学群英"，其中的很多人物都值得专门记述），呈现出一个饱满、鲜活的菲茨罗伊的形象。

《波士顿环球报》(*The Boston Globe*)

一本洋溢着时代精神的新书……（穆尔）是一位很有天赋的作家，语言运用巧妙生动。

《星期日泰晤士报》(*The Sunday Times*)

考证严谨，内容丰富、精彩……既是一本科学史，也是一本文化史，具有获奖的潜质，通篇读之犹如海风拂面，令人耳目一新、赏心悦目。

《星期日邮报》(*Mail on Sunday*)

令人着迷……《天气预报》是一本极具吸引力的著作，讲述了科学观点如何在那个时代艰难地诞生。

《自然史》(*Natural History*)

我认为，通过穆尔的深入研究和精彩讲述，你将为他的豪情和文采折服。

作者注

19世纪，温度是以华氏度（℉）表示的。冰的熔点是32华氏度（0摄氏度），水的沸点是212华氏度（100摄氏度），人体的正常温度是98华氏度（37摄氏度）。在英国和美国，人们使用汞柱高度来表示大气压强。零海拔高度位置的大气压强所对应的汞柱高度只有不到30英寸（1013毫巴）。30.5英寸的汞柱高度就算是高气压了，而29.5英寸的则属于低气压。

我在全书中使用了原始的重量和长度单位，其中大部分都为读者所熟知。读者可能对"英寻"（fathom）感到陌生，其大致相当于6英尺或1.83米。此外，1爱尔兰英里相当于1.27标准英里。

在19世纪30年代，人们采用哥廷根时间（Göttingen Mean Time）作为同时磁力观测活动的标准时间，并在19世纪40年代运用于海洋气象学研究，后来则被格林尼治时间（Greenwich Mean Time）所取代。

目　录

黎明

第一部分　观察

上午

第二部分　争论

中午

第三部分　实验

下午

第四部分　信任

译者序
给自然以秩序

"1703年11月24日下午，置身于风和日丽天气之下的人们不曾想到，英国有史以来最剧烈的大风暴正狼奔豕突般朝英国西海岸涌来。人们对于汹涌而至的风暴毫无防备……"回望历史，诡谲多变的天气给人类带来的苦难是深远而持久的，这不仅表现在它所具有的破坏性威力上，还在于它的未知性给人们带来的精神恐慌和困扰。虽说经历启蒙运动，欧洲人开始以前所未有的勇气和视角来探索和描述这个世界，但在被视为"上帝原野"的天空面前，人们仍然显得渺小而无助，"能做的只有祈祷"。

但还是有那么一群"不甘心"的人，虽然他们的身份迥异，包括航海家、画家、商人、发明家、工程师等，但他们有一个共同的信念，那就是坚信人类可以掌握天气运行的普遍规律，像植物学和物理学那样给这片"上帝原野"建立秩序。

天气现象复杂、宏大、不受控制，对它的研究注定是一项"难于上青天"的苦差事，甚至可以说，要想读懂风霜雨雪这种天书般的语言，只靠聪明才智是远远不够的，更多时候是需要默默坚守、奔走呼号，动员足够多的资源来建立与天气现象等量级的研究机制。他们承受着来自守旧思想和宗教信条的压力，观测、记录、假设、求证……在技术手段相当有限的条件下，一步步揭开谜团，逼近真相。

作者彼得·穆尔（Peter Moore）以充满人文主义的笔调和详实的史料考证，生动讲述了这段风起云涌的天气预报开拓史。它不仅仅是对天气研究过程的简单记录，而是深入每一个相关人物的生活环境和内心世界，深刻挖掘出这些惊人发现背后的执着信念与高尚情怀。这本书在叙事上具有宏大的时空跨度，细致而全面地展现了19世纪西欧和北美国家的社会风貌和开拓精神。同时，书中还包含了许多有趣的气象知识和精美的插图，让我们在感叹大自然神奇伟力的同时，又对那些惊人的气象研究成果肃然起敬。当我们习惯性地把天气预报当成生活的重要参考时，不应忘记，曾经有那么一群人为此苦心孤诣，倾尽一生。让我们跟随彼得·穆尔的独特视角，一起重温这段给自然以秩序的光辉历程。

前　言
跨越时代的气象实验

　　天气预报无处不在。对于一名普通的英国人而言，平均一天里要接触到五六种形式的天气预报，通过电视、报刊、广播等，口口相传。每天早晨，当听到早餐时分天气预报员的声音时，你一定会立即清醒过来；到了晚上，你会在英国广播公司（BBC）第四频道的海洋预报那熟悉的音乐《驶过》（*Sailing By*）中安然入眠。

　　不论通过何种媒介，天气预报都已成为现代生活一个不可或缺的组成部分，人们总能随时得知那变化多端的天气又将向什么方向演变。天气预报员们总是穿着简洁而干练的服装，他们的眼睛炯炯有神。一旦有恶劣天气来临时，他们的话语中总是充满了关怀和同情。得体的措词、干练的西服、优雅的举止以及对气象预警的巧妙传达，这些会让观众认为他们是古典主义的典范。然而，事实并非如此。这些天气预报员们其实是19世纪最大胆的科学实验的产物之一。

　　这样说似乎会让人感到奇怪，因为人们很难去想象，在天气预报尚未出现的时代将会是怎样的情形。例如，1703年11月24日下午，置身于风和日丽天气之下的人们不曾想到，英国有史以来最剧烈的大风暴正在狼奔豕突般朝英国的西海岸涌来。人们对于汹涌而至的风暴毫无防备。最后，大风刮落了教堂屋顶的铅制窗框，风车飞速旋转，以致最终像巨大的转轮烟花一样燃烧起来。牛羊被刮得四散奔逃。哈尔威治港的船只被吹得横跨英国北部海域，一路漂到了瑞典。还有大量船只被吹上了古德温暗沙，预计有2000多艘船被海浪吞没。虽然没有最终明确的伤亡记载，但事后人们预计，在短短的几个小时里，约有1万人因这场风暴遇难。[1]在丹尼尔·笛福（Daniel Defoe）[①]看来，这次大风暴造成的危害远远超过了英国伦敦的大火灾[②]。

笛福知道，新的风暴会随时降临。又过了150多年，也就是到了19世纪60年代，最早的风暴预警和天气预报才开始出现。在时间上的这种延迟恰恰反映出了问题的复杂性：在对天气现象的解读和协调反应上存在巨大难度。而要想完全实现这一雄心壮志，将是对1800～1870年那段时期人力和物力的严峻考验。这群人的背景各异，有航海家、画家、化学家、发明家、天文学家、水道测量专家、商人、数学家和冒险家等。他们创立了基础理论，发明了实验仪器，建立起观测网，并说服政府部门，让它们意识到有义务去采取措施保护民众。本书就是对这一段长达70余年奋斗

---

① 丹尼尔·笛福（1660～1731），英国作家，其代表作为《鲁滨逊漂流记》。——译者注
② 伦敦的大火灾（Great Fire of London），发生于1666年9月2～5日，是英国伦敦历史上最严重的一次火灾，烧掉了许多建筑物，包括圣保罗大教堂，但也终结了自1665年以来爆发的鼠疫问题。（本书脚注，若无特别注明，均为编者注）

历史的记录。书中探讨了他们是如何为现代气象学打下根基，并赋予我们窥见未来天气的能力。

19世纪初，天气仍然是一个神秘的存在。英国海军将领霍雷肖·纳尔逊（Horatio Nelson）站在位于特拉法加角的"胜利号"（the Victory）后甲板上，苦于没有科学的方法来测量风速。当英勇无畏的氢气球飞行员文森佐·卢纳尔迪（Vincenzo Lunardi）乘坐他的氢气球飞上高空时，却无法解释天空为何看起来是蓝色的。作为一位著名的风景画画家，年轻的约瑟夫·马洛德·威廉·透纳（J. M. W. Turner）找不到合适的词汇来描述他所绘的云，他也解释不清云为何能够悬浮在空中。美国的开国元勋托马斯·杰斐逊总统也是一位热情的气象记录者，他的家位于弗吉尼亚州蒙蒂塞洛（Monticello）的高山上，但他不知道地球大气到底向上延伸了多远。英国诗人玛丽·雪莱（Mary Shelley）虽然对维克托·弗兰肯斯坦（Victor Frankenstein）结婚之夜的暴风雨描绘得引人入胜，但她对风暴的本质却缺乏科学的认识，也不知道它是如何运作或是从何而来的。

为了填补这一空白，人们提出了各种理论。有些人认为天气是循环往复的，在某一年的气温变化将会在其他年份中依次重复出现。有些人认为天气是受月球或行星的运行、太阳的脉冲、地球上的大地或天空中的电流等因素控制的。1823年，一个极端的理论家甚至写道："在这纷繁复杂的因果迷宫之中，理性逻辑似乎再无用武之地。"[2]对于大多数人而言，天气是一种神力，是上帝弹奏的背景音乐，用来预示某种变化或惩治罪恶。正如《旧约·诗篇》第19章所宣称的："诸天述说神的荣耀，穹苍传扬他的手段。"人们在大自然面前显得如此渺小而无助，当风暴来临时，基督徒会敲响教堂的钟声，希望以此来祛散恶劣的天气。这些钟往往会受到牧师的祝福。巴黎天文台的台长弗朗索瓦·阿拉果（François Arago）曾经对一则祝福语进行了简单的记录："凡钟声所至，愿其祛除恶灵、旋风、雷霆之灾，愿其祛除飓风和暴风之祸。"[3]

人们能做的只有祈祷。因为天空是上帝的原野，是一个独立的所在，是神圣天国与罪恶尘世之间一道无法逾越的鸿沟。很多人都把这片空间称为"天国"，它包罗万象，容纳着云朵、彩虹、流星和恒星。这种模糊而充满敬畏的词汇恰恰是对变化无常、如水银般明净的天空的最佳称谓：它看上去近在咫尺，却又遥不可及。

而天气观测者们却没有足够丰富的语言来对天空进行科学的描述。1703 年，伍斯特郡的一位天气日志记录者曾写道："我们的语言在描述我对天气的各种观察时显得如此贫乏和空洞，为了寻找恰当的词汇和比喻来描述我的想法，真是让人绞尽脑汁。"经过一番尝试，他如此描述天上的景象：

> 那些膨胀、迟滞，像涂了漆一样的云，臃肿而低垂。我可以如此描述它们：就像是飘在天上的房子或奶牛乳房一样的云；它们呈铅灰色，覆盖和占据了整个可见的天穹，像水蒸气，像高高的湿壁画屋顶，又像带有大理石矿脉的岩穴。[4]

通过这种尝试，作者希望给自然以秩序，而这种努力恰恰预示着即将到来的这个时代。催化时期发生在 1735 年，这一年卡尔·林奈（Carl Linnaeus）发表了他的作品《自然系统》（Systema Naturae）。该书为那些后来被吉尔伯特·怀特（Gilbert White）称为

"观察绅士"的人提供了一种简便的方法，将各种自然事物进行分类。林奈的这一作品渐渐衍生成一种启蒙思想，人们开始对世间万物，包括植物、动物、岩石、疾病等进行研究和分类，为它们赋予条理化的拉丁名称，使其变得易于识别。

但当时天空不在人们的研究范畴之内。即使在伍斯特郡那位因气象语言的"贫乏和空洞"而苦恼的天气日志记录者之后100年，仍然没有一套固定的术语来描述天气的变化过程。

作为大自然的一部分，天空成为人们最难划分的对象：它就像是神秘而混沌的世界里的废墟，一直延续到牛顿时期和技术革命。少数分散在各地、坚持对气温和气压进行观测和记录的研究者们，如蒙蒂塞洛的托马斯·杰斐逊、赛尔伯恩的吉尔伯特·怀特等，缺少的不仅仅是标准的科学用语，同时也缺乏一个用来分享其研究成果的端口或平台。每个人所在的地域范围都是有限的，他们只能看到各自方圆10~20英里以内的天空，只能对各自地区的天气特征有所了解，却对宏观的天气形势缺乏总体认识。他们对锋面、气旋、积云、温度垂直递减率、辐射流等概念一无所知。

直到1800年，这一情况才有所改变。在科学界，"大气"（atmosphere）这个词语的使用频率越来越高。该词属于希腊语的复合词，表示的是四周的水汽。这种语言学上的转变也反映了科学界立场的一种变化。与天堂不同，大气和人的心脏、植物的花冠、砂砾岩一样，需要进行理性的分析。亨利·卡文迪许（Henry Cavendish）、约瑟夫·普里斯特利（Joseph Priestley）和卢瑟福（D. Rutherford）分别发现了空气的主要成分——氢气、氧气和氮气，这使得人们对四周漂浮的空气有了更深入的认识。诗人和哲学家们开始将空气的流动想象成天空中的河流：流淌的风、排山倒海的云、奔涌的水汽。这是一片全新的天地，就像非洲的沙漠、亚洲的群峦，等待着人们去探索，它激发了人们无穷的想象。

卢克·霍华德（Luke Howard）因其在19世纪初期对云的研究而举世闻名，在他的一篇颇具感召力的文章中，我们可以感受到那个时代的精神风貌：

> 天空也是风景的一部分：我们生活在空气的海洋里，云是其中的大陆和岛屿，变化多端、永不停息的风是海上的浪潮，这是我们整个地球必要的组成部分。在这里，万钧雷霆得以进发、瓢泼大雨得以凝结（在夏天甚至还能形成冰雹）。在这里，由巨大石块或金属构成的陨石偶尔会从天而降，任何一个热情的博物学家，都不会对这些熟视无睹或觉得平淡无奇。[5]

人们开始以全新的视角看待天空。1802年，霍华德发表了《论云的形变》（*Essay On the Modifications of Clouds*），首次以科学的名称给云命名。若干年后，弗朗西斯·蒲福（Francis Beaufort）提出了量化风级的观点。1823年，约翰·弗雷德里克·丹尼尔（John Frederic Daniell）的《气象学随笔》（*Meteorological Essays*）问世，再次引发人们对这一学科的研究兴趣。到19世纪30年代，气象相关的文章和报告见诸各种科学杂志，各种气象学会和天气观测者网络也纷纷建立。人们开始以前所未有的方式研究大气现象。他们在家里、海上、山顶和热气球上采集大气数据。对于牛津大学基督教堂学院的大学生约翰·拉斯金（John Ruskin）来说，气象学再也不是冷门学科了，

它俨然已经成为"初生的赫拉克勒斯^①","成为一切美好的化身"。⁶

更多成就随之而来：出现了第一份天气图和最早的天气报告，人们对露水、雪花、冰雹和风暴也有了新的认识。随着知识的不断积累，人们面临着如何对这些知识进行运用的问题。气象学家们能否像牛顿发现万有引力那样，提出气象学的普遍规律——控制天气变化的规律呢？他们能否将所学到的知识付诸实际应用？约翰·拉斯金在他的《论气象学现状》一文中发出了这样的宣言：

> （气象学家们）需要对全球的风暴进行追踪，指出其发生的地点，预告其衰退时间。当黑夜随着地球公转变得越来越长时，他们要对地球的各个时刻进行记录，感受海洋的脉动，探寻洋流的路径和变化，对神秘且不可见的影响的力度、方向和持续时间进行测量，对农作物的播种和收获、寒来暑往、日出日落等循环往复的时间规律进行厘清，直到我们对世上的一切都了如指掌。⁷

但在科学研究上，必然会遇见一个矛盾，那就是：如果天气是大自然变幻莫测的一面，那么跨越海洋和陆地，对天气变化进行追踪和精确记录将成为一项极其艰难的工作。而对天气进行预测也将变得遥不可及。1854年，英国下议院的一位议员在会上说，

---

① 赫拉克勒斯是希腊神话中的大力神，主神宙斯之子。赫拉克勒斯在出生前，宙斯曾向诸神预言说，他的这个儿子前途无量，将来大有作为。——译者注

过不了多久，人们将能预知伦敦24小时之后的天气，但所有议员听完后却哄堂大笑。

1861年，英国第一份全国性天气预报正式发布，当时人们采用了一个新词：（天气）"预报"（forecast）。但即便在当时，这项工作也是困难重重。就在此时的两年前，查尔斯·达尔文发表了他的《物种起源》，使当时的教堂顿时陷入了生存危机中。如果说进化论是对过去的解读，那么这种气象预测则将是对未来的揭示。

或许是历史的巧合，作出这些天气预报的幕后英雄——罗伯特·菲茨罗伊，正是30年前达尔文进行著名的远洋航行时乘坐的"小猎犬号"（the Beagle）的船长。如今，达尔文的故事变得家喻户晓，他本应成为一个教区牧师，却成长为一个革命性的进化论理论家。然而，我们对菲茨罗伊却不那么熟悉。他曾是英国皇家海军中的明星，接受过良好的英国上层教育，是人道主义事业的坚定拥护者，而当他在19世纪50年代踏上天气考察工作的道路后，他的人生道路开始变得前途未卜。

菲茨罗伊的性格复杂而矛盾，充满了豪情壮志，但如今人们对他的印象仅仅停留在他曾是达尔文乘坐航船的船长之上。实际上，他做出了很多光辉事迹。他早期曾探访过火地岛，后来在英国政府任职，全心投入天气研究。在同时代的人中，菲茨罗伊是一个佼佼者。他眼界开阔、品德高尚，迫切地想通过自己的研究造福世人。他的这种立场得到社会大众的欢迎，同时也给他四处树敌，被指责为"鲁莽、狂妄和盲目自大"。

菲茨罗伊相信，他是在顺应时代的发展。到19世纪50年代，气象学家不再是受到孤立的群体。他们建立起越来越多的联系网，通过一项令人眼花缭乱的新技术——电报来分享观测数据。一个世纪前，电报还被认为是一种没有实际用途的玩意儿，而到19世纪60年代，电报从最初的光学器械逐步发展，最终实现了完全的电气化。正是这种发明使天气预报成为可能。

电报的发明、气象理论的发展，以及这些进步背后坚持不懈的人物——弗朗西斯·蒲福、约翰·康斯太勃尔（John Constable）、威廉·雷德菲尔德（William C. Redfield）、詹姆斯·埃斯皮（James P. Espy）、威廉·里德（William Reid）、詹姆斯·格莱舍（James Glaisher）、伊莱亚斯·罗密士（Elias Loomis）等，他们形成了强大的合力。他们前赴后继，致力于完成一项跨越时代的实验：证明地球大气不是混乱而不可捉摸的，相反，人们可以研究它、理解它，并且最终对它进行预测。如同一项科学实验，本书所讲的这个故事也被划分为几个阶段：观察、争论、实验和最为重要的——让人信服。

这一行动像春风一般，拂过万水千山。它从爱尔兰和英国中部刮到萨福克河谷，从纽约市刮到南美洲最南端的火地岛。不论是在霜华满地的冬日黎明，还是在沾满晨露的潮湿草甸，不论是在晚霞映天的夏日傍晚，还是在跨越大西洋的飓风刮过之后的一片狼藉当中，那些坚持探索的人越来越相信，他们有能力找到这一切背后的真理。

黎　明

时间是一个夏天的夜晚，天快要亮了。此时，天气凉爽、晴朗、无风。夜空中繁星璀璨。

在数个小时里，草甸上的温度一路走低。大地正在向空气中释放红外辐射。由于没有太阳光来补充热量，地表的温度一直在下降：21℃、18℃、16℃。随着地面温度的下降，每一片草叶都在丧失其储存的热量。草甸上遍布着白色的车轴草、黄花茅、矛蓟、大看麦娘以及蒲公英等，根据植物的尺寸、表面积和不同的辐射能力，热量以不同的速率从不同的植物上流出。

草甸上方的空气十分潮湿，过去的几天里曾经下过几场大雨。空气裹挟着这些水汽，当温度下降时，空气的相对湿度就会增加。空气的湿度很快就达到饱和。温度已经降到了最低点：露点。从这时起，水汽开始凝结。如果温度降得足够低，将会产生晨雾，不过这天的温度不算太低，而且也没有什么风，空气中的微粒无法聚合。因此，水珠开始慢慢地出现在叶片上，最初很难察觉。随着时间的流逝，这些水珠逐渐增大。不久，它们变成了肉眼可见的小液滴，附着在每个叶片的尖端和茎秆上。

当太阳冒出地平线，清晨的第一缕阳光洒向草甸。从远处看，整个草甸似乎披上了一件银装。但这只是我们眼睛看到的一种聚合效果，是经过无数露珠的反射而呈现出来的。

露水并不能像雨水那样滋润草叶，相反，它是通过植物微小的绒毛和枝茎薄膜逃逸出来的。它在清晨的阳光下起到了透镜的作用，像珍珠项链一样挂在草叶上熠熠生辉。如果你用一只眼睛观察露珠，并通过移动来改变阳光的入射角度，你会看到它折射的光线：蓝色、绿色、黄色、橙色、红色，就像一条微型彩虹。

清晨漫步在结满露水的草地上，你会发现另一个效应。在早晨阳光的照耀下，你的影子会拖得很长。你的影子的头部会有一轮耀眼的白光，像光环一样。这被称作"露面宝光"（heiligenschein），德语中指的是"神圣的光"。这种现象是由晨露引起的。每一颗小露珠都会将阳光汇聚到它下面的植物上，就像人眼将光线汇聚到视网膜上一样。

经过汇聚的光线又通过水珠反射进我们的眼睛。我们本应看到绿色的反射光，但由于反射光过于强烈，我们眼睛所看到的将是一轮白色的光晕，在夏日清晨那金灿灿的阳光下闪烁着光辉。

第一部分

观　察

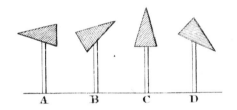

理查德·洛弗尔·埃奇沃思设计的电报，1830年。①

第1章

空中传书
Writing in the Air

光电报计划

1804年春天一个微风习习的早晨，还有一刻钟就8点了，爱尔兰电报通信队的弗朗西斯·蒲福此时正沿着克罗根山（Croghan Hill）宽广的山坡向上急速行进，他的民兵队员们紧紧跟在后面。到达指定地点后，他立即着手开展工作。他把"至少9盎司（约255克）"的烟草叶塞入一根铅管中，然后点燃一根火柴并与烟草叶接触。火焰燃烧起来了，一缕青烟在早晨的空气中袅袅升起。没过多久，蒲福和他的队员们就被一股浓烈且带有泥土气味的烟草香气所笼罩。两天后，蒲福在写给妹妹范妮的一封信中骄傲地宣称，他的火焰"让战壕与山顶之间的那片凹地看起来就像喷发中的维苏威火山口一样"。[1]

蒲福身材矮小，身高不足5英尺（约152厘米）。和往常的早晨一样，他的队员们往往能够瞥见他手臂上留下的军刀伤痕，无声地讲述着他在海军服役时所经历的那段惊涛骇浪般的日子。克罗根山位于爱尔兰中部地区，毗邻艾伦沼泽（the Bog of Allen）。现在他们可以在这座鲸背一样的小山上休息片刻，望着浓烟慢慢升起。这是既定计划的一部分，蒲福以自己的方式发出信号，向驻守在9英里外基尔雷尼（Kilrainey）地区一个小村庄的首席报务员理查德·洛弗尔·埃奇沃思（Richard Lovell Edgeworth）报告他们的位置。

蒲福这天早上起晚了，由于担心错过向埃奇沃思的发报，他一路攀爬只用了15分钟就到达山顶。在写给范妮的信中，他说自己在攀爬过程中差点弄断了自己的脖子。虽然他的家书中充满了感叹号，而且话题经常会在一连串的破折号中跳来跳去，但他的妹妹大致能够想象出他所描述的情形，因为他总是精力充沛得像个孩子一样。

不过，这只是蒲福不为人知的一面，他只有在少数至亲面前才会表现得如此活力四射。表面上看他是一个务实的人，谨小慎微，一丝不苟，这也使他在皇家海军服役的10年里有着出色的表现。如今他到这里指导建设爱尔兰的首条光学电报联络线。这个设想源于蒲福的妹夫理查德·洛弗尔·埃奇沃思。这条联络线由一连串的山头联络站组成，每个联络站上都矗立着一根15英尺（约4.6米）高的柱子，在柱子的顶端固定着一个巨大的等腰三角形，它可以像钟表的指针一样自由旋转，指向竖直8个方向中的任意一个方向。三角形的旋转方式对应着一个特殊的字母表，这个字母表是由埃奇沃思发明的，每个联络站通过模仿上一级站点的旋转动作，就可以使单词和短语沿着这条联络线传递下去。

　　这是一个激动人心的方案，他们计划用一系列联络站把爱尔兰东海岸的都柏林与西边的戈尔韦郡（Galway）连起来。如果机器发挥作用（埃奇沃思对此坚信不疑），几分钟内就可以完成两地间的信息传递——这是多么大胆的想法。在过去的6个月里，蒲福带领着他的民兵队员四处奔走：寻找原材料，建造警卫室和联络站，培训联络员识读电报密码等。从上一年冬天直到1804年春天，他们坚持不懈，最终使一座座联络站拔地而起，而在普通人眼里，这些站点就像一个个小型风车。

　　虽然任务艰巨，但是蒲福喜欢待在户外。这天早晨在克罗根山上，看着熊熊燃烧的火焰，以及那些又冷又累的队员，他决定欣赏一下四周的风景。他让队员们就地解散，独自一人留在山顶上。蒲福早就学会了分析大气条件，观察风云变幻。现在他极目远望，欣赏着爱尔兰最迷人的风景。曾经有很多人慕名登上克罗根山的山顶去眺望四周的远景，而在这个春天的早晨，他的家乡的地形宛如一幅微型画，在他脚下铺陈开来。他的东边是威克洛山脉（Wicklow Mountains），在遥远的地平线上绵延起伏。近处则是深褐色的沼泽地，在熹微的晨光下泛着柔美的光泽，这里是一片贫瘠的泽国，几乎没有树木，对于在其中徒步跋涉的人来说尤为艰险。北方不断变幻的天空倒映在恩纳尔湖（Lough Ennell）那浅浅的湖面上。传说，在一个世纪前，乔纳森·斯威夫特（Jonathan Swift）就是根据这里构思出了《格列佛游记》中的小人国利立浦特（Lilliput）。

在给妹妹范妮的信中，蒲福写道：

> 这里的景象让人叹为观止……一切都那么真实。让人恐慌的高度，那静谧、沉寂而朦胧的世界给人一种恐怖的壮美，我感觉自己置身于整个世界的上空，我的头顶是皎洁的明月和流水般的云彩（我几乎和它们融为一体）。这一切让我思绪万千，流连忘返。[2]

蒲福的信中洋溢着他那个年纪所特有的语言和激情。他在描述这些景象时更像一个浪漫主义诗人而非军人。他的眼睛沉浸在四周的"皎洁"和一种（自相矛盾式的）"恐怖的壮美"之中。这种瞬息万变、风起云涌的气象让人头晕目眩、神经紧绷，使他迫不及待地想把这种感受告诉他的妹妹。这是一种自然的反应。蒲福在山上享受着身心的洗礼，他被一种超乎想象的气象深深震撼。和与他同时代的人一样——他与诗人罗伯特·骚塞（Robert Southey）、萨缪尔·柯勒律治（Samuel Coleridge）以及威廉·华兹华斯（William Wordsworth）出生年份相近——他对于半个世纪前由埃德蒙·伯克

（Edmund Burke）所建立的哲学也是无比推崇：那种恐怖与极乐强烈融合之下的壮美，以及对心灵的震撼。

埃奇沃思的光学电报机被用来作为爱尔兰防御工事的一部分，时刻警戒着法国西海岸边不断集结的拿破仑大军。光学电报机的一个原型机被送往都柏林的哈德威克（Hardwick）总督那里进行了演示和测试，之后引起巨大轰动。一旦法国军队发动进攻（根据判断很有可能在1804年年初），这台机器可以供政府部门在全国范围内传递情报，甚至可以动员民兵组织进行应对。

在此之前，政府部门只能依赖山头的烽火传递外敌入侵信号——就像蒲福在克罗根山上燃起的信号烟一样。此外，人们也曾尝试过其他一些方法，例如教堂鸣钟、吹号、鸣炮、鸽子送信、敲鼓、挥舞火把等，这些方法虽然也发挥了一定的作用，但只能发送“生或死”、“战或和”等简单的信息，而且每种方法都有其局限性。

在18世纪，书信仍然是远距离传递复杂消息最可靠的方式。但即使是在紧急情况下，最快也只能依靠快马加鞭传递消息。更多时候，邮递员们往往携带着早已过时的消息，在通往各个城市和村镇的道路上踽踽独行。

信息沟通如此迁延，以至于当时的人们对于自己小圈子之外发生的事情几乎一无所知。例如，1779年库克船长 ① 在夏威夷被害的消息，前后花费了11个月的时间才传到英国。10年后的

---

① 全名詹姆斯·库克（James Cook，1728~1779），英国皇家海军军官、航海家、探险家和制图师，他曾三度奉命出海前往太平洋，带领船员成为首批登陆澳大利亚东岸和夏威夷群岛的欧洲人，也创下首次有欧洲船只环绕新西兰航行的纪录。——译者注

1789年7月，当身在诺福克郡（Norfolk）的伍德福德牧师（Parson Woodforde）听到有关巴黎巴士底狱暴动①的消息时，距离事件发生已经过去整整10天了。18世纪，随着英国公路网的不断拓展，英国的通信情况慢慢地有了改变。这些公路网为那些红色、褐色和黑色的四轮邮递马车提供了笔直平坦的路面，它们总是沿着这些大路慢吞吞地向前移动着（天气情况良好的条件下时速为7英里）。但在爱尔兰，由于大路上车辙交错，马道上杂草丛生，乡村小路蜿蜒曲折，交通条件十分恶劣，因此，若在都柏林写一封信寄往戈尔韦郡的话，通常要花一个星期的时间才能送达。

光电报机在法国的出现则预示着通信领域的一场大变革。1794年8月，该装置的一份设计图被从一名德国囚犯的口袋里搜出，这一发明的相关消息传遍了英国社会。各大报纸争相报道，英国舆论界对该发明既感到兴奋，又感到担忧。因为他们的敌人从此掌握了一种可以瞬间跨越数百英里传递信息的机器。光电报机最初是由法国人克劳德·沙普（Claude Chappe）发明的，他是一位聪敏而有主见的工程师，曾经担任过神父职务，是著名的巴黎科学会社（Société Philomatique in Paris）的成员。在法国大革命初期，沙普失去了神父的工作，此后他开始专心于发明创造。在他的几位哥哥的协助下，他构思出了一种发报清楚、传输迅速、保密性好的信息发送机器。通过对原始设计图进行多次完善，他最终确定了自己的设计图，该设计图被当时英国的《社科年鉴》（*Annual*

---

① 18世纪末期，巴士底狱成为控制巴黎的制高点和关押政治犯的监狱。凡是敢反对封建制度的著名人物，大都被囚禁在这里，因而成了法国专制王朝的象征。1789年7月14日，人民攻占了巴士底狱。因此，攻占巴士底狱成了全国革命的信号。

Register）评价为："模仿人体的形态"。沙普设计的电报机有15英尺（约4.6米）高，在一根竖直的柱子两侧分别安装着一只可活动的机械臂。《社科年鉴》解释道："两个距离遥远的人想要互发信号时，只要沙普先生操作他的电报机，巨人的手臂就随之挥舞起来，他的一举一动都能看得十分清楚。"[3]

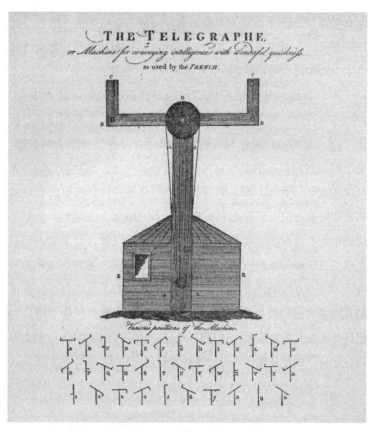

克劳德·沙普设计的电报，1794年。

这些装置被架设在相距20英里（约32千米）的山顶上，从而实现了信息的快速传递。沙普所发明的电报机确实称得上是一大"跨越"。为了向人们展示该发明的巨大潜力，一些有头脑的商人开始在伦敦的各大剧院对电报机的工作原理进行现场演示。英国演员兼作家查尔斯·迪布丁（Charles Dibdin）还据此创作了一首歌谣，歌词唱道：

> 诸位宾朋且勿言笑，听我介绍法国电报；
> 高妙机器天生神力，百里修书少时即递。[4]

这一装置的横空出世迅即打破了人们对速度的固有认识。"电报"（télégraph）一词由希腊语的"tele"（意为"遥远"）和"graph"（意为"书写"）结合而成，字面意义为"远程书写者"，后来逐渐成为速度、效率和保密性的代名词。

在那个年代，如何在不泄露谈话内容的情况下向远方传递消息，一直都是人们奢侈的愿望。

有了这一发明，人们一时脑洞大开：时任英国首相的小威廉·皮特（William Pitt the Younger）或许就可以通过这台机器与英国驻爱尔兰总督在晚上一边喝酒一边聊天、戏谑、斗嘴或密谋，或者可以在自己的书房指挥作战，运筹帷幄之中，决胜千里之外。

自从沙普的首条电报联络线在法国北部建成后，欧洲各地在短短10年里又涌现出一大批式样繁多的改良型设计。有的是在光源上安装遮板，通过制造闪烁来传递信号，也有的是以波动和旋转方式来指示信号。如果埃奇沃思的装置能够像法国的一样发挥作用的话，那么从理论上讲，爱尔兰就能够实现以光速传输加密信息了。这就像一条视觉神经线，必将拓展这个国家的领域宽度。

早期的蒲福

埃奇沃思特地请来了精明能干的弗朗西斯·蒲福作为他整个计划的总监。虽然蒲福时年不过三十，但他的生涯早就充满了传奇色彩。他曾经到过世界最远的海角，曾经从船舶海难中死里逃生，曾经在多次战斗中跟随过乔治国王①，也曾经体会过探险的神奇魅力，这种冒险精神似乎将主导他的一生。对于回到故乡爱尔兰后无所事事的蒲福而言，埃奇沃思的电报计划恰好给了他施展才华的机会，实现他的科学追求和报国雄心。他们都相信，这一电报计划将会带来翻天覆地的改变。他们的配合堪称完美。

弗朗西斯·蒲福从孩童时期就开始崭露头角。他聪明机智，好奇心强，早在18世纪80年代，他就用自己那双稚嫩的泛着古铜色的小手，在好几个笔记本上密密麻麻地写满了各种公式和定理。在他父亲所保存的一本书的扉页，绘有蒲福14岁时的一张素描像。这是在都柏林的一个冬夜用铅笔画成的。他曾经在位于梅克伦堡街的家里躺着一直到深夜，凝视着星空。他被月亮周围那圈美妙的月晕所深深吸引。月晕散发着迷蒙的光。在一片名为"弗朗西斯·蒲福观测手记"的羊皮纸上，他记下了自己当时目睹的情景。

①　当指英国国王乔治三世。

1788年12月12日晚11点左右，我看到了月亮周围有一个光环，光环的宽度相当于月亮（直径）的一半。它有三层，最内侧靠近的一层是淡紫色，中间一层是浅红色，最外面一层是绿黄色。[5]

　　蒲福被这轮月晕震惊了，此前他可能从来没有见过如此景象。为了不让这一难得景象匆匆流逝，他就像一个发现了未知物种的植物学家一样，将其保存起来供将来研究。他匆匆记下观测时间，并在描述中添加了大量细节，从而使这一场景得以保留下来。这就是蒲福的性格。他天生就喜欢捕捉和记录事物。这反映了他在实证研究方面的天赋：观察和分析事物，对事物进行总结提炼，并转化为清晰易懂的形式。

　　蒲福很早就养成了这种思维习惯。另外，他为自己和哥哥威廉发明的一套密码——融合了希腊字母、天文符号和一些卷曲的线条——以便进行秘密交流，谈论一些不雅的或禁忌的话题，比如性和宗教。蒲福知道父亲早晚会发现这一密码，因此他向父亲声明："千万别把我以秘密形式写给哥哥的东西想得太邪恶了，我向您保证，那不过是我们之间开的小玩笑或悄悄话。"[6]

　　蒲福的父亲当然不会生气，因为他自己也曾热衷于这种小把戏。他的父亲丹尼尔·奥古斯都·蒲福（Daniel Augustus Beaufort）神父对蒲福的幼年生活产生了巨大的影响。丹尼尔——被他的朋友们亲切地称为"DAB"①，可不是个一般人。他一生中在很多方面

---

① 　DAB，英语习语中表示"能手""熟手"。——译者注

都取得了巨大成就，其中就包括一幅完美精准的爱尔兰地图。这堪称他的得意之作，但他同时也是一位古典主义学者、一名乡绅、一名建筑师、一个哲学迷和一位八面玲珑的社会人士，他曾经参与组建爱尔兰皇家学会（Royal Irish Academy）。虽然丹尼尔·蒲福才华横溢，但他米考伯式（Micawberish）的对金钱和生活过于乐观的品性，使他经常负债累累，生活困顿。这就意味着蒲福一家无法像很多神职家庭那样过上富足安逸的生活。他们始终无法摆脱执行官的阴影，天天东躲西藏，狼狈不堪。在蒲福16岁以前的日子里，他们辗转搬过6次家：从米斯郡（County Meath）的首府纳文（Navan，也就是蒲福的出生地）搬到英格兰的切普斯托镇（Chepstow），此后又搬到切尔滕纳姆市（Cheltenham）、都柏林、伦敦，最后于1789年搬到了劳斯郡（County Louth）的科隆（Collon）。

因此，蒲福的教育受到很大影响。在18世纪80年代，他曾在位于都柏林的一所海事学院就读过很短的一段时间，而他的学生生涯大部分时间都是以在家自学的方式度过的。

不过，他父亲的人脉关系最终还是起到了作用，他在1788年获准就读于一家私塾，受教于都柏林圣三一学院的天文学教授亨利·厄舍（Henry Usher）博士。这段求学时光正是蒲福智力发展的黄金时期。每天清晨他从位于梅克伦堡街的家中出发，经过法院大楼、热闹喧嚣的巴切洛步行街，以及利菲河北岸的奥蒙德码头。之后途经医院、皇家广场，穿过果园、凤凰公园，逐渐远离了城市中阴暗潮湿、灯红酒绿的石子路，来到了天清气朗、视野开阔的城郊，沿着通往卡斯特诺克教堂（Castleknock）的那条蜿蜒小路一直向前，最终抵达新建成的丹辛克天文台（Dunsink Observatory）。

丹辛克天文台距离都柏林城区外围约4英里（约6.4公里），海拔275英尺（约83.8米），是当时爱尔兰配置最高的天文观测台。天文台修得十分雄伟，那高大的穹顶足以反映出当时人们对天文学的重视程度。在那个时期，一些天文学家们正在不遗余力地探索和开拓已知宇宙的边界，天文学家威廉·赫歇尔（William Herschel）对于天王星的新近发现在科学界又掀起一波研究热潮。在这里，蒲福不仅学到了知识，还学会使用强大的望远镜、星象图和六分仪。他学会了用望远镜在天空中寻找天狼星、北极星、彗星等星体，并计算其天文经度和天文纬度。

这时蒲福正值青年的黄金时期，厄舍博士的课程深深吸引了他，并对他以后选择的海洋事业产生了不可估量的影响。他后来曾说，自己在5岁时就立志成为一名水手，10年后，也就是1789年，他离开都柏林前往伦敦，在这里，他"脱离了父亲那伟岸的臂膀，开始独自翱翔在汹涌的大洋"。通过父亲的关系，蒲福在一艘东印度商船上谋了一个不错的职位。此时正值航海的黄金时代，远洋航海事业方兴未艾。

虽然在船员里他算是一个"菜鸟"，但才过了不到三个星期，他就独立承担起了正午纬度测量的职责。没事的时候他就待在船员休息室，静静地望着外面新奇的世界。这个世界充满了新鲜词汇：漩涡、英寻、锚链孔、卷帆、缩帆，此外还有很多新观点。船员们仍然对号称"深海阎王"的戴维·琼斯（Davy Jones）心怀敬畏。他们随身携带着用婴儿胎膜或鸬鹚羽毛制成的护身符。他们讲述有关塞壬的故事——塞壬是个海上女妖，拥有美妙的歌喉。此外还有风神埃俄罗斯（Aeolus），他把风囚禁在一座山上，平时"以放风取乐，或者给水手们放行，或者用风暴吞没他们"。[7]

在经过最初一段时间的晕船反应后，蒲福变得生龙活虎起来。

当他所供职的"范西塔特号"(Vansittart)商船抵达荷属东印度群岛的巴达维亚城(Batavia,今雅加达)时,他已经对自己的观测能力十分有把握。他发现当时人们所认可的该城的纬度存在偏差,通过一个借来的六分仪,他将该城的纬度修正了3英里(约4.8公里)。他说:"我做了很多次(观测),它们相互之间的差距不会超过20°,因此,我坚信自己计算得出的纬度值更接近实际值。"

在巴达维亚天文台的日子风平浪静,蒲福未曾预料,他的海上生涯即将迎来重大转变。离港后没几天,"范西塔特号"就在加斯帕海峡(Gaspar Strait)撞上浅滩,连同船上装载的价值9万英镑的珍宝一同葬身海底。9万英镑可以说是一笔巨款,比英王乔治三世在29年前购买白金汉府(后更名为白金汉宫)所花资金的三倍还多。蒲福在这次事件中幸免于难,并且奇迹般地从马来西亚海盗十分猖獗的这片海域全身而退。此后他经历了一段漂泊不定的生活,最后终于回到英国,并加入了英国皇家海军。没过多久,英国抵抗法国革命军的战争爆发了。他参加了"光荣的六月一日"大海战,以及在地中海和大西洋上打击西班牙海盗和法国战舰的若干次小规模战斗。

蒲福现存最早的天气日志就是在这段时期写成的。1791年,他在皇家海军舰艇"拉托纳号"(Latona)上服役,期间他坚持写航海日志,采用形式化的语言对天气进行记录,例如:天气温和,微风,晴间多云。[8]1792年他在皇家海军舰艇"阿奇龙号"(Aquilon)上服役期间,他的航海日志增加到了8项内容,详细记录了星期、日期、风力、航向、里程、纬度、经度以及"位置确认点"。蒲福的观测能力非常优秀(他后来自嘲说这是他的"一大爱好或者癖好"),知识面也非常宽广。他博览群书,像一只喜鹊一样不断收集数据，建起了一座巨大的海上图书馆，藏书包括诗人亚历山大·蒲柏和约翰·德莱顿的作品，爱德华·吉本的《罗马帝国衰亡史》，托拜厄斯·斯末莱特（Tobias Smollett）的著名豪侠小说《蓝登传》（*Roderick Random*）和《皮克尔传》（*Peregrine Pickle*），以及亚当·斯密的《国富论》。他能够阅读英文、法文和拉丁文，还使用希腊文和意大利文添加注解。

在整个18世纪90年代，蒲福的职位得到多次晋升。他既是一名忠诚可靠的军人，同时也是一个导航专家和一位受人尊敬的领导者。到了世纪之交的时候，他已被任命为军官。作为身经百战的"法厄同号"（Phaeton）上的首位海军上尉，蒲福在地中海上纵横驰骋，立下赫赫战功。这时，在地中海10月一个温暖的下午，蒲福上尉的命运又将发生重大变化。他们对西班牙丰希罗拉（Fuengirola）的一艘双桅帆船进行了突袭，在战斗中他差点丢了性命。他带人爬上被俘船只的后甲板时，被敌人用毛瑟枪近距离打了一枪，此外还遭到一名持刀敌军士兵的袭击。那一刀直接砍在了蒲福的头上，据他后来回忆，如果不是当时头上戴的那顶帽子里还叠着一块丝巾，从而起到了一定的缓冲作用，他很可能就被杀死了。

他身上一共负伤19处，每一处伤痕他都记忆犹新，这些伤痕足以断送他的远大前程。他有三根手指完全失去了知觉，霰弹枪的一枚子弹插入他的左肺，还有一枚榴霰弹在他的胳膊上打了几个弹洞——"其中有个弹洞足以塞进一只墨水瓶"。只要有足够的时间，他的伤可以慢慢恢复，但是当他在直布罗陀和里斯本养伤期间，法国大革命战争结束了。1802年，当他回到位于伦敦的海军部时，海军方面正忙着遣散多余的舰船官兵们。由于没了用武之地，蒲福听从了海军大臣圣文森特伯爵的建议，平静地接受了海军部将其晋升为海军中校的任命，并按照惯例领取了减半的退休薪水45英镑12先令6便士，然后解甲回乡了。

多年之后，当他成为一名受人尊敬的科学家时，他肯定会觉得回到家乡爱尔兰的这段日子并没有虚度。但在当时，他是非常不情愿的。不再担任导航员的这些年，蒲福自己也像一艘失去了方向的帆船，感到无所适从。将近而立之年的他，按照当时人的平均寿命计算，他的人生已经度过了将近一半。他没有什么积蓄，没有成家立业，只得寄居于父母在劳斯郡科隆镇的小屋。

蒲福的意志日渐消沉（后来他将其形容为"懊丧忧郁"），一连几个月都提不起精神，他心里整日盘算的不外乎两件事：如何得到那个偏僻的农场，如何把埃奇沃思家的漂亮女儿夏洛特——他心仪已久的姑娘——追到手。然而他一无所获。他给夏洛特写过很多长长的信件，在信中也对自己进行了反思。在其中一封信里，他倾诉道："我曾经花费了大量时间修理眼镜，对镜片进行打磨、固定；我还安装了滑轮组。我整日愤愤不平，甚至发誓要立即抛开万千烦恼，远走高飞，去一个更快活的地方干出一番事业，让我的愤懑心胸得以平息。"但在信的结尾处他又回到了现实："我觉得情况其实也没我想象的那么糟，我应该继续留在这里生活。"[9]

埃奇沃思：迅捷而秘密的信使

1803年秋天，埃奇沃思将他从这种痛苦、麻木的生活中拯救了出来，在他的电报工程中给蒲福安排了一份工作。对于蒲福来说，这是对他最好的鼓励。他不仅能有一份稳定的工作，还有机会同埃奇沃思——这位曾与当时最有才的大人物们共同生活、学习和筹划过的人一起共事。

时年已经59岁的理查德·洛弗尔·埃奇沃思被称为爱尔兰最开明的人士之一。他在文学和科学领域都有很高造诣，具有惊人的创造力，而且是一个多面手。他在为事业长期奋斗的过程中，结识了约瑟夫·班克斯爵士（Sir Joseph Banks）、托马斯·戴（Thomas Day）、伊拉斯谟·达尔文（Erasmus Darwin）、马修·博尔顿（Matthew Boulton）和托马斯·贝多斯（Thomas Beddoes）等社会名流。对于丹尼尔·蒲福来说，理查德·洛弗尔·埃奇沃思是"我的良师益友"。[10]而且人们还给他起了个绰号："智多星"埃奇沃思先生（Ingenious Mr. Edgeworth）。

当18世纪90年代蒲福还在海外漂泊时，他们家和埃奇沃思一家就已交好。两家均是博学多闻的书香门第，可以说是门当户对。随着埃奇沃思近来又娶了蒲福的妹妹范妮为其第三任妻子，两家的关系更加紧密了。埃奇沃思的一个女儿玛利亚是一位小说家，她曾写道："当两个家族结为亲家之后，还能在其他各个方面互相匹配的少之又少……幸运的是，这两个家族的每名成员虽然在才干、年龄和性格上各不相同，但他们确实是一见如故，相交甚好。"而其中最为深厚的就是她的父亲埃奇沃思与弗朗西斯·蒲福之间的友谊。[11]

埃奇沃思比蒲福大了将近30岁，给他提供了很多有益的建议。在他的指导下，蒲福掌握了很多科学技术和正确的研究态度，也就是如何去思考和检验问题。这也是一种研究形式的传承。埃奇沃思在青年时期曾长期居住在英格兰，在这里他加入了一个哲学餐桌社团，该社团活跃于英格兰中部地区的利奇菲尔德（Lichfield）和伯明翰市，也就是后来广为人知的"月光社"（The Lunar Society），著名化学家约瑟夫·普里斯特利就是该社的成员。

其他主要成员还有工程师詹姆斯·瓦特（James Watt），陶艺师乔赛亚·威治伍德（Josiah Wedgwood），企业家马修·博尔顿和医生伊拉斯谟·达尔文。他们成为这一组织的核心成员，这些天赋异禀的思想家把他们的天才思想运用到解决那个时代的问题中去。他们的兴趣十分广泛，所讨论的课题也是包罗万象，包括瓦特关于蒸汽机的设想，普里斯特利关于光合作用的观点，威治伍德在陶艺领域的代表性发明碧玉细炻器（Jasperware），以及伊拉斯谟·达尔文关于物种演化的观点。而伊拉斯谟·达尔文的孙子查尔斯·罗伯特·达尔文还在他的基础上进一步研究提出了著名的自然选择进化理论。正如乔赛亚·威治伍德所言："他们生活在一个充满奇迹的时代，任何梦想都能成为现实。"[12]

月光社没有建立内部管理制度，也没有成员名单。它就是由一群好友组成的团体，彼此分享知识见解，激发灵感。他们也不局限于现代的科学概念。"科学"（science）一词，源于拉丁文"scientia"（知识），其含义要比我们今天所指的宽泛得多。它包括所有成理论的知识，如自然学、修辞学、宗教学和语言学等。"科学家"（scientist）一词也不是现代的新造词。相反，他们把自己视为思索"事物本质和真理"的哲学家、智者。他们把自己的探索称为"哲学努力"，相对于伦敦大学、牛津大学和剑桥大学等修隐会般的学术环境，在英格兰中部地区的工作使他们可以更加自由地建立认同感。

月光社基本上每月举行一次聚会，通常是在马修·博尔顿位于伯明翰的家中，而且是选择月圆之夜，这样在散会后，他们就可以趁着月光穿过漆黑的街道回家。每次聚会都洋溢着欢乐而融洽的气氛。他们一起做实验，有时全神贯注，有时互开玩笑。他们检测各种气体、金属、矿石和动物。他们发明了钟表、发音盒、车厢、风向标、气压计等。伊拉斯谟·达尔文是他们当中最具雄心抱负的人，他曾经为威治伍德设计了一种水平轴风车，并声称这种风车输出的动力是常规的立式风车的三倍。有时候达尔文会发挥天马行空般的想象力，构想出相当恢弘的场景。其中的一个设想是将全世界的海军集结起来，把南北极的冰山拖拽到赤道地区，他认为这样可以使全球的气温趋于平衡。

在18世纪60年代末，埃奇沃思认识了达尔文和他的那帮"狂人"（Lunaticks）。他当时才23岁，是一个漂泊不定的青年，远离了他在爱尔兰所继承的家产，刚从牛津大学的基督圣体学院毕业。由于无处打发时间，埃奇沃思便在英格兰度过了一段无忧无虑的时光。他频繁往来于乔治时代伦敦西区的各个俱乐部和他在伯克郡一个风景秀丽的乡间寓所之间。用他自己的简单说法，他在这里开始"玩机器"。他发明了很多东西，包括一台高效的芜菁切割机，一辆单轮轻型马车，一只精美绝伦的钟表，一辆脚踏车（自行车的原型）和一辆靠风帆驱动的运输车，这辆运输车能以惊人的速度行进，这让周围的邻居们惊疑不已。

就是在这种异想天开的创业时期，埃奇沃思首次构思出了一种能够隔空传递情报的机器。1767年夏天的一个晚上，埃奇沃思加入了弗朗西斯·德拉瓦尔（Francis Delaval）伯爵和他的朋友们创办的"赛马俱乐部"，地点位于切尔西的拉尼拉格花园。当时人们谈论的焦点是即将在纽马克特（Newmarket）举办的赛马比赛。从全国最优良的赛马中脱颖而出的两匹马将进行对决。埃奇沃思评论道："它们在各个方面几乎都势均力敌。"人们都希望从比赛设置的诱人赌注中大赚一笔，其中有个叫马驰勋爵的人，他告诉朋友们他将在赛马咖啡馆等待比赛结果，并且计划"在路上设置传递信息的马队，将比赛的最新情报传递给我，我将据此对我的押注作相应调整"。[13]

听到这番话，埃奇沃思问马驰勋爵希望在什么时间得知比赛结果。马驰勋爵说大概在比赛当天晚上9点钟。埃奇沃思回忆道：

> 当时我断言，我在当天下午4点就能知道哪匹马获胜。马驰勋爵对我的话表示非常怀疑，并要求我作出回应。最终，我押下500英镑，赌我在伦敦当天下午5点的时候，能够说出纽马克特赛马比赛的获胜者。[14]

人们的兴致一下子被调动起来，赌注越下越大。"弗朗西斯爵士向我投来鼓励的眼神，并往我这边押了500英镑；埃格林顿勋爵也往我这边押了500英镑；沙托夫和其他一些人则押我输。第二天我们就要在赛马咖啡馆碰头，为我们的押注立下字据。"

这场赌注已经演变成一小笔财富，但是对于埃奇沃思来说似乎是可望而不可及的。因为18世纪英格兰的道路是相当糟糕的。在很多地方的路况比1300年前罗马人离开英格兰时候的还要糟糕，要用不到5个小时的时间跨越66英里（约106.2公里）的距离传递信息，这几乎是不可能的。每周在伦敦和纽马克特之间往返两趟的大马车最快也得花费将近一天的时间。但埃奇沃思另有妙计。马驰勋爵的豪言让他想起了两本专著：一本是由17世纪的博学之士罗伯特·胡克（Robert Hooke）写的，另一本是由切斯特的一名老主教约翰·威尔金斯（John Wilkins）写的。后者写了一本小册子，名叫《墨丘利①：秘密而迅捷的信使》（*Mercury：or the Secret and Swift Messenger*）。

这两本书都认为，通过一系列预定的信号，例如由通信双方事先约定的一张简单的光学词汇表，可以实现信息的远距离传递。胡克是一位聪敏而多产的实验者，他发明了一套用来表示字母的符号，用到了各种形状的松木板，如正方形、三角形、八边形等，通过在一个巨大的架子上展示这些符号，远处的人就可以用望远镜观察到。1684 年，在写给皇家学会的一封信中，胡克对自己的观点作了进一步论证。他对两个站点之间的距离、望远镜观测信号的方法，以及在夜间采用一系列信号灯替代松木板的设想进行了描述。据他透露，他曾在泰晤士河两岸对这一设想进行了验证，他进一步猜测，如果运转良好的话，当在伦敦展示出一个符号之后，过不了多久就能在巴黎看到同样的符号。

时隔 80 年之后，埃奇沃思计划用类似的方法传递纽马克特比赛的结果。他对计划作了简要描述：

> 当我们散会后，我把我打算使用的方法告诉了弗朗西斯·德拉瓦尔爵士。我很早就掌握了威尔金斯的"秘密而迅捷的信使"的内涵；在胡克的著作中，我也读过类似的方案，我决定采用一种与我曾经发表过的电报设计

---

① 墨丘利，众神的信使。在罗马神话中，他是朱庇特与女神迈亚之子，担任诸神的使者和传译，又是司畜牧、商业、交通旅游和体育运动的神，还是小偷们崇拜的神。——译者注

类似的方法。这种机械装置可以在几天内装配完毕。

弗朗西斯爵士敏锐地察觉到，我的方案是可行的，而且可以说毫无悬念。当时是夏天，我们雇佣了足够的人手，把机器的间距摆得尽可能近一些，使其基本上不会受到天气的干扰。[15]

开赛前几天，埃奇沃思的计划也初露端倪，各方在赛马咖啡馆重新集会。埃奇沃思回忆道，"我提出把我的赌注翻倍，弗朗西斯爵士也把他的赌注加了一倍"，"和我对赌的先生们表示愿意接受我的提议；不过在我汇总赌注之前，我认为应当向马驰伯爵说明，我并不是依靠马的速度和力量来传递情报的，而是采用其他方法"。埃奇沃思的率真性格让自己功亏一篑。马驰伯爵对他的坦白表示感谢，并且开始变得谨慎起来，他最终决定还是从中悄然抽身比较明智。埃奇沃思后来承认，"对于我放走这么一条大鱼，我的朋友们表示不能理解"。[16]

埃奇沃思可能失去了大赚一笔的机会，但他把这一构想的精华留在了赛马咖啡馆。在接下来的几周里，他与德拉瓦尔爵士一起对信号设备进行实验。埃奇沃思在伦敦安装了4台原型机：一台位于德拉瓦尔在唐宁街的连栋排屋，一台位于布卢姆斯伯里区的大罗素街，一台位于皮卡迪利大街，还有一台则位于较远的汉普斯特德的村庄。埃奇沃思并没有披露他的发明的工作原理，不过后来的资料显示该发明用到了信号灯。他只是简单地说，"这个夜间电报机反应灵敏，但花费太高了，不适用于日常通信"。即便如此，人们还是禁不住想象着埃奇沃思和狡猾的德拉瓦尔在夜间穿越喧嚣松懈的伦敦城区传递秘密信息的场景。关于他的朋友们从这一发明（赌局）中获得多少好处，文献中并没有记录。但有一点可以肯定，埃奇沃思的确发明了一种异乎寻常的装置。

大约在这个时候，埃奇沃思在访问利奇菲尔德的途中认识了伊拉斯谟·达尔文。达尔文对埃奇沃思钦佩不已，特别是对于他在机械方面的天赋，以及他在现实验证上所具有的高超本领。他在给博尔顿的信中激动地写道：

> 亲爱的博尔顿：
>
> 　我认识了一个学机械的朋友，他是来自牛津郡的埃奇沃思先生——他是我见过的最伟大的魔法师——希望天公作美，助我一臂之力……
>
> 　他掌握着自然万物之理，并随心所欲地加以塑造。
>
> 　他能够偷走磁极，或通过在手掌上简单摩擦三下，就将其转移到一根针上。
>
> 　他可以看穿两块密不透明的橡木板，太厉害了！太神奇了！鬼神莫测！！！
>
> 　万望告知斯莫尔博士来此一睹奇景。
>
> 伊拉斯谟·达尔文[17]

两个人自从认识以后，他们的友谊一直相伴余生。当埃奇沃思在18世纪80年代搬回到爱尔兰后，他们仍然保持着频繁的通信，分享各自最近的志趣和想法。但在当时，由于缺乏明显的市场前景，埃奇沃思放弃了他的电报研发工作，转而开始关注教育哲学和一种改进的土地管理制度。达尔文的兴趣一如往常那样广泛，到了18世纪70年代，他的兴趣点开始转向气象学。

了不起的科学传承

伊拉斯谟·达尔文对气象学的这种热情源于当时人们的一种观点，即认为气候对人体健康具有深远的影响。作为一名执业医生，他决心密切关注天气。在他家书房的天花板上安装着一个指向标，该指向标又与屋顶的一个风向标相连，这样他就可以随时知晓风向。为了测量风速，他在烟囱上安装了一个管道，管道的顶部连接着一个风车的翼板。当有风的时候，这个装置就开始飞速旋转，就像一个现代的风速仪，然后达尔文通过一个齿轮组来计数旋转圈数。

这些装置使达尔文对天气的变化有了更加准确的把握。他坚持观测，并根据观测结果试着提出一些理论，来解释各种风力类型。即使对于达尔文来说，这也是一项艰巨的事业。因为数个世纪以来，气象学一直被神秘主义和迷信色彩所笼罩。当众多学科，如地质学、植物学、物理学和化学等在启蒙分析下呈现出百花齐放的态势时，气象学还是作为人们固有认识里的一门研究"流星"（meteor）的科学，鲜有起色。在现代人的观念里，一说到"流星"，我们往往会想到从外太空落入地球大气层的燃烧的大火球。但在经典气象学中，"meteor"指的是在所谓的月下区，也就是地球与月球之间的地带发生的任何事件。1775年，约翰逊博士在他编著的《英语词典》中，将"meteor"定义为"任何在空中或天上具有流变态和瞬时性特征的天体"[18]。该词是对各种自然现象的一种统称，包括流星划过、彩虹显现、风暴骤起、日晕形成、一道闪电或一阵强风等。

在将近2000年的时间里，人们关于气象的思想大都是建立在公元前4世纪由亚里士多德在其所著的《天象论》（*Meteorologica*）

中提出的观点之上。和其他人一样，伊拉斯谟·达尔文也是看着亚里士多德的理论长大的。亚里士多德认为，流星地带主要是由两种截然不同的介质构成的，他称为"扩散物"(exhalation)。这些扩散物位于所有流星活动的底层。第一层温暖而干燥，是由太阳光照射地球表面产生的。另一层寒冷而潮湿，是阳光与江河湖海中的水分结合而成的。温暖而干燥的扩散物上升至地球的炽热层，产生流星、彗星和银河。寒冷而潮湿的扩散物附着在大地上，产生云、露、雨、雪等。风是冷、热空气汇成的气流，是快速飘动的水汽，而雷声是源于从云气凝结中骤然逃脱的热扩散物，或者是源于风与云的猛烈撞击，巨大的撞击力产生了闪电。

　　亚里士多德的《天象论》是观察的产物，而非实验的产物。他参考了希波克拉底、德谟克利特和恩培多克勒等前人的观点来解释彩虹、光晕、雨、云、冰雹、雪和露水。在此过程中，他确立了气象学的研究对象，按照字面翻译，即为"对高空事物的研究"。如今再读亚里士多德的著作，我们会觉得非常有趣和怪诞。就研究范围和探索精神而言，他值得我们永远纪念，但他的观点很多都是错的。即便如此，《天象论》在几个世纪中一直主导着人们的认知。各领域的杰出人物，如伽利略、笛卡尔、库克、牛顿、哥伦布和莎士比亚等，对于流星和扩散物的概念都不陌生。17世纪英国的桂冠诗人约翰·德莱顿仍然在用诗歌宣扬亚里士多德的观点："灼灼流星，云霄难擎；滚滚洪雷，寰宇皆惊。"[19]

　　到了伊拉斯谟·达尔文时期，这座古老的学术大厦开始动摇。气压计和温度计之类的仪器已得到广泛使用长达一个世纪之久，人们能够以亚里士多德时期完全不知道的方法来研究天气。而埃奇沃思的电报，也具有成为风暴预警设备的潜力。其实该设想已经被法国一名叫吉尔伯特·罗姆（Gilbert Romme）的议员所注意并提出过，他在1793年写了《预报风暴并向海员和农民发出预警的可能性》一文。[20]但奇怪的是，埃奇沃思却从未想到这一点。当沙普发明电报的消息见诸报端时，埃奇沃思首先想到的不是利用自己的旧发明预报天气，而是将其重新改造成为一件防御性装置，来帮助爱尔兰抵御法国革命军的入侵。达尔文也是如此。1795年，他力促埃奇沃思在爱尔兰海岸线上铺设电报，就像英国伊丽莎白时代的舞台剧《弗里亚·培根》（Friar Bacon）中所表现的"将英格兰包裹起来的铜墙铁壁"一样。[21]达尔文总是喜欢这样调侃别人。到了1802年的4月，他还在给埃奇沃思写信，分享他的最新想法，但信刚写了一半，他就溘然离世了。他的离世也给他们之间长达35年的友谊画上了句号。达尔文去世后不久，蒲福回到了爱尔兰，成为埃奇沃思的新搭档。

埃奇沃思欣赏蒲福的活力和才干，而蒲福也从埃奇沃思多年的经验中受益匪浅。埃奇沃思教会了蒲福一种思维模式，也就是如何对科学问题进行探讨。科学是一件伟大的工具，可以震撼心灵、化繁为简、改善生活、推动发展；就像威治伍德曾经说的，"（科学）可以解开世间的奥妙"。科学的衣钵代代相传。达尔文、埃奇沃思、蒲福，构成了英国科学史众多谱系中一个了不起的传承。

在都柏林附近进行的试验成功后，埃奇沃思和蒲福于1803年11月4日正式启动了爱尔兰电报的建设工作。埃奇沃思在一封家书中写道："昨天我在卡索诺克对电报进行了试验，在场的有哈德威克勋爵夫妇、豪斯高尔夫人、沃克汉姆爵士夫妇（这些人给我留下了深刻印象），以及其他众多达官贵人——一切都非常顺利，包括风力和天气条件，好得超乎想象。"[22]

为了这一天，埃奇沃思等了数十年。1794年，他惊骇地发现，自己之前的一个旧发明已经被法国的沙普独立发明出来并加以完善。当沙普发明电报的消息在报纸上刊登后不久，伦敦的《晨邮报》(Morning Post)上发表了一篇匿名信，指出埃奇沃思多年以前就已发明了相同的机器。虽然埃奇沃思否认这封信是自己写的，但他一有机会就引用这封信的内容。但一切都为时已晚，他只能等待近10年的时间来为自己正名。1803年，当拿破仑大军再次横渡英吉利海峡进犯英国时，埃奇沃思的机会终于来了。

在英国历史上，19世纪开始的那几年不是很太平。英国人长期以来都担心法国革命军会从威克洛郡(Wicklow)和科克郡(Cork)的沿海登陆进犯，因为法国军队指挥官认为这两个地方是英国防御的薄弱点。1796年12月，一场持久而凛冽的大风使法国军队1.6万人从班特里湾(Bantry Bay)登陆的计划破产，而现在，法军卷土重来的可能性正在增加。

1803年，拿破仑在法国的布洛涅(Boulogne)集结20万大军，等待有利天气实施渡海作战。法国的战备工作在持续公开地进行，英国上下人心惶惶。法国人挑着象征诺曼征服的贝叶挂毯在法国沿岸举行庆祝游行，巴黎铸币厂也铸造了一个用来制作进攻大纪念章的模具，上面印有"攻陷伦敦1804"的字样。英国的报社则密切关注着拿破仑，持续向其读者报告他的最新动态。7月份，英国的《怒吼者报》(The Thunderer)以特刊形式告知读者："法国第一执政官（拿破仑·波拿巴）已于周五下午5点抵达法国北部的加莱港。"正如人们预料的那样，他在这里举行了盛大的阅兵游行。只见他骑着一匹精壮的铁灰色战马……现场回响着"波拿巴万岁！"的欢呼声。[23]

由于时间紧迫，埃奇沃思和蒲福一开始就分头行动。当埃奇沃思在都柏林进行政治游说时，蒲福便已着手负责项目的实际实施：建立站点（通常要建在防御高地、孤山或教堂上），为信号塔、警卫室和站点寻找原材料；训练"电报员"部队，教他们识读电报字母表，明白准确转译信号的重要性，并教他们在受到攻击时如何作出反应。每个站点都由一名站长和两三个民兵值守，他们听命于都柏林、阿斯隆（Athlone）和戈尔韦郡的"机要"官。埃奇沃思则任命自己为整个项目的总监，"一只监控四面八方的眼睛"。[24]

蒲福具有很强的动手能力。他骑着一匹灰色小马，穿越泥泞的平原洼地，攀爬人迹罕至的小山丘陵，足迹踏遍了爱尔兰的山野田园，只为寻找合适的位置：既容易到达，又在20英里外具有良好的能见度。他经常四处奔走。11月份他去都柏林会见埃奇沃思，次年1月他在戈尔韦郡，两个月后他在阿斯隆附近露营。他保留下来的一本日志显示，在这条东西走向的联络线上，多数站点都是在两个星期之内建成的。该项目也使他的女儿——眼光犀利的玛利亚有机会更清楚地观察到蒲福。她感到极其震惊。在12月份，她意识到父亲发明了一套非常有用的词汇系统，"一系列的指令语"能够帮助民兵们更加有效地掌握训练内容。她发现，该系统"有点类似于军事用语，读起来朗朗上口，简单易记"。[25]这也预示着战争的阴云正在步步逼近。

远离了家乡朗福镇的温暖炉火，埃奇沃思的整个冬天都过得很艰难，他在爱尔兰各地紧张繁忙地工作。蒲福则受命带领下属深入乡村地区，在乡村，反抗英国政府的革命情绪早已深入人心。在这里，他们不仅感受到了政治上的敌视，他们那些奇形怪状的装置也引起了农民们的注意。蒲福在给妹妹范妮的信中写道："毫无疑问，电报成了人们谈论的焦点。"

我费尽口舌也无法让他们理解这种机器的原理。但当我告诉他们，我要到山顶与身在基尔雷尼的人，以及远在26英里（约41.8公里）之外的几位女士通话时，他们几乎尖叫了起来。他们爬上桌子，大声说我这肯定是黑魔法。我教一位农妇首次使用望远镜时，我用一只手举着望远镜，她通过望远镜看到了远处的蜡烛。当我把望远镜的两端翻转过来，她再看那只蜡烛时，仿佛一下子远到了天涯海角。总而言之，这些善良的农民是非常淳朴、无知和闭塞的，但他们又对一切充满了好奇，通过给他们讲述我的经历，我一下子就成为他们心目中的英雄人物。[26]

到这年4月，一条东起都柏林的皇家医院，西至阿斯隆，总长60爱尔兰英里（约122.6公里）的联络线建设完成。虽然工程进展迅速，但期间也遇到了不少困难。爱尔兰典型的潮湿气候经常让蒲福苦恼不已。由于西邻大西洋，这里的天气通常不是阴冷潮湿就是海风呼啸，浓密的阴云低悬在上空，从而降低了景物的对比度和颜色的饱和度，使15或20英里以外的联络站很难被观测到。特别是在雾气弥漫的早晨，天色昏暗，空气湿度很大，使四周变得一片朦胧，100码（约91.4米）以外的能见度大大降低。蒲福曾经在给埃奇沃思的信中写道："当旷日持久的大风、浓雾和暴雨消散后，恐怕只有我们电报队的人才更能体会风和日丽是多么可贵。"[27]

恶劣的天气不仅影响了联络站的选址进度，更糟糕的是，它还使人们对"视觉通信"的整体设想产生了怀疑。埃奇沃思坚持认为，他的电报在100天里有99天都是能够工作的，并声称他记录的一本天气日志可以证实这一点。对此，蒲福虽然未提出质疑，但仍持怀疑态度。

问题还不止这些。在对联络站进行选址的过程中，蒲福还受到了所谓的"邻避主义"（nimbyism）的抵制。有一户居民发现联络站建在了离自己家花园不远的地方，就告诉蒲福，不管别人怎么认为，反正对他来说这就是个巨大的麻烦，路过的人经常会循着站点走到他家，有的是来借火种生火，有的是来讨一杯酪乳充饥！蒲福不禁叹道："利未人①的血脉还没断绝呢！"[28]还有一个问题在于电报队人员的资质和态度，他们都是从当地民兵组织中挑选出来的。这对于对精度要求很高的电报工作来说，是非常不利的。很多电报员的受教育水平都不高，但写起抱怨信来却是一挥而就。

1804年晚春，蒲福在给父亲的信中焦急地谈到了"都柏林经常出现的烟雾以及卡斯顿塔上空时常刮起的大风"。[29]在晴朗的天气下，信息传输起来还算顺畅，而一旦受到恶劣天气的影响，收到的往往就是令人费解的信息，他们那神奇的装置仿佛一下子变

---

① 据《圣经》记载，利未人是雅各与利亚的第三子利未的后人，负责以色列人的祭祀工作，不参与分配土地，不列入以色列十二支派。利未人对神忠心，被真神选出来作为侍奉他的支派。《民数记》第1章第51节记载："帐幕将往前行的时候，利未人要拆卸。将支搭的时候，利未人要竖起。近前来的外人必被治死。"蒲福借此典故来讽刺这户居民以邻为壑的狭隘心态。——译者注

成了咿呀学语的婴儿。显然，在爱尔兰，任何有赖于晴朗天气的发明创造都无法有太大的施展。在埃奇沃思的家乡，人们正在谈论"罪魁祸首"，这是一次反常的、无比强烈的风暴，"人们被它折磨得精疲力竭，纷纷从联络站上退了下来"。[30]蒲福也开始坐不住了。在一次通信测试失败后，沮丧的蒲福给埃奇沃思写了一封信："天啊，这是为什么？难道说，在训练了8个月之后，还是发送不了一句完整的话吗？我简直要抓狂了。"[31]

到这年6月底，联络线终于竣工，在7月2日星期一这天，哈德威克勋爵和其他一众社会名流应邀前来参加启动仪式。正如之后的《弗里曼期刊》(Freeman's Journal) 记述的，这次试验相当成功。埃奇沃思成功地向远在130英里之外的蒲福发送了一条完整的信息，用时仅7分钟。5分钟后，蒲福作出了收到信息的应答。《弗里曼期刊》报道说："这种通信模式的速度快得惊人。例如，按照日晷计时，在11点钟从都柏林的皇家医院发送的信息，可以在7.5分钟后被戈尔韦郡收到。"[32]

虽然政客们对外表现出信心，但他们开始不安起来。电报的费用越来越高，民兵们的表现不尽人意，而且传输的成功率也很不理想。在短短的一周里，埃奇沃思就得知，政府方面对他的计划失去了信心。他作为首席电报员职位被撤换，他对该计划的直接领导权和所负的责任被转移给军方。至此，被埃奇沃思视若珍宝的光电报计划退出了历史舞台。

政府的出尔反尔刺痛了蒲福，这成为他人生中所遭受的又一次残酷打击。在写给哥哥威廉的信中，蒲福怒不可遏地说道："现在我什么都不是，一无所有，没有目标、没有工作、没有计划。"[33]愤怒的蒲福忽视了一些对他以后的人生而言非常重要的东西。在与埃奇沃思共事的日子里，他学到了很多。而埃奇沃思还是在其他方面给他提供了帮助。在最后两年里埃奇沃思利用自己的影响力为蒲福谋出路，通过他的关系，蒲福最终又回到了海军部队。

蒲福：给风力定级

1805年7月，蒲福远离了爱尔兰的青山绿水，投奔位于伦敦近郊的英国德特福德皇家海军造船厂。在这里，他首次被任命为舰船指挥。他的军舰名为"伍利奇号"（Woolwich），是一艘配有44眼火炮的五级舰船，它曾经是一艘机动灵活、反应迅速的战船，现在被改装成一艘运输补给船。对于蒲福来说，这是一段苦乐参半的日子，没过多久，晋升的喜悦就被他所指挥的这艘寒酸的船只冲淡了。

他感到了一种羞辱。对他来说，英国海军部简直是强人所难。他在日志中绝望地写道：

> 分配到一艘补给船！老天哪！为了指挥一艘补给船，我挥洒着自己的青春热血，在异国他乡从事单调的物资装配工作，浪费了大把的学习专业的时间……只为了一艘补给船的荣耀，为了把新锚运出去，然后把旧锚拉回来而奋斗！
>
> 为了一艘比多佛尔邮轮还要笨重，操控性比美洲货船还要差劲的船——它的4组武器和弹药库全都搭在岸上，比船体的纵倾还低3英尺（约0.9米），甚至还配有应

急桅杆和船帆！——因此它既不能作战，也跑不快。总而言之，在这艘船上既升不了官，也发不了财！[34]

更为糟糕的是，对抗拿破仑军队的战争已进入到关键时期。法兰西大军已逼近英吉利海峡对岸，而令蒲福痛苦的是，他只能天天读着报纸上关于纳尔逊将军在大西洋上四处追击法国海军中将维伦纽夫（Villeneuve）的消息干着急。1805年11月7日星期四，当他的船在索伦特海峡的斯皮特海德（Spithead）抛锚后，他得知了纳尔逊将军在西班牙西南部的特拉法加角大胜法西联合舰队的消息。此时的蒲福正置身于一片散漫悠扬的田园乡壤，在如此温柔的场景里委实让人难以消化如此震撼人心的消息。英雄们正在其他地方创造历史。

而蒲福那向来聪明灵活的头脑，如今只剩下愤懑与彷徨。1805年8月，他正在考虑"伍利奇号"的货仓容量问题，计算如何布置压仓物最有利于提高航行速度。到了年底，他又忙着解决另一个问题。他的气象日志已经变得越来越详细。有时候日志里在一天中会包含4个不同风向的记录，并对每个风向的风速进行评估："轻风""和风""狂风"或"软风"等。

蒲福使用的这些术语体现出一种海军文化。在整个18世纪，人们对风现象还没有做出十分成功的科学解释。它是水汽的一种湍流；每股风都是不一样的。最好的办法是以生动的散文形式来记述风的特征：从南安普顿吹来的一股强风，在古德文沙洲附近的猛烈大风，一阵突如其来的狂风，从普利茅斯海港吹来的莎士比亚式的疾风骤雨。对每阵风的描述都是对人们想象力的考验。

蒲福意识到，这样记录风是行不通的。虽然这种描述性的记录可以引起人们生动的想象图景，但这种数据是缺乏科学性的。丹尼尔·笛福在其对1703年11月的大风暴的全景式描述中，对上述问题进行了讽刺。在他写的《大风暴》一文的开篇，他感叹于英国水手和外国水手对相同大风和天气状况的不同感受。

> 在那时候可以称得上暴风的风力，却只被（英国水手）评价为凉快或吹得很猛。如果风大得足以吓坏南方的水手，我们不禁大笑：如果把我们水手的直白词汇做成一个风级表，就可以看出我们对风的感受。
>
> 十分平静——上桅帆风；
>
> 平静的天气——凉爽的风；
>
> 微风——一阵大风；
>
> 轻风——一阵疾风；
>
> 小型狂风——风暴；
>
> 凉爽大风——大风暴。[35]

笛福认为，英国的船只非常先进，从而影响了水手们对风的感受。"如果日本人、东印度人以及所谓的领航员们乘着他们那系着棉布帆的浅底小船来到这里；如果在亚克兴海战中，克利奥帕特拉的舰队或凯撒的庞大战船来到我们的海域，根本就不会出现所谓的'20年内风平浪静'；相反，他们定会被吹得七零八落，当那些侥幸逃出生天的人回到家乡，将会向人们描述一个除了风暴还是风暴的国度。"[36]

骄傲自大也好，爱国心切也好，笛福其实指出了主观记录与客观记录各自的优势。从笛福著成这本书之后，到蒲福被任命为

"伍利奇号"指挥官之前的这个世纪，人们曾多次尝试制定一套清楚、可计量的风级。灯塔先驱约翰·斯密顿（John Smeaton）、海军水文测量家亚历山大·道尔林普（Alexander Dalrymple）以及一位荷兰的测绘员扬·诺本（Jan Noppen）都曾设计过一些风级表，但都未得到广泛采用。

自1806年起，蒲福开始致力于攻克这一难题。所有的英国海军指挥官都需要撰写航海日志。既然如此，为何不好好完善一下呢？1806年1月13日，他开始撰写起一本足以让他千古留名的日志，日志中写道：

> 鉴于以往的诸如和风、多云等描述风力和天气的词汇在表述上很不准确，从今天起我将根据以下陈述来估测风力。

0	无风	7	平稳大风
1	轻微风	8	中度大风
2	软风	9	强烈大风
3	轻风	10	强劲大风
4	微风	11	猛烈大风
5	和风	12	狂风
6	强风	13	暴风

37

蒲福并没有就此止步。在设置完他的定量式风级后，他继续思考：如果能够通过一系列数据对风力进行衡量，那么他认为，可以用字母来描述天气状况。这是一种逻辑拓展。在这本日志上，他继续写下了一套由29个不同的符号组成的代码：有的是单个字母，有的是两个字母的组合，用来描述不同类型的天气：

蓝天 (b)、闷热 (s)、薄雾 (h)、空气潮湿 (dp)、大雾 (fg)、有雨 (r)、有风 (sq)、雷暴 (t) 等。这些符号连同其他21个符号被排成一列，每个天气类型间用逗号隔开。通过这样一个灵活而简单的表格，他不仅可以记录风向、风速、大气压、温度和时间，还能记录周围天气的复杂变化。

蒲福对他的方法进行验证。1806年1月13日星期一，是英国在威斯敏斯特大教堂为纳尔逊将军举行国葬后的第4天，英国首相小威廉·皮特去世前10天，也是荷兰在开普敦向英国投降后的第3天。"伍利奇号"此时正航行在泰晤士河这条皇家水道上，蒲福倚在船锚上，风从北方吹来，介于4级（微风）和10级（强劲大风）之间。头上是蓝天 (b)，天气是有风 (sq)。

蒲福的设想简单而完美。对于这一套在后来变得四海闻名、成为现代气象学重要基石的天气系统的起源，历史学家们很早就开始考证。实际上它是从道尔林普和斯密顿等前人的成果中演变而来的。同时蒲福在爱尔兰与埃奇沃思建造电报时期的所学也对此有所影响。

当时蒲福正刻苦钻研通信技术。每天都与电报密码打交道，他逐渐形成了自己的一套简单易记的代码。蒲福在科学观测方面很有天赋，但正是他与埃奇沃思共事时期，他的观测技术才逐步成形。

人们通常以为蒲福的风级表解决了一个古老的难题，但实际上这只是一个开端。在吵闹喧嚣的伍利奇造船厂里，人们并不知道，愤懑的蒲福创立了一种了不起的风力衡量方法。除了日志以外，所有的想法都无处施展，孤独的蒲福觉得自己可能是英国最无助的人。但通过设计、观测和记录，他为之后的实验和成功制定了一套模板。他窥测到了未来的端倪，人类从此踏上了认识天空的漫长征程。

第2章

记录自然

Nature Caught in the Very Act

蒲福：航海日志大有价值

蒲福还需要耐心等待4年之久，才能迎来自己的机会。作为皇家海军舰艇"伍利奇号"的指挥官，他负责运送军需物资，为全球贸易线路上航行的商船提供补给和护航。在之后的几年里，他航行的轨迹遍及马德拉岛（Madeira）、好望角（Cape of Good Hope）、特里斯坦－达库尼亚群岛（Tristan da Cunha）、马德拉斯（Madras）、圣赫勒拿岛（St. Helena）和蒙得维的亚（Montevideo）等地。他的才干终于得到了赏识——他在蒙得维的亚绘制的一幅完美的海岸图给老水道学家亚历山大·道尔林普留下了深刻的印象。1809年，海军部给他分配了一艘更好的舰船——"布洛瑟姆号"（the Blossom），是一艘配有18眼火炮的小型护卫舰，负责圣劳伦斯河至魁北克段的护航任务。一年后，他如愿以偿，被晋升为海军上校。这个值得庆贺的消息传到埃奇沃思的家乡，反响尤其热烈。埃奇沃思写道："我感到无比欣慰和快乐。"为了庆祝他的成功，埃奇沃思给蒲福领导过的那支电报队员们放了一天假。[1]

自从在爱尔兰分别以来，蒲福和埃奇沃思之间保持着频繁而热情的通信。1809年12月，蒲福从"布洛瑟姆号"上写信给埃奇沃思说，他在加拿大发现了一条壮观的瀑布。河水从200英尺（约61米）高的地方飞流直下，巨大的冲击力在下方的石头上冲出了一个大洞。蒲福近距离地研究了这条瀑布，特别是从水帘中央激飞而出的水雾。他发现这些水雾如此轻盈，似乎摆脱了引力束缚，飘浮在空气中。这使他联想到了海上的飑①，他不禁怀疑，水汽下行的力量是否足以引起微风。这会不会是空气向真空区的飞速流动？ 2

此时的蒲福已经接近了被他称为"最常见但也最奇特的现象"的本质。在暴风雨天气条件下，风是特别不稳定的，这不仅表现在风力上，还表现在风向上。蒲福意识到，这是一个比较棘手的谜题，不太可能在短时间内找到答案。他向埃奇沃思抱怨：要是英国海军部能够好好利用航海日志中的数据那该多好。他指出，"目前服役的皇家舰艇共有1000多艘，每艘船每年向海军办公室提交2~8本航海日志"。"这些日志记录了每个小时的风况和天气，而且在同一时刻分布在海洋各处的日志肯定不在少数，对于一个有耐心的气象学家来说，还有什么数据比这些航海日志更有价值呢？" 3

不过，此时蒲福还有别的事情要处理。在他晋升为海军上校后不久，他便被从整个英国舰队中挑选出来，对小亚细亚半岛南部沿海开展水道观测研究。对于蒲福来说，这是一次极好的锻炼。在18个月的时间内，他在英国皇家舰艇"弗雷德里克斯蒂恩号"(the Frederickssteen)上沿着如今叙利亚和土耳其在地中海的海岸线进行研究。事后蒲福含蓄地把这次考察称为"差遣"，它使蒲福深入到一个被人遗忘的古老国度，虽然人们有过种种想象，但很少有人亲眼见过。考察进展得很顺利，但到了1812年，蒲福被卷入

---

① 气象术语，指突然发作的强风，持续时间短。出现时瞬时风速突增、风向突变，气象要素随之亦剧烈变化，伴随雷雨出现。

与一伙土耳其人的血腥冲突当中。在冲突中，他受了很严重的伤，以至于一度认为自己可能挺不过去。后来他虽然痊愈了，但这一事件使他无法再继续自己的事业。不久后，他回到英国，身体日渐恢复。他的归国标志着人生中一段幸福时光的开始——他在伦敦结了婚并开始了漫长的退伍生活。

1813 年 12 月，蒲福去往被誉为"缪斯沃土"(Seat of the Muses)① 的埃奇沃思的家乡，与他那年迈的导师会面。自从他们一起从事电报事业以来，已过去十余年了，这次重逢让埃奇沃思感到异常激动。他一直都在关心蒲福的发展，并且还有一个好消息要告诉蒲福。他曾与英国皇家学会主席约瑟夫·班克斯爵士联络，并在合适的时机提出，鉴于蒲福在地中海海岸的研究活动，其是否有资格加入科学协会。班克斯给出了热情的答复，并告诉埃奇沃思，只要有了他的推荐，蒲福就足以成为候选人。两人在圣诞节聚会时，埃奇沃思把这一好消息告诉了蒲福。蒲福大喜过望。经历了长期的怀才不遇，备受冷落，这是对他最好的礼物。带着重新建立起的乐观态度，他回到英国。他变得更加务实，并且有了很多选择。[4]

1814 年 1 月，蒲福到达伦敦，当时这里正在遭受极端天气的蹂躏。一场大雪过后，圣诞节的大雾接踵而至。在之后的几周，气温骤跌至冰点以下，街道上覆盖着一层厚厚的积雪，公园变成了奇妙的冰雪世界，九曲湖 (Serpentine) 俨然变成了一座溜冰场。

---

① 缪斯是希腊神话中主司艺术与科学的九位古老的文艺女神的总称，"缪斯沃土"用以比喻这片土地人才辈出。——译者注

位于威斯敏斯特桥与黑衣修士桥之间的泰晤士河也结了一层厚厚的冰,就像一块坚硬无比的"金刚石"。伦敦人趁机来到河上游玩。冰面上设置了秋千船、书报亭和售货摊点,成百上千的人赶来一睹伦敦人在水上漫步的奇景。帐篷和小亭子上装饰着五颜六色的彩带和彩旗,有的上面打出了"冰城莫斯科"的横幅广告,"里面摆满了各种紧俏的奢侈品:鸡尾酒、啤酒和姜饼"。[5]

1814年2月的严寒天气是一系列异常天气事件中最近的一起。1811年5月伦敦出现了惊人的雷暴天气,1812年的春夏季节也是1799年以来最冷的日子。1813年5月,伦敦东区出现了双彩虹,"虹身十分壮观"[6],持续了40分钟,伦敦街道上连续三个冬天都弥漫着有毒的浓雾。由于无法对这些异常事件作出解释,科学协会遭到了《尼克尔森期刊》(*Nicholson's Journal*)的评论作家无情的抨击:"对如此常见的冬季大雾现象都很难提供合理解释,恰恰说明了气象学的发展微乎其微。"[7]

康斯太勃尔:揣摩天空的光线

风景画家约翰·康斯太勃尔对天气保持着一种细致的观察。1814年2月,在距离冰冻的泰晤士河以北1英里的夏洛特街,康斯太勃尔和这里的居民一样,正守在炉火旁抵御严冬。在写给未婚妻玛利亚·比克内尔(Maria Bicknell)的信中,康斯太勃尔几乎没怎么提及泰晤士河面上的狂欢,而是向她痛苦地倾诉:他"草率地穿上好几件泛潮的衣服",因此他的肺部染上了"顽固的"咳嗽,他"目前正在竭力发笑以试图驱赶这一顽疾"。[8]

康斯太勃尔时年37岁，只比蒲福小2岁。他拥有一双深邃的眼睛，头上长着浅浅的一层栗褐色的头发，脸上留着浓密的络腮胡。年近中旬的他已不再是那个富有激情的青年，那个曾经踏遍了位于萨福克－埃塞克斯边界的东贝格霍尔特地区的平原和草甸的年轻画家，现在变得更加沉稳。虽然他很喜欢英国的天气，但这种霜冻天气除外。他并不是因其冬景画作而闻名于世的。他在英国皇家美术学院的名声得益于他对英国各郡静谧的仲夏风光的完美呈现。

和蒲福一样，当时的康斯太勃尔在事业上也是一筹莫展。虽然他努力结交本杰明·韦斯特（Benjamin West）、托马斯·劳伦斯爵士（Sir Thomas Lawrence）等众多名人，甚至还曾在皇家美术学院的年会上与著名画家约瑟夫·马洛德·威廉·透纳比邻而坐，但在这个高度集中和封闭的艺术家圈子之外，知道他名字的人并不多。10年后，他的事业峰回路转，他不禁深情地回忆起1814年的自己："我在事业刚起步之时跌跌撞撞，在漫长的道路上艰难跋涉，从没有哪个年轻人会像我那样迷惘。"[9]

但康斯太勃尔向那些知道他名字的人证明，他并不是一个平庸的画家。在过去的10年里，他在自己的绘画风格上默默耕耘，将田园风光与自然环境完美结合起来。他长年在他最喜欢的春夏季节回到萨福克郡的戴德姆河谷（Dedham Vale）和斯陶尔山谷（Stour Valley），对这里广袤的风景进行写生。他想捕捉秀丽迷人的乡村风貌：沉睡的原野、潺潺的小溪，还有并不规整的小木屋。就像一个辛勤的农民把自己的劳动果实带到市场售卖一样，他还要赶回伦敦的家里，头脑中装满了各种灵感，有待转化成一幅幅画作，到冬天拿到皇家美术学院进行展示，以准备参加夏季的画展。

康斯太勃尔最大的特点是对于准确性的不懈追求。他对于乡村生活生动细节的渴望源于1802年他的事业初期。当时作为伦敦一位年轻的画家，他对于史诗类画作，特别是那种夸张的、理想化的风景画或"异想天开式的作品"感到大失所望，急于树立自己的绘画风格。在写给他的童年好友、位于东贝格霍尔特的约翰·邓索恩（John Dunthorne）的信中，他愤愤不平地表达自己的雄心壮志。康斯太勃尔承认，为了"让自己的作品看起来与其他人的相似"，他浪费了很多年的时间。他发誓，"我将回到贝格霍尔特，掌握一种纯粹的、朴素自然的景物表现手法"。这种风格将使他独树一帜。"对于一个自然主义画家来说，其发挥的空间将是广大的。当今画界的一大弊病在于总是追求一些华而不实的、超现实的东西。风格有盛行之时，也必然有衰落之日；唯有真实性是亘古不变的，唯有真实性才能历久弥新。"[10]

在这封信中，他针砭时弊、侃侃而谈，被后人视为其事业的开端。在康斯太勃尔看来，一个自然主义画家就是要在描绘中忠于自然。只有通过长年累月地对人物、动物、花草和树木的耐心观察和研究，才能锻炼出这种风格。他对于细节的执着追求已经成为他的招牌风格：像鹿角一样的橡树、在篱笆下吃草的毛驴、看门的家犬、父亲的马车，以及萨福克郡特有的家畜等。正如康斯太勃尔的一个传记作者指出的，所有这些事物，他在刻画的时候都有意地使其看起来"就像一本小说中的小角色一样"。[11]

康斯太勃尔对于自然世界的痴迷也扩展到了天空和大气。因为他明白，所有的景物都是透过空气才得以呈现在人们眼前的。云朵之间的缝隙或太阳的高度产生了明暗对比的特质，也就是光与影之间的强烈反差，他热情地将其称为"创造空间的力量，我们在大自然中无时无处都能领略到它，对立与统一、光与影、反射与折射"。昏暗而阴沉的天空会使事物变得模糊，使色彩失去饱和度，而中午的艳阳天则会吞没阴影和纹理。为了表现出明暗的对比，康斯太勃尔喜欢描绘一种被后人称为"积云"的气象，因为这能够为他描绘地面上明与暗的层叠交错留出足够多的空间。他对于光线的这种探索也成为他绘画风格的一部分。有一次，当他听到一位女士说他的一幅作品"丑陋"时，他回应道："夫人，我在生活中从来没见到过什么东西是丑陋的，一切都不过是光和影，以及能够将其完美呈现出来的独特视角。"[12]

在1814年1月和2月的冰冷季节，他正忙于创作一幅新作品，名为《萨福克郡农耕一景（夏景）》（*Landscape Ploughing Scene in Suffolk* [*A Summerland*]），那是根据他在1813年的写生簿上的草稿创作的。与费兹洛维亚（Fitzrovia）拥挤的结冰道路截然不同，这是一幅描绘夏天的风景画：观察者从一小片树林的上方极目远眺，近处是东贝格霍尔特郊外坡度平缓的田野，以及两座低矮的小山。远处依稀可以看到两座教堂和一个风车磨坊；近处有两个农夫正驾着犁耕地，犁被马牵引着，沿着农田的沟坎前行。天空阴晴不定。这幅画混合了冷、暖两种色调。农田上的温度很高，以至于农夫的狗懒洋洋地趴一块垫子上享受着阳光。

在描绘其中的天空时，康斯太勃尔遇到了难题。2月22日，他向约翰·邓索恩吐露苦衷："我必须想办法让画面增加点暖色。但这很难，因为现在整个画面看起来都是阴冷的，就像是雨夹雪的前兆，你知道，我的作品中经常会遇到这种问题。"[13]这是绘画中的一个典型问题。对于画家来说，将天空与大地调和是一个巨大的技术挑战。为了规避这一问题，多数风景画家往往把天空画得温和清淡，这样就不会干扰下方的景物描绘。

但对于康斯太勃尔来说，这种投机取巧的做法是不能容忍的，而他坚持的原则又给他带来巨大挑战。天空始终是一个棘手的描绘对象，而云彩更是难上加难。单从地面某个位置观察，很难准确判断云朵的大小，而且云彩还会随风飘荡，不停地变换形态，让人无法长时间细致观察。数学家乔治·哈维（George Harvey）指出：

> 同一片云朵，对于一个观察者而言可能正焕发着光彩，而对于另一个观察者而言则可能正沉浸在阴影当中。看起来像山峰的地方或许只是云朵近端的一部分边缘；看起来像底座的地方或许是云朵远端的一部分边缘……这位年轻的观察者必须具有足够的耐心和注意力，对上空飘浮的各种云朵进行深入研究。[14]

这个问题困扰了康斯太勃尔长达数周。不过，到了第二年5月画展即将开始前，《萨福克郡农耕一景（夏景）》如期入选。约翰·奥尔纳特是一位来自克拉珀姆的收藏家，同时也是一名酒商，他在看到这幅作品后赞叹不已。出乎所有人的意料，奥尔纳特买下了这幅油画。康斯太勃尔的朋友，也就是后来他的传记作家查尔斯·莱斯利（Charles Leslie）将此事称为"一件了不起的大事"。[15]

之所以说这是一件大事，是因为康斯太勃尔此前从未向个人交际圈以外的人士售出过自己的风景画。康斯太勃尔感到既惊讶又欣喜。他以后应该感谢奥尔纳特，因为后者的赞赏，才使他有了继续绘画的信心。不过，要是康斯太勃尔当时知道实情的话，估计他的欣喜就大打折扣了。奥尔纳特在克拉珀姆收到这幅风景画时，说了一句："我不太喜欢这画中天空的效果。"可能是因为它的阴冷色调，那是一种阴雨欲来的征兆；也有可能是因为在对比中天空显得过于突兀了。奥尔纳特并没有说具体的原因，也没有告诉康斯太勃尔。他决定"抹掉"画中的天空，让另一位画家重新描绘出理想化的替代效果。[16]

1814年，对天空感兴趣的伦敦人不止约翰·康斯太勃尔一人。当约翰·奥尔纳特正在克拉珀姆盘算着如何修改他买到的风景画之时，在另一个地方，一个名为托马斯·福斯特（Thomas Forster）的年轻学者正在修订他的畅销书《大气现象研究》（*Researches About Atmospheric Phaenomena*）第二版。年仅24岁的福斯特已经在英国科学界小有名气。他的父母崇尚自由精神，他本人是卢梭学说的拥护者。自儿时起，福斯特就对自然界具有一种特殊的敏感。他是一位素食主义者、动物爱好者和天文爱好者。当同龄人在街头放肆玩耍或走上战场时，福斯特正在林奈学会（Linnaean Society）聆听约瑟夫·班克斯的讲座和课程，并在1811年成为学会会员。他为《哲学杂志》（*Philosophical Magazine*）和《小册子作者》（*The Pamphleteer*）等杂志撰写了数篇文章，并写成了两本极为深奥的专著：《酒精饮料在人体胃部的作用》（*The Action of Spirituous Liquors of the Human Stomach*）和《燕子冬季隐居研究》（*Observations on the Brumal Retreat of the Swallow*），并以颇为时髦的笔名"菲洛克利顿"（Philochelidon）进行发表。

这些著作为一条漫长而前途未卜的探索道路奠定了基础，不过在当时，福斯特最感兴趣的还是气象学。这可以说是一个家族的爱好。他的祖父和父亲都记录有气象日志，这就意味着，早在1767年1月起，福斯特家族就形成了一条坚不可摧的观测链条。在当时，标准化的气象日志尚未出现，因此他们的观测记录就是弥足珍贵的资料，并且福斯特本人多年来一直在坚持将它传承下去。1805年8月13日，年仅15岁的福斯特根据古老的亚里士多德关于活跃水汽的观点，"在哈克尼（Hackney）教区的克拉普顿（Clapton）的一株榆树上敏锐地观察到了一种罕见的蒸发现象"。[17]和幼年的蒲福一样，福斯特也记录下了这一场景。时间是傍晚大约六七点钟。天气温暖，天空晴朗，有东南风。福斯特观察到"在榆树上方升起一个深色的水汽柱：看起来约有2～3英尺（0.6～0.9米）高"。他观察了这一奇妙的蒸发现象长达半个小时，看着它时隐时现。

对于这一情形，福斯特一直记忆犹新，且当《大气现象研究》在1812年出版后，他还是会经常提到这个场景。这本书包括了当时人们所接受的气象理论、天气知识和福斯特日志中的一些摘录内容，销量十分可观。多年以后，巴黎天文台的弗朗索瓦·阿拉果仍在引用这本书的内容。在书的前言里，福斯特阐述了气象学的迷人之处。他写道："大气和大气现象无处不在，比如在各种条件下的雷声滚滚、彩虹悬空等现象，不论我们身处冰天雪地的寒带，温暖宜人的温带，还是置身于骄阳似火的热带，我们都能见到。"[18]

这可以看成是为气象学上升为一门现代科学吹响了号角。早在18世纪初，亚里士多德的观点就已被新生代的理性思想家所抛弃。当时流传最广泛的说法是，月球或其他行星是气候变化背后的推动力，不过，其他解释也很多。有的认为风暴是某个地区的含硫土壤与空气反应产生的，有的认为气候具有若干年的周期性。

所有这些理论似乎都比所谓的射气概念和流星概念可信。18世纪50年代，物理学家、未来的英国皇家学会主席约翰·普林格尔（John Pringle）证明，流星并非是在下月区形成的，而是源自神秘的外太空。这一理论对于亚里士多德的观点是一个沉重的打击。几乎与此同时，本杰明·富兰克林在费城做风筝实验的消息传遍了欧洲，据称，他在试验中竟然从电闪雷鸣的天空中引导下来火花，但这一消息其实是虚构的。如果说普林格尔的工作只是削弱了亚里士多德的观点，那么富兰克林就是将其一分为二，在宾夕法尼亚州一个雷电交加的夜晚，他把"闪电是由风的撞击产生的"这一古老信条彻底摧毁。

此后便兴起了带电气象学研究热潮。后来担任英国海军部秘书的约翰·巴罗（John Barrow），当时还是个年轻人，对富兰克林的实验非常着迷。他住在英格兰北部，他在这里制作了一只风筝，并在一个暴风雨的夜晚将其放飞到天空。一切进展得很顺利，直到一位老太太过来想看看他在搞什么名堂。巴罗后来回忆时狡黠地说："当时我忍不住想吓唬她一下。"[19]正如伽伐尼（Galvani）之后证明人体的肌肉是在电流作用下活动的，哲学家们开始设想，大气是由一种实在的流体构成，彼此之间通过相互作用进行传导，从而使空气永无休止地活动。一时间各种解释为之一新。北极光现象被解释为带正电的云和带负电的云之间带电流体的流动，而流星则被认为是远距离的放电现象。

卢克·霍华德：划分云朵体系

　　这些都是托马斯·福斯特在19世纪初期所提出的观点，一系列的新发现让人们欢欣鼓舞，似乎大气那古老而神秘的面纱终将被揭开。在新的世纪里，一个突破性的观点就已在英国被提了出来。但这一观点的来源似乎不太可信。卢克·霍华德是一个默默无闻的化学家和贵格派信徒，此前从未在报纸或社会上抛头露面。1802年12月，在伦敦的一次学术集会上，他提出了一套对各种云进行分类的体系。

　　在这之前，云的相关知识尚游离于科学之外。大多数人只是简单地把云视为天空的装饰或虚无缥缈之物。要对其进行描述可没那么容易。云飘忽不定，变幻无常，时而轻盈饱满，时而铺天盖地，汪洋恣肆，不可名状。人们只能借助文字的力量才能对它加以描述。就像描述风一样，只能发挥作者的文学天赋。1703年，在英国伍斯特郡有一位天气记录员，为了把握不同云朵的特征、形状和外观，做了一次著名的尝试。他以极其丰富的想象力，把云朵比喻成梳子、蜘蛛网、羊毛、棕榈叶、狐狸尾、绉纱、生丝、丝绸等上百种日常物品。[20]

　　然而，1802年卢克·霍华德在阿斯凯什学会（Askesian Society）刊物上发表的《论云的形变》一文，结束了这种做法。这被公认为是对19世纪气象学的重大贡献之一。他在论文的开头写道："如果说云只是天空中大量水汽凝结的产物，云的变化仅仅是由于空气的运动而引起的，那么对于各种云的研究确实可以被视为捕风捉影，徒劳无功。由于风是变幻莫测的，所以任何试图对云的形状进行描述的做法也必然是无穷无尽的，因此也是无法描述的。"[21]

1. 卷云　2. 卷积云　3. 卷层云　4. 积层云　5. 积云　6. 雨云　7. 层云
乡村上空的云，带有图例。拉德克利夫（E. Radcliffe）雕刻。

但霍华德反驳道，其实云并不是不可描述的。霍华德求学期间读了大量经典著作，并受到卡尔·林奈关于植物物种和类型划分体系的影响，于是构思出了一套类似的关于云朵的划分体系。他在伦敦的家中用了数年时间观察天空，到1802年，他终于将成千上万的起伏变化浓缩为一套简明的分类体系。霍华德归纳界定了7种形态，并用拉丁文给每种形态命名。他把云划分为三个主要类别：卷云（cirrus），是在高层大气形成的纤细状或"弯曲状"云；积云（cumulus），是比较常见的中层"凸状或圆锥状云堆，从水平的底面向上堆积"；层云（stratus），是一种幅度宽广，连续的水平云层，自下而上生长"。此外，他还添加了两个"中间形态"：卷积云（cirro-cumulus）和卷层云（cirro-stratus）；以及两个混合形态：积层云（cumulo-stratus）和积卷层云（cumulo-cirro-stratus）。最后一种形态通常被称为"雨云"（nimbus）。

就是通过在这样一个名不见经传的哲学社团发表的这篇论文，霍华德的云分类理论以及他作为气象学先驱的名声迅速传播开来。当他的论文在《哲学杂志》上刊登之后，他的分类体系很快就被整个欧洲所采用。德国作家戈德也向他表示祝贺，称赞他的分类体系就像是浓雾中的一座灯塔，为混乱的自然建立了秩序。霍华德一时声名远播。他的成功源于对拉丁语这种学术性通用语言的运用，使其在与法国博物学家让-巴蒂斯特·拉马克（Jean-Baptiste Lamarck）几乎在同一时间创立的（一个高度相似的）分类体系的竞争中，拥有无可比拟的优势。

福斯特：创立天气简述

福斯特属于伴随着霍华德的成功而成长起来的一代思想家，在他所著的《大气现象研究》一书中，霍华德的影响随处可见。不过，颇具个性的是，福斯特打算对霍华德的术语进行改进。由于认为拉丁语具有局限性和精英性，他决定创立自己的术语，名称简单易记，如用"curlcloud"指代卷云，用"stackencloud"指代积云，用"fallcloud"指代层云。实际上，福斯特这本书的前三分之一本质上是对霍华德成就的感悟，他用略带艳羡的口吻写道："假如我能进行评价的话，那么我认为霍华德关于云的形成和消失的理论在大部分细节上都是极其准确的。"

如同几百年前的亚里士多德一样，福斯特创立了天气简述。他以大量详尽的细节描述了积云的形成过程，从一个小斑点到一个庞然大物。他认为卷云具有变化无常的特点，就像一条趴在火堆旁的狗，在天空中伸展开来，有着毛茸茸的身子和尖尖的尾巴，有时候一连好几天都能见到，有时候一转眼就不见了。而对于层云，他将其描述成"沿着夏日夜晚的山谷"潜行的薄雾，具有醒目的白色，在月光下从远处看时，"简直如梦似幻"。层云上方是卷层云，福斯特将其比作一群鱼。他写道："有时候整片天空都布满了斑驳的卷层云，就像鲭鱼背一样。"卷积云让他联想到了羊群，而卷层云"中部稍稍隆起，从地面看起来更显得厚重和广大，就像是大海中鱼跃而出的巨大海豚的背部"。[22]

福斯特关于天空的观点是与他认为"电具有粘合力"紧密相关的。他认为，处在最高云层的卷云被电流拖出长长的尾巴，成为一切电流的导体。而在卷云下方，其他云朵的正极和负极在电流交互作用下不停地发生转换。在一定条件下，不同的云会连在一起，形成一朵不透明的积雨云。

福斯特将其比作电流的大舞台，有时候天上的云显得乱糟糟的，就像在上演一场闹剧，而有的时候又会和谐有序，就像管弦乐队的演奏家。为了让这本书的第二版显得更加生动，他还添加了一系列的插图，来显示天上不同位置的云。当时的印刷技术还不成熟。印刷用的雕版是根据他自己的天气素描制作的。两朵相距遥远的卷云，尖头微微卷起，看起来与其说是云，倒不如说是雪橇留下的弯弯的轨迹。此外，积雨云的外形十分夸张，用现代人的视角来审视，就像是原子弹爆炸时升起的蘑菇云。虽然制作略显粗糙，但是福斯特的出版商——帕特诺斯特罗（Paternoster Row）出版社的罗伯特·鲍德温（Robert Baldwin）仍将其视为一大卖点。在发行该书时，他在一家报纸上写了一段宣传语。

> 该版本将包含一系列插图，用以展示霍华德先生对云的命名法以及其他大气现象。在这样一种命名法出现之前，人们创造了对大气现象的描述方法，有的还非常晦涩难懂。因此，人们希望这次尝试能为观察者提供一些一般性的规则，使其相对于画家和雕刻家来说具有极大的优势。[23]

《大气现象研究》中的素描，作者是托马斯·福斯特，1816年。

　　乔治时代后半叶俨然成了一个睁眼观世界的时期。[1] 人们时刻期待着迎接一次个人启蒙或重大发现。当时有很多人相信，自然是继《圣经》之后上帝的第二本圣书，对于他们来说，探索自然界，一窥天国世界运行的究竟，已成为一种神圣的体验。用细致敏锐的眼睛和好奇心爆棚的大脑，揭开神圣的谜题，从而能够使他们与上帝靠得更近。约瑟夫·普里斯特利在1767年一个值得纪念的场合，就向世人证明，这些谜题是多么容易被揭开。当他走在利兹市（Leeds）的一条街上，他发现从一家酿酒厂里排放出一种特

---

① 乔治时代指英国乔治一世至乔治四世在位时间（1714~1830），其中1811~1820年又称为摄政时期。有时，也将威廉四世（1830~1837）在位时期算入乔治时期。

殊的气体。他将这种气体装进瓶子里带回家，然后将其导入一个小水瓶里。结果产生了一种嗞嗞冒泡、喝到嘴里舌头微微发麻的液体，这让他兴奋不已。他将其命名为苏打水，并且它很快就成为一种流行的清凉饮料，商家在推销时声称这种饮料有益健康。

康斯太勃尔：用绘画记录天气

把自然事物装瓶保存的想法很快就被运用到其他领域。就在普里斯特利的苏打水大获成功一年后，一个名叫威廉·吉尔平（William Gilpin）的牧师，开始致力于自己最看好的项目：风景画。在吉尔平看来，风景画是一种美学典范，是对10年前由埃德蒙·伯克所定义的"庄严"（Sublime）的一种提升形式。吉尔平关于风景画的理念是相当宽松的，即"一切适合作为绘画对象的事物"[24]，虽然如此，他关于绘画对象的论述还是比较有影响力的。在18世纪八九十年代，当康斯太勃尔还是萨福克郡的一个小顽童时，人们就已经有了开展风景画徒步旅行的想法。1794年，吉尔平进一步扩充了他的哲学理论。他呼吁那些开展风景画旅行的人边走边写生，等他们结束旅行回到家中后，就可以继续欣赏旅途中的风景。这些旅途写生就是现代假期快照的雏形。

吉尔平把他关于写生的观点写进了他的《论风景写生艺术》一文中。他还对风景写生的构图和画法进行了讨论，教人们如何用铅笔或墨汁把看到的自然景物复制到写生板上，作为一个备忘稿。吉尔平非常热衷于这门艺术，不过它也并不是没有局限的。吉尔平说，"绘画艺术无法表达自然的丰富多彩……通常来说，所追求的完成度越高，最终反而会显得生硬和不自然"。[25]吉尔平认为，高完成度的典范，或者说完美的写实细节，"仅属于具有高超表现手法的大师们"。他继续谈道："绘画既是一门科学，又是一门艺术；如果能达到完美程度的作品少之又少，那么谁还会花费毕生精力去从事绘画，我们又能在那些仅利用闲暇时间作画的人身上寄予多少期待呢？"[26]

吉尔平的文章被广泛阅读，也传到了英国皇家美术学院第一任院长约书亚·雷诺兹爵士（Sir Joshua Reynolds）的手中。他在给吉尔平的贺词中写道："这篇论文已经被摆在我的办公桌上；每天如果不拿来读一读，就感觉少了点什么。"[27]根据吉尔平的指导，数以百计的人纷纷涌向英国的各个景点，如迪恩森林（Forest of Dean）的西蒙兹亚特（Symonds Yat），哈德良长城（Hadrian's Wall）① 附近的荒芜地带，试着去发现美的所在。吉尔平告诉读者，他们所发现的各种适合作画的景物，如一棵树、一片森林、一座山川或一条溪流，"通过与其他景物的结合就会发生各种变化；而加上光线、阴影和其他空间效果，就会再次发生变化"。[28]

康斯太勃尔手上就有吉尔平的这篇论文，这对他早期的创作方法产生了重要影响，特别是受此影响，康斯太勃尔酷爱户外写生。不过，还有一个人物对他影响更大，那就是他心目中的偶像——17世纪法国的画家克劳德·洛兰（Claude Lorrain）。早于康斯太勃尔时代的150年前，当时生活在罗马的洛林就曾尝试分析自然，他常常在一大早躺在草原上，看着太阳慢慢升起，观察光影

---

① 哈德良长城，由罗马皇帝哈德良修筑的东西横断大不列颠岛的防御工事。

变幻的天空，看着天空逐渐由黑变红，由红变黄，最后变成蓝色。康斯太勃尔知道，观察的要诀是要仔细看，紧紧地盯着天空。这是一种感悟性的经验，康斯太勃尔一次次地重复，随着时间的推移，他积累了大量研究发现。

康斯太勃尔那套薄薄的写生集（通常未标明时间）让今天试着为其作品编排顺序的人大伤脑筋。最典型的是其中一幅名为《春天：东贝格霍尔特公地》(*Spring：East Bergholt Common*) 的油画作品。这幅画被画在一块橡木板上，背面是一幅更早期的夜景，人们对这幅画的创作时间推断不一，最早的认为是创作于1821年，最晚的认为是1829年。不过，也有资料显示，它可能是为1814年的《萨福克郡农耕一景（夏景）》的草图。

无论如何，《春天：东贝格霍尔特公地》这幅画是康斯太勃尔所有油画作品中最美、表现力最强的作品之一。它具有略显夸张的风景格局，长36厘米，宽19厘米，构图相对简单：一个耕地的农夫赶着他的几匹马穿越田野，身后矗立着东贝格霍尔特的一座风车。这座风车点出了这幅画的主旨：人类社会与自然的相互作用。天空是3月早晨那种寒冷的蓝色。大气看起来严峻而变幻莫测，空中布满了醒目的积云。风看上去很大，似乎要吹透农夫的脊背，拨动风车的叶片。在阴冷的褐色与绿色相间的田野远处，隐约可以看到一座教堂那淡淡的尖顶，画面左边有一棵榆树，榆树下是生活的人们。他的传记作者查尔斯·莱斯利后来写道，"康斯太勃尔始终反对通过补充自然的嫩绿色来获得暖色"。正是《春天：东贝格霍尔特公地》这幅画，促使瑞士画家亨利·富塞利 (Henry Fuseli) 在文章中这样评价康斯太勃尔："他让我想要穿上大衣，撑起雨伞。"

这幅草图后来被制作成镂刻铜版画，收录在康斯太勃尔后期的《英国风景》(*English Landscape Scenery*) 当中。康斯太勃尔亲自为这幅风景画添加了描述：

> 这一版画多少呈现出早期那种鲜明生动的绘画风格，当时几乎所有的自然景观都承载着这种欢快的意境。中午的天空浓云密布，似乎充满了冰雹或冻雨，它那宽广而阴冷的阴影横扫田园、草木和山川；通过山林幽深与花木繁茂之间的对比，提升了新绿和嫩黄的色调值，使其在这个季节更显可贵；同时也增加了其亮度，通过特定姿态引起一种活泼的变化，这正是画家们一直追求的。[29]

康斯太勃尔对此类景观是非常了解的。年轻时，在东贝格霍尔特他父亲的一个风车磨坊里，他曾当过风车工人，操纵的恰好就是他草图中描绘的那架风车。莱斯利后来指出，康斯太勃尔曾在画中留下了自己的行踪，也就是在作为风车架子的木板上清晰地刻下了"约翰·康斯太勃尔 1792"字样。康斯太勃尔本人也曾告诉朋友们，正是他在当风车工人的日子里，"他对大气现象做了最早的研究和最有用的观察"。

风车操纵如今几乎已经绝迹了，但在康斯太勃尔时代，它是一项寻常的工作，需要保持精力高度集中。莱斯利在康斯太勃尔的传记中写道，"风车磨坊的工人会时刻关注天气的变化"。东贝格霍尔特的风车属于典型的柱状风车，因为风扇是位于一个又高又直的柱子上，工人可以扳动它的朝向以捕捉风。康斯太勃尔或许曾经在里面工作过，操纵着齿轮系统，扳动着扇面，当风太大的时候拉动制动杆。这可是一项十分危险的工作。相对于风的力量来说，风车磨坊可以说是一个精密而脆弱的装置。如果在风暴到来时扇叶未能收起，那么在风力和自身惯性的带动下，它将以极高的速度旋转。据说，如果不能在正确的时间及时压紧制动轮，那么旋转所产生的摩擦力足以让风车燃烧起来。因此，磨坊工人必须时刻与即将到来的天气保持一致，根据天空的云量，周边光线的明暗或风速来判断善变的天气。经过18个月的工作，康斯太勃尔自然而然地成为一名天气观察者，东贝格霍尔特的人把他称作"英俊的磨坊工"。后来他的哥哥艾布拉姆声称，"当我看约翰画的风车的时候，感觉它几乎要转起来了，但其他画家的风车就未必有这种效果"。

孤独的康斯太勃尔尽情地研究着季节的特征，观察云层扫过贝格霍尔特公地上空，然后飘向大海。他或许曾注意到一种被称为"风切变"（wind shear）的现象，即位于大气中不同高度的风沿着相对的方向前进，从而把云一分为二。他也一定见过伴随积雨云产生的小飞云。康斯太勃尔把这种高度很低、乘着一阵强风飞奔的"小乌云"称作"报信云"，它们"往往预示着坏天气"。他继续写道：

> 它们沿着被称为"云巷"的线路飘行。在这种天气条件下，它们几乎都是处在暗影当中，仅能接收到来自其上方蓝天的部分反射光。只有穿越白色云层上空时，才能看出它们的黑色面目；而在穿越阴影区域时，它们就会呈现出晦暗、苍白或阴森的色调。[30]

这种报信云恰恰是康斯太勃尔想要往其绘画中添加的科学细节，使他的作品在现代人看起来往往带有一种奇特的额外维度（extra dimension）。他于1836年在英国皇家美术学院发表的一次演讲中谈到，"绘画是一门科学，所以在研究绘画的时候，应当将其视为对自然规律的探索。那么，为什么不能把风景绘画视为自然哲学的一个分支，而把画作看成是对它的种种实验呢？"通过对雅各布·凡·罗伊斯达尔（Jacob van Ruysdael）[①] 所绘的《小幅冬夜景》（*Small Evening Winter Piece*）进行剖析，他展示了自己的分析能力。这幅作品中也包含了风车这一典型元素。康斯太勃尔分析道：

> 这幅画呈现的是冰雪即将消融之景。大地被白雪覆盖，树木也是白色的；但画的中央位置有两架风车；其中一架风车的叶片是收起的，并且面向风吹来的方向，也就是风车停工的朝向；另一架风车的翼杆上挂着帆布，朝着另一个方向，表明风向发生了变化；云沿着那个方向铺开，根据天光判断应该是南方（按照北半球冬天的太阳位置），这种变化将带来黎明前的消融。这些环境因素的一致性表明罗伊斯达尔十分了解他所画的对象。[31]

很少有画家能够达到这种解析精度。康斯太勃尔曾对莱斯利

---

① 所罗门·凡·罗伊斯达尔（1602~1670），荷兰黄金时代风景画家，雅各布·凡·罗伊斯达尔的叔父。

说，"绘画的过程类似于算数的求和，丝毫增减都会产生错误"。

1816年以后，康斯太勃尔不再把东贝格霍尔特作为主要的创作对象了。这时他已经结了婚，虽然萨福克的乡村风光仍然是他创作的灵感来源，但他没有充足的时间去斯陶尔山谷进行考察旅行了。他致力于描绘1817年6月官方庆祝滑铁卢大桥落成庆典的盛景，相对于东贝格霍尔特那沉睡的原野来说，这种国家性的庆祝场合是相当隆重的。两年后，当他举家从伦敦中心区搬迁至汉普斯特德低地一个租来的乔治式小别墅时，他会发现新的地理挑战。这一次搬迁将成为他最伟大的大气实验的催化剂。

远离了首都伦敦的喧嚣和烟雾，汉普斯特德是一个自然的，而且越来越受人欢迎的去处。它位于伦敦西北部，距离伦敦仅4英里（约6.4公里），从托特纳姆法院路、霍尔本或伦敦银行花1先令即可乘坐四轮马车到达这里。汉普斯特德村位于一座山的斜坡上，后来人们都说，这里的人具有匹克威克式的英国幽默，在这里可以见到铺鹅卵石的巷子和驿站。此外，它还被奉为一片艺术的圣地。著名肖像画家乔治·罗姆尼（George Romney）在这里度过了自己的晚年。1819年，也就是康斯太勃尔搬来的那年，约翰·济慈也是从这里的田园风光中得到灵感，写出了著名的《夜莺颂》。

康斯太勃尔之所以对汉普斯特德情有独钟，除了其独特的艺术地位外，还有它那宜人的空气和有益健康的泉水（或井水）。汉普斯特德的水享有很高的声誉，以至于每天都有专门的运水车将水运至伦敦的查令十字路、布卢姆斯伯里、坦普尔栅门和舰队街，每瓶售价3便士。对于康斯太勃尔来说，能够靠近这种堪比灵丹妙药的优质水源，是他们选择搬到此地的另一个重要原因，因为他的妻子玛利亚的身体不是太好。远离大城市后，康斯太勃尔所面对的是一个以空气清新而闻名的小气候环境。

对于他来说，搬到汉普斯特德就是一种解放。他在伦敦中心区生活了20年之久，但仍没有完全适应城市生活。他曾说，"在伦敦看不到任何自然的或值得一看的东西"。[32]而汉普斯特德可以说是一个完美的选择。在这里，他既可以近距离地参与英国皇家美术学院一些重要的集会——这是他的绘画事业不断进步的动力来源，又可以游荡在他最热爱的旷野之中。汉普斯特德村紧邻汉普斯特德荒野，这是一片半撂荒的野地，从这里可以俯瞰"伦敦市区及其毗邻村镇，视野之大让人叹为观止"。这片荒野中分布着起伏不平的小山，浅浅的水塘和孤零零的村舍。

1819年10月，康斯太勃尔创作了这片荒野的首幅油画写生，名为《汉普斯特德的树枝、山丘和池塘》(*Branch Hill Pond, Hampstead*)。这时，他在汉普斯特德居住了才几个月，对这里的第一印象是清新、热情。他选择浅黄褐色、赤褐色和茶绿色来描绘大地，整体采用强有力的厚涂法。画中有一匹马在池塘边喝水，旁边站着一个骑马人。不过，这幅画的总体光度还是通过天空确立的。天空阴沉欲雨，昏暗的光线将天空分割得支离破碎，颜色看起来就像是受伤两天之后的淤青。向西望去，依稀可以看到远处的伦敦哈罗区正沉浸在大雨中。

在之后的两年里，康斯太勃尔研究了榆树、沙洲和村舍，这些都是当地最具代表性的景物。与这些素描画相比，康斯太勃尔为捕捉天空细节所创作的一系列油画素描不论是在数量上还是在范围上，都更胜一筹。这些素描画被绘制在小纸片上，每幅画用时约一小时，可以说是一挥而就。在1820年10月至1822年10

月这两年里，他创作了100多张素描画，记录了不同角度、不同时段和不同天气条件下的天空。康斯太勃尔在作画前要先找一个开阔的视角。然后坐下来，把画箱放在膝盖上，把厚厚的画纸固定在箱盖内侧。然后开始上色，选用紫色、铅白、铅丹、黑色和铁土色颜料来营造云的幻影效果。他只需一瞥，大千世界便了然于胸。

1820年10月17日星期二，康斯太勃尔画了一幅日落风景，近处是一排榆树，以及荒野里杂乱的矮树丛。天空是暖色，点缀着深色、薄弱的积云和飞云。他给这幅素描添加了如下注解："汉普斯特德，1820年10月17日，暴雨后落日。有风，朝向西。"

注解的详细程度具有重要意义。他记录下了地点、时间和天气状况。相对于那种天马行空般的艺术创作，他的这些做法让他表现得更像是科学家。他给素描添加注解的做法由来已久。15年前，他曾在一幅东贝格霍尔特的素描背面写下："1805年11月4日中午，天气很好，有浮尘。"从那以后，他一直坚持添加注解。而当他在1820年至1822年研究天空的画法期间，他为写生所作的科学性注解的决心变得更有目的性。

　　1820年10月18日4点至5点30分，北风。

　　汉普斯特德，1821年7月14日下午6至7点，朝向西北，强风。

　　1821年8月下午5点，早晨小雨过后天气晴朗，有风。

　　1821年9月10日，中午，微微西风，强雷雨过后非常闷热，积聚起来的雷雨云向东南方缓缓行进。非常明亮和炎热。所有的枝叶都在闪烁金光，空气湿润。[33]

这些注解，即使在没有相应的素描画的情况下，也足以刻画一片风景。随着他的注解不断发展，我们可以看出，康斯太勃尔一直致力于忠实地描绘大气景物。他的注解变得越来越长，描述得越来越生动。他试着画出一天中不同时段的各种类型和色度的云，以及各种天气条件下的天空，包括午后雷雨、辉煌落日、晨风习习、雨后落日和倾盆大雨等。两年前，透纳在一整本写生簿上画满了云、天空和生动的落日图景，如今，康斯太勃尔的这种带有注解的写生画，让他画的天空更显得别具一格。在短短两年时间里，康斯太勃尔创作出了大批带注解的写生画，并在1822年9月初达到顶峰：

> 1822年9月5日，朝向东南。中午非常清爽的风，明亮而清新的印象云移动得非常快。不时会展现非常明亮的蓝色天空。
>
> 1822年9月6日，朝向东南。12点至下午1点，清新明亮，阵雨间隙。整个上午似乎都要下雨，但到了下午和晚上就变得非常晴朗。

这些写生画还成了史料分析的对象。在最近的一项研究中，伯明翰大学应用气象学教授约翰·索恩斯（John Thornes）把康斯太勃尔的各幅天空写生画与卢克·霍华德、《考维的气象记录》(*Cowe's Meteorological Register*)、《哲学杂志》以及格林尼治天文台于同时期所作的气象记录进行了对比。经过对比，索恩斯发现，在康斯太勃尔36幅带日期的写生画中，有9幅与史料完美吻合，15幅非常吻合，11幅比较吻合，仅1幅不太吻合。此外，采用同样的方式，他能够"在某种确信度上"推断出一些未注明日期的写生画的创作时间。

关于康斯太勃尔为何画这些天空图景，学者们一直存在争论。汇总起来，这些画需要花费上百小时的创作时间，而他从未想过展出它们。仅仅是因为他热爱大自然吗？是因为他从伦敦中心区的拥挤街区搬到了被称为"大气实验室"的汉普斯特德荒野？是为了解决绘画艺术上面临的困难？还是出于对外光画法（plein-air sketching）的情有独钟？还是为了向未来的作品提供参考基准？例如，在1821年9月5日的一幅素描背面，他潦草地写下这些文字："非常适合奥斯明顿海岸"。

可以肯定的是，这些素描是与康斯太勃尔开始尝试绘制6英尺（约1.83米）油画同时出现的。在英国皇家美术学院里多年都默默无闻的他，决定作一幅面积更大的画：大到让人无法忽视。这使他本就非常出众的天空在画中更加凸显出来。现在，他可以尽情地描绘积云的一个个旋涡和隆起，以及中午时阳光下的每一处树荫。当康斯太勃尔于1820年至1822年间创作他的天空系列油画时，他还着手开始创作当时他最具雄心的一幅画。和他有关云的油画一样，他也给这幅画起了一个描述性的名字：《风景：中午》（*Landscape：Noon*）。后来这幅画被重新命名为《干草车》（*The Hay Wain*），并因其景物范围、叙述能力和天空主题而被评为杰作。罗伯特·亨特（Robert Hunt）曾在《审查者》（*Examiner*）中对这幅画中的天空大加赞赏，"除了大自然的鬼斧神工之外，我们还从没有看到过如此壮观的云层和纯净的光线"。[34]

虽然亨特对此不吝赞美，但其他人并不十分信服。1821年9月，康斯太勃尔从他的朋友，也是他的赞助人约翰·费舍尔（John

Fisher）那里收到一封信。信中告诉他，一个"名声显赫的批评团体"汇聚一堂，对他的一幅作品进行了评议，他从中发现有对他所绘天空的"非议"。

康斯太勃尔是在1821年9月收到这封信的，当时他正处于研究天空画法的中期。其实此种批评声音已经伴随他数年之久了，一个月后，他通过一封回信表明了自己的观点。他在信中对费舍尔捍卫他的立场表示感谢，并且透露有很多朋友和导师都曾建议他"把我画中的天空视为景物后面的一张白纸"。

> 如果天空（像我画的这样）显得突出，那么这幅画肯定是不好的。不过，如果天空（不像我画的这样）被规避掉，那么结果会更糟。我认为，天空始终都是构成作品整体效果不可或缺的一部分。当一幅风景画中的天空不是"主基调""尺度"的衡量标准和表达感情的主要器官，那么就很难界定这幅画的风格类型。因此，您或许就能明白"一张白纸"对我来说意味着什么。我对这些观点有很深刻的感受，它们不可能是错误的。"天空"本质上是一种"光源"，它决定了一切，甚至包括我们对天气的日常观测，也是通过天空展现的，只是我们没有意识到这一点，不论是在构图上还是在技法上，天空的描绘都是非常有难度的。[35]

康斯太勃尔通过这封说理清晰、引人注目的回信，对长期以来困扰他的问题进行了有力回击。由此我们看出，康斯太勃尔不只是一个身处汉普斯特德荒野的风景画家，更是一个意志坚定、孜孜以求，尝试以自己的方式理解和掌握一项技能的探索者，就像在暗室里研究三棱镜的牛顿，或是在美国费城的暴风雨中放飞风筝的富兰克林。在汉普斯特德荒野上，康斯太勃尔以优雅的手法、高超的技巧和饱含深情的专注作画，他成了一位哲人，一个大自然的门徒，在寻求真理的道路上踽踽独行。

康斯太勃尔去世后所留下的藏书证明了他所具备的启蒙精神。他拥有化学、鱼和生物学方面的专著，5卷法国生物学家乔治·居维叶（Georges Cuvier）所著的《动物王国》（*The Animal Kingdom*）和吉尔伯特·怀特的《塞耳彭自然史》（*Natural History of Selborne*），最后这本书是在1821年3月他开始研究天空画法之时，他的朋友费舍尔作为礼物送给他的。康斯太勃尔立志成为一个自然画家的决心促使他开展了多种调查研究。他认为，"在当今时代，我们在欣赏一幅画时应当力求理解它，不仅仅是抒发一种盲目的赞叹，或仅从诗意渴望的角度去看待，而应将其视为一种对合理性、科学性和机械性的探索"。[36]在英国皇家美术学院的演讲中，他以优美简洁的语言将上述哲学归纳为："唯有理解，方见真实。"[37]

"唯有理解，方见真实"，这不仅可以作为康斯太勃尔的至理名言，也是那个时代的至理名言。它是对一种日渐高涨的观点的高度概括，是对埃德蒙·伯克的庄严理论的发展。伯克的哲学源于庄严事物对人们产生的心灵震撼：悬崖绝壁、轰鸣瀑布、雷霆乌云等。这些事物都是宏伟而壮观的，正如令蒲福在克罗根山上深感震撼的云气流动一样。它们是凌乱的、狂热的、难以言表的，能够同时引起人们的愉悦和恐惧之情。伯克写道，在乔治时代的大部分时期，宏伟景象是人们用以"制造愉悦"的首选，前提是他们不能"贴得太近"。[38]

20年后在汉普斯特德荒野，情况与之大体相似，但产生的反应却截然相反。与蒲福不同，康斯太勃尔并没有感到震撼，而是保持着冷静、专注和好奇。这体现的是19世纪人们的经验主义，而不再是过去追求刺激的心态。正如康斯太勃尔所说，他的目的是能够看到真实的自然，而且他在这方面有两个优势：第一是他所独有的技能，那种天生的观察和记录的习惯；第二是科学的教化力量。在康斯太勃尔的藏书中，有一本是福斯特所著的《大气现象研究》(第二版)。这本书是一条具有重大意义的纽带，将康斯太勃尔同19世纪大气学启蒙思潮联结起来。

　　我们并不知道康斯太勃尔究竟是在何时得到福斯特的这本书的。这本书如今还由康斯太勃尔的后人保存着，书页上写着一行简短的题字："康斯太勃尔，于6月10日出版，珍本"。康斯太勃尔唯一直接提到这本书是在1836年他写给一位名叫乔治·康斯太勃尔 (George Constable) 的朋友 (并非亲戚) 的信中：

　　　　(我) 对云层和天空的观察都是记录在小纸片上的，一直未能将它们整理成演讲稿。我应该整理下，或许到明年夏天在汉普斯特德做一次这样的演讲……如果你想了解更多有关大气学的知识，我可以帮你，写信告诉我就行……福斯特的书是这方面最好的——他在书中提出的观点不仅仅是正确的，而且还有很大的突破性。[39]

　　不过，有力的线索表明，康斯太勃尔很早就购买了福斯特的这本书。他的这本书是1815年发行的第二版，上面还有鲍德温的专门标注："供画家和雕刻家阅读"。这本书在市场上一直销售到了1823年，之后被新版本取代。因此，康斯太勃尔有可能是在1815～1823年取得这本书的。另一个能够表明他在研究天空画法时就已读过福斯特的书的线索，是他在自己的一幅写生画上添加了"卷云"的注解。[40]这幅卷云写生是康斯太勃尔最美的天空画之一。在遥远的天空中，卷云薄如轻纱，细致优雅。如果康斯太勃尔没有读过霍华德的论文或福斯特的研究专著，那么他不大可能给这幅画取一个如此准确的大气学名称。

更为有利的是，康斯太勃尔在这本《大气现象研究》中还添加了注解，成为后人研究他对大气学理解的绝佳线索。一本添加了读者注解的书是特别有意思的，因为他往往包含着两种不同的声音。潦草的旁注，或许就是读者在深表赞同或反对时匆匆写下的。在这样一本书里，我们可以看到两个鲜活的思考者。多年以后再读这些书，仿佛就像是恰巧在某个屋檐下听到了一段久远的对话。

康斯太勃尔会挑选一些句段，用他细细的铅笔把一些值得记忆的引用勾画出来。在这本书的前言和第一章，都有他勾画的痕迹。这两部分内容讲的是大气学的迷人之处，大气学的可知性，以及在这一学科上研究兴趣的复兴。当福斯特谈到他对霍华德的云分类理论的分析时，康斯太勃尔表达了他的观点。他对福斯特关于卷云的描述表示"怀疑"，并且不同意福斯特有关层云的一些观点。在一段解释积云的文字中，他划出了这样一句话："积云的结构通常十分浓密，构成低层大气并随着地表风的流动而移动。"在有关卷层云的段落下，康斯太勃尔写道："热气、风、带电水汽"，在福斯特对于高耸的层积云的描述旁边，康斯太勃尔写道："在雷雨天气下，它就像一只大蘑菇"。[41]

随着康斯太勃尔对书中有关云的认识进行的勾画和强调，他所做的注解也一直延伸，涉及雨的降落，露水的形成，以及夏天各种各样的积云。在全书中，当康斯太勃尔不赞同福斯特的一些观点时，他也敢于挑战，虽然这种情况很少出现。

这本《大气现象研究》帮助康斯太勃尔成为那一时代的杰出人物。它使康斯太勃尔关于云的素描画从对自然景物的细致观察和描绘上升到一种科学研究。除了作为一个细致入微的观察者以外，康斯太勃尔还是一个聪敏的学生，边读书边观察，边思考边创作，边写生边做实验。从霍华德到福斯特，再从福斯特到康斯太勃尔，他们观点之间彼此的传承与激荡，标志着19世纪初期大气科学研究的再次觉醒。人们终于感到，距离认识大气和天气已经近在咫尺了。

康斯太勃尔所绘的云彩写生在很长时间里都未被公之于世，直至19世纪末期，他的女儿将其中大部分画稿遗赠给了维多利亚和阿尔伯特博物馆。不过，他的很多风景画得到了较好的流传和展示。这些作品中的天空，包括1821年的《干草车》，1824年的《奔马》(The Leaping Horse)，1827年的《布赖顿的锁链码头》(The Chain Pier in Brighton)，1828年的《戴德姆河谷》，1829年的《塞勒姆旧城》(Old Sarum) 以及1831年的《从草地观看的索尔兹伯里大教堂》(Salisbury Cathedral from the Meadows) 在19世纪一直受到观者的赞叹。如今它们被奉为英国美术品中的荣耀之作。

康斯太勃尔关于天空绘画的态度直接源于当时的一种求知氛围，这种学术文化促使学生们去观察、归纳和记录。这种态度使康斯太勃尔与福斯特联合起来。虽然他们可能从来未曾谋面，但是他们的目标是一致的。他们通过各自的方式努力实现对过往天气的忠实记录。福斯特从自己的书桌上抬起头来，瞥了一眼天空中如刷子般的带电卷云。康斯太勃尔坐在汉普斯特德荒野里，凝望着一片浅蓝色的天空，天上的积云随风而动，一阵狂风刮过，吹得他的画纸沙沙作响。在遥远的天边，天色昏暗，风雨正急。

　　一场暴风雨即将来临。

第3章

雨、风和极寒天气
Rain, Wind and the Wondrous Cold

恶风帕姆佩罗

皇家海军舰船"冒险号"(Adventure) 舰长菲利普·金 (Phillip King) 望着从马尔多纳多港口吹来的帕姆佩罗风 (pampero)。虽然天气已变得十分闷热，但人们未曾料到它将引起多么猛烈的风暴和混乱。"冒险号"在港口抛下了锚，船员们陆续上到海岸宿营。此时它的结伴舰船"小猎犬号"正从里约热内卢一路赶来与它会合，因此，靠岸的"冒险号"可以留出一天的时间进行检修和水源补给。当时是1829年1月30日星期五的下午，这一天像往常一样匆匆度过。补给船正在有序地渡过防波堤，驶向"冒险号"。法国护卫舰"林仙号"(L'Aréthuse) 正沿着海岸线漂泊。天空呈现出"风起云涌"的形势。下午5点多，菲利普舰长瞥了一眼气压表。原本稳定在30毫米汞柱的气压一下子跌到了29.50毫米。船顶的旗子在空中急躁地翻舞着。菲利普意识到风向变了。黑云在天空中蔓延开来。转眼之间，猛烈的帕姆佩罗风已经降临。[1]

暴风肆虐，整个海湾顿时变得一片狼藉。菲利普舰长在岸上看到"冒险号"侧翻了过去，被几枚巨大的铁锚紧紧地拖住。岸上宿营的帐篷被吹散后卷进海里。海湾中一艘满载货物的小船，被直接吹到一处海滩上。还有一条船"被摇得快散架了"。[2]菲利普写道，"旋风将海浪高高卷起，汹涌无比，似乎要把它遇见的一切事物统统击碎"。由于担心他的船员以及"林仙号"的命运，菲利普的双眼紧紧盯着眼前的景象，无暇顾及东侧的海岸。如果他曾转过头去，哪怕只是瞥一眼，也许就会看到海面上"小猎犬号"那模糊的轮廓——它正在与死神作殊死的抗争。

当"小猎犬号"和它的新指挥官罗伯特·菲茨罗伊就要在拉

普拉塔河口靠岸时，帕姆佩罗风已经捷足先登。马尔多纳多海湾已经近在眼前，按照事先计划，菲茨罗伊将在这里与菲利普会合，并听从他的下一步指示。"小猎犬号"从里约热内卢沿着南美洲东海岸一路南下，一路上都是夏日晴空，还算比较顺利。"小猎犬号"是一艘机动灵活的三桅帆船，船身长度仅有90英尺（约27.4米），与拿破仑战争中的那些庞然大物相比还是非常小的。不过"小猎犬号"在最初建造时并不是用于作战。它非常灵活，可以抵近海岸线，甚至可以被拖上海岸进行日常检修，这些优势使它非常适合从事勘察工作。

这天下午，菲茨罗伊一直关注着天气的变化。下午1点钟的时候，从东北方向吹来稳定的微风，一小时后风力变强，但到了下午3点，风基本上停了。水手们对天气有一种特殊的感情。他们知道何时该乘风而行，何时该降帆躲避恶风，这是他们的看家本领。正确的判断可以使航程节省好几天的时间。不过这天的天气让人有点费解。下午4点30分的时候，天空突然"风起云涌"。下午5点钟，天空已是乌云密布，菲茨罗伊察觉到了西南方向天边的雷电。5点20分，他对上桅帆、艏帆和尾帆进行了调整，并升起了主帆。发生异样的还不止如此。和菲利普一样，菲茨罗伊的气压表也发生了骤降。在骤降之后的半个小时内，气压表的读数在持续下跌：29.90、29.80、29.60……这只可能意味着一件事。时间刚过5点40分，还没等菲茨罗伊反应过来，船只便遭到一阵"巨大而急骤的"飑的袭击。[3]

当船员们刚把主帆升到一半的时候，就被风扯得失去了控制。船上的绳索和帆桁连同一个名叫托马斯·安德森的小伙子，被从30英尺（约9米）高的地方吹落进海里。"小猎犬号"的船首突然在大海中扭动起来，猛烈的海浪冲进了船体。短短的几分钟里，一切被搅得天翻地覆。这就是帕姆佩罗风的威力。船上的每个船员都听说过这种无比邪恶的西南风，它形成于阿根廷的潘帕斯草原，并沿着拉普拉塔河流域长驱直下。它可以在数分钟内刮起一场骇人的飑，迅猛、残酷、致命，就像一群水虎鱼一样危险。

菲茨罗伊紧接着就看到了闪电、大雨和冰雹。这只脆弱的小船，在风雨肆虐之下显得十分脆弱，似乎成了一口漂流的活棺材。它的中桅和艏帆的桁木，连同几根长木杆，全被折断了。在波涛汹涌的大海中，这艘船发生剧烈摇晃，好几次都近乎倾覆。直到菲茨罗伊把备用的船首大锚和小锚砍掉之后，船体才被扶正。下午6点，也就是距离帕姆佩罗风袭击后仅15分钟，虽然最坏的时刻已经过去了，但另一个名叫查尔斯·罗森伯格的船员也失踪了。

在担任指挥官后的首次航行中就发生如此重大的事故，这件事将成为菲茨罗伊挥之不去的噩梦。作为掌管着这艘船以及全体船员性命的他，在上任后不到6个星期就差点遭遇失事的厄运。30年过后，他对于当时的情景，以及被从帆索上吹走的"两个好兄弟"记忆犹新。菲茨罗伊回忆道："他们在海中拼命游泳，但一下子就被海浪吞没了。"[4]如果他当时早点降帆，这两个船员或许就能及时回到甲板上躲避。在帆船时代，一个指挥官每天可能需要下达上百个指令：抢风航行、转舵、缩帆、收帆、降下帆桁、领航操作等。每个命令都是至关重要的，特别是在条件恶劣的海域，速度、安全和灾难之间往往差之毫厘。

菲茨罗伊明白，这就是海上最残酷的现实。上级在挑选指挥官时要考虑他们的性格：他们应当是善于决断、行动坚决的人。菲茨罗伊后来写道：

那些从不敢冒任何风险的人，那些只敢在风平浪静时航行的人，那些只航行了一天就抛锚上岸的人，以及那些宁可将紧急任务往后拖、也要等到情况非常安全、执行起来相对容易时才行动的人，毫无疑问都是极其谨慎的，但很少能够成为英国海军历史上被人永远纪念的指挥官。[5]

不过菲茨罗伊也认识到了自己的责任。他对自己未能及时留意气压计的反应作了深刻反思。他回忆道："天空的迹象，气压计的读数，以及气温都预示了即将到来的坏天气，但由于对这种迹象缺乏自信，同时作为一名年轻的指挥官，在看到海军中将的旗舰后急于会合，因而导致疏忽大意，以至于错过了最佳的收帆时机。"[6]

两天后，也就是1月1日，破损严重的"小猎犬号"终于得以抵达马尔多纳多港与菲利普的"冒险号"会合，并在这里进行维修。对于菲茨罗伊的误判，人们没有过多责备。因为大家都知道，在南半球的大洋上，帕姆佩罗风是一种随时都可能降临的灾难。两名船员的失踪则被认为是这种时而波涛汹涌、时而风平浪静的海上生活的代价。

海军学霸菲茨罗伊

具有贵族气质的菲茨罗伊双目炯炯有神，做事情极为干练，是英国海军中最有前途的年轻人之一。他于1805年7月5日出生在一个正统的保守党家庭。他的父亲查尔斯勋爵（Lord Charles）是一位将军，后来成为伯里·圣埃德蒙兹（Bury St. Edmunds）的下院议员。他的母亲弗朗西丝·斯图尔特（Frances Stewart）是英国政治家卡斯尔雷勋爵（Lord Castlereagh）的同父异母妹妹。他的祖父格拉夫顿公爵（the Duke of Grafton）曾担任过英国首相，按照其父系氏族血缘追溯的话，菲茨罗伊还是国王查理二世的后代。这种门第出身是很多人难以企及的。虽然菲茨罗伊5岁时他的母亲就去世了，不过在他家位于北安普顿郡豪华的帕拉第奥式宅邸里，他度过了快乐的童年。通过他们家族在英格兰中部地区的势力，菲茨罗伊一直与伦敦及其周边各郡的社会生活保持联系。菲茨罗伊年幼的时候，卡斯尔雷的政治地位不断提升。最值得一提的是，在摄政时期（1811～1820），他们家族的两匹赛马"鲸须"（Whalebone）和"猫须"（Whisker）在德比的赛马会上先后赢得终极社交大奖。

　　不过菲茨罗伊最感兴趣的不是政治或社交，而是大海。人们对他早年时期的事迹知之甚少，仅有的就是关于他的处女航的有趣记述。他的处女航发生在他家里的一个大池塘里。机灵的菲茨罗伊趁着佣人们吃饭的功夫，从厨房里"征用"了一个盥洗用的木盆。他把木盆拖进水池，用石块作为压仓物，然后就开动了他的小船。他就像一个缩小版的库克船长或布莱（Bligh）船长，用一根长杆有模有样地划着船，从池塘的这一头划到那一头。眼看就要到达目的地时，他忽然失去了平衡，小船直接翻了过去。所幸他被家里的园丁及时从水中捞了上来，但也浑身湿透，形同落汤鸡。[7]

　　虽然出师不利，但菲茨罗伊的航海事业还是逐渐步入正轨了。在英国的罗廷丁学校和哈罗公学简短修学之后，他转到朴次茅斯的皇家海军学院完成了学业。他在这里大显身手，轻松学完了三年的课程，包括古典文学、数学、牛顿力学、航海术、外语、剑术、舞蹈、绘画、枪炮术和绘图等，被评为星级学员。之后在一年半的时间里他作为海军候补少尉，在世界各处的大洋上过着学徒生涯。这属于一种实践教育，他从中学到很多东西。

5年后，已经成长为一个坚强海员的他返回朴次茅斯，参加海军上尉考核。这是一项人尽皆知的技能测试，是对人的意志和耐力的严酷考验。菲茨罗伊站在一个考核小组面前，接受他们长达几个小时的轮番提问。考核小组的主席是威廉·霍斯特爵士（Sir William Hoste），是一名参加过拿破仑战争的老兵。这是一场在头脑中模拟的特拉法尔加海战，考核小组设置了各种航海情景，各种各样的问题像导弹一样从四面八方向他袭来。菲茨罗伊写道，"所有问题都解答正确了"，"有很多是用三种方法解出来的（一种是利用代数和球面三角），另外两种比较巧妙的方法，适用于速算或严密计算"。[8]在26个考生中，菲茨罗伊获得了第一名。他以前所未有的双满分从学校毕业，并获得了金质奖章。

不过，菲茨罗伊的学习生涯并未就此止步。他被任命为中尉，他在自己的房间里收藏了400多册书，这甚至超过了蒲福的藏书。菲茨罗伊是一个聪明的人，也是一个非常自律的人，他孜孜不倦地从书中获取知识。他的成功并不完全是建立在天资禀赋之上，更多是源于他的决断和努力。在海上的日子里，他还抽时间学习了拉丁语、希腊语、法语、意大利语和西班牙语。他时刻关注最新的科学研究进展，并对当时最热门的颅相学产生了浓厚的兴趣。作为一门古怪而活跃的学科，颅相学寻求揭示人类头部的尺寸、形状与个体性格之间的关联。当时，分类学非常盛行，人们热衷于对各种事物进行分类，从动物到植物，从风到云，而颅相学恰恰为其提供了另一个分类对象。因此，颅相学着实火热了几年。

颅相学在英国最知名的拥护者之一是托马斯·福斯特，据说颅相学（phrenology）这个词就是他创造出来的。菲茨罗伊对颅相学的观点深表赞同，这一学科对于那些专注于秩序的人来说格外有吸引力。

相对于那些无聊的小说和由哲学家埃德蒙·伯克、威廉·吉尔平等人所写的古旧的哲学著作而言，人们认为科学是纯粹而有益的，特别适合那些具有较高品味的人钻研。在19世纪20年代，令异性对一个人刮目相看的方法之一就是大谈特谈天上的恒星和行星。科学赋予人们认识这个复杂而混乱的世界的一种途径，而颅相学更是给这个最为复杂的研究领域建立了秩序：人的心灵。菲茨罗伊依照一套简单的性格识别体系来推断一个人的性格，即头与太阳穴，鼻子和下巴。他们是勇敢还是怯懦？是聪明还是愚蠢？是懒惰还是勤快？

对于这个在专业道路上已经取得长足进展的人来说，颅相学更给他的前途锦上添花。海军部队里很多人都听说过菲茨罗伊这个工作积极、沉着镇定的英俊贵族。有人甚至推断他拥有两万英镑的财富。这正是英国海军部所希望看到的。菲茨罗伊的聪明才智和贵族气质是一种完美的结合，他给人的印象是：冷静、机敏、勇敢、忠诚，这与他所面临的挑战相匹配。

"小猎犬号"南美探险

菲利普舰长将马尔多纳多湾建设成一个晴天船舶下水台，供英国海军部对南美大陆的最南端进行考察。自1826年起，"冒险号"和"小猎犬号"对了无人烟的巴塔哥尼亚海岸线和海峡进行了测定，为当时仅存的少量过时的航海图中增添了更多新细节。他们打算为一个地形轮廓与苏格兰相仿的地区绘制地图，它的东海岸线全是浅水小湾，西海岸线则分布着成百上千的小岛。在距离南美大陆最南端160英里（约139海里）处，考察团穿越了富有传奇色彩的麦哲伦海峡。这是一条参差不齐的水道，沟通了大西洋与太平洋，它为从大西洋去往塔希提岛、桑威奇群岛、新南威尔士或范迪门地区的商船提供了一条新的通道，从而避开海况十分恶劣的合恩角①。他们在海峡与海角之间考察了火地岛的外围轮廓，火地岛是一个多山、不宜居的群岛，只是分布着少量的原驼、狐狸、秃鹫、翠鸟、美洲狮和火地岛原始部落。

这次南美洲考察任务是由英国海军部大臣梅尔维尔子爵（Viscount Melville）于1825年委派的。这是一项激动人心的海军行动计划的一部分，除了考察南美洲之外，该计划还包括北极探险、探索西北航道等。刚刚结束了一代人的战争，英国海军部决定利用英国的航海技术和富余船只去做一些有价值的事。这时有关南美洲的地图还十分粗糙，这反而成为吸引人们前去探索考察的动力。虽然英国在该地区的属地仅限于马尔维纳斯群岛，不过英国政府打算设法扩大自己在这里的利益。作为一个信仰基督教的国家，英国人认为自己受到了上帝的唯一眷顾，他们有责任去开化这片大陆，开发这里沉睡的矿藏。

18世纪60年代，素有"坏天气杰克"②之称的约翰·拜伦（John

---

① 合恩角是智利南部合恩岛上的陡峭岬角。位于南美洲最南端，洋面波涛汹涌，航行危险，终年强风不断，气候寒冷。

② 此绰号来源于约翰·拜伦每次出海都会遇到风暴。

Byron）从火地岛返回英国，他不无夸张地说，这里"景色优美，到处都是难得一见的珍奇树木"。他写道，"我敢保证，这里能为英国海军提供全世界最上等的桅杆"。拜伦描述了一个待开发的荒野世界，这里有无边无际的森林和皑皑白雪，还有"数不清的鹦鹉以及其他具有世界上最美羽毛的鸟类"。[9]此外，拜伦还特别提到一件对于乔治时代的贵族来说极具诱惑力的事：这片土地到处都是珍奇的飞禽走兽，可以充分满足他们的猎奇嗜好。他声称，"我每天打的野鹅、野鸭足够我和其他几个人饱餐一顿，船上每个人基本上都能打到很多猎物"。[10]

50年后过去了，英国海军终于有机会亲自探查拜伦言论的虚实。在拿破仑兵败滑铁卢之后，随着英国海军所实施的两项极具冒险精神的远洋航行，他们的勇气也与日俱增。首先是由诺森伯兰郡布莱地区的威廉·史密斯（William Smith）指挥的航船在海上意外地发现了南冰洋中的若干小岛，他将其命名为南设得兰群岛并宣布为英国领地。史密斯发现新领地的消息传到欧洲后，欧洲人欣喜不已。如果像库克和布莱这样能干的航海探险家连一整片群岛都不放在眼里，那么这海上到底存在多少宝贝？[11]同时，史密斯的航海发现还激起了一阵渔猎海豹的热潮，这更让人们蠢蠢欲动。在随后的两年里，人们为了获得海豹皮和鲸油，在南设得兰群岛共有10万多头海豹被猎杀。[12]商人们雇用了200多名海员，为伦敦市场猎取了2万吨海象油。不过，令英国人感到气愤的是，美国商人从中捞到的好处最多。美国人把大量海豹皮装上船，经印度洋运到中国市场，以每张皮5美元的价格出售。如此一来，光走一趟船就能赚得盆满钵满。

英国航海家詹姆斯·威德尔（James Weddell）就是对南冰洋无

限憧憬的人之一，他指挥的是一艘名为"简"（Jane）的双桅帆船。他有一名副手名叫马修·布里斯班（Matthew Brisbane），开着一艘单桅小艇伴随左右。1822年，威德尔踏上了这个世纪最不可思议的一段航行。他到了南设得兰后，发现这里的海豹已经被猎杀殆尽，于是继续往南。他驶入了一片昏暗荒凉的世界，到处都是冰冷的雾霭和刺骨的寒风，他成功穿越了危机四伏的冰山区域。在继续航行了一两天之后，他竟然到达了当时不为人知的南极大陆，这是有史以来人类到过的世界最南端。就像英国湖畔诗人柯勒律治诗中所描述的老水手一样，威德尔闯入了一片光怪陆离的冰雪世界，正如小说《白鲸》中，水手以实玛利将他所见到的地方称为"如魔咒般周而复始的12月"。[13]1823年2月20日，他在南纬74度15分海域停了下来。四周天气阴晴不定，远处的海景越发暗淡。威德尔激动地大声欢呼，升起英国国旗，并鸣放礼炮。[14]

在返回家后，威德尔出版了《南极航海记》（*A Voyage Towards the South Pole*）一书，书中有大量关于座头鲸、南极大海豹、秃鹫和巨型信天翁的描写。在南乔治亚岛，威德尔被大批企鹅群的壮观景象所震撼，从远处看，它们就像"穿着白色围裙站立的小孩儿"。[15]威德尔幽默的口吻和他凭借大无畏的精神脱离险境的事迹完美地结合在一起，使他在1825年出版的这本书大受欢迎。威德尔通过这次航海考察证实，传说中的南冰岛（South Iceland）是不存在的。此外，他还写了一套关于合恩角附近海域的航海天气指南。威德尔最后还在书中题词，将该书献给梅尔维尔子爵。他的航海经历引起了英国政府高层的关注。

1829年，菲茨罗伊作为"小猎犬号"的新任指挥官，被英国海军部增补加入南美洲考察队伍。3月27日，帆船检修完成，他

《南极航海记》拓本，该次航海由詹姆斯·威德尔于1822～1824年实施。

收到了菲利普舰长的命令。他要为麦哲伦海峡一片未勘测过的海域绘制地图，其中包括一系列的海湾：莱伊尔湾、喀斯喀特湾、圣佩德罗湾和淡水湾。在完成上述任务之后，他需要在迷宫般错综复杂的航路上驶向海峡的西端。人们对这一地带很陌生，地图记载也比较粗糙，只知道其间有迅猛的海潮、暗流和隐蔽的暗礁，任何一种隐患都足以让"小猎犬号"瞬间葬身海底。在南半球的整个冬季月份，"小猎犬号"都要在这一危机四伏的世界里四处飘荡。而对于菲茨罗伊来说，他为这一机会已经艰苦训练了大半辈子了，这将是他第一次接受战火的洗礼。1829年4月19日，"小猎犬号"穿过了麦哲伦海峡的入口，并在饥饿港（Port Famine）获取了补给。从这天起，"小猎犬号"与伴随航行的名为"阿德莱德号"（Adelaide）的双桅纵帆船分道扬镳，踏上了自己的行程。

很快，菲茨罗伊就被四周的风景迷住了：海岸上全是铅色的石头和树丛，海面在亮丽的阳光下泛着银光。大块的冰川顺着山腰翻滚而下，它们那透明的蓝色与山顶的雪盖形成了强烈的对比。[16]他在日记中写道，"此情此景让我不禁感叹，今天的风景真是无比壮观"。他远远地望见了萨米恩托山脉的轮廓，这是一座由冰雪构成的金字塔，混合了古埃及和北极地区的人文和自然风貌。他注意到"当云层遮住阳光时，陆地上的各种景物，从炫目的白雪到幽深的湖水，它们的颜色一直在发生着变化"。[17]

菲茨罗伊一路上都感到兴奋而愉快。他回忆道："当时的夜晚也是我有生以来见过的最美丽的夜晚。"打破寂静的只有海潮的呢喃声，船体的吱呀声，锚链的撞击声以及船上挂钟的叮当声。"周围近乎平静，天空澄澈，云朵分明，圆圆的明月前不时会有大团白色的云雾飘过。"皎洁的月光洒在四周被白雪覆盖的山峰上，"山顶与幽暗的山麓形成了强烈的对比，所呈现出来的景象让我难以忘怀"。[18]

船员们在喀斯喀特湾的海岸上发现了帽贝和贻贝，"品质相当好"，除了野生芹菜和蔓越莓之外，这为它们的食物储备增添了新的品种。随着4月份临近尾声，除了遭遇了几场暴风雪外，菲茨罗伊觉得气温比预计的要乐观，一直未低于31华氏度（约零下0.56摄氏度）。他每天都带领船员到岸上研究海湾的植物，从事一些测量和标本收集工作。船员们有时候能打到野禽，运气好的时候，还曾打到过一只黑天鹅。菲茨罗伊享受着这种孤寂的生活。5月初，他写道："虽然当下冬季提前了，但还是有些灌木处在花期，其中有一种花很特别，看上去很像茉莉，而且闻起来有一种甜甜的味道。到处都是蔓越莓和小檗莓：我真想在这里待上几天，真是太美了，整个海滩就像一片灌木林。"[19]

5月7日，菲茨罗伊带领一队船员驾驶捕鲸船和小型巡逻艇去勘察一条鲜为人知的、名为"杰罗姆航道"的水路。他们带了充足的补给，足够他们开展一个月的考察。菲茨罗伊指挥着这艘捕鲸船，这是一艘敞篷小船，依靠划桨驱动，两端翘起从而可以被拖上岸。他们在冰冷而曲折的水路上慢慢划过，"迫不及待地想见到这个陌生的、充满想象的地方"。隆冬时节，身处已知世界的尽头，他们感到无比自由。菲茨罗伊沐浴在浅水中，并测量了水的温度（42华氏度，约为5.56摄氏度）。[20]他和船员们扛着气压计、经纬仪和望远镜，爬上附近一座名为"糖块"(Sugar Loaf)的小山。他承认，"扛着这些设备爬山确实很累，不过山上的风景让我感到不虚此行"。在山顶上，整个火地岛像一条长带子铺开在眼前。20多年前，远在爱尔兰的克罗根山上，蒲福也有过类似的冒险奇遇。[21]

当时已是5月中旬，南美洲正处于隆冬时节。伴随美景而来的是危险。白天变得越来越短。每天直到大概11点的时候，太阳才慢慢爬过山头，而到了下午2点，又会迅速落下山去。天气也即将发生变化。菲茨罗伊在5月17日写道，"一股强劲的风裹挟着冰雹从西南方刮过，冰冷刺骨，我终于知道为什么这里的平原上树木如此稀疏，因为这里经常受到西南偏南风的侵袭"。这天晚上的天气依然十分寒冷。雨下得很大，强风从西南方吹来。5月19日夜，天空非常晴朗，菲茨罗伊似乎都能望见星光璀璨的天国，第二天清晨一觉醒来，眼前的情景让人感到沮丧。"一切都被冻住了。"只有等风帆解冻后，捕鲸船才能启动。中午刚过，菲茨罗伊下令开动捕鲸船，去奥特维海域与麦哲伦海峡之间探索一条航道。这是一个糟糕的决定。

在麦哲伦海峡的"小猎犬号"。

　　当时的风已经变得很强了，在短短两个小时里，风帆就已经张得很满了。菲茨罗伊只得继续航行。巨大的海浪不停地拍打着平滑的海岸。"在这种条件下试图靠岸是十分荒唐的。"又一个小时过去了，捕鲸船上开始蓄水了，船员们的衣服和背包都被打湿了。下午4点太阳落山的时候，风变得更强了。在这种冰冷漆黑的夜里，任何危险因素都会成倍地增加。菲茨罗伊继续写道：

　　　　夜晚，船员们整整划了5个小时，我不得不考虑让船靠岸好让他们喘口气。这么短小和破旧的船只，在海上可能挺不了多久。在整个下午，如果稍有不慎，让海浪把小船推到错误的方位，我们就会沉没；而到了晚上，情况就更危险了。没坚持多久，一个大浪从船后拍上来，往船里倒了一半的海水，我们急忙往外舀水，准备迎接下一个大浪，正当大家都以为这艘船快支持不住的时候，海浪突然平息了，很快风也变小了。变化如此异常，船员们顿时振作精神，奋力划船，一边划船一边四处张望，想看看发生了什么。我们或许是穿过了风浪区。于是我立即把船头转向我们早晨离开的那个海湾，喜出望外的船员们更是把船划得飞快。[22]

菲茨罗伊并不是一个喜欢寻求惊险刺激的人，从他的记述中我们可以看出当时情况是多么危急。捕鲸船之所以能在这么恶劣的天气下幸免于难，必然有赖于良好的航海操作、巨大的努力付出和一点好运气。但这无疑是一次警告。一连几天，菲茨罗伊都在日记本上写气象笔记，记述他对于这种"温暖天气"的惊异之处。现在，在短短几个小时里，他见证了天气发生的巨大反差。如果说麦哲伦海峡有一种美，那么它是一种经久不息的危险之美。几分钟内，蔚蓝的天空就可能被大风、雷雨和乌云所占据。对于像菲茨罗伊这样的指挥官来说，最大的难题不在于天气是否会发生变化，而在于何时发生变化。

任何在麦哲伦海峡西端航行的探险家都愿意进入这一世界。因为这就好比是孤注一掷，是对人的生理和心理承受力的巨大考验。波光粼粼的河面，蓝蓝的天空，柔和的西风，静静的流水，所有这些景象都足以让探险家感到放心。然而，天气变化的速度是十分惊人的。在隆冬时节，菲茨罗伊可能首先会领教到威利瓦飑的厉害，这是一种突发的山风，菲利普舰长在一年前也曾经历过。在菲利普看来，这种风是"在悬崖绝壁上肆虐的狂风，当它散开时，就会直线下行，把沿路遇到的一切阻碍摧毁"。[23]火地岛的威利瓦飑令人谈"飑"色变，特别是在麦哲伦海峡地区，四周的山峦形成了一条风道，风在这里被聚集起来，直接沿河而下。虽然威利瓦飑的风力没有帕姆佩罗风强劲，但仍然具有造成巨大灾害的潜力。菲利普描述过"在狂风激荡下的水面是多么狂乱，就像覆盖了一层泡沫，然后在狂风的拍打下变成微小的水雾"。[24]

菲茨罗伊对天气的研究兴趣越发浓厚，他在日记中开始进行更加认真的分析。5月18日他写道："我注意到，最近4个晚上当太阳刚刚落山的时候，天空会突然转阴，下起一阵毛毛细雨，之后天空又会变得空明澄澈。"[25]10天后，他又回到这一话题："几乎每天晚上我都能观察到，随着夕阳西下，风也很快归于平静，云层散开，每天晚上最开始都是非常晴朗的；而深夜过后直到第二天早晨，风和云又逐渐聚拢起来。"从此，菲茨罗伊开始对天气研究充满兴趣。他既是一名科学观测者，又是一位能够看天使舵的航海家，他一直试图揭示可靠的预测模式或典型天气，以供未来参考。

到5月底，距离菲茨罗伊受命开始执行任务已经过去4个星期了。他以自己的方式确立了领导地位。在经历了5月20日的捕鲸船遇险事件后，他意识到，"他的船员们表现得非常出色：没有任何人抱怨，没有任何船桨有过懈怠，虽然他们在脱险后承认，他们当时都以为自己不会再回到岸上了。"能够说出这番话的人，必然是一个天生具有很强的领导能力的人。菲茨罗伊有非凡的感召力，他并不以冒险蛮干或海盗风范激励别人，而是以身作则。船员们尊重他的能力、辛勤工作和一视同仁的态度。随着岸上考察的推进，他放弃了自己享用舒适帐篷的特权，而是与"两三名船员"一起在空旷的户外露营。他在日记中非常自豪地写道："每天早晨一觉醒来，都发现斗篷被冻得硬邦邦的；尽管如此，我从未感到睡得如此惬意，身体感到如此舒适。"[26]

在如此广大而偏远的荒野里，"小猎犬号"和它的附属船只不过是科学探险史上的一次小小的尝试。除了船锚、缆绳、曳船索和小锚等航海工具外，它上面还携带了一系列的科学考察仪器，可以供菲茨罗伊进行各种勘测活动，其中包括用于导航的六分仪、四分仪和指南针，用于采用三角法测经纬度的经纬仪，用于测量精密读数的水平仪、标尺和天平，以及用于计算长度的精密计时器。"小猎犬号"的船上还具有各种气象观测工具，包括温度计、湿度计、雨量计，还包括若干不同类型的气压计，如弯管流体压力计、便携式无汞气压计等。其中，菲茨罗伊最喜欢的是一只便携式无汞气压计。

菲茨罗伊所受的教育和他的本能都告诉他，要对发现的任何事物进行量化，例如海峡的深度，海岸的坡度，某个位置的承重，山的高度，空气的温度、湿度和气压等。户外科学考察在过去的15年里开始流行起来，这主要归功于曾在阿尔卑斯山上取得气象读数的奥拉斯－贝内迪克特·德·索叙尔（Horace-Bénédict de Saussure），以及曾在欧洲和拉丁美洲进行科学考察的普鲁士学者亚历山大·冯·洪堡（Alexander von Humboldt）。在菲茨罗伊这代人眼里，这些人都是传奇式的人物。如今，菲茨罗伊正在披上斗篷，准备重新出发。他的一个军官巴塞洛缪·沙利文（Bartholomew Sulivan）注意到了菲茨罗伊的勤奋。在后来的自传中，他写道："（菲茨罗伊）是当时服役的最务实的海军官兵之一，并且还热衷于从事各种有利于航海的观测活动。"[27] 从"小猎犬号"的航海日志中，我们可以看到他对细节的一丝不苟。当1月30日帕姆佩罗风刚刚结束，菲茨罗伊就立即对标准风级表进行了修改。与一般指挥官不同的是，他一直坚持亲自测量每天的气压和温度。在经历了2月20日这"狂风大作"的一天后，他更是开始每隔3小时就测一次气压读数。[28]

气象记录是菲茨罗伊日常观测的一个重要部分。到19世纪20年代，温度计、气压计和湿度计等气象仪器的应用已经比较广泛了。不过它们仍然有一种特别的迷人之处：它们仿佛具有炼金术，能够把自然条件加以提炼，转化成量化的真髓。雾蒙蒙的早晨、晴朗的夜晚、暴雨的午后，单纯使用形容词和比喻手法是不足以记录这些情形的，而通过一系列的数字来描述天气就好得多了。

温度计是其中最可靠的仪器。当时在英国，华氏温度计已经被应用了大约一个世纪了。它的准确性早已广为人知，航海者利用它对水温和气温进行日常测量。当富兰克林于1770年绘制出墨西哥湾暖流示意图后，驶往纽约的船只上的人们通过用温度计测量海水的温度，就知道他们是否正逆流行驶在这个素有"海上大河"之称的著名暖流上。不要小看这一细节，它可以让一艘船在海上耽搁两个星期之久。湿度计的应用同样广泛，它可以测量空气中水汽的含量。

此外，人们也不断对它进行改进。1823年，伦敦一个实证主义哲学家兼商人约翰·弗雷德里克·丹尼尔由于对现有湿度计的质量感到不满，便自行设计了一种新的样式，这就是丹尼尔湿度计。经过改进的湿度计具有很好的精确度，能够帮助人们预测雾天、露水和降雨。这一新式湿度计被沿用了几十年，并且被人们赞美为"一个完美而优雅的仪器"。"小猎犬号"和"冒险号"上当时携带了最早的、从未在英国以外应用过的丹尼尔湿度计。在"冒险号"上，人们每天下午3点测量并获取读数，然后记录到气象日志中。[29]

不过，最吸引人的仪器当属气压计了。杰弗里·丹尼斯（Jeffery Dennis）在他的《气压计和温度计详尽指南》（*Ample Instructions for the Barometer and Thermometer*）中写道："气压计或许是所有科学仪器中最有用、最有趣和最吸引人的仪器了。"它能够帮助人们确定大气的重量，"山峰的高度和洞穴的深度"。[30]它所测量的对象非常简单：大气的压力。但是，从中我们可以推测出大量信息。与以往的仪器不同，它是可以用来预测未来天气状况的。气压出现骤降，就像菲茨罗伊1829年在马尔多纳多湾注意到的，往往预示着风和雨。同样的，如果气压读数高且稳定，则预示着天气晴好。

在罗伯特·波义耳（Robert Boyle）将气压计引入英国后的一个半世纪里，人们并没有据以得出统一的预测规律。因为最初的气压计是善变而不可靠的。为了解开气压计读数背后隐含的谜题，人们进行了数个世纪的分析研究，但还是一筹莫展。弗雷德里克·丹尼尔在其《气象学随笔》中感叹道，人们对气压的复杂性感到抓狂，有的人为了解开这个谜，甚至极端到不惜抛弃牛顿的力学原理。丹尼尔还嘲笑当时有人提出的一条新理论：（刮风时气压低是由于）水平方向的巨大风力干扰了大气向下的压力，就像一个站在风大的码头上的老人被吹倒在地一样。

一些看到商机的气压计制造商开始搭售气压计的使用提示表——一种用来帮助解释大气现象的对照手册。这些手册就像20

世纪的指导手册的先驱，它们鼓励使用者将读取到的一系列气压数据编制成表，并标记相应的地理位置。丹尼尔的著作中包含有详细介绍海上使用气压计的章节：

> 在冬天、春天和秋天，汞柱的骤降，例如突然下降0.3～1英寸（0.76～2.54厘米），往往表示有大风和暴雨，但在夏天，则预示着暴雨和雷电。当大风来临时，读数必然降到最低，虽然并不伴随着大雨：一般来说，风雨交加时比单纯的大风或大雨时的读数更低。此外，如果在大风大雨过后，北半球或南半球任何区域的风向就会发生变化。天空晴朗干燥，汞柱也随之上升，则必然预示着晴朗天气。[31]

　　进行准确的测度是作为一个优秀航海家的重要条件。威德尔的航海活动虽然取得成功，勇气可嘉，但他那粗糙的航海记录还是遭到人们的诟病。在他还有10天就要抵达漫漫南极之旅的最南端时，他弄坏了气压计，而且没有替代仪器，所以只好放弃观测，这让他后来追悔莫及："我知道，在地球上天气如此变幻莫测的地方进行科学观测一直是人们梦寐以求的，并且常常责备自己当时没有携带充足的测量仪器，那些仪器是从事航海发现所必备的。"[32]这一点很重要。远距离海航行动辄花费数千英镑，而且往往需要数年时间。人们一直担心船只失事后丢失观测数据。1823年，当威德尔在马尔维纳斯群岛过冬时，他遇到了法国科学冒险家弗雷西内船长（Commodore Freycinet），他的船撞到了海湾的一处暗礁后失事了。这时弗雷西内"在进行了一次耗时3年、行程近乎绕地球一圈的科学航海之后"，正在回家的途中。虽然菲欣纳成功拯救了他的船员和多数文件及标本，但这一灾难还是给后人敲响了警钟。

还有其他一些自然现象值得研究。1827年，托马斯·福斯特出版了一本《袖珍百科全书》(*Pocket Encyclopaedia*)，其中包含了大量自然天气现象。根据福斯特的研究，很多现象可以预测雨天，比如人的身体或牙齿疼痛；蚂蚁会在蚁丘上忙着搬运蚁卵；驴子会在野地里嘶叫；牛会惊跳；烛火会闪烁并轻微爆燃。当云雀飞得很高时，将会是晴天。当牛奶突然变酸时，则预示着雷雨天气。东风会使人不安，感到"头痛和惊厥"。同时，福斯特颇为形象地指出："如果在雨天能够看到一片蓝天，并且这片蓝天足够大，正如谚语所说，'足以给荷兰人做一条短裤'，那么我们可以期待一个晴朗的下午。"[33]

人们发现的另一个类似现象被记载于1829年的《科学、文学和艺术季刊》(*Quarterly Journal of Science, Literature and Art*) 上，只可惜见报太晚没有被收录到福斯特的百科全书里。这本季刊上写道：

> 在德国施维钦根的一家驿舍里，我们首次发现了另一种把常见的动物学知识完美地应用于预报天气的做法。在一个玻璃瓶里养着两只欧洲树蛙，瓶身高18英寸（45.72厘米），直径6英寸（15.24厘米），瓶底装有3~4英寸（7.62~10.16厘米）的水，并有一个小梯子靠在瓶子顶端。当干燥天气来临时，树蛙会爬上梯子，而当潮湿天气来临时，它们则会潜入水中。这种生物外表是亮绿色

的，在野生状态下，它们会爬到树上捕捉昆虫，并且会在下雨前发出一种特殊的叫声。[34]

虽然有的人觉得很有趣，但也有人认为，在玻璃瓶中的青蛙，或者在农场里的一头赫里福德郡公牛，竟然比坐在实验室里摆弄各种仪器的科学家更早知道风暴即将来临，这简直是人类的耻辱。然而，这还不是最气人的。德·索叙尔写道："对于那些为了研究气象学而忙得不亦乐乎的气象学家来说，当一个农民或水手在既没有仪器也不懂理论的情况下，就能提前好几天预见到天气的变化，而拥有各种科学资源的气象学家们却无法给出预报，这是非常丢脸的。"[35]

1827年，似乎是为了加深人们对天气知识的持久兴趣，伦敦的赫斯特和钱斯（Hurst and Chance）出版社推出了一本新修订的古书，作者是约翰·克拉里奇（John Claridge），并且为其起了一个颠覆性的书名：《班伯里牧羊人秘诀——根据40年经验判断天气变化：通过它您可以知晓几天甚至几个月里的天气情况》。这本书最早发行于1670年，在之后的两个世纪里，逐渐成为一本广受欢迎的天气预报参考书。在18世纪40年代，据说一个名叫约翰·坎贝尔的人，为了给予这本书在科学著作中应有的地位，特地为其添加了一段精妙的引言：

> 牧羊人唯一的工作是照看他的羊群。他日日夜夜游荡在户外，置身于辽阔的苍穹之下，自然会特别留意天气的变化。而当他开始发现这种观测的乐趣时，他在对天气规律的认识上取得了惊人的进展，单凭对现象和事

件的对比，他对天气的预测就达到了非常高的准度，并纠正了人们的种种观点。在他眼里，随着时间变化的各种事物都是天气的标尺，包括日月星辰、风云雨雾、树木花草，甚至于他所熟悉的各种动物。对他来说，所有这些都能够揭示出真理。[36]

这些真理被编成30多则复杂程度不一的天气谚语，全都是他在牛津的草原里根据多年经验总结出来的。

> 日出红似火：将有风雨；
> 浮云硕大如巨石宝塔：将有倾盆大雨；
> 浮云呈小块团状如马身之斑点，并伴有北风：未来2~3天里天气晴朗；
> 如果雾起于低地且很快消散：即将晴天。

坎贝尔认为，不应该将科学研究与牧羊人的谚语加以区分。"所学知识全部来自实践经验的人容易轻视那些被他们称为'吃墨水'的书本知识，而博览群书的人则容易陷入一种难以原谅的错误，那就是把书本知识当成是现实真理。"这种观点是有一定道理的，而且使专心研究的科学家与那些观察者（如航海家、牧羊人、农夫等直接观察世界的人）的形象构成了鲜明的对比。而在"小猎犬号"上，菲茨罗伊兼具上述两类人的特点。他曾求学于罗廷丁、哈罗和朴次茅斯的学校，也曾在世界上最原始的大洋上进行实地考察。他是一个科学家，但同时他又具有天气智慧，能够从周边环境中总结出规律。

到这年7月，菲茨罗伊完成了对麦哲伦海峡的考察。他向西驶入太平洋，然后沿着弯弯曲曲的南美洲西海岸一路向北，与位于智利奇洛埃岛圣卡洛斯市的菲利普舰长会合。在奇洛埃岛，他们对"小猎犬号"进行了维修，增添了补给，并且还建造了一艘替代船。

1829年11月18日，菲茨罗伊接到了菲利普舰长的指令，要求他绘制火地岛南部海岸线的地图。这条线路西起麦哲伦海峡西端，沿南美洲南部边缘前进，经过合恩角后沿南美洲东海岸直到蒙得维的亚。菲利普告诉菲茨罗伊，他计划在次年6月1日到达里约热内卢。在此之前有将近7个月的时间里，菲茨罗伊只能孤军奋战。第二天，"小猎犬号"出发了。

这是一个颇有挑战性的任务。火地岛西海岸经常狂风肆虐，比麦哲伦海峡还要危险。因为在麦哲伦海峡，他至少能找到一些地方抵御海上的大风，但在火地岛西部四分五裂的海岸，从太平洋吹来的强劲冷风日夜击打着这里的每一艘船。正是这种极端恶劣的天气，让菲茨罗伊的前辈、"小猎犬号"的前任船长普林格尔·斯托克斯（Pringle Stokes）绝望不已。

斯托克斯是一个非常有才干的航海探险家，他曾于1828年在这一荒蛮世界中备受折磨。他的体能和意志力被一点点消磨殆尽。他在日志中记述了自己崩溃的原因，并以一种带有哥特式紧张感的笔调对麦哲伦海峡和火地岛西海岸进行了描写。他看到海滩上散布着鲸鱼骨头，信天翁在天空中盘旋，"在几乎永无休止的西风的推动下，从浩瀚大海上奔涌而来的惊涛骇浪无情地拍打着脆弱的海岸"。斯托克斯一连几个月都在隐忍着，一点点接近他心理承受力的极限。不过，在这种恶劣天气环境下，他似乎在劫难逃。

在他的内心，悲观情绪正在滋生。他开始害怕早晨的暴风雪、冻雨和冰雹，它们落在"小猎犬号"上，形成一层厚厚的冰盖，"大概有一美元硬币那么厚"。[37]

1828年6月初，斯托克斯正在佩恩斯湾考察，这里也被称为"苦难湾"。他写到，"没有什么比四周的景象更令人感到抑郁了"，空气中似乎充斥着一种可怕的、让人寸步难行的压迫感。"荒凉的海岸上尽是高耸、阴沉而贫瘠的山峦，大山被厚厚的云雾笼罩，甚至一直延伸到山脚，狂风从山上吹来，拷打着我们。"这些云雾似乎和大山一样岿然不动。[38]

斯托克斯总结说，这是一个"让人万念俱灰"的地方。随着在这种情绪中越陷越深，他绝望了，他的船员们受到肺病的困扰，剧烈地咳嗽，呼吸时肺里带着胸鸣声。到了隆冬时节，斯托克斯更是把自己反锁在小屋里不肯出来。6个星期之后，当他们回到饥饿港时，他从口袋里掏出一把小型手枪，对着自己的脑袋扣动了扳机。11天后，他去世了。

菲利普舰长写道：

> 一个积极的、充满智慧和活力的海军将领，竟以如此令人震惊和不理智的方式结束了自己年轻的生命。我后来才知道，漫长航行中的辛苦，他们所经历的恶劣天气，以及他时常所处的危险环境，导致他内心产生严重的焦虑……[39]

作为斯托克斯的继任者，菲茨罗伊也将面临同样的挑战，同样充满敌意的风景和天气。没过多久，他就与这种坏天气不期而遇了。在麦哲伦海峡西口处的皮勒角，菲茨罗伊经历了"昏暗的、风雨交加的日子"，此外还有来自山区的狂暴大风。[40]他意识到，这里的海滩"秉性凶险"。圣诞节期间，"小猎犬号"停泊在一个被他称为"自由湾"的小海湾中抵御西北风的侵袭。在航行初期这段时间，菲茨罗伊竭尽所能与大风抗争，以防他们的船被吹到海岸线上。这些经历预示着，后续几个月的航海生活定然不会好过。只有在晴朗天气下他才能从事一些测量，或让船靠近海岸行驶。多数情况下船员们只能待在"小猎犬号"上，防备当地神出鬼没的火地岛土著部落的袭扰，或是检阅"企鹅大军"，或是盯着大海上像燕子一样的海鸟在空中飞舞、盘旋。

恶劣的天气一直持续到了3月份，其间不外乎"狂风暴雨"。此时"小猎犬号"已到达了南美洲大陆的最南端。他们见到了雄伟壮观的"约克大教堂"，其实它是"一座不规则的黑色山石崖，高800英尺（243.84米）"，像一颗门牙一样几乎垂直地矗立在海面上。它是在50年前，由环球航行到此的库克船长根据他家乡的一座教堂命名的。3月末，他们正穿行在大陆最南端的群岛之间，冰冷的寒风依然呼啸不止。3月25日，菲茨罗伊写道："在3月底之前，我并不期望在气压计和天气上会有任何好转的迹象。"[41]

或许菲茨罗伊已经对天气变化有了一定的心得，或是从他的气象日志中找到了一些规律，结果证明他的这一直觉是对的。到3月底，当他把船引导进入一个名为"橘子湾"的开阔而平缓的海湾时，天气确实好转了。经过长达5个月的海上航行，很多船员都得了感冒和风湿病，菲茨罗伊认为，是时候让大家休整一下了。据他推测，这种平静的好天气不会持续很久，因为他的气压计最近显示的读数出奇地低。当年在拉普拉塔遭遇帕姆佩罗风的教训还记忆犹新，他不能再冒险把船驶入另一个风暴之中。

然而奇怪的是，风暴并没有出现。虽然读数异常，但天气和过去几个月里一样，非常稳定。好天气过了一天又一天，这与他的气压计读数很矛盾。到4月5日，菲茨罗伊公开发表了他对这种矛盾的思考："如果再有两天读数还是这么低，我就开始怀疑水银气压计和甘油气压计的准确性了。"它们现在显示的读数非常低，分别是28.49和28.54。[42]

异常的天气一直持续到4月中旬。想要起航，却苦于没有风。这在合恩角来说，就好比在撒哈拉找不到沙子。终于，在4月17日，菲茨罗伊成功地把"小猎犬号"开到了外海上，经过了标志着南美洲大陆最南端的裸露岩礁，绕过了斯宾塞角，这一带的雾非常大，他甚至将斯宾塞角错当成了合恩角本身。他记录到，岩石下部看上去"就像是一头双角犀牛的脑袋"。

"小猎犬号"在大陆南端抛锚之后，天气依然不错，菲茨罗伊决定组织船只到合恩岛进行一次大胆的探险活动。弗朗西斯·德雷克爵士（Sir Francis Drake）声称，他在1577年环球航行途中曾在这座岛上登陆过，不过这很有可能是他的凭空吹嘘。多年以来，登陆过这座岛的人少之又少。4月18日，菲茨罗伊组织人员前去一探究竟。他发现，"我们遇到的很多地方都足以让船只搁浅"，似乎可以将测量仪器带到山顶上进行观测。19日上午，菲茨罗伊组成了一支考察小组，去岛上搜集一系列的考察数据。第二天中午，他们整装出发了。他们携带了5天的补给，一个用于测量航程的计时器和一系列的气象观测仪器。他们在天黑前上了岛，把船停靠在小岛东北部的一处安全地带，菲茨罗伊还在日志上写下了一段成功宣言："我们这天晚上在合恩岛上过夜。"[43]

在那个平静的夜晚，菲茨罗伊和他的队员们在一片对于海员来说非常陌生的水域摸索前进。在这里，南纬56度的地方，太平洋与大西洋以排山倒海般的伟力交汇在一起。在合恩角，猛烈的西风一刻不停地在这个堪称天涯海角的地方咆哮着，而且还有来自安第斯山脉的大风。更糟糕的是，大风还把合恩角本来就已经非常危险的浅海搅得恶浪滔天。风暴一旦到来，合恩角就更加凶险，俨然成了一个噩梦般的存在。要想让帆船从中穿过去，就得面对上百种危险：大浪、暗礁和大风，它们能把帆船撕成两截。詹姆斯·威德尔在驶往南极途中曾遇到一个美国的指挥官，他曾在1814年试着走过这条路线。他警告威德尔说："这条路线虽然不算长，但还是让我吃了不少苦头，所以我要劝诫那些前往太平洋的指挥官，如果有别的路线，千万不要尝试去走合恩角。"44

威德尔告诉人们，每年2月中旬至5月末是合恩角最危险的航行时段。然而，在4月19日，菲茨罗伊正在相对平和的天气状况下，在合恩岛上露营呢！天气出奇地平静。到了中午，天气晴朗明媚，他的队伍开始向小岛的山峰进发。当太阳爬到最高点时，他停下来进行了一系列的三角法观测。然后他们继续前进，不久就到达山顶。菲茨罗伊凝望着这片恶水，此刻它静静地流淌着，就像一只酣睡的野兽。在更远处约65英里（约104.6公里）的地方，他可以远远望到迭戈拉米雷斯群岛。在中午他又作了进一步的观测："为测定误差进行了一轮三角法和指南针方位观测，并在成功完成任务后再欣赏一下四周的风景。"之后，菲茨罗伊开始着手为这次探险之旅搭建一个纪念碑——一座用石头堆成的8英尺（约2.43米）高的石塔。石塔搭建完成后，船员们围绕在一面英国国旗的四周，举起酒杯，祝国王乔治四世健康，并一起发出三声发自肺腑的欢呼。

对于菲茨罗伊来说，这是一次成功的旅行。凭借勇气和航海技术，他将"小猎犬号"和船员们引领到了南美洲的最南端。在合恩角狂风肆虐的海面，他能够像剑桥大学的一名教授一样从容而准确地进行观测。

在随后的几天，菲茨罗伊回到南美洲大陆，试着攀登附近一座名为凯特的山峰。4月25日，他成功登顶，但"遇到了浓重的大雾，丝毫看不见远处的景观"。菲茨罗伊站在山顶上，身旁放着观测仪器，此情此景简直就是德国著名风景画家卡斯帕·大卫·弗里德里希（Caspar David Friedrich）创作的《云端的旅行者》（*Wanderer Above the Sea of Fog*）的现实版。

弗里德里希在1818年创作的这幅油画展现了一个西装革履的文明人士站在高高的山崖上，凝望着下方云雾缭绕的山峰。它表现了一个人的进取精神。画中的人物并没有因攀爬而感到疲惫，也没有被眼前的景象所震撼，他对一切都了然于胸。菲茨罗伊将弗里德里希画中的旅行者从阿尔卑斯山上置换到火地岛的南岸，将远处覆盖着积雪的山峰变成了萨米恩托山，将旅行者手中的拐杖变成了甘油气压计。至此，再也没有什么不知名的旅行者了，他就是1830年4月25日毅然登上世界尽头的菲茨罗伊。

达尔文上船

18个月后，弗朗西斯·蒲福上校正坐在英国政府海军部的大楼里，研究菲茨罗伊所绘制的火地岛地图。蒲福在办公室里仔细端详的这幅地图上所描绘的这个遥远世界，与英国伦敦的高楼大厦、车水马龙、熙熙攘攘的政客、职员以及街头的报童形成了鲜明的对比。

此时，蒲福已成为英国政界高层一个受人尊敬的人物，在英国皇家海军中担任了两年水道学家。他在赢得人们尊敬的同时，也结识了很多友人。南极探险家约翰·富兰克林（John Franklin）、乔治·弗朗西斯·里昂（George Francis Lyon）和詹姆斯·克拉克·罗斯（James Clark Ross），以及海洋地理学家詹姆斯·伦内尔（James Rennell）、数学家查尔斯·巴贝奇（Charles Babbage）、工程师戴维斯·吉尔伯特（Davies Gilbert）等社会名流都是他的好友。在过去的几个月里，英国皇家学会邀请他参加一个领导小组，负责对学会的章程进行修订。此外，7年以来他还一直在皇家天文学会委员会任职。他与汉弗莱·戴维（Humphry Davy）、透纳等才华出众的人物都是英国蓓尔美尔街上超级时尚的"雅典娜神殿"俱乐部（Athenaeum Club）的创始成员。他终于成为了自己希望成为的样子。

蒲福在社会上和学界地位的上升源于他发表的《小亚细亚图志》（*Asia Minor charts*）。出于对精确度近乎苛刻的追求，他绘制的所有12幅图（配有24幅平面图和26幅景观图）被奉为制图术的珍品。1817年，在图志大获成功后，他还为这次航海考察写了一本叙述性的著作，名为《卡拉马尼亚》（*Karamania*）。书中包含了大量具有丰富想象力的游记、地质和考古材料，这正好符合了当时社会精英们对于古代遗迹的好奇心。在出版前夕，他寄了一套给埃奇沃思，征求这位老朋友的意见。1817年5月17日，埃奇沃思回信了，内容如下：

亲爱的弗朗西斯：

如果《卡拉马尼亚》令人失望的话，我也将不胜羞惭。我可能会加以指责，或保持沉默，然而事实恰恰相反，我非常愉快且非常用心地通读了你的著作……我认为这本书写得很好，很得体，毫无夸张矫饰或自命不凡之处。[45]

埃奇沃思的意见是非常中肯的。多年来，他指导自己女儿玛利亚的文学作品，并对伊拉斯谟·达尔文的诗歌进行鉴赏评价。而这同时也是一封绝笔信。就在不到一个月后的 6 月 13 日，埃奇沃思在自己家中与世长辞。埃奇沃思去世的消息很快就传到了蒲福那里，他不禁哀声长叹："我失去了最温暖、最热心的朋友。"蒲福向他的妹妹——如今成为埃奇沃思遗孀的范妮倾诉道："我思想上所有的进步都是源于埃奇沃思对我的影响。他教导我，只有有了完善自我的决心，才是接受真正教育的开端。也是他，一直鼓励我向着这一决心不断前进。"[46]

《卡拉马尼亚》成就了蒲福。约翰·巴罗伯爵（Sir John Barrow）后来在评价这本书时说："在所有以各种语言写成的同类著作中，这本书是最好的，它成功经受住了欧洲各国批评家的严酷考验。"[47]此后，蒲福跻身于具有举足轻重影响力的社会阶层。

不过，他要想得到完全的认可，还需时日。直到 1829 年 5 月，梅尔维尔勋爵给了他一份水道测量的工作。他每年获得 500 英镑的薪水，并在泰晤士河畔的萨默塞特宫拥有官方职衔。5 月 12 日他写道："正式入驻我的水道测量办公室。也许从此我将步入一段新的征程，刻苦工作，以真诚、公正和平和的心态履行职责……

这不是出于世俗的欲求动机，而是为了感谢上苍给予我今日的职位。"[48]

蒲福当时的水道研究所相当于今天的美国国家航空航天局。作为当时世界上最富有国家的研究人员，他所做的研究走在人类知识的最前沿。不过蒲福所研究的不是外太空，而是深入生机勃勃、幅员辽阔的世界去进行考察研究。作为在该领域的权威人物，蒲福在他位于查令十字路的办公套房里，正在对整个世界进行研究。

自上任第一天起，他就为水道研究所灌输了一种目的导向。作家兼记者哈丽雅特·马蒂诺（Harriet Martineau）后来描述了他是如何把水道研究所从一个被人遗忘的地图储藏室，一个"不起眼、了无生趣的小地方"改造成为一片思想和开创精神的热土。马蒂诺注意到了蒲福那"奇迹般"的精力："他二十多年如一日，每天准时到达英国海军部，并在之后8个小时的工作时间里，以人们难以理解的工作激情忙碌着。"[49]他不拘一格，把自己的信纸和笔带过来写私人信件。他在业余时间也同样多产。蒲福每天早上5点起床，在正式工作开始前，往往还要花费额外的一个多小时，为皇家学会、为有用知识的传播而义务工作。他的目标是为社会大众制作一系列物美价廉的地图。他日复一日年复一年地为这一宏伟目标而努力。蒲福的有益知识传播协会（SDUK）地图一度成为当时最流行的地图之一，总共印制了100多份，每份仅售6便士。

1830年秋天，菲茨罗伊在从火地岛返程途中，遇到了蒲福。两个人一见如故。在菲茨罗伊看来，这位水道学家是非常有能力和资历的，是与纳尔逊同时代的人物，也是现有为数不多的曾参加过"光荣的六月一日"大海战的前辈。他也具有很强的人格魅力。对于菲茨罗伊来说，蒲福那传奇般的人生经历听起来就像是英国小说家斯末莱特的小说一样。蒲福自己也承认，他的海军生涯就像是"一个引人入胜的冒险故事"。[50]

蒲福看到了菲茨罗伊的才干和潜力。他对菲茨罗伊的考察工作印象深刻。他在给海军部上级的信中提到，南美洲考察"将为国家以及相关参与人员带来极大的荣誉"。很快，新的考察计划又被提上了日程。蒲福知道，菲茨罗伊迫切地想再次前往火地岛，以将上次在与当地部落的冲突中捕获的3个火地岛人遣送回去。起初他把这当成是自己的个人心愿，不过经过与蒲福的沟通，这一设想有了新的变化。经过一个夏天的筹备，新的南美洲远洋考察计划成形了。

原本是一个为期6个月的航行计划顿时变成了一次历时若干年的环球航行事业。由于菲茨罗伊不希望在这么长的时间里接触不到任何新知识，所以他请求蒲福为他安排一位绅士结伴同行。最合适的人选应当是一位年轻的博物学家，他可以扮演与库克船长"奋进号"（Endeavour）上的约瑟夫·班克斯类似的角色。蒲福写信给他的一个朋友——剑桥大学的亨斯洛教授，给他提供了这个机会。由于事务繁忙，亨斯洛将这封信转给了他的一位同事，名叫乔治·皮考克（George Peacock）。通过皮考克，蒲福的选聘信息最终传到一位刚毕业的宗教学学生，同时也是一位优秀的植物学家那里，他就是查尔斯·达尔文。当时年仅22岁的达尔文具有很高的天赋。他是埃奇沃思的好友——著名的伊拉斯谟·达尔文的孙子，因具有充沛的热情和酷爱收集甲虫而为人熟知。在过去的3年里，达尔文的生活不外乎"昆虫学、骑马、打猎、吃夜宵、玩牌以及在剑桥大学国王学院里学习音乐"。虽然他与菲茨罗伊的性格截然不同，但他还是具有胜任这一职位的潜力。[51]

达尔文是在8月底收到关于蒲福招人的消息的，经过一段时间犹豫之后，他接受了邀请。1831年9月1日，达尔文给身在伦敦的蒲福写信："如果这一职位尚有空缺，我将非常荣幸地接受这一任命。"蒲福把这一消息传达给菲茨罗伊：

> 我相信我的好友，剑桥大学三一学院的皮考克先生成功地为你寻到了一位"专家"：他是著名的科学家和诗人达尔文先生的孙子，他是一个充满热情和勇气的人，曾考虑过自费到南美洲航行。请告知你对这个人选是否满意，以便我早做安排。[52]

几经辗转，这次人才匹配活动终于以菲茨罗伊和达尔文在伦敦的一顿饭宣告结束。事情进展得很顺利。达尔文后来写道："很快一切就都准备妥当了。"虽然，"在后来，当我与菲茨罗伊非常熟悉之后，我听说我当时差点被拒绝了，原因就是我鼻子的形状！（菲茨罗伊）是瑞士哲学家、神学家拉瓦特的忠实门徒，坚信自己可以通过一个人的外貌特征来判断其性格。他曾怀疑具有我这种鼻子的人是否有足够的精力和决心完成这次远洋航行。不过后来他一定欣慰地发现，他被我的鼻子骗了。"

达尔文后来还打趣说自己的人生道路一度被"我鼻子的形状这种不起眼的小事所左右"。他也记得菲茨罗伊给他的第一印象：

> 菲茨罗伊的性格非常独特，具有很多高贵的品格：他恪尽职守、宽容大度、勇敢、坚毅、百折不挠，是他

所有下属的热心朋友。对于认为需要帮助的人，他不惜
承受任何困苦去提供帮助。[53]

到10月24日，蒲福已在伦敦签署了水道考察命令，达尔文与
菲茨罗伊在英国普利茅斯海港会合，作出发前最后的准备。蒲福
的指示相当详尽。这反映出他对南美洲遥远海岸、水路和洋流有
很深的研究。他就像一位慈祥的校长，鼓励他的探险者去建立更
加宏伟的功绩：去描绘海岸、海湾和锚地的轮廓，去测量水道的
深浅，去记录主导性的风向，为争议地带确定经度。11月15日，
蒲福的命令送达了普利茅斯。菲茨罗伊此次要厘定里约热内卢的
经度，填补拉普拉塔河以南区域，特别是火地岛和马尔维纳斯群
岛周边的地理空白。

此时蒲福又在忙其他事务了。菲利普、菲茨罗伊和斯多克斯
的航海日志中充满了对风的描述："中级风""狂暴大风"。这些意
味着什么？帕姆佩罗风和威利瓦飑刮起来到底有多快？曾经亲自
到过南美洲的蒲福对帕姆佩罗风非常熟悉，现在，他认为是时候
在一个更广大的范围内去验证他那珍藏已久的天气系统了。多年
以来，他只是在自己的笔记本中运用过这一系统，从来没有大肆
宣扬。

蒲福要求菲茨罗伊仔细做好气象记录，每天采集两次大气压
值和气温值：

在他的记录中肯定会包含风况和天气状况，不过，
还应当使用一些简单明了的标准来表示风力的大小，而
不是采用一些诸如"轻风""微风"等模糊的表述，因为

人们对同一个词的理解会存在差异。此外，也应使用一些准确的方法来表示天气的状况。[54]

在指示的最后，蒲福附上了自己的风级表，这与他在24年前在日志中粗略写下的风级表相比没有太大变化。它包含4种逐步递增的风力，从0级的无风到12级的飓风。为方便菲茨罗伊辨认风级，蒲福还添加了一个量化指南。2级风速相当于1～2节（航速）。当挂起单一缩帆的中桅帆和上桅帆时，就达到了6级风力。12级（飓风）的威力"是任何帆布都无法抵抗的"。

到了12月，"小猎犬号"再次整装待发了。达尔文在12月7日写道："所有物品都装上船了，等大风一停，我们就出发。今天早晨刮起了强烈的西南风，真是不走运。"大风一连刮了5天。12月10日，天空放晴了。"于是在9点钟我们收起了船锚，10点过后就启航了。"起初一切进展顺利，不过当他们到达防波堤时，痛苦降临了：

> 我突然感到一阵恶心，这种感觉一直持续到这天晚上。我们从气压表上得知，又有一股强大的西南风向我们扑来。海浪翻腾，我们的船也在大幅摇晃——我感受到了前所未有的恐惧。我从未经历过如此惊涛骇浪的夜晚，像哨子一样的风声、海浪的咆哮声、船上军官和船员们扯着嗓子的呼喊声交织在一起，让我久久不能忘怀。[55]

面对狂风肆虐，菲茨罗伊只得将"小猎犬号"驶回普利茅斯海港，等待更好的时机。接下来的几周一直都是这种恶劣的天气，大风一阵接一阵地刮，暴雨一阵接一阵地下。被困在普利茅斯的菲茨罗伊只得默默等待，即便是在 1831 年，人们仍然对风暴出现的原因和过程一无所知。不过，对于风暴给科学家们造成的这种长久的困扰，人们将以前所未有的力度对其进行分析研究。

上 午

　　幽蓝的黎明逐渐发展成为明亮的上午。天已经亮了几个小时，夜里凝结的露水再次蒸发进入大气，让空气变得更加潮湿。随着太阳渐渐升起，气温也开始回升。热量被辐射到空气中，不久便形成了冉冉上升的热柱。

　　虽然不太容易察觉，但在物理规律的支配下，这种湿热的空气总是倾向于上升进入相对干冷的大气层。这是因为大气主要由氮原子和氧原子构成的，当有水蒸气与之混合时，大气就会变得更轻。因为水蒸气（H_2O）主要是由质量较轻的氢原子构成的，这就意味着，一个气团越潮湿，它就会变得越轻盈，上升得也就越迅速。这是大气科学的基本原理。另一个原因是，热空气的密度较冷空气更小，所以也会上升。任何人都可以在自己家里观察到这种现象。在洗完热水澡后，打开浴室的门，你就会发现热空气开始向上逃逸。与此同时，冷空气会从底部乘虚而入。

　　在这种天气里可以形成强大的热流。温暖潮湿的空气以惊人的速度从草甸向上升腾，速度可达每秒钟2米。虽然我们看不见，但天上飞翔的鹰是能够察觉的，它伸展双翅，可以毫不费力地扶摇而上。

　　草甸上的热空气朝着相对寒冷的空气飞去。海拔每升高1000英尺（约305米），气温下降约3摄氏度，这也就是所谓的干绝热递减率。很快，气温达到了一个临界值：露点。到了这个温度，水蒸气便开始凝结。

少量凝结的水附在微小的凝结核上，其直径通常不到万分之一毫米，包括微小的盐粒、微尘和硝酸铵化合物，它们都有可能成为小云滴的内核。水蒸气分子往往要经过数十亿次碰撞才能附着到凝结核上，因为大多时候它会被弹开。小微粒一点一点地积累，不久，直径达百分之一毫米的小液滴开始形成。更多的小液滴加入到这一进程当中，1立方米的空气中约有1亿个这样的小液滴。积云开始生成。在风力较小的天气里，热流会构造出一套积云的生产线。积云会在特定的高度生成，它那平坦的底部则指示着天空中的露点线。

　　云的存续时间是比较短暂的，有的可能5分钟，或是半个小时。小液滴很重，足以下落（积云的平均体积约为1000立方米，如果汇聚到一起，其重量将超过500吨，相当于100头非洲象的总重量），但受到风的阻力和上升气流的托举，它们往往能保持在一种微妙的平衡状态。在风力的推动下，云团会在大气中沿着水平方向移动，在大地上投下云影。

第二部分

争　论

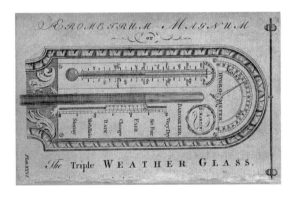

温度计、湿度计和气压计的组合。拓自 B. 马丁（B. Martin）。

第4章

追踪风暴
Detectives

1831年12月10日，当"小猎犬号"返回普利茅斯时，另一艘搭载着英国皇家工程师威廉·里德的船正在艰难地向西航行，正是由于英吉利海峡的这种狂风骤雨，人们又将其戏称为"肝肠寸断海"。与菲茨罗伊和达尔文一样，里德船长也是在执行政府的航海任务。他在两天前从伦敦出发，目的地是加勒比海。他的任务要比"小猎犬号"紧迫得多。他是奉命去探查西印度群岛海域的一次超级飓风的消息，在过去的几个星期里，英国各大报社一直在登载和追踪相关消息。

飓风浩劫

距离10月10日的飓风袭击已经过去4个月了，但是英国政府也用了同样的时间才慢慢了解这次飓风的威力。相关消息纷至沓来。9月15日，一艘名为"马夏尔号"（Martial）的法国军舰在法国的勒阿弗尔停靠，带来了有关这次飓风的最初报告。一天后，英国军用纵帆船"约克公爵号"（Duke of York）带回了更多详细情报。两艘船的船长都报告说，一场持续6个多小时的剧烈飓风摧毁了巴巴多斯的很多种植园，这里是英国在加勒比海东部最具战略意义的殖民地。其他汇报也纷纷传回。身在马丁尼克岛的英国驻美领事匆忙报告说："我想，这个岛恐怕已经被毁了，可能无法再恢复了。"[1]

不久，人们最大的担忧被证实了，消息来自《巴巴多斯环球报》报社的一名编辑通过报业辛迪加发表的一篇感人至深的文章。虽然惊魂未定，但他还是努力静下心来，以惊心动魄的笔调记述了自己的经历，他将这次灾难称为一场"浩劫"。他在文中写道，10月10日晚大风骤起，云堆在天边聚拢起来，整个巴巴多斯一片昏暗。到了半夜，刮起了声音尖利的飑。一阵强风骤雨横扫了多个海湾。在之后的两个小时里，急骤的大风越刮越猛，到了凌晨3点俨然变成了"一场彻头彻尾的飓风"。

> 于是，毁灭行动开始了。从凌晨3点到早上5点，飓风以前所未有的威力咆哮着，不时有闪电划过，将一道道短暂而强烈的闪光投射在四周的残垣断壁上，让人触目惊心。房屋有的被掀翻屋顶，有的被夷为平地；大树被连根拔起，或是像芦苇一样被拦腰折断。无数的灾民被埋在废墟下，或是直接暴露在风暴的蹂躏之下，各种碎片随风飞舞，随时都能置人于死地。[2]

天亮之后，天地尽毁，哀鸿遍野。首府布里奇敦仅有一座房屋还挺立在地面上。在城市南部的卡莱尔湾，所有的船只都被从停泊所拖拽出来，歪倒在岸上。圣安妮军营、政府驻所以及男子和女子学校都"沦为一片废墟"，牧场、香蕉园、面包树园、甘蔗田和玉米田全被夷为平地。一位目击者写道，"这个国家的自然景观已经变得面目全非了"。另外，估计有4000~5000名商人、士兵、水手、农场主和奴隶死亡。街上遇难者的遗体成堆停放着。

1780年，在西印度洋飓风中万分危急的"艾格蒙山号"。

巴巴多斯总督詹姆斯·里昂爵士向英国政府战争与殖民地事务大臣戈德里奇子爵（Viscount Goderich）写信汇报受灾情况。"10日傍晚日落时分还是一派秀美富饶的大好风光，而第二天早晨就变成了极度荒凉的遗弃之地。"[3]里昂和他的家人在房屋倒塌前匆匆转移到了地窖里，才幸免于难。

对于格雷勋爵的辉格党政府来说，这一事件严重干扰了帝国的运行。巴巴多斯是大英帝国的一个重要组成部分。经过数百年的艰苦奋斗，英国人终于将其建设成为一片富饶的蔗糖产地。而飓风给英国政府带来了重大的经济损失和人道主义危机。在随后的几个月里，英国财政大臣奥尔索普子爵（Viscount Althorp）通过下议院提交了一项议案，拨款10万英镑用于灾后重建和弥补损失。

虽然奥尔索普力排众议，认为"宗主国有义务为受灾的殖民地居民提供援助"[4]，不过这笔救援资金的拨付往往是比较慢的，即使不花费一年半载，也往往需要等好几个月。而作为一项应急措施，军方被要求向灾区派遣一个旅，以监督政府大楼的重建工作。他们把重建工作托付给了英国皇家工程师威廉·里德。

里德是一个头脑聪明、性格刚强的苏格兰人。他于1791年出生于法夫郡，是一个教堂牧师家庭的长子，祖父是苏格兰总工程师托马斯·福莱尔斯（Thomas Fryers）。他曾在拿破仑战争时期作为军械研究院的研究人员和皇家工程师，在军队服役达25年之久。1831年秋，当飓风灾害报告传来后，英国政府召见里德，令他前去监督整个重建工作。政府方面选他再合适不过了。

加勒比海飓风灾害之前也曾发生过。每年一到夏末和秋季月份，西太平洋的天气都会变得十分狂暴。附近的船长们对这一"飓风季"都很熟悉，他们通常会在8月1日～10月22日把船停在港里避风，这段时间的保险商也会提高保险费用。飓风起源于一条暖湿气流，介于南北回归线之间的区域，被乔治时期的地理学家们称为"热带"（torrid zone），飓风的威力远远超过了欧洲风暴的威力。它就像蛇的毒液或黄热病灾害一样，是大自然在这片炎热的大地上施展伟力的典型表现。

对于那些从未领略过西印度群岛风暴威力的欧洲人，《巴巴多斯船员实用指南》（1832年）解释说：

在欧洲，我们有时会用"飓风"（hurricane）一词来指代具有罕见威力的风暴，不过我们不能想当然地把欧洲的飓风与西印度群岛的飓风等而视之。与西印度群岛那些最低级的恐怖风暴相比，欧洲所经历的最凶猛的风暴就相当于挠痒痒。那些没有经历过的人，几乎难以设想那种恐怖场景，更不要说去描述了。[5]

在飓风季节里到加勒比海域航行是十分危险的。1494年，哥伦布成为第一个领略过西印度群岛风暴威力的欧洲人。此后，有大量船只遭受过它的摧残。约翰·普耶（John Poyer）在其爱国著作《巴巴多斯史》(*History of Barbados*) 中选出了两次最具破坏力的飓风。1675年8月，一场飓风刮过种植园农场，"不论宫殿还是农舍"无一幸免。普耶还提到了一位名为"斯图雷特少校"(Major Streate) 的军官新婚时的难忘故事。普耶描述说，"冷酷无情的风暴无视新婚的圣洁，把他们从婚房中卷了出来，并残忍地挂在了一排带刺的树篱之上。第二天早晨，人们在这种由芒刺构成的婚床上发现了他们，他们再也无法向彼此表达爱意，也无法向身陷苦难的对方施以援手"。[6]

而当普耶回忆起1780年的那场大飓风时，他的心情变得更加沉重了。这一年的10月10日星期二，飓风降临在这座岛上。普耶将其描述为"世界有史以来最狂暴"的飓风。[7]他抱着自己年幼的女儿冲出屋子，看到椰子树被刮成两截，牲口被吹倒在地。后来他听说，在布里奇敦有一门"装有12磅（约5.4公斤）重炮弹"的大炮，在狂风下从码头的一端一直翻滚到了另一端。

1780年的巴巴多斯飓风导致4000多人丧生。如今，50年过去了，《巴巴多斯环球报》的这位编辑认为，这次灾难可能更为严重。[8]当里德的船只穿越英吉利海峡时，他肯定曾给自己鼓劲，要以坚强的心态面对这场灾难。被夷平的房屋、破损的船只以及人员受灾情况，这些都是他所能预料到的，但他不知道的是，当他亲临巴巴多斯时，他关注的焦点将会发生变化。里德开始对飓风进行研究：它是如何形成的？它来自何方？它如何移动？它移动的速度有多快？它去往何处？它是否有可重复的发生模式？

上帝掌控着天气？

在此之前，很少有人从科学的角度考虑过这类问题。即便到了19世纪，大多数人依然相信风暴是由上帝制造的。总督詹姆斯·里昂爵士已经在巴巴多斯采取了一些常规措施，将10月7日定为全民哀悼日以及向上帝的感恩日，感恩上帝"在施行审判的同时也不忘宽恕，平息了飓风的狂怒"。这是一种自然的反应。和很多人一样，里昂也认为飓风是超出科学范围的事物。在1838年的一次公开集会上，威廉·里德表示，他坚信在"恒定的"自然法则里有"神灵的作为"："是由深不可测的智慧创设的，由无上权威支配着，旨在达成最仁慈的目的。"[9]

气象学被种种宗教信条禁锢了数个世纪。天气是上帝愤怒和仁慈的有力表现，是创世故事的核心：上古时期的伊甸园、大洪水、彩虹之约等，而风暴是上帝大能的终极展现。正如《圣经》中《诗篇》第29篇所称颂的，上帝不仅支配着天气，上帝本身就是天气。

> 耶和华的声音发在水上：
> 荣耀的神打雷，耶和华打雷在大水之上。

耶和华的声音大有能力；耶和华的声音满有威严。

耶和华的声音震破香柏树，耶和华震碎黎巴嫩的香柏树。[10]

自从公元4世纪和5世纪基督教传遍欧洲之后，这一神性天气的观念一直延续了1000多年。在这一问题上的好奇心会被视为一种罪过，任何理性的研究都遭到回避和压制。直到12和13世纪，亚里士多德的学说得到复兴，人们将他的主要著作翻译成拉丁文加以传播，其中就包括他所著的《天象论》一书。此时，他关于大气现象的理论才引起人们的重新思考。即使在当时人们仍然存在争论。巴黎主教艾蒂安·唐皮耶（Etienne Tempier）分别于1270年和1277年签署了禁令，意图限制亚里士多德观点的传播。最令唐皮耶感到恐慌的是这样一个观念：当把作为原动力的"第一因"——神移除后，所谓的"第二因"（诸如天气等）仍将正常发挥作用。从此，宗教和理性主义的对立开始形成，并在之后愈演愈烈。

在之后的200年里，亚里士多德的观点才慢慢地渗透到基督教国家，宗教和科学这两股强大的力量终于达成了和解。虽然神仍然居于至高地位，但亚里士多德的影响力也在稳步上升。很多人都把他称为"大哲"（the Philosopher），但丁把他奉为"无所不知的大师"。[11]

不过，在15世纪活字印刷术在欧洲被推广之前，亚里士多德的观点还是被局限在大学里，并没有得到广泛的推广。后来又过了100多年，当他的《天象论》被翻印了至少28次之后，亚里士多德的天气思想才最终传播到广大读者那里。威廉·福尔克（William Faulke）于1563年发表的《优美画廊》（A Goodly Gallerye）是一本专门面向非专业人士的读本，其中包含了一些具有教益性的章节：

论风

论风暴

论雷电

论冰雪

论彩虹

　　虽然福尔克在书中用华丽的语言呈现出一种现代气息，但其中的理论都是直接取自亚里士多德。无论如何，福尔克的这本《优美画廊》在长达一个世纪的时间里，还是为大量读者提供了关于天气的一种理性解释。当然，福尔克非常注意分寸。他警告读者说，上帝仍然是居于主导地位的。"根据《诗篇》中的颂词，上帝是第一位的和最有力的动因，是所有奇迹的缔造者。火与冰雹，雪和雾，风与暴风雨，执行着他的意志与诫命！"[12]

　　而最明显的证据即将呈现在众人眼前。在《优美画廊》出版25年后，西班牙国王费利佩二世下令他的无敌舰队启航。该舰队由130艘战船、30000名船员组成，在当时堪称有史以来所集结起来最强大的军事力量，其目标是进攻和征服信奉基督教新教的英国。5月末，时任舰队司令的梅迪纳·西多尼亚公爵（the Duke of Medina Sidonia）本以为这次出海作战将会一帆风顺，但恶劣天气从一开始就缠上他们了。他们先是在英国的"西部门户"海域因大风而受到延误，后于7月份在普利茅斯海岸遭到英国战船痛击。8月份，无敌舰队遭到英军的小规模突袭，梅迪纳·西多尼亚司令被活捉。9月份，感到进攻无望的无敌舰队放弃了进攻，开始沿着英国东海岸向南逃窜。舰队的计划是抵近并包围苏格兰，然后向南回到西班牙。但现实再一次严重偏离了预期。由于对经度计算有误，舰队过早地向南转向。舰队指挥官们遇到的不是开阔的海面，而是爱尔兰西北部七零八碎的海岸线。散布的礁石和猛烈的海风所带来的危险并不亚于250年前菲茨罗伊在火地岛海域的遭遇。在北大西洋强风的裹挟下，20多艘战船失事，被海浪推到岸上。费利佩那战无不胜的强大舰队仅有一半得以保全。

而对于英国民众来说，这一事件充满了宗教感应。显然，相对于当时落后腐朽的天主教信仰而言，上帝更青睐于英国经过改革的新教。一时间，人们竞相传颂拯救英国于危难的这股"新教之风"。为了庆祝，英国制作了一系列的纪念章和纪念币，上面印有"上帝之风刮起，瞬间驱散敌军"（Flavit Jehovah et Dissipati Sunt）字样。

西班牙无敌舰队的惨败对于英国人的自我认识具有重要作用，它加深了上帝对于英国人日常生活的影响。莎士比亚于战后不久创作的剧本，就反映了这一倾向。他们经常把天气描述为一种戏剧性的桥段。《麦克白》中的迷雾，置身于风暴荒野的李尔王，《暴风雨》中的海难，在这些场景中，天气都作为一种隐秘的力量出现，就像在现实生活中一样。

1599年3月，埃塞克斯伯爵罗伯特·德弗罗（Robert Devereux）受命从伦敦出发前往爱尔兰镇压当地的一次起义。埃塞克斯从伦敦启程时遭遇了强烈的雷暴天气，人们认为这是不祥之兆。埃塞克斯在爱尔兰的战役一败涂地，两年后他在伦敦绿塔被以叛国罪处以斩首。人们记住了在他命运发生改变之前的那场风暴。约翰·弗洛里欧（John Florio）在其所著的《意大利语和英语词典》（*Dictionarie of the Italian and English Tounges*，1611年）中，用"Ecnéphia"一词来解释那天发生的事件。弗洛里欧把"Ecnéphia"定义为"发生在夏季的一种异常强大的风暴，带有猛烈的闪电，天空似乎被劈开烧红，埃塞克斯伯爵从伦敦出发前往爱尔兰时曾发生过"。[13]

在这种迷信思想的钳制下，科学很难得到发展。直到17世纪后半叶发生的科学革命，随着自然神论和自然宗教的建立，理性主义才找到一个立足点。自然神论和自然宗教承认上帝是造物主，但认为，上帝在创世之后便让世界按照科学的法则进行运转。对上帝在人们日常生活中所起作用的这种改造具有十分深远的影响。它为17世纪"天才探索者们"的出现提供了土壤，如牛顿、波义耳、哈维、伽利略和雷恩等。伽利略有一句名言："我不认为上帝在赋予我们感官、理性和智力的同时，又希望我们忘记去运用它们。"[14]

新成立的英国皇家学会及其月刊《哲学学报》(*Philosophical Transactions*)成为实证主义兴起的排头兵，学会的会训是"不随人言"(Nullius in verba)。很快，一些奇异的天气现象就出现在早期的《哲学学报》上，例如亮丽的彩虹、惊人的雷鸣、耀眼的闪电和红色的降雪等。1703年11月，大风暴袭击了英格兰和威尔士，这为理性分析提供了极好的研究对象。《哲学学报》随即发表了一份特刊，详细记述这次灾害的损失情况。萨塞克斯郡的约翰·富勒(John Fuller)撰文解释说："我们住在距海边直线距离为10英里(约16公里)的地方，令乡民难以置信的是，海水竟然被吹了这么远，或者说，在大风暴期间下的雨是咸的，因为第二天所有树枝上都裹了一层白色颗粒，而且尝起来是咸的。"[15]

大风暴起于威尔士海岸靠近阿伯里斯特威思(Aberystwyth)的地带，而后直取英格兰中部诸郡，其中尤以南侧风力最为强劲。大风将教堂屋顶的铅皮刮掉，导致风车着火，并使农场的家畜四散奔逃。1666年，一场大火使伦敦五分之三的城区毁于一旦，而今新建起来的伦敦城再次遭受重创。用粉色或红色砖石重建的，象征着文明、优雅和美好的秩市、莱斯特场、索霍区、七晷区、红狮广场等地均未幸免。这次大灾变使英国人陷入一场深刻的反省中。丑闻、贪婪、渎神、西班牙王位战争以及神职人员的堕落等都被视为这场灾难的潜在原因。有人写了一本名为《惊世暴风》(*The Terrible Stormy Wind*) 的匿名说教式书籍，指责人们追求科学是危险的，这只能证明人的盲目和自负。它对"科学的"解释进行嘲弄，认为风暴"不过是伊壁鸠鲁的原子的爆发；物质和运动的高潮；机率的一次盲目叠加。只有这样解释才能将天道神意排除在外"。[16] 为了表示忏悔，基督徒们宣布斋戒一天。

在这场灾难过后，最流行的作品是丹尼尔·笛福早期报道文学的代表作《大风暴》。作为一位大胆的作家，笛福尝试用启示性的分析来取代传统的事件解析手法。他在引言的开篇以一位风暴传道者的口吻写道："我相信，当无神论者的房屋在狂风中摇曳时，他那冥顽不化的心灵也一定会有些许震颤，他会感到某种自然存在对自己心灵的拷问，比如我是不是错了？世界上必定有一种神明般的存在，否则一切怎会如此？世界上的物质到底是什么？"[17] 之后，他笔锋一转，表示自己愿意去尝试新的分析思路。他在第一章首先对"风暴的自然原因"进行评析。他认为，对风暴现象的探查是公正和必要的，因为：

> 去探查上帝以其无上智慧认为适合隐藏的事物，很可能将是有罪的，而探查结果一无所获，恰恰是上帝对人类盲目好奇心的一种惩罚；但是去探查造物主并未刻意掩盖，只是覆以一层自然模糊性的面纱，且经过我们

探究很容易弄明白的事物，似乎才真正符合事物的本质。要想证明（我们的探查是否符合事物本质），可能需要我们提出论据来证明探查行为的正当性。[18]

不过笛福并未得出任何结论，风现象不是他所能理解的。他剽窃了拉尔夫·博恩（Ralph Bohun）的《关于风的起源和性质的论文》（*Discourse Concerning the Origine and Properties of Wind*）中的观点，这些观点早已过时且含糊不清，并在章节结尾又提到了亚里士多德的古老理论："我们听到了风的声音，却不知道它来自何方。"最后他写道：

> 由此我只能得出这样一个结论，风是上帝自然创造的，它更乐于藉此现象向我们传达些许启示；因为相对于其他自然现象而言，独特的风现象更容易引导我们陷入思考，指引我们察知上帝无尽的权能。[19]

无论如何，笛福对风现象所提出的这种基于理性和科学的回应还是人类的一大进步。在之后的几十年里，随着自然神论被英国民众广泛接受，科学家们开始在前所未有的自由度上思考风暴形成的原因。马修·廷德尔（Matthew Tindal）于1730年所著的《基督教与创世同龄》（*Christianity as Old as the Creation*）一书，进一步巩固了自然神论的地位，廷德尔认为，"如果上帝把人类当作是应负责任的，当作是有理性的，那么他的判断必须和他们运用理性的程度成比例，正如眼睛是可见的事物的唯一判断者，耳朵是可听的事物的唯一判断者那样，理性也是合理的事物的唯一判断者"。[20]

但关于什么是合理的，仍然存在争议。在18世纪初，各种理论层出不穷：有的认为地壳中的含硫矿物引起了大气的不稳定，就像维苏威火山爆发时那样；也有的认为风暴是有害气体在空中的搏斗。一个流传最为久远的观点认为，天气是由太阳、月球和已知的五大行星（火星、金星、水星、土星和木星）的运转决定的。这种天体气象学最早可追溯至古希腊罗马时期科学家托勒密的著作。在17世纪80年代，J. 戈德（J. Goad）博士在其《天体气象学》（*Astro-Meteorologica*）中复兴了这一观点。戈德之所以起这样一个书名，或许是为了强调该书是对亚里士多德的传承。此外，戈德还强调了他的作品的科学性，声称他的计算是基于30多年的观察得出的。戈德的观点产生了极为深远的影响。他成为英国国王查理二世的天气预报员，为查理二世和"英国国内若干最有身份的人"提供每月的天气展望，他们可以据此安排自己的狩猎日程。[21]

作为一种经验主义科学，《天体气象学》决心揭开上帝所创设的天国运行之奥秘。根据牛顿证明的潮汐受月球引力影响呈节律性运行这一观点，戈德希望证明行星对地球大气也有类似的作用。戈德认为，月球本身具有一种迷人的、鲜为人知的力量。他表示，众所周知，月光能够加速肉类的腐败，使龙虾、牡蛎和螃蟹吃起来发甜，使癫痫病患者发病。[22]戈德认为，所有这些都证明了月球所具有的特殊力量，绝不是单纯的照亮夜空那么简单。他推理，"如果月亮只是为了照明，那么它就不会在不需要它的白天出现，也不会在需要它的夜晚消失"。[23]

戈德认为，太阳和月球的运行并不是相互独立的。相反，它们与五大行星共同运作，从而产生无穷多个大气组合模式。火星带来热、干旱、雷鸣和暴风，木星带来"健康温和的空气，以及风和适宜的水气"。[24]为了支持他的观点，戈德提供了数页的观测记录。有时他豪迈地宣称："行星的方位绝非毫无意义的小把戏，而是一种蕴含着神秘力量的系统性组合，它能够引致下月区特别是大气层的变化，一些关系重大的问题也与之有关。"[25]

天体气象学在17世纪赢得了一些重要的支持者，其中包括弗朗西斯·培根、皇家天文学家约翰·弗兰斯蒂德和罗伯特·波义耳，后者认为"所有的行星都通过从地球吸出臭气（effluvia）而对地球的大气组成产生一定影响"。[26]整个18世纪直到19世纪初，人们普遍接受的一个观点认为，月球——"那个潮湿的星球"是大气现象的关键。第四天的新月被认为会给海上带来风暴，很多船员都知道英国早期历史学家尊者比德（Venerable Bede）的古老观点："如果月亮的下弦月看起来是金色，将有风；如果在新月上方出现黑斑，未来一个月内多雨；如果黑斑在中部，满月时为晴天。"在19世纪初，卢克·霍华德和詹姆斯·威德尔都还在努力完善这一观点。[27]

"冒险者号"的菲利普舰长也是这一观点的支持者。菲利普认为月球对合恩角附近海域的影响尤为巨大，有时候他会在气象笔记中写道：

> 我们于满月前3天到达斯塔顿岛北部，当时的日期是（1829年）4月3日，我们遭遇了大雾天气，从东面和北面吹来微风，汞柱从29.90毫米下降到29.56毫米。到了满月那天，汞柱回升了，上午的天气特别好，斯塔顿岛上的高山清晰可见，此前火地岛也有过类似的情况。[28]

虽然天体气象学广为流传，但它从未被科学界完全接受，因为科学界认为这种学说包含太多超自然的关联。科学家们更愿意接纳具有稳固依据的化学研究或电学研究，特别是电学研究，在富兰克林的风筝实验和避雷针发明后，迎来了一段极为辉煌的发展。富兰克林的避雷针或称电流导体，被誉为一个了不起的成就，激发了当时人们对未来的无限幻想。富兰克林的一名崇拜者写到，"它似乎给人类无力的双手赋予了一部分至高神力"。[29]

富兰克林的电学研究不仅为人们提供了一种有效防范雷击的办法，同时也从科学的角度解释了为何高端物体最容易受到雷击。这一问题曾经困扰了人们很长时间。为什么上帝总是攻击教堂的塔尖，而不去攻击矮小的酒馆或其他罪恶巢穴？反而越是高大的、越能彰显上帝荣耀的教堂塔尖，越容易受到雷电的轰击。

直到18世纪50年代，富兰克林关于闪电的解释才终于解开了这一谜团。但是他的观点被人们完全接受，还要花费很多年。很多城镇仍在延续着在教堂塔顶堆放武器的旧传统，认为上帝不会在这种地方施火。在意大利的布雷西亚（Brescia），人们在圣纳泽尔（St. Nazaire）教堂的塔顶存放了200万磅（约907吨）火药。1769年8月18日，教堂遭到了雷击，有报道称："圣纳泽尔教堂的整个塔顶被炸飞到天上，然后落下一阵石头雨。"一道闪电划过，整个城市有六分之一被夷为平地，有3000多人因此丧生。[30]

在事件发生后很长时间里，基督徒们一直在设法解释。一边是送来"新教之风"击溃入侵敌军的上帝，而另一边是夷平城市、摧毁教堂、滥杀无辜的上帝。有人推理认为，上帝降下坏天气是为了考验人类，鞭策人们变得更加虔诚，其目的是让人们相信上帝的仁慈。正如1827年一篇讲道文章告诫礼拜者，大卫王曾置身于一场"恐怖的风暴"之中，但由于他保持着"强大的自信，因而毫发无损"。文章号召基督徒们以大卫王为榜样。"当狂风呼啸、电闪雷鸣、大地震动时，良人将感到自信"。[31]

在很多人看来，英国诗人威廉·柯珀（William Cowper）的诗作对此总结得最为精辟：

> 上帝之神踪，隐秘无定，
> 上帝之奇迹，昭然有凭。
> 时则漫步于四海，
> 时则御雷于九重。[32]

调查风暴成因

威廉·里德于1832年1月抵达巴巴多斯岛。他发现岛民们正在从灾难中振作起来，着手长期的恢复重建工作。受灾情况相当严重。海港被风暴卷起的巨大波浪冲垮了，只有两艘船幸免，码头被击碎后冲入大海。在海岸以上，泛滥冲击区向内陆延伸了很远。所有的街道都消失了，有的沦为废墟，有的被海水裹挟的泥沙所覆盖。军需处、奴隶所、圣米迦勒大教堂、皇宫和几座教堂损毁严重，工业部、男子学校和女子学校、总督府、皇家剧院、精神病院和福利院彻底被毁，已无法修复。最令人头疼的是，皇家监狱被夷平了，其中一扇"沉重的大门被从铰链处扯断，重重地砸在路面上，碎成很多块"。[33]除了三名犯人外，其他在押犯人一哄而散，消失在一片混乱之中。

关于此次飓风的新闻报道已经传播开来。1831年12月，当里德穿越大西洋后不久，一篇关于巴巴多斯在8月份所遭遇的致命飓风的报道就已见诸报端。里德买了一份报纸，仔细阅读。该报道是一个匿名作家写的，他在文中收录了一系列的目击描述。公开的报端描述了飓风来临前几周的天气是如何湿热，并记述了该岛上空覆盖着"带电的云层"。8月一开始，一道闪电击中了乡下的一间房子，杀死了一名婴儿，孩子的母亲被击伤，若干家禽被击毙。到8月10日，也就是飓风发生那天，上午的天气非常晴朗，是典型的夏日晴空。"日出时晴朗无云，阳光经过澄澈的大气照射过来，光辉夺目。"[34]

之后，飓风就以人们熟悉的方式逐渐逼近。北部海平面上聚起了乌云。先是下了一小阵急雨，继而天空突然变得宁静、黑暗，滚滚的乌云从头顶掠过（就是康斯太勃尔所说的"报信云"）。11点左右，微风变成了大风。到了半夜，飓风正位于小岛上空，闪电频频划过夜空，风大得"无法描述，像裹挟着成千上万的致命飞弹"。嘈杂的声音振聋发聩，"根本就听不清一记完整的雷声，就像是上百门大炮一齐鸣放，或是最响的雷声在空中相继爆发，所有的轰鸣声响作一团"。[35]

虽然文章写得非常生动，但里德最关心的是对一些现实细节的描述。他特别注意到，期间风向发生了改变。人们普遍认同的是，随着黑夜越来越深，风的源头也在发生变化。它最初似乎是从东北方刮过来的，然后又变成了西北风。一个小时后它暂时减弱了，尔后又从西南方卷土重来，最后刮的是西风和西北风。[36]人们很早就知道，飓风的特点就是风向会发生改变。据里德所知，此前尚未有人能解释飓风为何会如此。

在随后的几个月里，里德写了大量的备忘录。1841年，美国作家埃德加·爱伦·坡发表了第一部侦探小说《莫格街凶杀案》，小说的主人公杜宾通过凶案现场的蛛丝马迹进行推理，巧妙地抓获了真凶。而早在这篇小说发表前10年，里德就已经开始从事细微分析和逻辑推理了。不过，里德所寻找的不是凶杀案的罪犯，而是一场自然灾害的罪魁祸首。他后来写了自己是如何开始"到处搜寻既有风暴的记录，以对风暴的成因和行为模式进行研究"。[37]

追踪风暴的技术早在100多年前就有了，还是源于本杰明·富兰克林。1743年10月21日，富兰克林打算在美国费城自己家中观察月食。但他的计划落空了，一阵强劲的西北风吹来，天空顿时变得昏暗不清，"月亮和星星"全都不见了。不久，他从波士顿的报纸上得知，人们在美国新英格兰地区观察到了完美的月食，坏天气在月食发生半个小时之后才降临。当时人们接受的理论认为，风暴或者是在同一个地区独立产生和消亡的，或者是在盛行风的裹挟下移动过来的。但现实的证据都与这两种推论相反，因为根据两地的相对位置来看，风暴是沿着西南－东北的方向从费城移动到波士顿的。富兰克林对其观察情况进行了记录，成为富兰克林的另一个灵感片段。自1790年富兰克林去世以后，又有几篇有关风暴的文章面世，包括东印度公司陆军上校詹姆斯·卡珀（James Capper）和哈佛大学教授约翰·法勒（John Farrer）所写的个人经历，但仍未提出任何有力的理论。最初，里德并没有设想自己的研究上升到理论的高度，只是希望为巴巴多斯飓风建立一份完整的档案记录，包括它从产生阶段到壮大阶段，再到衰落阶段的成长过程。

里德意识到，数据的准确性是至关重要的，所以他开始收集当时附近海域船只的航海日志、有关不同时段风向的记录等，如此他就可以构建出这次飓风的一个实时风向图。他学习了相关气象理论，并前往距离巴巴多斯80英里 (约129公里) 的圣文森特岛，去考察和比较那里的受灾情况。在圣文森特岛，里德访问了西蒙斯 (Simmons) 先生，他曾在8月11日黎明时目睹了飓风抵达这里。西蒙斯看到了"在他北面的云，外表看起来是那么凶险，他在热带地区生活了这么多年，从未见过如此来势汹汹的云，他说云团呈现出一种橄榄绿色"。西蒙斯加固并关紧了他的门窗，躲在房间里直到早晨7点，飓风才自北向南横扫过去。[38]

据此，里德证明飓风用了大约7个小时才从巴巴多斯移动了"将近80英里 (约129公里)"到达圣文森特岛。他推断，飓风的移动速度大概是每小时10英里 (约16公里)。[39] 随着他对飓风的研究成果在社会上传开，更多消息被送到他手里。一个故事来自两个奴隶的描述，他们说在8月初，有火花在他们身边进出，把他们吓坏了。回想起来，他们认为这些火花可能是空气高度带电的反应。里德并未过多采纳上述报告，认为这与飓风的关系不大，另外一份有关地震的描述也未被采纳。里德最关注的是事件的真相。为什么风会呈旋涡状？为什么在飓风的中心区会有短暂的平静？大气压的下降又意味着什么？

这些问题一直困扰着里德，直到1832年，他收到了一份上一年出版的《美国科学期刊》(American Journal of Science)。这份期刊上包含一篇有关风暴的文章，很有创见，作者是美国人威廉·雷德菲尔德。

雷德菲尔德：飓风是移动的旋风

雷德菲尔德的文章《大西洋沿岸盛行风暴研究》(*Remarks on the Prevailing Storms of the Atlantic Coast*) 正是里德所寻求的。在过去 10 年里，雷德菲尔德在其位于纽约城的研究室也在研究同样的问题。他的研究成果已经领先了里德数年，所提出的观点也是非常有说服力的。他写道，飓风并不是完全杂乱无章的。相反，它们按照严格的规律运转，包括风的变化和移动方向的改变。雷德菲尔德在研究过程中表示，他已经得出结论，认为飓风是一种巨型的旋风，就像一个大飞盘一样在空中横冲直撞。这是一个大胆而颇具创见的想法。在里德看来，这个理论与事实高度吻合。

雷德菲尔德于 1831 年发表了他有关风暴的论文，在此之前，科学界很少有人听说过他。他同时还是纽约的一名商人，因创办了轮船公司而为人所知。雷德菲尔德的轮船沿着哈德逊河来来往往，负责在纽约和奥尔巴尼之间运送旅客和货物。雷德菲尔德的成功源于他与生俱来的创新意识。早在 19 世纪 20 年代轮船刚刚兴起的时候，旅客们非常担心坐船时离发动机太近，因为当时的发动机时常会发生爆炸。雷德菲尔德以非常简单而有效的方式解决了这一问题。他设计了一种"安全驳船"，让旅客坐在里面，然后让轮船通过绳索在前面牵引，这就是后来火车车厢的雏形。随着轮船的安全标准逐步提高，旅客们对其更加放心了，这时雷德菲尔德就改变了策略：让旅客们回到轮船上乘坐，而用驳船来装载货物。

但雷德菲尔德可不仅仅是一个精明的商人。他年轻时曾在康涅狄格州的一座小城当机械工人，从此开始对机械工程产生兴趣。

他享受发明的乐趣，经常潜心于发明轮船，一直致力于设计出"更简洁、更低廉和更安全的机械结构"。随着时间流逝，人们逐渐感受到了雷德菲尔德产品的良好质量。他是少有的复合型人才：既有作为一名商人的打拼精神，又有作为一个发明家的独创精神，同时还具有美国北方人对于细节的钻研精神。

1831年的一天，当雷德菲尔德乘坐轮船从纽约去往纽黑文时，恰巧遇见了耶鲁大学的数学和物理学教授丹尼森·奥姆斯特德（Denison Olmstead）。当时，他见到奥姆斯特德站在甲板上，就走过去"谦逊有礼地邀请他移步过来请教一些问题"，内容是关于奥姆斯特德在《美国科学期刊》上最新发表的一篇有关雹暴的论文。两人很快就谈到了风暴，这时雷德菲尔德首次公开了他的旋风理论。这在气象学历史上是一个重要的时刻。[40]

雷德菲尔德早在10年前就想出了这一观点，当时刚刚发生了"1821年9月大风"不久。这场大风（当时人们对飓风的称呼）在美国东北部沿海造成了巨大恐慌，所引起的海啸冲刷了新泽西州沿岸以及曼哈顿岛的若干条街道。在随后的几天，雷德菲尔德和他的儿子一起走访了受灾同样严重的康涅狄格州乡村地区。他注意到，在该州中部靠近米德尔敦的地方，树木被风刮得倒向了西北方向。但是在相邻的马萨诸塞州，树木的倒向却是与之完全相反的东南方向。雷德菲尔德据此认为，在短短的7英里范围内风向就已发生了改变。为了验证他的发现，雷德菲尔德对各地的新闻报纸进行收集，并绘出了风暴的移动路线。此时，"他的头脑中闪过一个想法，这场风暴是一场移动的旋风（progressive whirlwind）"。[41]

由于在科学界交际不多，雷德菲尔德一直未曾公开他的观点，直到他在1831年碰巧认识了奥姆斯特德。奥姆斯特德对此非常感兴趣，并劝说他据此写一篇文章发给《美国科学期刊》。雷德菲尔德同意了，但前提是需要奥姆斯特德帮他修改一下初稿，并为他的文章提供指导。几个月后，雷德菲尔德的文章被发表了。

1831年7月，也就是巴巴多斯飓风爆发前一月，《大西洋沿岸盛行风暴研究》被发表在《美国科学期刊》上。此前一直不为人知的雷德菲尔德颇为自信地提出了自己的观点。他按照逻辑顺序进行分析：定义简单概念，对和风、暴风和飓风予以区分，提出飓风是"一种极为猛烈的大风"。飓风的一大特点是，在同一场风暴中风向会不断发生改变。[42]

雷德菲尔德表示，这个问题正是他将要解答的。以1821年9月的大风为例，他像一名诉讼律师一样，对案例进行分析：根据特定时间风暴的位置，就可以揭示风向的有关细节：

> 通过对这些事实进行梳理，我们就需要探究，以极快速度在米德尔敦过境的一块巨大风云，朝着一个明显仅需花30分钟即可抵达的目标方向移动。然而，事实上风暴并没有抵达该目标，反而一段时间之后，人们发现与这块风云相同或相似的一部分，竟以同样的速度从该目标的方向移来，这究竟是如何实现的？在这次天气过程中，在同一时间发生的所有最猛烈的部分为何被局限在一个小圈子内，其直径似乎并没有超过100英里（约161公里）？笔者认为，只有一种情况可以完美地解释上述现象——这场风暴是以一个巨型旋风的形式出现的。[43]

雷德菲尔德对其观点进行了详细论证。"如果我们的观点成立，那么与这场风暴有关的所有矛盾和谜题都将迎刃而解……用水手的话讲，我们就可以弄清为何'一场西北风暴后面总是跟着一场东南风暴'"。他解释道，大风于9月1日起于西印度群岛，而后沿着海岸线一路北上，先后经过南卡罗来纳州的查尔斯顿、弗吉尼亚州的诺福克，途经特拉华州最后袭击了纽约。在整个过程中风向一直在发生变化，他用所附地图加以解释。

这还不算完，雷德菲尔德表示，他的旋风理论解释了困扰人们一个世纪之久的气压谜题。他让读者做一个简单的实验：

> 找一个较大的圆柱形容器，在里面盛一半水，然后用搅拌棒沿着圆形轨迹反复搅拌，使整个水体做离心运动。通过这个实验我们会发现，受离心运动影响，水面中部的水位会明显下降，而外围的水在容器内壁的阻挡会高出正常水位，此种状态下的水体就呈现出一个微型旋风的特征。[44]

如果他的猜想是正确的，那么雷德菲尔德不仅解答了风暴中心气压变低的问题，同时还证明了风暴来临前为何气压值会上升的问题。一场风暴的完整力学结构可以在美国的任何家庭随时被复制出来，其所需器具非常简单，不外乎一杯水和一把勺子。

此外，雷德菲尔德还首次揭开了风暴眼的秘密，也就是当风逐渐变小时，为何会出现相对短暂而诡异的平静期。根据他的理论，这是由于旋风中心的真空作用引起的：

凡是经验丰富的航海者都会下意识地避开这种短暂而诡谲的平静，因为一旦遇到这一状况，就说明他已置身于飓风的中心，很快就会遭遇骤然提速的狂风和难以突破的水线，这也是风暴最后的、最耸人听闻的冲击。[45]

虽然还停留在理论阶段，但雷德菲尔德的论文还是成为数十年里对风暴运行机制研究的最大贡献。第二年，置身于巴巴多斯一片狼藉之中的里德，也读到了这篇论文。最先引起里德注意的是雷德菲尔德论文所附的地图，该图显示了9月大风从加勒比海沿着北美洲东海岸线一路向北的行进路线。里德后来写道："我相信，雷德菲尔德先生的理论一定是正确的，所以我打算制作一幅更大的风向图，把《美国科学期刊》中提及地区的相关风暴报告全都标注上去，以对这一理论进行验证。"[46]

里德的计划可谓一项大工程。他给当地居民写信征集个人陈述，给日志记录人写信寻求书面报告，给众多船长写信搜集航海日志，并对所能收集到的所有气象档案进行研究。里德后来解释道："资料越翔实，就越接近这场旋风的移动轨迹。"很快，里德的计划就扩展至其他风暴。他研究了1780年10月的滨海萨凡纳飓风，同年的巴巴多斯大飓风，以及1821年9月大风暴。他成功地界定了1830年巴巴多斯大飓风的详细路径，并证明了飓风在离开巴巴多斯后又途经了巴哈马群岛和佛罗里达半岛，然后沿着北美洲东海岸北上，在快要到达圣皮埃尔南部"西经57度，北纬43度"时趋于消亡。

他继续讲道：

巴巴多斯大飓风用了6天时间移动了这么长的距离，其平均移动速度是17英里（约27.4公里）每小时。受飓风影响路径的总体宽度是500～600（约804.7~965.6公里）英里；不过，遭受飓风严重影响路径的宽度仅有150～250英里（约241.4~402.3公里）。在遭遇飓风袭击的几个地点，最猛烈的时间持续了7～12小时，飓风从圣托马斯岛移动至终点新斯科舍海岸的速度是15～20英里每小时。[47]

里德在担任巴巴多斯灾后重建总监的两年里，一直坚持调查飓风问题。他并不是想建立一个理论来解释飓风为何会呈旋涡状，他只是希望按照弗朗西斯·培根的名言，通过观察收集大量现实材料，从中找到某些模式或规律。这项计划着实耗费了里德在巴巴多斯的不少时间。至1834年5月离开巴巴多斯前，他所收集的大量材料都足以写成一本书了。回到英国后，他获得了一段时间的假期，期间他埋头于更多的风暴和飓风研究，随着时间的流逝，经过坚持不懈的资料收集和分析，他所掌握的资源数据越来越多了。

到1836年，里德的休假结束，他被工程师学会重新聘任参加西班牙王位争夺战的最后阶段战役。因此他必然错过了一篇很不寻常的报道，该报道是由英国各大媒体从《波士顿报》（*Boston Paper*）上联合转发的，名为《重大发现》（*Important Discovery*），上面写道：

本市一位先生取得了自富兰克林时代以来的一项重大发现，他发现了天气运行的规律！人类数千年来孜孜以求的这一重大秘密是由詹姆斯·埃斯皮先生发现的。

埃斯皮声称，与其他自然事物的运行规律一样，天气也是按照固定不变的规则运行的，这些规则简单易懂。他可以告诉一名船长如何判断自己周边500英里（约804.7公里）范围内是否存在风暴，以及如何调整航向，使其可以按照自己的意愿靠近或远离风暴，以获得更大的风力或更小的风力。[48]

《曼彻斯特时报和公报》(*Manchester Times and Gazette*)在对该报道进行转载的同时，还添加了编者自己的怀疑性分析："此处转载的这篇文章不代表本报相信这位美国科学家的所谓气象预言。本报认为，这则消息的真实性不高，这有点类似于拉普兰的售风者，他们把风装进袋子里进行销售，供航海者购买使用。"

在当时，英国报界经常会对美国报道的消息持类似的态度。毕竟美国建立才不过半个世纪，美国人的机会主义和开创精神往往容易使这些消息显得荒诞、愚蠢和可笑。不过在这则消息上，怀疑似乎是多余的。詹姆斯·埃斯皮已经成功地解释了一个神秘的过程：揭示云起雨落的过程。在科学的天穹上，一颗明亮的新星开始大放光彩。

第 5 章

上升的水汽 vs 旋转的风暴
Trembling Air, Whirling Winds

1836年7月，当埃斯皮有关天气发现的消息被刊登在英国报纸上时，美国费城第一长老会牧师阿尔伯特·巴恩斯（Albert Barnes）正准备为纽约汉密尔顿学院的毕业生进行演讲。这一天是7月27日，他做了一场主题为美国人智力能力的激励性评论。他一上来就说道："我们的文学和科学在很多方面可能达不到旧世界的成就，但我们不要因此就感到丢脸。我们大可以承认，我们在语言学和文学批评上还落后于德国人，在化学和医学上还比不过法国人，在经典研究和精密科学上还赶不上英格兰和苏格兰。""但是，"他问道，"对于一个尚处于襁褓之中的民族来说"，能要求它做出多大成就呢？"没有哪个国家所面临的任务像我们这样艰巨，也没有哪个国家已经做得足够好了。还有一片辽阔的，可以说是无限广大的领域等着我们去占领、去征服、去开拓。"

巴恩斯说，这一重任已经落到美国人民的肩头，现在需要美国人民发挥自己的聪明才智，促进知识的发展进步。他提出疑问，照耀在美国人头上的阳光与照耀在伽利略和赫歇尔头上的阳光有什么不同吗？美国的空气和水与汉弗莱·戴维研究的空气和水不一样简单易得吗？实际上，美洲大陆似乎更加适合搞科学研究：

> 相比于旧世界，不论是在范围上还是在形式上，大自然在这里将自己展现得都更为淋漓尽致。这里有幅员辽阔的原始生态，供人们开阔视野、提升境界，将宏大的计划付诸实施，鼓励人们开展有益的调查研究。似乎连支持人类开展科学研究和开阔视野的上帝，对于西方世界的知识也颇为吝啬，直到旧世界的人们把研究活动推向极致时，上帝才肯透露事物的些许真相。[1]

一年后，巴恩斯的言论得到了拉尔夫·沃尔多·爱默生的响应，爱默生在为哈佛大学的美国大学优等生荣誉学会（Phi Beta Kappa Society）做一次名为"美国学者"的演讲时，发表了类似的观点。在这次著名演讲中，爱默生号召美国的学者们开辟属于自己的研究道路，在学术上独立于旧世界的专家学者们。他说，"我们已经听够了欧洲人的老生常谈"。美国人面临的一大危险就是变得越来越"胆怯、盲从和驯服"。美国要想变得强大，就必须对这一趋势保持警惕。[2]

巴恩斯和爱默生在做这些演讲时，美国正处于新的发展阶段。美国不再仅仅是一个大胆的社会试验，它开始试着在国际上发出自己的声音。詹姆斯·埃斯皮，一位来自费城的著名教师、古典学者和数学家兼气象学家，对于美国在学术上实现跨越式发展的愿望尤为强烈。

埃斯皮：云起雨落的奥秘

1836年6月，时年51岁的埃斯皮正处于事业的巅峰时期。通过他在这一时期的一幅肖像画我们可以看到，他身着正装，一头蓬乱的灰白色头发被梳向一侧。但最引人注目的还是他的眼睛——炯炯有神，并略微向下倾斜。这是埃斯皮的习惯性姿态，我们仿佛能看到他在课堂上考察自己的学生，或在演讲台上凝视自己的听众。[3]

詹姆斯·埃斯皮生于1785年5月9日，出生地位于俄亥俄河东岸的威斯特摩兰县（Westmoreland County），靠近宾夕法尼亚州西部的匹兹堡。这里当时属于美国的边境地区，是一片充满危险和不确定性的土地。当埃斯皮还在咿呀学语时，美国的军队仍在向西部的华盛顿要塞推进，前往镇压美国肖尼族印第安人（Shawnee）和迈阿密印第安人的起义。各种耸人听闻的消息从前线不断传来：埋伏暗杀、被剥下头皮的士兵、突袭……埃斯皮的童年就是在这样的环境中度过的，与人口相对集中的美国东海岸那安全稳定的生活环境相去甚远。而且，埃斯皮的童年还充满了颠沛流离。当军队向西部挺进时，埃斯皮的家庭也会紧紧跟随。他们先是迁移到新吞并的俄亥俄州的迈阿密谷，尔后又搬到肯塔基州布鲁格拉斯地区广袤的大草原上。正是这里，埃斯皮逐渐养成了坚定的性格，这种性格影响了他的一生。当他在莱克星顿的特兰西瓦尼亚大学取得法学学位时，出于对当地烟草种植园的奴隶制度的反感，他决定永远离开这片战乱之地。

埃斯皮是一个自信且极有主见的人。他在学术领域进步很快，到19世纪30年代，他已经成为位于费城的富兰克林研究院古典系的主任。在这里，埃斯皮与亚历山大·巴什（Alexander Bache）教授共事，巴什教授是本杰明·富兰克林的玄孙，后成为宾夕法尼亚大学自然哲学系的教授。在巴什教授看来，埃斯皮是"费城最优秀的古典和数学教员之一"。不过，他的才华并未止步于此。到19世纪20年代末，他终于找到了自己最热爱的研究领域：气象学。

最初，埃斯皮关于气象学的研究仅局限在有关日常气压波动的短篇论文上面。不过，凭借他在富兰克林研究院的职位，他很快就成为气象学方面的专家。1834年，他当选为美国自然科学协会与富兰克林研究院联合委员会的主席，开始致力于风暴研究。该委员会的一项重要目标是收集大气数据，埃斯皮迫不及待地投入工作当中，寻找潜在的通信员。他给美国各州不同城镇的政府官员、大学教授、律师和记者们写信，请求他们坚持撰写天气日志。就像蒲福指导菲茨罗伊开展水道测绘一样，埃斯皮引导他的通信员们每天3次记录风向和"云的特征"。在此之前，美国从未有人开展过这项工作。很快，埃斯皮就有了14个天气日志记录员，他们所在的地区南至迈阿密州，北至田纳西州，定期向他发送气象数据。由于工作成果显著，他当选为美国自然科学协会的会员，学术地位得到了进一步提升。

埃斯皮对于他的通信员们有一项特殊的要求。他曾在信中写道："当您得知周边地区发生了风暴时，我们特别需要您在自己的能力范围内，尽可能多地收集相关信息。"[4]埃斯皮这么要求是有他的道理的。他曾在《美国科学期刊》上读到了雷德菲尔德的论文，他的内心充满了怀疑。风暴真的会是大旋风吗？这似乎与他经过计算而得出的推论格格不入。到19世纪30年代初，基于他所收集的气象数据，埃斯皮开始着手推翻雷德菲尔德的观点。

1836年，距离埃斯皮着手创立自己的理论已经过去7年了，后来当他回忆起自己在气象学上的觉悟时，埃斯皮毫不吝啬赞美之辞。它大体上分为两个阶段。首先是当他读到由英国气象学家和化学家约翰·道尔顿（John Dalton）所写的一篇论文：

> 我对他的研究成果深感震惊。他认为，凭借一个气压计和一只装满冰水的玻璃杯（水的温度必须足够低，以使空气中的一部分水汽凝结在玻璃杯的外壁上），他就可以在短时间内精确地测量出特定时间的特定空间中水汽的重量。我忽然意识到，气象学已经发展到了足以改天

换地的程度。[5]

兴奋的埃斯皮立即开始对水汽进行深入研究。然而，这项研究并未取得太多成果。他在试图解释水是如何悬浮在空气中时，陷入了进退维谷的窘境。

他一度感到十分迷茫，直到他迎来了自己的第二次顿悟——他的人生道路也因此而发生转变。当时他正在研究水汽凝结成小液滴从而形成云的瞬间过程。埃斯皮将研究焦点放在一种被他称为"潜热"(latent caloirc) [①] 的东西上，也就是当水从固态转变为液态或从液态变为气态时，就会有一部分能量被吸收进去。埃斯皮对自己的发现感到大为震惊：

> 真是山重水复疑无路，柳暗花明又一村。当我看到迅速生成的云雾逐渐由浅变浓时，心里的种种困惑顿时烟消云散了。此前萦绕在我记忆中的种种现象，就像"一团乱麻"，忽然一起涌现在我的脑海中，一切变得井然有序，构成了一套和谐的体系。[6]

埃斯皮的发现具有十分重大的意义。水汽中"潜热"的瞬间释放导致云团迅速向外扩张并呈现出各种形态。他构想出这样一

---

① 潜热属古旧词，通常理解为隐含的能量。如今我们称为 latent heat，即物体在一个恒温的过程中（如水沸腾或冰融化）释放或吸收的能量。埃斯皮发现，当冰雪（固态）被加热变成水（液态），继而蒸发成水蒸气（气态）时，它吸收了潜热。相反的，当水蒸气凝结成液滴时，例如云的产生过程，则释放了潜热。——作者注

种大气图景：肉眼看不见的气柱缓缓上升，就像我们今天的汽车燃油泵一样，给高空的云团源源不断地输送着凝结的水汽。这一过程构成了我们如今所称的"水文循环"的一个重要环节。他向人们证明，大气既不是由某种电场束缚到一起的，也不是受烟气的搅动而运动的。根据他的发现，大气活动遵循着严格的数学规律，在整个大气循环系统中，水蒸气扮演着重要角色，就像人体内周而复始的血液循环一样。

对水蒸气的研究在当时并不算新鲜事儿。早在17世纪30年代，勒内·笛卡尔就对"所有不可见的气体都是空气"的正统说法提出了质疑。从那时起，哲学家们开始把对水蒸气的研究视为一项重要的研究课题。笛卡尔认为，水蒸气独立于空气而存在，它也具有向上升腾的能力。但是，他当时尚无法解释水蒸气的浮力从何而来。而且，从这一点出发，更令人费解的问题接踵而至。当水蒸气转变成云团中的小液滴后，它为何还能保持飘浮状态？鉴于水的密度比空气大数百倍，那么当云团中含有数千吨的水时，它又是如何得以悬浮在空中呢？数个世纪以来，该问题一直都是自然领域的几个重大悖论之一。

人们接受的最为广泛的解释是，云团中包含着大量微小的、被称为"小水泡"的粒子，这些小水泡分解了各自的重力，从而使整个云团飘浮在天空中。这些小水泡是"极其微小的气泡，内部包裹着潮湿的空气，类似于肥皂泡"，或者也可以将其看成是飘荡在天空中的微型齐柏林飞艇。德·索叙尔称，他曾经在徒步攀登阿尔卑斯山时见过这种小水泡，这些小液珠"在他面前缓缓飘浮，其直径比豌豆还大，外表包裹的那层膜看上去十分薄"。[7]虽然该理论描绘了一种生动的图景，但它同样是存在问题的。水蒸气是如何转变成小水泡的？它的这种反重力特征是从何而来的？小水泡的前身是什么？它们又是如何转化成雨雪冰雹的？

关于雨的成因，人们当时接受的理论是由詹姆斯·赫顿（James Hutton）①于1784年在爱丁堡皇家学会上提出的。赫顿认为，雨是由"不同温度、不同湿度的大气层相互混合"而产生的。[8]这些大气层混合后，产生了一种被赫顿称为"大气失衡"的现象，从而产生降雨。他把研究的焦点放在上升的空气柱上。这种上升的气流曾经引起过一些学者的注意，特别是法国物理学家杜·卡拉（Du Carla）以及另一位更近期的法国人约瑟夫·路易·盖伊－吕萨克（Joseph Louis Gay-Lussac）。杜·卡拉和盖伊－吕萨克都曾发表过有关上升气流的论文，并引起了德国地质学家利奥波德·冯·布赫（Leopold von Buch）的关注。之后，布赫对柏林科学院的学者说，"上升气流理论堪称是打开整个气象学大门的金钥匙"。[9]

可以肯定的是，这种无规则上升的气柱是存在的。一个名为约翰·布莱克威尔（John Blackwell）的博物学家曾对此进行过生动的描写。1828年，布莱克威尔在《林奈学会通信》（*Transactions of the Linnean Society*）上发表了一篇文章，上面详细记述了他在一片收割后的庄稼地里观察蜘蛛的过程。

> 所有的蜘蛛都想跨越这一气流区。当这些蜘蛛费力地爬到一些物体的顶端时，如草叶、麦茬、围栏、大门

---

① 詹姆斯·赫顿（1726~1797），英国伟大的地质学家，经典地质学的奠基人，地质学火成论的创始人。

等，它们仍然希望抬高自己，纷纷伸直细腿，挺起尾部，平时处于水平位置的腹部现在几乎呈竖直状态，然后从尾部分泌出少量具有很强黏着性的用于织网的物质。这种粘着性的物质在上升气流的吹拂下被不断抽出，形成长达数英寸的极细的蛛丝。这些蛛丝随风飘舞，当它们感觉自己的身体足以被这些蛛丝拖起时，它们就会摆脱所站立的支撑物，随着蛛丝飞向天空，开启自己的飞行之旅。[10]

埃斯皮也目睹过这种气流。作为宾夕法尼亚州风筝俱乐部的成员（这一组织的成员往往需要有较丰富的气象知识），他经常仔细观察自己的风筝是如何被上升的气流拖曳而起的。当积云"迅速而大量"生成时，这些气柱[①]最为多见。他写道，在他们（风筝爱好者）进行风筝试飞时，他们对这些上升气流是如此"熟悉"，以至于当柱状云甫一成形，他们就能够推断出其是否会靠近并影响其风筝。[11]

在确信自己解开了云团成因之谜后，埃斯皮终于鼓起勇气去彻底推翻过去的飘浮说：

> 我们没必要去探究云团是在什么力量的支持下飘浮在天空的（虽然我们过去一直在这么做），除非有人能够证明云团是处于飘浮状态的，不过我认为这是不可能

---

① 如今我们称为"热气流"（thermals）。

的……我们有充分的理由相信……组成云团的微粒一旦从上升的气柱中脱离……它们就开始自高空下降，如此也就形成了云。[12]

至此，埃斯皮构建了一套完整的动态天气系统：水蒸气随着暖湿气流上升到空中，然后在一个特定的高度冷却凝结，继而扩展并形成云团，然后凝结而成的水滴再次落回地面。埃斯皮意识到，在不同的大气条件下，这一水文循环系统可以产生不同的降水过程，包括降雨、降雪或冰雹。因此，他就需要对具体的大气环境进行计算。在什么温度下才能形成降雪？要想形成宽度为20英里的雹暴，需要水蒸气达到多大的扩展幅度？

埃斯皮的家坐落在费城的栗树街，他在自家的后院里开始了相关计算工作，而且随着时间的流逝，他的气象设备也越来越丰富。为了给自己的计算提供模型，他发明了一种名为"测云器"（nephelescope）的仪器。该仪器非常简单，就是将一个气泵连接到一个气压计和一个管状容器上，有点像早期的云室。这个仪器虽然比较简陋，但毕竟为埃斯皮的研究提供了一种具象化的工具。在埃斯皮潜心研究的这几年里，他的一个外甥女曾去看望他，外甥女看到有一大片户外场地被改建成了一个大气实验室，里面堆满了盛水的容器，以及用来测定露点的各种温度计和湿度计。为了尽可能地提高工作效率，他索性把自己家的围墙涂成了白色，这样他就有了一个巨大的笔记本。她后来回忆说，"围墙上密密麻麻地写满了各种数据和公式，以至于再也没有更多空白来写更多的数字了"。[13]

埃斯皮具有的数学功底使他做起这份工作来得心应手。通过精细研究，之前的种种问题都迎刃而解了。他后来升任气象学联合委员会（Meteorological Joint Committee）的主席，这使他有机会利用真实数据对自己的理论进行模拟，而且他时刻都不忘扩充这一数据库。1835年7月，他匆匆赶到位于新不伦瑞克省（New Brunswick）的一处旋风过境的现场，打算对这一案例进行记录。雷德菲尔德也参观了这里，希望为他的旋风理论收集证据。虽然埃斯皮与雷德菲尔德未曾谋面，但他对雷德菲尔德的观点并不陌生。他曾在科学杂志上研究过雷德菲尔德的理论。不过，埃斯皮选择静候良机，没有发表任何评论。

雷德菲尔德的旋风理论是有明显漏洞的。埃斯皮找不到任何理由来解释风为何绕着风暴的中心轴高速旋转。最终，他认为雷德菲尔德的理论是错的。他经过推理认为，一个更为合理的解释是，风朝着风暴中心轴猛冲的过程就像燃烧的火炉把房间的空气吸进去一样，炉火下方的冷空气不断取代冉冉上升的热空气的位置。这种观点是比较符合科学原理的。埃斯皮猜想，在一个强大的风暴下，这种对流效应将会变得非常剧烈。

1834年，埃斯皮选择在《宾夕法尼亚地质学会通信》（*Transactions of the Geological Society of Pennsylvania*）——一份知名度较低的杂志上披露他的观点。这是一次试探，旨在看看公众的反应。又过了两年，即1836年4月，他作好了充分准备，开始向更广泛的科学团体公开他的理论。这次他选择在他的精神家园——《富兰克林研究院期刊》（*Journal of the Franklin Institute*）上发表他的理论。他希望这次能够一鸣惊人。他满怀自信地宣布：

先生们，现在我向你们提请发表的，是有关雨、雪、冰雹、水龙卷、陆上龙卷风、风和气压变动等一系列科研论文的第一篇，希望大家从中可以发现，我已经成功地探寻到这些现象的真正成因了。

我向读者们承诺，在后续的论文中，你们将逐步看到一条气象学的法则，这条法则是建立在已知的动力学原理之上，就像大自然一样简洁明了，它能够对上述7种现象一概进行解释。

这条法则的重要性很快就会被大家所认可，通过该法则，观察者就能够随时知道在自己周边400～500英里（约643.7～804.7千米）范围内是否有大风暴以及风暴的行进方向，如果观察者身处海上，他就可以据此采取躲避措施。

祝好！

詹姆斯·埃斯皮[14]

这是一份踌躇满志的宣言，显示出发言者对自己充满了信心。不过这只是暂时的。埃斯皮发表了他有关冰雹的研究论文。他在论文中阐述了水蒸气的演变过程：从地面升到空中，在大气中遇冷凝结，然后降落到特定区域。他用新闻报道对自己的论点加以支持，并运用自己在25年的教学实践中掌握的修辞手法进行解释。

埃斯皮的理论如此大胆，因而很快就引起了人们的注意。报纸媒体对其大加推崇，并漂洋过海传到了欧洲。他因其发表的冰雹理论获得了美国自然科学协会颁发的麦哲伦奖（Magellanic Prize）。在美国科学界引起巨大震惊之后，他调转火力，开始转向新的目标：扫清一切反对他的理论的声音，其中就包括雷德菲尔德和他的旋风理论。他决心对雷德菲尔德的理论采取零敲碎打、层层击破的战术。

口诛笔伐：风暴成因之争

雷德菲尔德最初注意到埃斯皮的理论是在1835年4月初，虽然当时他还不是十分了解。他注意到了1834年《富兰克林研究院期刊》上发表的一篇匿名文章，文章的标题是《一位观察者的笔记》（*Notes of an Observer*）。该文章是对雷德菲尔德在《美国科学期刊》上的一篇文章的批评。文章一开始以恭敬的口吻对雷德菲尔德细致的论文和他对科学的"吃力"贡献表示赞赏。继而笔锋一转，文章作者说自己被雷德菲尔德的一些论断搞晕了。他指出，雷德菲尔德的观点"与当时人们所公认的理论明显格格不入"，所以他无法完全信服，并且"将继续质疑直到我获得了足够的现实证据"。[15]

这篇文章虽然篇幅不长，却有着巨大的煽动力。此类文章经常会成为人们热议的话题，但如果按照当时严格的论文标准来衡量的话，它们往往是不够格的。首先，这篇文章所发表的杂志与雷德菲尔德无甚关联——这样雷德菲尔德就可能无法及时看到这篇文章，从而失去了及时作出回应的机会。其次，文章避开了雷德菲尔德理论的核心观点，对其旋风理论只字不提。这就呈现出一种蔑视的姿态，必然会激怒对方。因此，雷德菲尔德迟迟没有看到这篇文章，直到14个月后，用他的话说，才"碰巧读到了它"。被激怒的雷德菲尔德决心予以反击。为了确保自己长久的沉默不被公众误解，1835年4月8日，雷德菲尔德在纽约城自家的书桌前奋笔疾书，写了一篇回应性文章。然而，之前那篇匿名文章的作者是詹姆斯·埃斯皮，因此这场纷争还远没有结束。它只是一场旷日持久的拉锯战的开端。

雷德菲尔德的回应十分简短。他把这篇回应文章直接寄给了《富兰克林研究院期刊》的编辑。他在文章中承认，自己关于爱丁堡气压变化的言论是错误的，但对于其他批评他一概不予接受。对于匿名文章中关于雷德菲尔德的观点是纯理论的，与已知科学"格格不入"的说法，雷德菲尔德更是表示不屑。为什么说"不符合事实"或"违背常理"是促使人们推翻或怀疑一种观点的最佳理由呢？"在我们选择相信一个新理论之前，我们最好先审视一下，'现已接受的理论'究竟是在何时以何种方法论被证明是正确的。"[16]

雷德菲尔德曾多次提到他关于潮汐现象的猜想，他怀疑潮汐现象可能与大气的涨落存在某种关联。虽然他尚未建立一套完备的理论，但他相信，从这个角度出发将会取得理想的证据。此外，他还宣称，经过翻阅大量的数据资料，他断定，对热流（flow of heat）的研究是荒唐之举。他还将其说成是"整个气象学界都未能幸免的错误陷阱"。雷德菲尔德写道，表面上看，热流似乎会对局部天气产生影响，比如影响陆地或海上的风，但在宏观性的大气事件中，它还远不能成为首要因素。他曾多次重申自己关于风暴是旋风的观点，还宣称这是由"地球绕地轴自转"引起的。

雷德菲尔德还对自己的观点进行了拓展。他的大气研究不再局限于风暴，而是放在一个更广大的范围上。他开始把天空视为各种运动事物的活动场，在牛顿力学和引力定律的支配下运行着。从根本上讲，他的观点源于他曾作为一个机械工程师的背景。他把大气层想象成由他设计的蒸汽机或由乔治·斯蒂芬森（George Stephenson）发明的"火箭号"（Rocket）蒸汽机车一样，是由巨大的齿轮和飞轮构成的。

经过短暂的平息之后，1836年4月，随着埃斯皮一系列的大气学论文陆续公之于世，这场论战再次甚嚣尘上。起初埃斯皮只是致力于建立自己的理论，但到了7月，他做好了对雷德菲尔德进行公开抨击的准备。在《对霍顿、雷德菲尔德和奥姆斯特德理论的检验》一文中，埃斯皮怀着必胜的信心，开始着手抨击雷德菲尔德的观点。这次他不再采取暗施冷箭的办法，而是向对手发起了直接挑战。他对雷德菲尔德的批判聚焦于他的核心观点，即1821年9月大风暴的相关证据。他指出，"很显然，所有这些事实都更符合竖直旋风理论，而非水平旋风理论"。埃斯皮问道，按照雷德菲尔德的观点，风是朝着风暴中心对向而刮的，那么当来自不同方向的风在大气中汇合后，又将怎样呢？"所有的证据表明，在风暴发作时，风暴周边的风是朝着风暴中心行进的，那么我们可以断定，在风暴的中心必然会有一个竖直的旋涡"。[17]

埃斯皮的文章不仅大胆，而且还颇具锋芒。在当时的知识阶层，包括政界和宗教界，人们遵循着严格的绅士礼仪，发表学术言论的人要为人谦卑、庄重。而埃斯皮有时会显得桀骜不驯和自以为是。他发表了很多刺耳的言论，其中最伤人的不外乎以下言论：

> 如果雷德菲尔德先生能够认识到，他费尽周折搜集到的种种数据，可以被一个理论完全加以解释，而且该理论还同时解释了雨的成因时，那么他肯定就不会对自

己的水平旋风理论如此恋恋不舍了，特别是在他尚未妄言到底是旋风引起了雨，还是雨引起了旋风的时候。如此我将高兴地把雷德菲尔德先生列入真理的一边。[18]

但埃斯皮很快发现，雷德菲尔德也不是好惹的。7个月后，也就是在1837年2月，雷德菲尔德发起了反击。在《富兰克林研究院期刊》上，雷德菲尔德开门见山地发表了一篇名为《雷德菲尔德先生就某些风暴的旋风特性答埃斯皮先生书》的文章。他在文章中表示，他无意于推翻埃斯皮的气流上升理论，他只是想表明自己数据的真实性，而且他还有更多未曾公之于众的证据。雷德菲尔德的答复洋洋洒洒1万余字，篇幅长达15页纸。

两个人都据理力争。在埃斯皮看来，雷德菲尔德的立场不堪一击。他缺乏一个包容性的理论，只是提出了有关潮汐的一系列似是而非的观察记录，而他有关旋风的宏大理论却在很多方面都与已知科学格格不入。而在雷德菲尔德看来，埃斯皮显然是错误的。他认为埃斯皮对自己的观点过于执迷，使他变得越来越骄傲自大、目空一切，从而置现实的真实性于不顾。雷德菲尔德确信自己抓住了埃斯皮的逻辑漏洞，于是写到，"埃斯皮先生说水蒸气是风暴的推动力，可是和夏季相比，冬季水蒸气的推动力要小得多，而事实上，最强大的风暴往往出现在冬季"。这是为何？[19]

埃斯皮确实忽视了这一点。当雷德菲尔德信誓旦旦地要搜集更多数据来支持自己的观点时，埃斯皮却选择到更多场合宣传自己的观点。他的首场演讲是在1836年11月的费城交易会上，他所面对的是"众多社会名流，包括各路商人、保险商、船主和其他人士"。《新贝德福德快讯》（*New Bedford Mercury*）这样评价这次大会："演讲者的观点不仅新颖，而且极为精巧有趣，对于此前尚未接触过该领域的人都极具说服力。"[20]

埃斯皮在费城的演讲揭开了他广受欢迎的巡回演讲的序幕。在接下来的4年里，他先后到过哈里斯堡、纽约、楠塔基特岛、波士顿以及其他许多地方。他站在讲台上，手里举着各种图表以及他自创的云室测云器，凭借良好的口才和个人魅力，深入浅出地向公众讲解自己的观点，并以自己作为气象学联合委员会主席的头衔来证明其理论的权威性。演讲取得了一箭双雕的效果。先是在各个地方报纸上充满了对埃斯皮研究的热烈讨论，继而进一步推动了他的气象联络网的扩展。1837年4月1日，宾夕法尼亚州议会为一个由埃斯皮主导的、全州性的气象研究项目拨付了4000美元的支持资金。1838年1月，宾夕法尼亚州的代表们提交了一份请愿书，呼吁州政府将埃斯皮任命为该州正式的气象学家。

不过，他的雄心并未就此止步。1836年，当他的朋友巴什教授准备赴欧洲旅行前夕，埃斯皮给他写信道："请把我已发表的有关降雨等现象的理论传达给道尔顿、法拉第、布鲁斯特、福布斯、艾里、阿浦约翰、弗雷德里克·丹尼尔、休厄尔和斯科斯比等人，或是其他对该领域感兴趣的人。"[21]欧洲可以说是一个诱人的目标。埃斯皮知道，自己已经在美国取得了较大的影响地位。但是要想让自己的理论站稳脚跟，他还需要得到至少一位在欧洲享有极高声望的科学巨人的支持。有了欧洲科学家的支持，他就可以得到国会的资助，建立牢固的威信。他知道，英国顶尖的科学家们将于1838年8月在泰因河畔的纽卡斯尔市举行会议，他希望在巴什教授的引荐下，有机会让这些重量级人物看到他的观点。但埃斯皮未曾预料的是，老谋深算的对手雷德菲尔德很快将打他个措手不及。韬光养晦的雷德菲尔德为自己找来了一个帮手，以打破当时的力量均衡。他的名字就是威廉·里德。

里德：风暴规律初探

到1838年，里德研究风暴已经有6年多了。他的研究达到了军事级的精确度，他在加勒比海域执行任务期间，不断扩展联络渠道，尽可能多地收集研究资料。在不懈的努力下，他的记录簿堆成了山。1838年初，他开始对这些数据进行整理汇总。到这年的2月1日，他已经取得了显著的进展，是时候把自己介绍给雷德菲尔德了。他给身在纽约的雷德菲尔德写了封信，说自己"非常认真地"阅读过他有关风暴的理论，并且"深刻地认识到了这一学科的重要性"。他说自己正打算发表一篇有关风暴的论文，以帮助工程兵部队更好地开展工作，这次还给他寄来了论文中的一些样表。"我认为您将会对我所提供的成果感到满意；如能复函以闻高见，将不胜荣幸。"[22]

里德的这封邮件花了两个月的时间才到达纽约，雷德菲尔德读了这封信后非常高兴。"我非常高兴地看到，远在大西洋彼岸的人们也开始对探寻风暴本质产生兴趣，而您在西印度群岛驻留期间所进行的观测一定对您的研究工作有很大助益。"从此，两人结下了长久而深厚的友谊。1838年春天和夏天，里德和雷德菲尔德保持着频繁的联络。

他们互相分享航海数据、剪报资料和论文发表计划。雷德菲尔德对里德高质量的图表工作表示祝贺，他认为这些图表"制作精美"。[23]当里德提到他注意到了埃斯皮在伦敦发表的一些论文时，雷德菲尔德警告里德要留心这个人："我听说他是一个热情随和的人；不过，我对他所依据的案例证据进行了检查，并与我手头掌握的相关事实进行了核对，客观地说，他的案例都是靠不住的。"[24]

到1838年8月，两人的友谊进一步升温，这时由于"某种机缘巧合"，里德准备去参加英国科学促进协会的年度大会。当时，英国科学促进协会创立尚不足10年，但已经拥有较大的社会影响力。相对于英国皇家学会而言，该协会更具包容性也更为激进，它成功地将旧的权威学术与新的进取精神结合到一起。该协会的执行委员会是由英国科学界几位杰出的人物组成的，其中就包括极其能干的约翰·赫歇尔爵士，他是威廉·赫歇尔爵士的儿子。时年46岁的赫歇尔成立了天文学会，并出任英国皇家学会的秘书，他在物理和天文学方面作出了巨大贡献，还写出了著名的《天文学》（*Treatise on Astronomy*）一书。执行委员会的其他成员还包括被誉为"现代实验光学之父"的大卫·布鲁斯特爵士（Sir David Brewster），他发明了万花筒。此外，成员还包括约翰·弗雷德里克·丹尼尔，他因发明了丹尼尔电池和湿度计而家喻户晓。1838年的年度大会将在泰因河畔的纽卡斯尔市举行（为了远离伦敦，该协会每年都挑选一个地方城市作为会议地点），主题涵盖多个领域的演讲，共售出了2000多张门票。

威廉·里德也是此次演讲人之一，他受邀做一次有关他的风暴研究的演讲。8月20日，整个会场被听众们挤得水泄不通，里德做的这次演讲非常成功，成为整届大会的亮点之一。里德介绍了雷德菲尔德的旋风理论，讲述了自己在阅读了他的文章后是如何开始进行研究的。现场的参会者很多都是第一次听说雷德菲尔德这个人，里德介绍了他如何费尽周折，将该理论与他所能找到的尽可能多的历史案例进行验证。里德告诉大家，"这种验证做得越精确，现实证据越趋向于一个移动中的旋风"。[25]里德逐一展示了他的8个历史案例。他说，"我的目的不是为了创立或支持某个理论，而仅仅是为了整理和记录事实"。这是一个纯粹的培根式的研究方法，不存在宗派斗争和任何偏见。听众们对此十分赞赏。他还公开了自己的一个十分有意思的发现：鉴于他所研究的北半球的风暴全部都是逆时针旋转的，他相信，在南半球的风暴会是以顺时针方向旋转。他告诉听众，他的理论将被归纳收录到他的新书《风暴规律初探》（*An Attempt to Develop the Law of Storms*）当中。

里德的这本新书中包含了大量的专业研究，被认为具有极高的实用价值。该书包括对海员的提示、对各种危险风暴的描述、各种图示和图表，以及实时的风暴地图，供身处风暴当中的人参考。人们在读完这本书后进行了热烈的讨论。《爱丁堡评论》（*Edinburgh Review*）表示：

> 鉴于这一学科具有如此重要的意义，我们真诚恳求雷德菲尔德先生和里德先生把他们的伟大工作继续下去，并呼吁相关政府部门加大支持力度，使人们能够对这种神出鬼没的破坏者的起源和规律进行深入研究。如果我们无法将其束缚起来以获得安宁，那我们至少可以组建一支高效的警戒队伍来揭穿它们的埋伏，跟踪它们的动向。[26]

10月份，当这本书在纽约发行时，雷德菲尔德感到惊叹不已："这真是我梦寐以求的一本书，作者需要对这一学科有深入的理解，并且有时间和能力对这一学科进行详细创设。"作为一本撼世之作，这本书也受到了英国白厅的政治精英们的关注。甚至在《爱丁堡评论》的文章发表之前，就有消息称里德将被任命为百慕大群岛的总督，因为"这一职位特别有利于他从事风暴研究工作"。[27]好消息纷至沓来。1839年1月3日，里德给赫歇尔写信称，墨尔本勋爵（Lord Melbourne）的政府同意支持其研究项目。英国战争与殖民地事务大臣格莱内尔格勋爵（Lord Glenelg）已要求英国驻世界各地的总督编制天气日志，并对任何异常的天气现象进行记录，每6个月向英国殖民地事务部发送一次记录结果。英国海军也采取了一些行动。他们采购了里德的一些书，分发给有学识的海军军官，并命令各艘船的船长以及各个港口、海湾和灯塔的有关人员加强气象观测。[28]

气象学研究再也不像从前的蒲福、福斯特、霍华德、雷德菲尔德和埃斯皮那样，仅仅是停留在案头的苦思冥想了。新的气象学将成为一门网络化的学科。这种转变被牛津大学的硕士约翰·拉斯金注意到了。1839年，他发表了一篇辞藻华丽、态度乐观的文章，名为《论气象学的现状》(*Remarks on the State of Meteorological Science*)，此时人们对这门学科的兴趣正浓。他意识到，孤军奋战的气象学家是独木难支的。在与世隔绝的情况下，是无法施展其才华的。

让阿尔卑斯山上的牧羊人来观察风的变化，让航海家们记录海面的变化，让美洲大草原上独居的居民观察风暴的路径和气候的变化，他们每个人的力量是有限的，但他们会发现自己是一个宏大计划中的一部分，就像是人类长了一只天眼。[29]

里德在英国的演讲堪称是一个具有分水岭意义的大事件。他多年的潜心研究让英国的科学团体认识到，只要功夫深，铁杵磨成针。在他即将动身前往百慕大群岛赴任前，他已经成为报纸上争相报道的名人。随后，他入选成为英国皇家学会成员。他的提名信中写道："海军上校威廉·里德，皇家工程师，坚持从事科学研究，系《风暴规律初探》一书的作者。"他的提名人包括约翰·赫歇尔爵士，未来的主席爱德华·萨宾（Edward Sabine），普利茅斯的威廉·休厄尔以及气象研究老手弗朗西斯·蒲福。[30]

埃斯皮：狂妄的造雨计划

里德的著作资料翔实，观测细致，必然会引起蒲福的关注。此时的蒲福仍是一如既往的活跃，对气象学仍然抱有浓厚的兴趣。他曾两次任职于皇家委员会气象学分会，在过去的几年里，他实际上已成为皇家学会在气象学方面的联络人，经常在学会大会上阅读有关雾、风和雨的报告。里德的书中有些内容深深地吸引并触动了他。它似乎完全就是蒲福毕生所追求的事业，或许正是这本书，让蒲福对于建立自己的天气系统重新燃起了兴趣。1838年12月28日，英国海军部正式采用了蒲福风级用于海军航海任务。此时距离蒲福风级最初成形已经过了32年之久。

仅仅通过里德在英国科学殿堂的一番谈笑风生，一度在美国居于主导地位的埃斯皮理论就被扫地出门了。里德在英国大获成功的消息穿越大西洋传到了美国，伴随而来的还有一本名为《风暴规律初探》的书。埃斯皮大为震惊。原以为自己的理论也会被英国科学界听到并赞美，可让埃斯皮意想不到的是，就连约翰·赫歇尔爵士也站在了里德和雷德菲尔德一边。埃斯皮并未就此罢休。他对里德书中的数据进行质疑，使其更符合自己的旋风模型。

> 当我阅读这几艘船只的航海日志时，我将这次风暴的位置图平铺在眼前，用铅笔将各个船只的航行轨迹逐一描绘出来，并用箭头标示出与每个位置所对应时间的风向。
>
> 当我研究完几篇航海日志，并把地图上每个位置都标满箭头之后，我高兴地发现，在所有风暴案例中都有确凿的证据表明，空气是在向内流动，即使不是朝着一个确定的中心，也大致上可以看出这一趋势；究其原因，是因为存在着斜向的力，导致风向发生一定偏移。[31]

据此，埃斯皮对里德的每个风暴图都进行了重建。他无法容忍相互冲突的数据，认为它们都是错误的记录，必须予以剔除。由于受够了埃斯皮的明枪暗箭，此时的雷德菲尔德正在警惕地翻阅着《富兰克林研究院期刊》。有几次他曾想解决这一分歧。他曾写到，"我对自己还是很满意的，因为时至今日我对他还是抱有一种全然的赞许"。还有一次他甚至敲响了埃斯皮在费城的家门，准备和他认识一下。可惜当时埃斯皮不在家。

然而到了1839年春天，雷德菲尔德的态度发生了转变。他在给里德的信中略带惋惜地说："埃斯皮先生仍在鼓捣着他的水汽凝结理论。据我所知，他近期的一些小动作已经触怒了曾经给予他巨大支持的费城学者们。"[32] 还有一次他愤怒地写道："我们的朋友埃斯皮曾在《富兰克林研究院期刊》3月刊上发表了有关1821年风暴的结论，但他似乎并不满足于此，这真是叫人无奈。有鉴于此，我认为有必要对他在（论战）这件事上的种种行为进行一次公开而坦诚的回应，我真的希望早日解脱。"[33]

　　没过多久，埃斯皮就感受到了雷德菲尔德的口诛笔伐。1839年7月，《富兰克林研究院期刊》上出现了两篇火药味十足的文章，而这场纷争最大的赢家可能就是这份期刊了。雷德菲尔德用辛辣的笔调表达了他对埃斯皮的反对意见。他对埃斯皮的分析逐一进行了分解和批判。他嘲讽埃斯皮的使命是"打算利用水汽凝结理论来解释地球上的一切物理现象"，并用惋惜的口吻说，他曾接受了一些"看似正确实则错漏百出的指导"，并"从一些颇具名望的人物那里获得了一些肤浅但友好的支持和推崇；同时还受到费城出版界的支持和保护"。他对埃斯皮在1836年4月的"谦逊"言辞进行嘲讽，并指责他把大部分精力用在了设法让事实与理论相符，而不是让理论与事实相符之上。雷德菲尔德指出，埃斯皮试图将每种大气过程都纳入他的理论当中，这无异于"空中楼阁"。[34]

　　从此，这两个人撕破了脸皮，这场论战在美国引起了轰动。当时美国最有影响力的文学杂志《尼克博克》(*The Knickerbocker*)①

---

① 一份纽约市发行的月刊。

为雷德菲尔德的反击摇旗呐喊，认为埃斯皮的观点已被"彻底推翻"。[35]很快，埃斯皮就面临着身败名裂的危险。其中一部分原因源于雷德菲尔德的针锋相对，但也与一件几乎不可能的事有关。在过去的几个月里，埃斯皮又有了一个颇为自得的想法，并开始在演讲中大肆宣扬——他声称自己能够造雨。

这一番豪言壮语立即激发了人们的热情。在当时，人们虽然研究气象理论已经很多年了，但是很少有人敢于左右这些气象因素。虽然造雨的想法看上去是荒唐可笑的，但在埃斯皮看来，这不过是他的观点的一种合理拓展。既然他已经证明了云和雨是如何生成的，那么还有什么比做一次实际验证更有说服力？自从法国发明家达盖尔（Daguerre）的照相法公开试验成功后，19世纪30年代出现了公开试验热潮。当时美国的创新发明层出不穷，出现了乙醚麻醉剂、粮食提升机、手摇式冰淇淋机、联合收割机、蒸汽铲车和平缝缝纫机等新发明，因此造雨的想法也符合当时的时代精神。一切皆有可能。

根据埃斯皮的推理，如果他能制造出一个稳定、可控的上升气柱，那么这将提高大气中水蒸气的含量。当水蒸气达到理想的海拔高度时，它将凝结形成降雨。只需制造一种稳定上升的蒸气柱，就可以对大气条件进行人为干预。埃斯皮告诉听众们说，这已经在一些地方成为现实了。他以当时全球最知名的城市伦敦为例，声称在当地的泰晤士河谷，成千上万的烟囱中冒着滚滚烟雾，从而汇聚成了一个多雨的小气候。[36]

美国政府当时正在新定居的州县发起一次大规模的毁林开荒运动，埃斯皮看准了这一机会。如果政府部门允许他在一些西部地区有选择地进行放火，他就可以利用盛行西风将雨水带到美国东部州县。由此带来的利益将是巨大的。水渠将变得充盈，不再干涸。农民们则可以通过控制降水量来取得好收成。

1839年初，埃斯皮向国会申请对这一想法进行实验。对于该计划，人们的态度喜忧参半。《费城公报》(The Philadelphia Gazette) 对这一困局发表了一篇简短的评论：

> 如果我们百折不挠的朋友埃斯皮成功创立了他的降雨理论，那么我们将在天气领域取得长足发展，但必须承认的是，这往往会引起公正行事方面的问题。由于每个农民都可以自主地点燃一片林地，培养自己的雷雨，那么旱季和"一些马铃薯"的生长季节将会一去不返。设想一下，将来或许有人会对某种大风主张著作权，或为某种旋风申请专利！我们认为，如果埃斯皮试验成功，且他的技术方法为人所知，那么就会被一部分人用于从事破坏活动——我们甚至会担心，一些居心不良的人会借以引发风暴，甚至会利用人工风暴来破坏自由选举。如此，党派的精神之火将会引发滚滚洪水；选举的胜负不再取决于党派的政治举措或人物美德，而是取决于谁能招致最大的洪水！风暴技术的发展速度可能会非常快，人们只要在马车上固定一个巨大的茶壶，就可以随心所欲地四处游荡了，人们甚至可以用风暴作为武器，互相投掷龙卷风或一连串的闪电，到时我们共和政体的命运就岌岌可危了。[37]

而在有些地方，埃斯皮的建议也引发了不同的反应。1839年

2月，《新罕布什尔哨兵报》(*New Hampshire Sentinel*) 就礼貌地表示："如果埃斯皮先生可以开动他的天气控制器，给我们下一场大雪，直到刚好适合滑雪橇为止，那么我们将代表本地区成千上万在今年冬天未曾听到雪橇铃声的民众向他表示感谢。"[38] 同年7月，新奥尔良当地的一家报纸《皮卡尤恩时报》(*Times-Picayune*) 披露："我们在星期五时祈祷获得'40马力的埃斯皮功率'，真没想到！昨天早晨，当我们还穿着睡衣和拖鞋洗漱时，大雨倾盆而至，其威力和速度仿佛源于一种超乎现代机械的动力。闪电一道接着一道，响雷一声高似一声。"[39] 看来这家报社的编辑部里确实有人对此十分感兴趣。作者对埃斯皮的巡回演讲路线进行了追踪，发现一桩怪事：当他每到达一座城市没多久，倾盆大雨就会接踵而至。这家报纸开始将埃斯皮称为"雷电教授"，它甚至还从埃斯皮身上获得灵感，写出了富有诗意的语句："我感到自己正慢慢融化，融入高远的白云之巅。埃斯皮先生在哪里？他已融入稀薄的空气，消失不见，没了他，我再也不怕，凝结成雨水跌落人间。"[40]

此时埃斯皮的朋友们意识到，埃斯皮正在拿自己的名声开玩笑。为了这一狂妄的计划，他似乎要置科学真理于不顾。他的造雨言论确实让他受到大量关注，英国的评论家威廉·黑兹里特 (William Hazlitt) 写道，"世人皆以空洞的声明为乐，宁愿受到阿谀奉承的欺骗，希望生活在一个充满幻想的国度；人们可以原谅一切事物，唯独不愿接受无比简单、直白、纯粹而诚实的事实"——可问题是，埃斯皮所追求的难道就是这样的关注吗？巴什教授对"我的朋友埃斯皮最近发表的一些异常言论"进行了深思。同时，另一位朋友约瑟夫·亨利也提醒埃斯皮"需要多一点谨慎"。[41]

可是埃斯皮仍然一意孤行。1839年，他请求国会给予公开支持，如果国会赠予他2.5万美元，他就可以给5000多平方英里的国土带来降水，如果赠予5万美元，他就可以让1万多平方英里的土地带来降水，"或者能够让俄亥俄河保持水量充沛，在整个夏季都可航行"。[42] 而当时国会正面临着捉襟见肘的财政危机，埃斯皮的请求被断然拒绝了。之后，他在纽约的一系列公开演讲中，与雷德菲尔德的同盟奥姆斯特德教授继续进行争论。这些演讲相当火爆，奥姆斯特德和埃斯皮都极力宣扬自己的观点。不久，有人在《波士顿商业晚报》(Boston Evening Mercantile Journal) 上发表了一篇文章，夸赞埃斯皮为美国的科学作出了巨大贡献。文章开头写到，"冷嘲热讽的声音终于消失了"，"今后，埃斯皮这一名字将与伽利略、哈维、富兰克林等对科学和人类作出巨大贡献的伟人齐名"。对于这些动态，雷德菲尔德都在写给里德的信中进行了记录："埃斯皮先生……最近在市里发表了一次演讲，听众寥寥无几。他保留了大量报纸来自我标榜，趾高气扬，认为在这一领域里没有谁能够与他抗衡。"[43]

在雷德菲尔德的抱怨和微词中，埃斯皮依然我行我素。现在已经到了这场风暴之争的白热化时期，他必须有所行动。埃斯皮对1838年英国科学促进协会对自己的冷落之事仍然耿耿于怀，他决定走出国门，将自己的演讲范围拓展到大西洋彼岸，亲自到欧洲宣扬自己的学说。1840年6月6日，他踏上了从费城开往利物浦的邮轮，准备去参加英国科学促进协会新一届年会，这次会议的会场设在苏格兰西南部的格拉斯哥市。随着里德的《风暴规律初探》问世，气象学在英国正经历着一次小范围的复兴。爱丁堡大学自然哲学系教授詹姆斯·福布斯为该协会写了一篇论文，详细论述了当前科学的发展状况。此外，数学和物理学领域的学者们也准备了一系列与天气有关的演讲。颇具讽刺意义的是，其中有两篇论文聚焦于过度降雨的后果，而第三篇论文是由造雨者詹姆斯·埃斯皮写的，标题十分简单：《论风暴》(*On Storms*)。这天，布鲁斯特和福布斯也坐在听众席中。埃斯皮终于有了大显身手的时候。

他讲了足足两个小时，对自己的观点进行了详细阐述。为了引起欧洲听众的兴趣，他还特地选取了1839年1月发生在英国的一场风暴。和里德一样，他也拿出各种图表来阐释自己的观点，多次强调了风是如何朝着风暴中心运动的。不过这场演讲并没有埃斯皮预期的那么轻松。演讲结束后，他被问了一大堆问题。布鲁斯特出示了威廉·里德的一封信，上面清楚地表明，他曾通过望远镜对5次水龙卷进行了仔细研究，"所有的案例都表明，水龙卷中的水体都是按照手表的方式旋转的，也就是顺时针旋转"。之后福布斯也给埃斯皮出了几道难题。他认为，在一个气旋里，如此轻盈的气流可能无法顺利地沿着气旋中心上升。另外，他还担心，随着上升气柱运动的水蒸气可能还未上升到很高的水平便已凝结成水了。[44]

面对这些问题，埃斯皮都耐心地进行解答，但他发现听众们早已先入为主地接受了雷德菲尔德和里德的理论。他失望地离开了这次大会，除了协会主席的一番致谢词外一无所获。事后，里德在写给雷德菲尔德的信中谈到，"我听说英国人比较信服风暴的旋转论，因此不论是在格拉斯哥还是在其他地方，人们并不太在意埃斯皮先生的奇谈怪论"。[45]

不过埃斯皮在法国寻求到了更多支持者。自法国的笛卡尔时代起，法国人就对水蒸气产生了研究兴趣，而盖-吕萨克是当时法国国内这方面研究的代表人物。法国的科学协会委员会听了埃斯皮的演讲，对他所讲的内容感到十分震惊。于是法国人组成了一个专门的评审委员会，对埃斯皮的理论进行详细论证，该评审委员会的成员包括时任巴黎天文台台长、在法国科学界享有盛名的弗朗西斯·阿拉果，以及物理学家普耶（Pouillet）和巴比涅（Babinet）。评审委员会最后提交了一份详细而充满热情的评审报告："评审委员会希望，美国政府能够给予埃斯皮先生适当的职位，使其能够继续从事这一重要研究，最终完成他的理论，虽然这一理论在目前看来都已相当惊人了。"此外，伴随埃斯皮回到美国的还有阿拉果对他的一句评语："英有牛顿，法有居维叶，美有埃斯皮。"[46]不过这句话的来源是否可靠就不得而知了。

大受鼓舞的埃斯皮在回国后决定趁热打铁。他把自己所有的气象学论文整合起来，编撰成一本书。书中内容多有重复，书名也十分简洁：《风暴原理》（*The Philosophy of Storms*）。埃斯皮在这本书的前言饶有兴致地提及了他在1828年的气象学觉悟和12年后他在法国学会的成功演说，这两段经历勾勒出了他所谓的星光熠熠的学术生涯。他称赞法国的评审报告是"真知灼见"，并收录了他对雷德菲尔德、里德和奥姆斯特德的批评文章。《风暴原理》这本书与其说是一本系统性著作，不如说是埃斯皮已发表文章的汇编，无论如何，该书体现了作者对风暴研究的热忱之心。每一页都在谈论时间是多么紧迫。埃斯皮写道，目前要想实现最终的成功，最需要的就是时间。"当争议得到解决，当我的理论受到认可而成为已知科学后，就应该写一套守则，用以协助海上遇到风暴的水手趋利避害。"[47]

《风暴原理》虽然不能终结这场论战，但它至少帮助埃斯皮巩固了自己的声誉。自从他开始从事气象研究以来，已经过了10年有余了。过去的这些年全都花费在了学术界的理论争议上，而现在埃斯皮作好了将其理论放到实践中进行检验的准备。他发明了一种"新型锥形通风孔"，这是一种圆锥形的烟囱，用以最大程度地利用上升气流，来净化从轮船机房等冒出来的污浊烟气。埃斯皮以他特有的淡定态度来宣传这一发明，他甚至成功地将这种烟囱安装到了美国的国会大厦和白宫的屋顶上，此事在该发明的宣传海报中被大书特书。这种大张旗鼓的动作引起了一些人的反感。哈佛大学数学家本杰明·皮尔斯（Benjamin Peirce）就曾抱怨埃斯皮的"骄慢之态"。"乃至共和国中那些足以呼风唤雨的人都无法忍受了"。[48]连美国总统约翰·昆西·亚当斯（John Quincy Adams）也被埃斯皮成功惹恼了，他指出，"这个人是个信口开河的偏执狂，法国科学协会的某个委员会不过是出具了一份报告，对他在气象学领域的一些愚蠢发现表示肯定，从此他的自尊心就像肿胀的甲状腺一样过度膨胀了"。[49]

不过埃斯皮似乎并没有从这些语言攻击中受太大影响，他甚至还从老家费城的学术圈腾出精力，与华盛顿的学术界打得火热。他希望把美国科学协会对他的推荐转化成现实利益，而且他的努力很快就获得了回报。1842年8月，美国国会拨款3000美元，用于在全国军事据点筹建气象观测点。作为该领域最杰出的任务，埃斯皮被任命为该项目的总监。1843年，埃斯皮成为美国首位由官方任命的气象学家。埃斯皮的任务是撰写和发布气象报告，拓展天气观测网点。

埃斯皮的这一任命，表明政府希望对相关争论加以控制。到19世纪40年代初，学术界涌现出大量相互对立的研究理论。而埃斯皮于1841年出版的那本冗长的著作，不过是为一知半解的事实平添了更多材料。其实大量的数据（埃斯皮和雷德菲尔德从中引用了大约100个风暴案例）倒不是主要问题。现在最需要的并不是一场新的风暴，而是一个客观真实的图像和一个能够把一切整合成一套融洽体系的方法，是一种我们在当今社会如此常见，以至于我们都不将其视为发明的东西。最需要的是一张天气图。

第6章

穿越时空的电报发明
Liquid Lightning

到乔治时代末期，地图绘制已成为一项重要职业。一份绘制准确的地图能够显示出人类对某片区域的主导地位，同时也与当时追求量化的科学风气相符。1791年，英国成立了全国地形测量局（Ordnance Survey），此后测绘人员开始采用三角测量法，将英国的各种山峰、山谷、平原等地形转化成一套简单的符号，使读者一眼就能够识别。

虽然陆地和海洋地图在当时已经比较多见了，就像弗朗西斯·蒲福所委派的海洋测绘任务，但很少有人试着为大气绘图。最早的气象图是由埃德蒙·哈雷（Edmund Halley）[①]绘制的，他在1686年绘制出了全球信风分布图。但此后人们在该领域少有建树。1816年，德国布列斯劳大学教授海因里希·威廉·布兰德斯（Heinrich Wilhelm Brandes）将1783年全年的历史天气数据绘制成图。不过，布兰德斯的天气图未曾出版过（一些学者甚至怀疑它是否真的存在过），目前德国唯一现存的最早的天气图是源于布兰德斯的一位学生海因里希·威廉·多弗（Heinrich Wilhelm Dove），他曾在1828年尝试绘制气团的锋面。这些图连同里德、埃斯皮和雷德菲尔德等人的简易图表，代表了1840年左右气象绘图领域的最高水准。虽然现在听起来有点匪夷所思，但在当时，一份制作精良的地图可以传达两个层面的意思：精确度和占有权。鉴于大气是如此难以捉摸，人们又该如何将其呈现在纸面上呢？当时一些有权有势的人，如国王、政客、公爵或乡绅等经常会出资安排人

---

① 埃德蒙·哈雷（1656～1742），英国天文学家、地理学家、数学家、气象学家和物理学家，曾任牛津大学几何学教授，第二任格林尼治天文台台长。

手绘制陆地或地产的地图，从而显示自己的势力范围。可是谁能成为天空的主人呢？绘制大气图又有什么好处呢？

在较长时间里，这种态度阻碍着天气图的绘制进程。不过，到19世纪30年代，欧洲的绘图风潮跨越大西洋传到了美国。耶鲁大学毕业生威廉·伍德布里奇（William Woodbridge）就是当时宣传推广绘图技术的人物之一。年轻的伍德布里奇曾在康涅狄格州的首府哈特福德（Hartford）的聋哑人学校教书，他在此期间意识到了视觉信息的巨大力量。后来，他在欧洲旅行期间认识了普鲁士学者亚历山大·冯·洪堡。回到美国后，他产生了以图形方式展示科学信息的想法。当时人们普遍认为，学习知识最好的方法还是靠死记硬背，而伍德布里奇将科学数据转化成图的计划无疑是对这种正统思想的挑战。就像当今时代的信息图表一样，现实证明，这是一种有效的信息整合方式。19世纪20年代，伍德布里奇发表了一系列的知识图册，包括他的"等温图以及根据洪堡和其他人的论述而绘制的气候与作物分布图"，该图显示了赤道、热带、亚热带和温带的纬度界限，以及不同农作物的产出地区，包括上等香料、甘蔗、棉花、橄榄、酿酒葡萄和桃子等。

就像埃德蒙·哈雷描绘信风带一样，伍德布里奇也向人们表明，气候也是可以用图来描绘的。不过，在人们看来，描绘天气似乎没有太大用处。因为天气如此变幻无常，仅从大气形势的一个片段能够得到哪些科学知识呢？一幅天气图不过就是对某一地区、某一时刻的气温、气压、刮风和降雨情况的综合记录，过去之后就难以再现了。

罗密士：为大气绘图

伊莱亚斯·罗密士，另一名耶鲁大学的毕业生，同时也是埃斯皮的大气观测网络的成员，改变了人们的这一认识。1840年，伊莱亚斯·罗密士正值29岁。当时罗密士已是俄亥俄州哈德逊市西储学院的数学和自然哲学系教授，他所从事的工作即将成为美国知识界的一大壮举。他已经发表了数篇研究论文，内容涉及流星、彗星和磁力。他也默默地见证了埃斯皮和雷德菲尔德之间的论战，从此开始对气象学产生兴趣。

罗密士的性格与埃斯皮和雷德菲尔德等人不同。他沉默内向，崇尚弗朗西斯·培根的客观科学理念，他曾于1838年在西储学院的就职演说上号召人们尊重美国的自律精神。他表示，美国应保留一个完全投身于科学研究的知识阶层，"这些人要做的不是社会的累赘，而是要造福于整个人类"。

罗密士的发言引起了强烈反响，国内的报纸纷纷加以引用。《美国季度纪事报》(*American Quarterly Register*) 写道：

> 我们高兴地在一位年轻的教授身上看到了一种只有那些冷漠者才会指责的激情。如果没有这种激情，我们就难以获得卓越的学术和崇高的人生。罗密士先生的演讲中充满了有趣的表述和例证，旨在表明数学的现实价值。那些非专业的读者可以带着巨大的兴趣进行深入学习。[1]

在俄亥俄州入职后不久，罗密士就开始坚持写天气日志，决心加入围绕风暴问题展开的这场大论战。他写信给埃斯皮，表示将自愿撰写天气日志。不久，他的名字就出现在埃斯皮的报告当中：

> 西储学院，哈德逊市，俄亥俄州（东北角）。——源自联络人伊莱亚斯·罗密士教授：3月15日，浓重的雨雾，微弱的西北风；3月16日，西北转北北西轻风，略有降雪和细雨。3月17日早晨微风，午后有较强北风，风向在西北至东北之间变动(3月风)。3月18日天气十分晴朗；西北偏北至北方向有轻风。16日和17日气压稳定在约28.86毫米汞柱，18日降至28.79毫米汞柱，19日为28.47毫米汞柱。[2]

这是一份典型的详细报告。到1840年，罗密士决心扩大自己的气象研究范围。他认为，现有的很多数据都因主观偏见而不够可靠，所以他挑了一个具体的风暴案例——令人难忘的1836年12月20日的风暴，进行详细研究。

这是一个高明的选择。1836年12月20日的风暴规模巨大，力度超强，横扫了北美洲整个东海岸。更重要的是，这次风暴被完整地记录了下来。为了建立一套全球多地同步观测体系，英国天文学家约翰·赫歇尔爵士曾向科学界提议，号召大家做36次间隔为一小时的天气记录，内容包括温度、风向和气压读数等。很少有人能够以这种方式将科学界动员起来，但赫歇尔爵士凭借其特殊身份做到了。于是这个计划被付诸实施。在春分日和秋分日，夏至日和冬至日，人们记录了一系列的气象读数。12月20日的风暴正好发生在冬至日之前，所以罗密士知道，他有机会找到当时全美的气象数据。

罗密士开始夜以继日地工作。他从《1837年纽约年鉴》(*New York Register 1837*) 中列出了一份观测者名单，并给俄亥俄州国会议员伊莱沙·惠特尔西写请愿信，请求查阅军方的天气记录。此外，他还给纽约的一些教师和学者们写信联络。短短数周时间，罗密士便建立了一个由102个数据站组成的联络网，成员包括日志记录员、学者、法官和军方人士。[3]

1840年3月，美国自然科学协会宣读了罗密士的研究发现，参会者都对其研究深度和广度赞叹不已。他对这次风暴的特点和地理分布进行了概括性描述。他认为风暴的范围并不局限于美国的东部地区。通过披露一些数据，他认为这次风暴西起美国的西部山区，东至大西洋中部，南至赤道附近，但北部波及范围不详。罗密士甚至从布宜诺斯艾利斯获得了一本航海日志，并从欧洲的布鲁塞尔、米兰和圣彼得堡搜集到一些数据进行对比，以表明当时其他地方的天气状况。[4]

在研究风向问题时，他还提出了另一个假说。正如埃斯皮坚持认为的，在若干地区风似乎在朝着中心点刮。但他并不认为气流在中心点形成了一个上升的烟囱，而是觉得冷气流更像是一个楔子一样，俯冲到了暖气流的底部。他绘制了一幅示意图加以说明。他怀疑，在任何情形下，风是否都会受到一系列局部因素的干扰。他想到了河流，流动的河水在受到卵石和岩石的阻挡后是如何发生偏移的：

像气流这样具有很大灵活性的流体也一定具有与之

类似的效果，虽然它在能量级上要高出很多。在城市中，特别是在两边是高楼、中间是狭长街道的地带，效果尤其明显。在这里，风要么沿着街道前行，要么就得绕道而行。同样的，山谷和河岸较高的河谷、湖岸或海岸，以及山脊等都是容易对大气流向产生影响的地带。[5]

罗密士继续推理认为，风向可能"不只是一天一变、一时一变，甚至可能每一分、每一秒都在发生改变"。这就使人们对风向的研究变得极其困难，对风向的分析也会错漏百出。为了表明这一观点，他在论文的最后还添加了几张图示。每张图的时间间隔为6小时，显示了风暴的行进路径和等压线的位置。

罗密士的论文很快就被接受了，并于次年发表在《美国自然科学协会会议纪要》上，题目为《对欧洲和美洲若干风暴的研究：1836年12月风暴》(*On Certain Storms in Europe and America: December, 1836*)，并被誉为迄今为止最完整的风暴研究。不过，罗密士还是不够满意。他拥有风暴南翼的较为完善的数据，但风暴北翼只能"基于推断"。尽管如此，这一研究还是为罗密士开辟了一个有用的研究起点，并且正如他事后承认的，帮助他创立了"一些从未被实践过的……特殊研究方法"。罗密士指的是他的以12小时为间隔的风暴图，"通过这种图，风暴的每个重要特征都能一目了然"。[6]

万事俱备，只欠东风。东风很快就来了，1842年2月，有两次风暴途经了俄亥俄州。利用他采集1836年风暴数据的联络网，罗密士收获了大量数据。他立即埋头苦干起来。到1843年春天，他将研究结果转交给了亚历山大·巴什，由他在美国自然科学协会上进行宣读。论文的题目十分专业:《论1842年2月的两起风暴》(*On Two Storms which Occurred in February 1842*),但这个寻常的题目不足以匹配这篇论文所产生的巨大影响力。罗密士的这篇论文在大会上产生了轰动。

参会者都对罗密士绘制的图表产生浓厚兴趣。这些图表精致清晰,足以与伍德布里奇的气候图相媲美。罗密士发明了一种简单的涂色法,使大气状态变得一目了然。他运用了水彩颜色:浅蓝色表示晴朗天空,紫罗兰色表示云彩,黄色表示雨,绿色表示雪,红色表示雾。他用箭头代表风向,并用线段将代表同一气压或温度的各点串联起来。在将对应的颜色涂满北美洲东部沿海之后,读者一眼就能看出,在1842年2月3日夜晚同一时间,新贝德福德有雾,纽约多云,哈里斯堡有雨,克里夫兰在下雪。为了展示一个天气云团的行进过程,罗密士还绘制了几幅实时风暴图,每幅图的时间间隔为12小时。

与19世纪后期埃德沃德·迈布里奇(Eadweard Muybridge)①对飞驰骏马的细节研究类似,罗密士的图显示了风暴的一系列剪影,这是以前从未有过的。它所强调的是风暴的运动过程。正如雷德菲尔德和埃斯皮之前的证明方法,经过专门筛选得出的大气形势图可用于解释任何观点。不过,罗密士的绘图是不一样的。他无意于创立任何新理论,他只是想创造一种客观的媒介,供所有人进行解读。据此,罗密士将天气情况呈现在纸面上,发明了

---

① 埃德沃德·迈布里奇(1830~1904),英国摄影师,因使用多个相机拍摄运动的物体而著名。他在摄影史上最早对摄影瞬间性进行了探索。

我们今天称为天气图（synoptic map）的图像形式。

罗密士的《论1842年2月的两起风暴》后来被视为气象学史上最重要的贡献之一。他的传记作者 H. A. 牛顿写道："这种（制图）方法是如此自然，任何在思考风暴问题的人都是应当想到的……但最伟大的发明往往也是最简单的。"由于无法将自己的观点直接传达给美国自然科学协会，他写了一篇颇具说服力的附信。他在信中表示，如果坚持每天制作两幅天气图，一年下来，很快就能从中得出"一些固定的原则"，并"确定风暴的运行法则"。

在如此众多证据面前，任何错误理论都将不攻自破。这些天气图的价值甚至超过了此前人们在气象学方面所做的一切工作。从此，这一学科将被人们完全掌握。不过，人们需要进行为期一年的气象观测。在一年当中，新的风暴很可能就是对以往风暴的重复。数个世纪以来，人们在气象观测上投入了巨大的财富和精力，但往往是个体主导，各自为战，且收效甚微。是时候发起一场气象学上的"十字军东征"了！[7]

罗密士为这场气象学远征制定了一个计划。该计划包含一个带有中央控制机制的观测网络，该机制具有信息丰富、准确可靠的优点。这一网络将覆盖美国的26个特别适合开展大气研究的州。他认为，这种巨大的覆盖度足以供人们研究超大型风暴。要是欧洲人想从事类似的观测的话，他们就必须克服来自政治、语言、反动势力和可操作性等方方面面的问题。而在美国，这些困难都不是问题。罗密士写道："这次，优势属于我们美国人。"要想完成这项计划，唯一需要的是500～600名观测者。这将是一次前所未有的大规模天气实验。"如果能将全体民众的热情激发起来，那么这场战争很快就能结束，再也不会有人对我们预报风暴的能力冷嘲热讽了。"[8]

罗密士在这里使用的"预报"（predict）一词是值得商榷的。因为这超出了当时人们的认识能力。但罗密士相信，这绝不是异想天开。基于这套观测记录系统，并且由具有公信力的政府机构进行主导，如果不同地理位置的数据记录、传输和解读能够尽快推进的话，那么天气预报将不再是无稽之谈。这项计划一旦成功，那么过去几十年来人们在气象学上所取得的理论进展，包括对风暴路径、风向和风力的理解认识，都将变成美国人的优势。这套观测网络就可以发出风暴预警，甚至能够提前预警跨大西洋的飓风。这项工作的前景是十分广阔的。

罗密士的这篇论文写于1843年春天，他当时未曾意识到，他所实验的这项新技术后来成为他梦寐以求的全国天气预报体系的核心。

塞缪尔·莫尔斯：神奇的电报机诞生

1843年2月，几经周转，美国总统约翰·泰勒终于签署了一项法令，为纽约的塞缪尔·莫尔斯（Samuel Morse）教授提供3万美元资助，用于测试他的新发明，这个新发明是对埃奇沃思的旧设想的改进版，被称为"电磁发报机"。莫尔斯的发明是利用电能通过绝缘电缆来传递信息。各大报纸都对莫尔斯的测试进展十分感兴趣。他们似乎不知道这意味着什么。莫非又是一出闹剧？难道又是一个打水漂的项目？人们众说纷纭。

在1843年整个夏天和秋天，塞缪尔·莫尔斯都在监督从华盛顿到巴尔的摩市的试验线的建设。建设进程并不顺利。事实证明，挖沟埋线的办法并不适用，因此莫尔斯决定采取空中架线的办法。他与一名合作者就施工方式的变化问题发生了争论，类似的争论此前也一直伴随着这项工程。1843年12月18日，莫尔斯写信给他的儿子说："各种各样的问题层出不穷，我几乎要被压垮了。"[9]这是莫尔斯在巨大挫折之下所发出的无奈感叹。莫尔斯的电报项目从一开始就面临重重阻力。他遭受过经济上的损失、创业的失败、朋友的背信弃义，以及政府部门的冷落怠慢。他倾诉着自己事业道路上的"各种圈套"，以及那些"暗无天日的日子"。[10]他的一位朋友的一番话一直萦绕在他心头："那些伟大的发明者，生前往往饥寒交迫，直到死后才会被人们奉为圣贤。"[11]

经过多年的艰苦努力，莫尔斯才走到今天这一步。他曾向政府部门承诺，他们很快就能沿着东海岸来回发送信息，这一承诺成为一块巨石，重重地压在他心底。不过莫尔斯始终都对自己的发明抱有信心——这是一台由各种电线和磁铁构成的机器，是依靠一种被人称为"流动闪电"的东西驱动的。他的发明具有彻底革新现有通信手段的潜力。这一设想源于11年前他在大西洋上的一次航行经历。

在1832年10月初的某一周里，强烈的西南风一直在勒阿弗尔市的诺曼底港上咆哮着。被困在港内的包括一支前往印度的商业船队、南太平洋捕鲸船，以及每周往来于欧洲、新奥尔良、纽约和波士顿之间的邮轮，船上载有货物、信件和乘客。在船上企盼风停的人中，就有时年41岁的塞缪尔·莫尔斯，他此次乘坐"萨利号"(Sully)邮轮正是打算回到位于纽约的家中。经过几天的延误，1832年12月6日，莫尔斯草草写了一封快信，寄给他的朋友詹姆斯·费尼莫尔·库珀 (James Fenimore Cooper)[①]："我们上路了。再见。"[12]

莫尔斯身材又高又瘦，一双眼睛乌黑发亮。他站在"萨利号"的甲板上，望着诺曼底海岸渐渐陷入深秋的暮色当中，不禁感叹年华易逝。面对着长达6周的行程，他有足够的时间回顾一下他的第二次欧洲之旅。他曾多次回想起20年前自己第一次来到欧洲时的种种经历：看画展、写生，感受古老的欧洲文化。从欧洲回来后，虽然莫尔斯的艺术品位大有长进，但他的才干和他的事业并未取得太大进展。莫尔斯年轻时曾居住在伦敦，与约翰·康斯太勃尔等人在同一个美术社团里求学，他在给父母的信中写道："我的理想是实现15世纪的文艺复兴，成为与拉斐、米开朗琪罗或提香等齐名的大师级人物；我的理想是有朝一日能够进入英国的天才人物行列。"一晃20年过去了，如今已近中年，莫尔斯的少年壮志也黯然失色了。他成了一名画家，但并不怎么知名。在他的家乡纽约，他担任了国家设计学院的院长，也算小有名气，但怀才不遇、壮志难酬的失落感一直萦绕在心头。他人生中最好的时光似乎已经与他渐行渐远了。

莫尔斯的第二次欧洲之行寄希望于重燃自己的艺术理想。他

---

① 詹姆斯·费尼莫尔·库珀（1789~1851），美国作家，代表作有《最后的莫希干人》等。

用了3年时间游历了英国、法国和意大利。在法国的卢浮宫博物馆，他开始了一项新的计划，就是对展馆画廊的内部图景进行描绘。经过创作，他完成了一幅华丽但略显俗套的绘画作品，画中包含有对达·芬奇、凡·戴克和普桑等绘画大师的41幅经典作品的精细临摹，有点类似于今天的"典藏版"音乐专辑。

莫尔斯希望回到纽约后能够展出他的这幅《卢浮宫画廊》(*The Gallery of the Louvre*)。这幅画主要是为了迎合美国那些既没钱也没时间到欧洲游历的文化人。莫尔斯把这幅画交给船上的物品托管处，此时"萨利号"已经驶入了英吉利海峡。在这条狭长的水道上，里德曾经乘船前往巴巴多斯，菲茨罗伊和达尔文也是从这里开启他们前往南美洲的远洋航行。在"萨利号"上同行的还有其他一些有识之士：里夫斯(W. C. Rives)，弗吉尼亚州的参议员、未来的美国驻法大使；来自波士顿的查尔斯·杰克逊医生(Dr. Charles Jackson)，他是一位年仅26岁的哈佛大学毕业生，在医学研究上已经取得了一些以自己名字命名的成果。此外，还有大概25位人士，包括商人、学者和政治家，都在从旧世界回到新世界的路上。

一群素不相识的人因"萨利号"而聚到一起，他们每天晚上都在一起吃晚餐。在航船上虽然显得独特而闭塞，但社交活动却十分活跃，这里是分享故事的理想场所。其中最健谈的当属杰克逊医生了，他津津乐道地讲述着他在巴黎参加的几场科学讲座。一天晚上用餐完毕，杰克逊开始讲起了电流的神奇特性。莫尔斯当时也在桌旁，与里夫斯对面而坐，他好奇地听着杰克逊的讲述。杰克逊讲到了他在巴黎索邦大学所目睹的惊人实验，他在大讲堂的上空看到一束电火花，在短短一瞬间嗞嗞闪烁了400多次。

莫尔斯在之后的岁月里时常回忆起这段对话。杰克逊医生在发表演讲的时候，莫尔斯坐到了他的对面。这时，另一位乘客问道，如果是一条很长的电线是否会阻碍电流的通过？杰克逊回答说："不会，本杰明·富兰克林很早之前就在伦敦证实，不论电线有多长，电流都是瞬间通过的。"

莫尔斯回忆道："当时我就说，如果我们能在一条电路的任意位置想办法看到电流，那么利用电流实现信息的瞬时传输就成为可能了。"[13]

莫尔斯后来声称，在他说这番话的时候，头脑中就已经形成了一个想法。他借机离开餐桌，走到了甲板上。作为一位画家，莫尔斯头脑中经常会产生一些天马行空的想法。现在他正将这种思维模式运用到另一个方向上，构想出一种利用电流传递信息的机器。正是依靠电流的高速传输特性，我们就不必将信息从一个信号站传递到5英里之外的另一个信号站，而是可以实现成百上千英里距离间的信息快速传输。

实际上莫尔斯此前也有过类似的想法。1811年8月17日，当时还是伦敦的一个青年学生的莫尔斯就在给父母的信上说：

> 我在想，你们会不会抱怨这封信过于简短。我写这封信只是让你们别太担心，因为我大概能猜到，在我写这封信的时候，妈妈正在家里焦急地等我回家，担心我会遇到这样那样的困难，而我也希望能够瞬间把我这边的消息传给你们。但3000英里的路程是无法在短时间内走完的，我们只能耐心地等候几个星期，才能收到彼此的消息。[14]

如果说这种想法一直埋藏在莫尔斯的心底，那么杰克逊的一席话就将其彻底释放了出来。之后一连几天，他都兴奋得难以入睡。在白天，他十分惬意地将大把的时间投入到对这一想法的研发上。船上的环境也十分宁静，远离了世俗纷扰，还有好几个星期邮轮才能跨越大西洋到达美国，莫尔斯可以在自己的写生簿上静静地对这一项目进行设计。由于无法查阅资料，他的计划完全是独立设计出来的。他的电学知识源于耶鲁大学的一系列科学课程，以及由詹姆斯·弗里曼·达纳（James Freeman Dana）于1828年在纽约发表的一系列公开演讲，除此之外他只能依靠自己天马行空的想象力和其他乘客的帮助。他后来回忆说："我将这项工作视为打发时间的良药，在失眠的夜晚不断地对我的发明进行改进。"[15]

　　他的设想终于转化成了图纸。如果电流可以瞬间传输，那么最大的挑战就是如何利用电流来产生信号。他想到一种产生信号的方法，就是通过联通和切断电流。他在写生簿上画了一系列犬牙交错的拼片，这也成为他的初始设计的一个重要特征。他认为可以通过这些小拼片上的形状来实现电流有节奏的联通和切断。莫尔斯也考虑过利用电火花来实现纸条的化学分解。他向精通化学的杰克逊医生请教这是否可行。杰克逊回答说，在涂有姜黄和表面覆盖有硫酸钠的纸条上通电会留下棕色痕迹。受到这个观点的鼓舞，两人同意回到美国后到杰克逊位于波士顿的实验室进行试验，看哪种试剂表现最好。

　　到11月初，莫尔斯的项目取得了较大进展，他已经准备好与其他乘客分享他的研究进展和设计图纸了。

　　我利用一台发电机上的导线设计了一个简单的电路。

我设计了一套由点和空格构成的信号系统，用以表示数字，并设计了两种能够让电流在布条或纸条上标记或印制上述信号的方式。一种方式是通过一种硫酸盐进行化学腐蚀，从而使纸张颜色发生改变；另一种是利用电磁体的物理运动，给一支钢笔或铅笔的一端充电，通过杠杆在纸条上进行书写。我的计划是利用一种发条装置以特定的速度抽动纸条，从而接收信号。[16]

最早看到莫尔斯设计图的是弗吉尼亚州的参议员里夫斯，"（莫尔斯）热情地向他解释这种设计的可行性"。[17]等"萨利号"即将抵达纽约时，船上的乘客们都已见识到了莫尔斯的巧妙设计。11月15日，邮轮靠岸了，莫尔斯与船长道别时说："佩尔船长，过几天如果您听说了关于电报的世界奇闻时，记得这一奇迹是在'萨利号'这艘宝船上诞生的。"一见到他的兄弟西德尼和理查德，莫尔斯就迫不及待地把这个"即将震惊世界的重大发明"告诉了他们。[18]西德尼后来回忆说："在从码头步行回家的路上，他口中谈论的全是电报的事，甚至在之后一连几天，他也几句话离不开电报。"[19]

65年前，理查德·洛弗尔·埃奇沃思曾设想了远程传递信息的计划，而今塞缪尔·莫尔斯又开始测试同样一种令人神往的发明。莫尔斯的设想可以被看成是对埃奇沃思的设想，以及1793年由克劳德·沙普所建造的光学信息传递系统的继承和发展。在过去的近

30年里，旗语①一直是信号传递的主要工具。当时法国拥有世界上最优秀的电报人员，他们在法国建设了5条大型联络线，将巴黎与加莱、斯特拉斯堡、布雷斯特、土伦和巴约讷等地联通起来。英国在朴次茅斯与伦敦之间建设了一条联络线，俄国才刚刚创立了自己的第一套旗语。尽管如此，光学电报技术还是不够可靠。当遇到恶劣天气或在夜间，这种电报就无法工作了，正如埃奇沃思在爱尔兰所面临的困境。欧洲的这种通信网络虽然不太可靠，但相对于在电报基础设施建设方面一穷二白的美国来说，还是领先不少。若从北方的波士顿向位于南方的卡温顿发送信息，往往需要花一个多星期才能到达。因此，卡温顿市的总统投票结果往往需要一个星期才能被传达给全国各地。莫尔斯立刻意识到，他的发明拥有广阔的应用空间。可问题是，如何才能让它发挥作用呢？

经过最初的兴高采烈后，他又陷入了沉思。莫尔斯轻率的生活计划和捉襟见肘的财产状况使他浪费了很多发展机遇。从1832年底到1835年夏天，莫尔斯前后搬了3次家。他的工作重点还是放在绘画和对《卢浮宫画廊》的宣传上。此外，他还涉足政治，为了竞选纽约市长投入了大量时间和精力。然而，画展和竞选最后都以失败告终，他的《卢浮宫画廊》的售价甚至都不足以支付它的展出费。直到1835年7月，莫尔斯当选为纽约市立大学艺术和设计文学教授，他的生活才算安定下来。该职位提供有一套新建的住房，在满足他居住的同时还能办一间画室和一间工作室。喜出

---

① 如今仍用在航海、军事等野外作业中，通过挥动不同形式和颜色的旗子，悬挂或配合动作来表示要传达的信息。

望外的莫尔斯还没等新房子竣工就搬进去了。他的儿子后来写道："当时房子的楼梯间还没建好，他不能指望那些模特儿们危险地爬上去。这被迫的闲暇使他获得了期望已久的机会，他全身心投入到他的电学实验中去。"[20]

莫尔斯立即翻出了自己的旧设计。他对自己乘坐"萨利号"时在写生簿上绘制的图纸进行了完善，然后开始制作原型机。由于没钱购买实验仪器（虽然当时也不太好买），莫尔斯只能就地取材。他找到一台画布拉幅机，一只旧钟表上的转轮，一个平衡锤，一条地毯镶边，若干木质滚轮和一根木质曲柄，然后将这些东西组装成一套复杂却不实用的初始模型。这台原型机耗费了莫尔斯两个月的时间，外形看起来有点像印刷机。该设计主要由两部分组成。首先是一个传送装置，莫尔斯将其称为端口规（port-rule）。这是一条3英尺（约91.4厘米）长的带凹槽的木质轨道。他在凹槽中放置了不同形状的顶端带齿的金属片，也就是他在"萨利号"的写生簿上所设计的拼片。不同形状的金属齿分别对应着1～9的9个不同数字。在传递信息时，操作者需要对金属拼片进行排序，以映射一本（尚未写成的）词典中的词汇。当操作者摇动曲柄时，会带动金属齿上方的杠杆上下运动，从而实现电路的闭合和断开，如此操作就完成了。电信号将通过电线发送给接收器——一个由画布拉幅机改装成的木架子。木架子上的电磁铁会根据电信号的断续而来回移动，莫尔斯利用这种运动迫使一支铅笔在一条由发条装置牵引的纸带上留下标记。

在人类历史上，很少有哪个伟大发明会像莫尔斯在1835年9月设计的这种端口规式电报机这么笨重和简陋。相比之下，乔治·斯蒂芬森发明的"火箭号"蒸汽机车、特雷维西克的"喷气怪号"(Puffing Devil)蒸汽机车，以及福尔敦的"克莱蒙特号"(Clermont)蒸汽船要美观得多。从本质上说，莫尔斯是一个创新型的发明家而非一个技术型的发明家，他非常需要得到别人的帮助。他向纽约州立大学药学院的同事伦纳德·盖尔（Leonard Gale）教授求助。盖尔不久前刚出版了一本书，名为《化学元素》(Elements of Chemistry)，在之后的几个月乃至几年里，盖尔成为莫尔斯一个理想的搭档。

盖尔向莫尔斯推荐了约瑟夫·亨利教授于1831年发表的具有开创性的电磁学论文，很快，论文中的观点就被莫尔斯采纳了。盖尔也劝莫尔斯采用英国人约翰·弗雷德里克·丹尼尔经过改良的新式电池来替代他所使用的老式电池。在采用了丹尼尔的40单元电池组后，电磁铁的磁性得到较大提升，电报原型机开始在盖尔的讲堂里有力地运转起来。经过多次尝试，莫尔斯和盖尔最后终于能够通过成卷的电线以前所未有的距离发送简单的消息：从200英尺（约61米）、300英尺（约91米）直到660英尺（约201米）。为了解决电流随电线长度增长而变弱的问题，莫尔斯发明了一种中继传输系统，也就是利用电流的电磁荷来连接和断开后面的电路。这真是匠心独运，是"一个完美的发明"。[21]

试验线的建设进展比较缓慢。莫尔斯的财务状况已经相当吃紧，而且他的绘画事业似乎也难以为继了。1837年3月，通信线路终于铺设到了纽约市。政府部门终于决定建设一条州际电报线，美国的财政部长利瓦伊·伍德伯里（Levi Woodbury）奉命从商界和学术界征求意见。这让莫尔斯和盖尔感到措手不及，因为他们的电报还很不完备。后来莫尔斯坦言，1837年他的发明"显得如此粗糙以至于他都不愿意向别人展示"。一架画布拉幅机连着一捆电线，这种外观确实好看不到哪儿去。而且，一个月后情况变得更糟了。1837年4月，莫尔斯得到消息，法国的一个二人组已经来到纽约，他们带来了一台发送速度惊人的电报机——"一封上百字的信件可以在半小时内从纽约发送到新奥尔良"。[22]这对莫尔斯来说犹如晴天霹雳。

看来他又要重蹈埃奇沃思的覆辙了。在犹豫和沉默中，莫尔斯被后来居上了。更为糟糕的是，有关法国电报机的传言刚过，又有报道说英国的威廉·库克（William Cooke）和查尔斯·惠斯通（Charles Wheatstone）也发明出了同样的电报机。一时陷入绝境的莫尔斯只能孤注一掷。

他请他的弟弟西德尼给《纽约观察家报》（*New York Observer*）写了一篇文章，文章表示：

> 一位先生，是我们的一个熟人，在几年前曾表示，通过在相距数百乃至上千英里的两地之间铺设质地优良的覆有绝缘防水层的电线，就可以实现信息的瞬间传递。众所周知，即使在很长的电线中，电流的传输速度也是快到令人难以察觉的；如果我们能在电线的一端连上一个电池，设法使电线的另一端产生任何形式的可感知的效应，那么很显然，如果我们有24根电线，每根电线代表一个英文字母，那么它们就可以按照任意顺序与电池相连，如果我们按照任意单词或句子中的字母顺序连接电池，那么这个单词或句子就可以被电线另一端的人读写出来。[23]

1837年，他们整个夏天都在盖尔的讲堂里忙着对电报机进行完善。到8月末，电报机终于完成，可以公开展示了。此外，外面也传来了好消息。法国的电报机原来只是一种经过改进的旗语，并不是电报机。如释重负的莫尔斯对自己的发明重拾了信心。考虑到目前最重要的是宣传速度，他开始筹备自己的发布会。1837年9月2日，他邀请朋友们来到盖尔的讲堂，共同见证他的机器运行。此外，他还给当时在"萨利号"上同行的乘客们发送了信件。"此次致信，实有一事相问，不知您可曾记得，1832年9月乘'萨利号'邮轮时，有一同行乘客当众谈论电报发明之事。"他把这封信发给了5位有望为其提供见证之人：弗吉尼亚州的里夫斯、W. 佩尔船长、J. 弗朗西斯·费舍尔、查尔斯·帕尔默和波士顿的查尔斯·杰克逊医生。[24]

1837年9月2日星期六，一小群观众簇拥在盖尔的讲堂里，等着一睹电报机的神奇。其中就包括牛津大学的多尔比教授，他也是英国皇家学会的成员。这对莫尔斯来说简直是喜出望外，因为多尔比教授是一位德高望重的人，他必定会把在这里的见闻带到欧洲去。在演示过程中，莫尔斯和盖尔成功地把信息传送了1760英尺（约536米）。两天后，莫尔斯写了一篇热情洋溢的文章，并发表在《纽约商业期刊》(New York Journal of Commerce) 上，对这次成功的演示进行宣传。为了使文章更加生动，他还附了一张雕版图，图上展示的是一个"电文"样本，表明了数字序列215/36/2/58/112/04/1837是如何被译成"1837年9月4日，电报实验成功"这句话的。[25]

塞缪尔·莫尔斯正在用电报传输装置做实验。

　　莫尔斯的个人境况也峰回路转了。一位热情的支持者走了过来。阿尔弗雷德·维尔（Alfred Vail）当时30岁，是该校的一位校友。他目睹了莫尔斯和盖尔的演示过程，感到十分震惊，因而答应将全力支持莫尔斯。阿尔弗雷德·维尔出现得真是时候。他的父亲，贾奇·斯蒂芬·维尔在新泽西州的莫里斯敦拥有一座铜铁铸造厂。阿尔弗雷德·维尔承诺只要能持有该发明的一部分股份，将免费为其工作，并将他父亲的铸造厂作为电报的研发基地，维尔的出现一下子为莫尔斯解决了三大困难：时间、资金和机械。莫尔斯同意赠予维尔该发明25%的股份，作为回报，维尔将在莫里斯敦用自己的手段对该发明进行改进。

莫尔斯电码问世

当维尔的斯皮德维尔铸造厂在按部就班搞研发时，莫尔斯就开始着手制定下一年的推广计划了，这种突飞猛进的发展让莫尔斯有点招架不住。在给"萨利号"同行乘客发出信函3周之后，莫尔斯收到了查尔斯·杰克逊医生的回信，他现在是国家地质学家，在缅因州、罗得岛和新罕布什尔州工作。杰克逊的回信日期是9月10日，信中虽然对莫尔斯取得的成果表示祝贺，但也包含一些惊人的言论。

> 莫尔斯先生：
>
> 您好，杰克逊夫人已将您上月28日的信函转交给我，您在信中讲述了我们的电报实验的成功情况。我也在报纸上看到了相关评论，但我注意到在该发现上没有提到我的名字。您在实验中成功地挖掘出了电报的威力，对此我感到十分高兴。这也是我意料之中的，因为不论通信距离有多远，都可以通过各种各样的方式得到信号。
>
> 至于在电报发明上为何没有我的名字，我想可能是编辑不知道，这一发明是我们两个人的共同发现。我想，或许是编辑们疏忽了。我相信，当您将所有的工作公之于众时，您一定会把相应的贡献归功于我。[26]

莫尔斯大吃一惊。当他的艺术理想渐行渐远，而电报成果又差点被外国的对手们后来居上，莫尔斯非常担心他对于该发明的权利要求又被杰克逊抢夺过去。他立即起草了一封回信。

致查尔斯·杰克逊医生：

您好，您于10日从班戈市发来的简信收悉。我未敢懈怠，特此冒昧地想纠正您头脑中有关电磁电报机的一个错误观念。您说这是"我们的电报机"，是"我们两个人的共同发明"。我相信，当您回忆起当时在船上的情景时，您也应当知道，我才是该发明的唯一的原创者，因此与该发明有关的最新公开信息中没有出现您的名字，也就不足为奇了。[27]

莫尔斯的信中列举了大量细节，包括在"萨利号"邮轮上的晚餐谈话，包括在大西洋上航行期间，当杰克逊对地质学和解剖学产生了浓厚的兴趣时，莫尔斯正在写生簿上反复绘制草图，以及他们是如何同意将来在波士顿进行化学实验，虽然最终未能付诸行动。"您总是忙于其他事情，所以化学实验一直未能付诸实践。"

莫尔斯的回复中并无任何恶劣言语，只是据理力争，以干脆有度的口吻来叙述这件事。即便如此，他在心里还是很不以为然的。"设计方案用的是我的独特形式，所采用的电磁铁也完全是我的独立发明，您对所有机械部件的设计从未提供任何提示，因此我才是唯一的发明人。"

如果说杰克逊的回信让莫尔斯感到恼火，从其他人那里得到的消息则是值得欣慰的。他陆续收到了里夫斯等人的回信，他们回忆起了在"萨利号"邮轮上，莫尔斯那激动人心的电报设想。他还收到了佩尔船长热情洋溢的回信："我非常荣幸地说，我对于您当时的谈话记忆犹新，您当时提出了一种通过电线实现远程通信的设想……不论外界怎么争论，即使该发明起源于欧洲，我始终相信，您才是它的唯一原创者，这个发明的功劳终将属于您。"[28]

受到这些回信的鼓舞，莫尔斯开始把目光投向政府部门。利瓦伊·伍德伯里部长发出征求意见的通知至今已经过去6个月了，意见回复的截止日期是10月1日。莫尔斯瞅准时机，开始向政府部门游说自己的电磁电报机。他写了一封洋洋洒洒的长信，详细地介绍他的设计方案。莫尔斯在信中说，这种电报机要比任何旗语都更有效。他还总结了电磁系统的五大独特优势：第一，信息的传输是瞬间完成的；第二，不论白天还是黑夜，信息的传输都能顺畅无阻；第三，整个机器轻便实用（仅为6立方英寸）；第四，信息将被永久记录在纸上；第五，在通信过程中，除了信息接收人外，对其他人而言均是保密的。最后，莫尔斯还抒发了自己的爱国情怀。准确地说，这种电磁电报机应该被叫作美国电报机。

同一天，莫尔斯还在美国专利局提交了一份专利保护申请，专门用于保护未完成的设计发明在一年内不被其他人模仿。在做完这些事后，莫尔斯在之后的几个月里频繁往来于纽约市和维尔位于新泽西州的铸造厂之间。在维尔的不懈努力下，原本粗糙的电报原型机不断得到改进，相比之前有了很大的不同，其中就包括对电报语言的改进。莫尔斯最初使用的是数字，就像埃奇沃思当年所设想的那样。然而在铸造厂的改进期间，该语言系统被彻底改变了。取而代之的是一种由圆点和横线组成的新语言，也就是我们今天所说的"莫尔斯电码"。关于该电码的发明人说法不一，有说是由莫尔斯发明的，有说是由维尔发明的，也有说是两个人的共同发明。不论真相如何，不可否认的是，在这段日子里，维尔不论是在电报语言还是在电报设计上，都作出了重要贡献。新设计已经基本完成了，莫尔斯、维尔和盖尔开始计划着在元旦那一天，到华盛顿进行电报演示。

如果没有杰克逊医生的第二封回信，或许莫尔斯能够安心地在新泽西州从事繁忙的改进工作。但杰克逊医生很快会给他带来更大的麻烦。杰克逊的回信写于11月7日，但莫尔斯直到12月初返回纽约时才收到这封信。信中自然没有什么好消息。杰克逊写了上千字，记述了他对莫尔斯的不端行为的"惊讶和遗憾"。他在信的开头写道："我一直愿意相信您是一个高尚和公正的人，但遗憾的是，一些事情使我不得不改变对您的看法。"

杰克逊关于"萨利号"邮轮上事件的回顾是基于他所谓的"对事实的深刻记忆"。随后，杰克逊对那天在"萨利号"晚餐期间的谈话进行了一番截然不同的描述。他当时对于电流非常感兴趣，"这是我自孩提时代至今最热爱的研究课题之一"，"在座的人都在听我讲述"。除了他以外，餐桌旁的其他人对电流都一无所知。杰克逊讲了一个有关本杰明·富兰克林的故事，他让一股电火花沿着泰晤士河边的电线传送了20英里（约32公里）远。莫尔斯曾向杰克逊坦言，他从未听说过这个实验，并问了杰克逊很多有关电流的问题，杰克逊都一一回答了。杰克逊对电流的熟知程度与莫尔斯的一无所知形成了鲜明的对比，他回到波士顿后继续对这一想法进行了研究。杰克逊由此得出一个惊人的结论：

鉴于我曾经详细地做过所有相关实验，并将这些知识整合起来用于特定的目的，因此，到目前为止我才是"萨利号"上发明的真正发明人，我要求成为该发明的首要发明人。该发明思想完全是出自我所掌握的材料，并且是在你的请求下，由我来整合起来的。[29]

事已至此，莫尔斯在给杰克逊的第二封回信中，再也抑制不住之前的平静了。他于12月7日在回信中一针见血地提出："虽然我在上一封信中试着纠正您关于电报之事的错误认识，但遗憾的是，我发现我们之间的分歧已经愈演愈烈了。"他首先对杰克逊关于富兰克林沿着泰晤士河传输电流的说法进行了反驳，因为经过莫尔斯的大量考证，这完全是个子虚乌有的故事。莫尔斯指出，这是杰克逊的第一处错误。在5页长信中，莫尔斯对杰克逊的观点进行逐一反驳，指责他是被"一种严重的幻想"所迷惑。

> 您清楚地知道，在我的发明被公之于众，并且电报的相关话题引起了外国人的兴趣之前，您从未对其抱有任何兴趣，反倒是我在波士顿见到您时，多次催促您一起做这个实验。而您总是忙于其他事务，总是习惯性地加以拒绝，每当我向您介绍该设想的时候，您总是表现出一副认为其无关紧要的态度。
>
> 尊敬的先生，我并不认为所有的资料都来源于您，并且我也坚持认为，我的发明并未得益于您一丝一毫的提示。此外，我还要说的是，到目前为止我与您就电报问题所做的所有探讨只是对我的发明起到了阻碍作用，因为我以为您做过了一些相关实验，其实您从未做过，导致我对研发过程中的每一步进展都必须小心翼翼地加以认定。[30]

在一番口诛笔伐之后，莫尔斯在信的最后提出了一点似乎不太可能实现的希望，也就是为了维护杰克逊的名声，还是希望能在私下解决这一争端。至此，这次风波暂时归于平静。

得益于阿尔弗雷德·维尔的设备和技艺，在新年到来之际电报机终于宣告完成了。不过维尔的父亲贾奇·维尔在研发进展缓慢的几个月里，还是对这一发明产生了疑虑。1838年1月初的一天，莫尔斯和阿尔弗雷德兴冲冲地把贾奇·维尔请到车间。莫尔斯站在电线远端，阿尔弗雷德让他的父亲在一张纸上写一句话。贾奇·维尔写道，"有志者，事竟成"（A patient waiter is no loser），然后静静地站在一旁，看着阿尔弗雷德将这条信息敲击出来。过了一会儿，莫尔斯走过来，拿出了一张写着同样句子的纸条。老维尔感到十分震惊，他立即派车送他们去华盛顿，请求政府部门建设一条国内电报线。[31]

贾奇·维尔对于这次电报演示的反应恰恰预示着它将给世人带来的巨大震撼。发送信息和接收信息，这个过程本身就极具表演特色。它能够展现出像魔术一样的吸引力和震撼力。因此它可以轻易吸引一大批观众，揭晓它所传递出来的或深奥或有趣或感人的信息。当演示开始时，观众们只能静静地等待，在心中紧张地揣测。但是，莫尔斯明白，如果机器运转失灵，愤怒的观众们也会以同样的力度对他进行抨击。不过，莫尔斯还是相当自信的。在他和维尔赶赴华盛顿之前，他又做了一系列成功的测试。1838年1月13日，他写信给弟弟西德尼："电报机终于研制成功了，我们在莫里斯敦进行了演示，获得了极大的赞誉。电报机一时成为人们争相谈论的话题，新泽西州纽瓦克市的很多居民甚至在星期五这天专程从远方赶来，只为目睹这一神奇的发明。我们这次大获成功。"[32]

成功还在延续着。一周之后他们来到纽约，维尔和莫尔斯在一所大学里当着一群"科学"观众的面将一条加密信号通过电线传输了10英里（约16公里）远。名声大噪的莫尔斯经过争取，请来了一位重量级人物卡明斯将军，由他来编写这条消息。卡明斯精心地写了一个短语，然后将其密封，交给了莫尔斯。莫尔斯的儿子后来在回顾这一盛况时写道："现场的人默不作声，只能听到这个奇怪的机器在用点和横线发出信息时单调的敲击声。与此同时，在10英里之外的电线的另一端，这个短语被原原本本地写了出来——'注意，宇宙，由王国之右轮'（Attention, the Universe, by kingdoms right wheel）。"[33]

这次成功演示再次被《纽约商业期刊》加以报道。该篇报道热情地说道，"这一发明必将为公众带来巨大益处，必将促使政府部门提供足够的经费，对该发明的实用性进行测试，看其是否能够作为信息传输的通用手段"。这篇文章极有可能是出自莫尔斯本人之手，因为他此时正致力于说服国会。2月8日，他们在费城的富兰克林研究院科学技术委员会进行了电报机展示。人们看了之后感到十分震惊。之后，莫尔斯和维尔在取得了相关许可后，赶赴华盛顿，向美国当时位高权重的商务委员会各部门官员演示该机器。莫尔斯设计了一个长度为10英里（约16公里）的通信测试。这是他多年来一直期盼的机会，可以说是他"事业发展的顶峰"。在整个2月份，各界达官政要纷纷前来观看莫尔斯的机器，甚至连美国时任总统范布伦也观看了信号测试。莫尔斯的儿子写道："虽然人们在观看后都感到十分惊奇，但还是有很多人表示怀疑。"[34]

在华盛顿的演示代表了人们对该发明的态度。人们虽然夸赞莫尔斯和他的发明，但多少还是带有一些怀疑。旁观者只是将其视为一个科学奇观，而不是一个具有实用价值的机器。在之后的几年里，莫尔斯还前往英国和法国宣传自己的发明。他受到了弗朗索瓦·阿拉果和亚历山大·冯·洪堡等人的称赞，甚至还差点与沙皇尼古拉斯订立一份诱人的合同。但最终无果而终，主要原因是沙皇担心这种电报机会被敌方所用。莫尔斯的发明要么发热严重，难以触摸，要么太复杂，无法正常工作。由于处处碰壁，再加上维尔和盖尔的态度发生摇摆，莫尔斯放弃了对他的发明进行推广。看来他的电磁电报机就要像伊拉斯谟·达尔文的水平轴风车磨坊或埃奇沃思的早期自行车一样，被埋没在历史当中了。但莫尔斯始终没有放弃希望。

1842年，莫尔斯决定做最后一次尝试。美国在1837年发生市场"大恐慌"，经济遭到重创，经过5年低迷发展，终于有所好转。这时，他的电报机也得到了一系列的改进。这次电报机使用了一个更为强劲的电池，电线的绝缘性也做得更好了。此外，莫尔斯还获得了普林斯顿大学教授约瑟夫·亨利的大力支持。亨利可以说是美国当时最有影响力的科学家了。他在1842年2月写信给莫尔斯，鼓励他再试一次。亨利指出："大概在同一时期，英国伦敦的惠斯通教授和德国的施泰因海尔博士也分别提出了电磁电报的方案，虽然所依据的基本原理是相同的，但他们的方案还是与你的设计存在本质上的区别。""对于欧洲的这些设计方案来说，除非再出现一些重大的改进，否则我还是更看好您的发明。"[35]

到这年年底，莫尔斯又来到华盛顿，并取得了一些进展。美国国会对他的设想已经相当熟悉了，这次似乎终于打算给予支持了。美国商务委员会为其出具了一份支持性的报告，之后，莫尔斯在华盛顿等候了3个月之久，看着政府批文从一个机构发送到另一个机构。最终在1843年3月3日，在他首次踏上"萨利号"十多年后，莫尔斯终于收到了一笔3万美元的政府拨款，足以在华盛顿与巴尔的摩市之间建一条实验线。这让长期处于破产边缘的莫尔斯感到难以置信。

实验线用了一年就建成了。但和之前一样，实验线的建设进程也不是一帆风顺的，其中既有莫尔斯与其合伙人之间的矛盾，也有电线和机器方面的问题。联络线被设计为多级传输，沿着一条36英里（约58公里）长的铁路铺设。1844年5月24日，联络线进行公开实验。莫尔斯邀请了一大批人前来观看首条公开传输的信息。他们站在美国最高法院的议事厅里，一起见证一条信息沿着电线传送了出去。这条信息是由莫尔斯的一位同盟的女儿——安妮·埃尔斯沃思（Annie Ellsworth）小姐选定的。这条信息从此被历史所铭记，它是出自圣经《民数记》第23章的第23句诗，就像一个预言一样："神为他行了何等的大事（What hath God wrought）"。[36]经过这次公开实验，莫尔斯之前在国会的一个反对者走过来诚恳地说："先生，我认输了。这确实是一个了不起的发明。"[37]

一时间各大媒体争相报道。巧合的是，联络线的公开实验与民主党全国大会是在同一天开始的。没过几天，莫尔斯就把詹姆斯·波尔克（James Polk）爆冷获得总统提名的消息从巴尔的摩市发送到了华盛顿，这真是一次难得的大显身手的机会，或许也是历史上首例突发性政治新闻。11分钟后，国会收到了波尔克获胜的消息，然后通过电报进行了回复："再三祝贺詹姆斯·波尔克。"世界一下子变小了。《皮茨菲尔德太阳报》（*Pittsfield Sun*）不禁感叹："信

A B C D E F G H I J K
L M N O P Q R S T U V
W X Y Z & 1 2 3 4
5 6 7 8 9 0

Suppose the following sentence is to be transmitted from Washington to Baltimore:

The American Electr
o Magnetic Telegra
ph invented by Pro
fessor S F B Morse of
New York on board
of the packet ship
Sully Capt Pell on
her passage from H
avre to New York Oc
tober 1 8 3 2

塞缪尔·莫尔斯的电报语言。

息开始以闪电的速度传播了。""和它相比，火车头就像爬行的蜗牛一样慢。"[38]

在这之后便兴起了一股真正的电报热，这股热潮堪比1794年秋天席卷英国的电报热潮。6月份，《伯克希尔县辉格报》(*Berkshire County Whig*) 热情地写道：

终于，我们在首都的一端，能够利用电流与40英里（约64.4公里）之外的城市通信，而在首都的另一端，人们正在创造微型太阳（指白炽灯）。自然界还有什么是不能为我所用的呢？[39]

《奥尔巴尼期刊》（*Albany Journal*）的文章则更为兴奋："当小妖精迫克（Puck）① 对奥伯龙（Oberon）② 说，'我能在40分钟内用带子绕地球一圈'时，它一定是夸下了海口；但是与莫尔斯教授的本事相比，那也算不了什么。即使让迫克早跑一个小时，我们也可以轻轻松松地赢了它。"[40]还有一些人开动脑筋，设想出一些新的运用方法，有的连莫尔斯本人都想象不到。11月份，巴尔的摩市的一位"绅士"与华盛顿的另一个人进行了一次远距离下棋比赛。整个比赛都是通过电报进行的，分别呈现在两幅相同的棋盘上。7局棋下完，两地之间总共传递了666步棋，一步都不差（遗憾的是现在已经找不到关于哪一方获胜的记载了）。经历了长期的冷嘲热讽，莫尔斯的"流动闪电"终于迎来了欢庆之日。在瓦尔登湖畔，美国思想家梭罗对这种电报热越来越厌烦了。他抱怨说："人们认为，国家拥有商业贸易、出口冰块、通过电报讲话、1小时骑行30英里等都是十分必要的。"[41]

实验线公开运行一年后，阿尔弗雷德·维尔发表了他个人对这次电报研发历史的记述。书中全是对莫尔斯的溢美之词，他将这

---

① 迫克是英国民间传说中的小精灵，居住在英格兰南部几个郡的乡村里。它们也喜欢跟人类开一些小玩笑，而对于那些背信弃义的负心汉则会尽情地捉弄他们。

② 中世纪欧洲民间传说的精灵之王。

一发明称之为"科学天才的结晶"。在前言部分，他简单介绍了这一年来的进展：

> 华盛顿与巴尔的摩市之间的这条联络线成功运行一年多了，它已成为很多重要信息的传递媒介，包括商人、国会议员、政府部门、银行、经纪人、警官之间的往来通信，包括两地未曾谋面的缔约人之间的通信。新闻事件、选举回复、死亡声明、关于家庭或个人健康情况的询问、参众两院的日常会议、货物预订、关于航行船只的询问、各地法院的审判结果、证人传唤、与特快火车有关的消息、邀请函、关于在一端的付款和另一端收款的消息、询问借款人的资金是否已转出、医师咨询，以及通常以信件传送的各种消息。[42]

之后，维尔在书中设想了电报机在其他方面的一些潜在应用。例如他认为，电报机可以用于发送秘密或紧急信息。为此，他还专门构想出了一个应用情形："西部地区出现了风暴。"[43]

这或许是有记载以来，最早的关于将电磁电报用于天气预警的建议。当时人们还未曾想到这一主意，不过要想按照罗密士的建议，在全国建立一套天气预警系统的话，还有什么机器比电报更合适？

又过了一年，一位科学研究者以更为有力的语言将维尔的这一建议重新提了出来。公认的第一个建议将电报机用于气象学的人是威廉·雷德菲尔德，他在1846年9月的《美国科学期刊》上写道：

当风暴尚在墨西哥湾或美国西南部时，就可以通过电报机把相关消息传递给美国大西洋沿岸的各个港口，信息或许将很快从缅因州传至密西西比州。[44]

科学、创新和进步，作为19世纪的关键词，以前所未有的速度联系到一起。那些古老的、封闭的农耕世界，顷刻之间被一个不同的社会所取代，一个建立在数据、理性和工业基础上的社会正在形成。莫尔斯在美国的电报，以及库克和惠斯通在英国的电报，成了科学的承载物，将整个世界以超乎想象的方式编织在一起。从此，只需轻轻敲打键盘，信息便会瞬间发送出去：关于生死、关于战争、关于希望，以及，正如威廉·雷德菲尔德所预计的，关于风暴。

中 午

　　正午时分，积云在英国那淡蓝色的天空中轻盈地飘荡。这种蓝属于典型的英国天空的颜色，再往南，比如在意大利或西班牙，天空将是另一种色调，而到了利马、开罗或悉尼一带，天空又有不同。

　　这并不是天空本身的颜色，它所呈现的蓝色不过是8分20秒之前从太阳发出的光抵达地球后，经过散射形成的。阳光在射入地球大气层之前，仍然是由多种颜色组合而成的白光，它要先后穿过5个主要的大气层：外层、暖层、中间层、平流层以及最后的对流层，几乎所有有机生命都生活在对流层，而这，也是天气的发生地带。

　　我们看到的蓝色是阳光在穿越大气层时因遇到气体分子或其他微粒而产生的散射。阳光与微粒的每次碰撞都会将白光分解成它的组合颜色——红、橙、黄、绿、蓝、靛、紫，但这种分解并不是均等的，每种颜色都有不同的波长，红色波长最长，为710纳米，紫色波长最短，为400纳米。大气层中的微粒对波长较短的光线，如紫色、靛色和蓝色的散射作用最强，同时，由于人类眼睛的进化程度所限，我们无法感知作为天空主色调的紫色，因此只能看到一个巨大的蓝色天穹。我们可以将这一过程想象成大气层中进行着无数次的爆发，每次爆发都是蓝色光的烟花表演。

　　世界各地的天空所呈现的深浅不一的蓝色，是不同地区大气构成的差异造成的。从海平面来看，纬度越靠近赤道，天空显得越蓝。据说，地球上最蓝的天空位于巴西的里约热内卢。在北半球高纬度地区，大气变得更加稀薄，天空看起来显得更白。高度也对天空的颜色产生影响。在海拔2000英尺（609.6米）的西班牙卡斯提尔高原上，天空就呈深蓝色。喜马拉雅山的登山者或气球驾驶者则可以看到更加幽深的宝蓝色或普鲁士蓝。当视线与太阳光线呈90度角时，看到的天空最蓝。

空气中有污染物时，还可以产生其他的组合色。烟尘微粒的尺寸要比气体分子大得多，它们会增强大气层对各种波长光线的散射。受污染的城市的天空会呈现灰白色，从中勉强能看到浅浅的蓝色。如果你向前平视的话，也可以看到这种色调。因为在平视时，你所看到的大气层是非常厚的，因此蓝色会完全消失，只能在地平线附近看到熟悉的白色雾霾。

英国那浅蓝色的天空是由当地湿润或潮湿的大气造成的。空气中大量的水汽微粒增强了对阳光的散射，降低了天空的色度。有时候，一场大雨会将空气中的微尘和水汽一扫而光，让天空重新焕发生机，呈现出清新亮丽的蓝色。

第三部分

实　验

詹姆斯·格莱舍的冰晶设计图，1855年。

第7章

慧眼识天
Steady Eyes, Delicate Skies

　　罗伯特·菲茨罗伊年轻时的画像，大致绘于1831年他与查尔斯·达尔文（Charles Darwin）初次会面之时。达尔文在给姐姐的信中提到，"根据我的判断，他是一个特别不同寻常的人，在我认识的人当中，从来没有谁能像他这样，让我仿佛看到了拿破仑或纳尔逊的影子"。

图为约翰·康斯太勃尔的作品《卷云研究》(*Study of Cirrus Clouds*)。在这幅油画的背面，写有"卷云"一词，表明康斯太勃尔当时已接触到了卢克·霍华德的云分类体系。

图为约翰·康斯太勃尔的作品《春天：东贝格霍尔特公地》。"这是一个阳光明媚、生机盎然的春日，大自然的一切都给人以心旷神怡之感。"

时任英国皇家海军"小猎犬号"船长的罗伯特·菲茨罗伊在火地岛附近遭遇了狂暴的天气，这次遭遇给他留下深刻的印象。在这幅水彩画中，"小猎犬号"正位于狂风肆虐的麦哲伦海峡，它的身后就是萨米恩托山。

1850年，弗朗西斯·蒲福已是英国最有影响力的政府官员之一。此图显示的是在（英国）北极委员会（Arctic Council）的一次会议上，蒲福身着惯常的装束，坐在核心位置。

图为1844年英国皇家学会的一次集会场景。19世纪30年代，持有不同观点的风暴理论家们经常会在类似的科学集会上宣扬各自的理论。

克里斯蒂安·舒塞勒（Chiristian Schussele）的这幅作品描绘的是19世纪美国的发明家们。坐在中间的是萨缪·莫尔斯，桌子上摆放着他发明的电磁电报机。

晚年的罗伯特·菲茨罗伊，被
称为"天气预报员"。

詹姆斯·埃斯皮，被誉为
"雷电教授"。

19世纪60年代的詹姆斯·格
莱舍，当时他的名气随着热气球
的升空而扶摇直上。

弗朗西斯·高尔顿，是查尔
斯·达尔文的半亲表弟，菲茨罗
伊的宿敌。

　　19世纪60年代的科研气球使气象学家们有了探索大气的新途径。图中的光晕是法国气球驾驶员卡米尔·弗拉马里翁（Camille Flammarion）在1868年观测到的景象。詹姆斯·格莱舍在1862年也目睹过类似的场景，他曾如此描写："从吊篮的一侧望去，可以看到热气球的影子投射在云朵上，影子周围还环绕着一轮五光十色的光晕。"

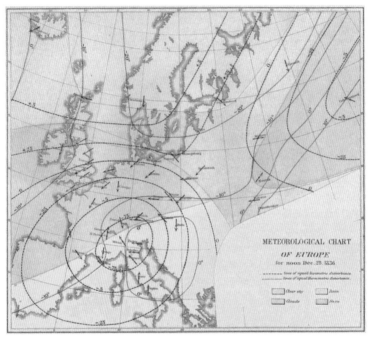

METEOROLOGICAL CHART
OF EUROPE
for noon Dec. 25 1836.

伊莱亚斯·罗密士，美国科学家和数学家，对天气绘图技术的创立作出了无比重要的贡献。这张绘于1869年的天气图显示了欧洲著名的1836年圣诞节暴风雪的行进状态。

　　菲茨罗伊相信，类似于1859年"皇家宪章号"大风暴的大型风暴产生于冷热
气团之间极不稳定的交界线。图为菲茨罗伊在《天气学手册》一书中对这一革命
性观点进行描绘的插图。

1846年7月5日，弗朗西斯·蒲福在他的小册子上写道："温度是88华氏度（约31.1摄氏度），天气格外热，有雷雨，是个凉爽的下午。"这种天气已经持续好几周了，蒲福似乎在盼望着什么。他的女儿埃米莉此时感染了"一点霍乱"，看上去"有气无力"的。[1]和所有人一样，蒲福也担心当前的这种困境是由坏天气引起的。他推测，伦敦众多人口在炎炎夏日里喘着粗气、冒着热汗，这可能会成为疾病的生发根源。那些有钱又有时间的人们早已逃离城市，到海边去感受清新凉爽的空气了。

可是蒲福没有这么幸运。他还是被困在英国海军部的办公室里，仔细研究着一份关于澳大利亚东部和大堡礁海域的考察报告。自从70年前库克船长驾驶着皇家海军舰艇"奋进号"径直驶入这片海域，对于航海者来说，这里至今仍然是一片冒险之地。在后面几周，他将再次执行12小时轮班制。对于一位年过古稀的人来说，这可不简单。虽然早已超过了退休年龄，但蒲福的工作效率几乎没有下降。为了远离威斯敏斯特的喧嚣，他在城市边缘的格洛斯特市靠近贝克大街的地方租了一套房子。如今他的身体状况已不如从前，身上还挂满了半个世纪之前的累累战伤，但他始终严格坚持着一些养生方法，那就是在距离住所不远的摄政公园进行快步走，还有就是保持每天早晨冲一个冷水浴。在闷热的7月，蒲福仍然停不下手头的工作。此外，他也会和一些朋友共进早餐，比如爱尔兰科学家爱德华·萨宾。7月26日星期日这天，老朋友罗伯特·菲茨罗伊敲响了蒲福的大门。菲茨罗伊一个月前刚从新西兰回到英国，这是他回国以来的首次拜访。[2]

"小猎犬号"：了不起的全球航行

久别重逢，相谈甚欢。此时距离菲茨罗伊乘坐英国皇家海军的"小猎犬号"完成远洋航行已有10年之久了。对这两个人而言，这次航行都是相当成功的。在给英国下议院提交的报告中，蒲福提到了"菲茨罗伊船长出色的考察工作"。[3]他带着82张精细绘制的图标和8张海湾及海岸线图返回英国，所有图表上都附有注解和航海指南。从此，南美洲海岸再也不会被视为蛮荒之地了。任何军官只要支付几个先令，就可以从蒲福的办公室买到南美洲整个地区的地形图。这的确是一个了不起的成就，菲茨罗伊的图表一直被沿用了一个世纪之久。在航海期间，他一直与蒲福保持着通信。菲茨罗伊非常尊重他的这位领导，甚至还以他的名字给智利的两个海湾命名。

如果说地形考察算一次成功之举的话，那么达尔文在沿途采集的大量生物样本，包括各种千奇百怪的贝壳、骨头、岩石和昆虫等，也算一项不小的成就。菲茨罗伊和达尔文在这次航海中配合得相当默契，这让两个人都感到十分满意。不过他们也会相互斗嘴，菲茨罗伊戏谑地把达尔文封为他的"捕蝇者"，或是称其为"亲爱的科学家"。[4]他们在返回英国后，都被人们视为英雄人物，并开始静下心来书写各自的见闻和经历。达尔文非常热衷于这项工作。趁着此次航海之旅的记忆还十分鲜活，他写起来得心应手。相对而言，菲茨罗伊的工作要繁重得多，因为他有太多的记录需要整理。有一次，当菲茨罗伊准备写一本名为《皇家舰船"冒险号"和"小猎犬号"航海考察记》(*Narrative of the Surveying Voyages of H. M. Ships Adventure and Beagle*) 的书时，达尔文瞥见了一篇文章，这篇文章最初是由菲利普舰长写的，菲茨罗伊正在试着整理。达尔文不禁感叹道："没有玩具的小男孩的生活是乏味的。"

不过菲茨罗伊的生活也谈不上乏味，因为他有太多事情要做。作为一个精力充沛、拥有贵族气质的年轻人，一个刚刚完成环球航行壮举的海军军官，他在返回英国后的几个月里一直都是人们关注的焦点。他对"小猎犬号"的指挥堪称完美。一名跟随他4年的海员曾经写道："在我刚刚入伍时，如果有人说我不是一个水手，那么我肯定会加以反驳。不过现在我要说，直到我加入这艘军舰后，我才知道真正的水手是什么样子的。"[5]这是一种高度的赞扬，同时也是实至名归。在5年的航海之旅中，"小猎犬号"从未伤过一兵一卒，损失过一桅一帆。菲茨罗伊在桅杆和下桁上安装避雷针的决定后来也被证明是正确的。虽然船只曾被闪电击中过几次，但从未有遭受损失的记录。不过，对于科学界而言，菲茨罗伊最大的成就还是在于他对观测仪器的维护上。航海日志记录及时，各项数据准确翔实。当他完成环球航行回到英国时，需要把航海中用于确定经度的精密记时表（chronometer）与英国的当地时间进行校对，这时便迎来了对于这次航行的终极考验。经过对比，他在5年中的累计航行偏差只有33秒，这是一个极为惊人的成就。

成立于1830年的伦敦地理学会（后改为英国皇家地理学会，代表人物包括蒲福）是最早为他授奖的组织之一。该学会于1837年为菲茨罗伊颁发了其最高荣誉——开创者奖章（Founder's Medal）。不久后，菲茨罗伊又被任命为英国领港公会的13个主持会员之一，该机构是负责灯塔事务的。同时，他还被任命为默西河的管理委员，确保位于英格兰西北部的这条河的适航性。这些都是名利双收的职位，但菲茨罗伊的雄心并未就此止步。没过多久，他步入了政坛，在1841年大选中，作为达勒姆选区的代表在英国下议院赢得了一个席位。此时的菲茨罗伊功成名就，他与一位军官之女——美丽而虔诚的玛丽·奥布赖恩喜结连理。他们可以说是天生一对。菲茨罗伊、玛丽和他们的子女在伦敦的贝尔格莱维亚区高档的住宅区朗兹广场定居下来，这里有大批佣人照顾他们的日常起居。

不过，菲茨罗伊在英国政府层级中的步步高升并不总是一帆风顺的。首先，他当选为英国议会议员。按说到了这个级别，他今后的仕途将是一马平川了，不过菲茨罗伊在竞选活动中锋芒毕露的行事风格导致他与其他候选人之间发生了争吵。大量充满恶毒言辞的信件在菲茨罗伊和他的对手谢泼德先生之间往来穿梭，二人甚至险些诉诸决斗，准备通过武力来一决雌雄。投票日终于到来了，菲茨罗伊赢得了选举，但事情还没有结束。在威斯敏斯特的蓓尔美尔街上，菲茨罗伊被手持皮鞭、守候在联合军人俱乐部（United Service Club）① 门外的谢泼德叫住了。"菲茨罗伊船长！"谢泼德大叫一声，"我本不想打你，但是你未免也太嚣张了！"菲茨罗伊终于忍无可忍了。他用手中唯一的武器——雨伞与谢泼德打斗起来，新闻媒体对这场冲突进行了大肆渲染，冲突最终以菲茨罗伊将谢泼德击倒在地而告终。[6]这种有失风范的事件，英国议会表面上表示厌恶，但在内部却成为大家津津乐道的话题。据报纸方面报道，这是在英国长久的议会历史上最激烈的一场竞选

---

① 存在于1815年至1978年间，是伦敦最有声望的军人俱乐部，只有陆军少校或海军中校军衔以上才能加入，在19世纪80年代伦敦所有俱乐部中会费最高。

活动的最惨收场。

　　虽然出师不利，不过菲茨罗伊还是保住了他在议会的事业。他成为坐在罗伯特·皮尔（Robert Peel）后座的议员，并与未来首相的父亲——约翰·格拉斯顿（John Gladstone）爵士成了朋友。在起草关于促进商船海员教学质量的法案过程中，他起到了重要作用，后来他还被选派作为奥地利的弗里德里希大公在英国巡游期间的陪同人员。1843年，斯坦利勋爵命他出任新西兰总督。至此，一心想在英国议会谋得好职位的菲茨罗伊开始面临两难抉择。离开英国就意味着要放弃他丰厚的薪水和在领港公会里的官职。尽管菲茨罗伊知道，此行"山高路远，条件艰苦"，但出于一种使命精神，他还是毅然接受了这一任命。但这实在不是明智之举。"这是他所选择的一条最为艰险的道路"，一位记者后来写道。[7]经过跨越了半个地球的漫长航行，他终于到达了新西兰。而此时的新西兰还是一个人烟稀少的地方，且被当地的毛利人与西方殖民者之间的斗争搅得四分五裂。他花费了两年时间调解这场冲突，但冲突不仅没有得到缓解，反而愈演愈烈。1845年，鉴于事态进一步恶化，他被斯坦利勋爵召回。真是乘兴而来，败兴而归。

　　为了对自己在新西兰出任总督期间的情况进行说明，菲茨罗伊将此次经历写成了一本小册子，供政客们传阅（此刻未来首相威廉·格拉斯顿正在阅读），但他的问题还远未结束。他乘坐一艘名为"大卫·马尔科姆号"（David Malcolm）的商船返回英国，该船是由慵懒懈怠的凯布尔船长指挥的。他们从新西兰向东航行，穿越太平洋，而后凯布尔指挥船只直奔麦哲伦海峡。虽然菲茨罗伊数年之前曾在这里驾驶捕鲸船乘风破浪，带领考察队翻山越岭，但他对这片海域那桀骜不驯的性格仍然记忆犹新。他写道：

麦哲伦海峡的狂暴、阴郁和荒凉是人尽皆知的，不过，偶尔遇到晴天时，这里的壮美风光，包括覆盖着皑皑白雪的山峰、辽远广阔的冰川、光影交织的森林、巍峨耸立的峭壁、大大小小的瀑布，以及承载这一切的深蓝色的海洋，也是世界上其他地方绝无仅有的。[8]

这里的天气仍然变化无常。凯布尔船长指挥船只几乎穿越了整个麦哲伦海峡，驶往位于南美洲东海岸的仁慈港（Mercy Harbour）。到了港口，他抛出的缆绳很短，放下的锚也是最轻的，之后就回到甲板下休息了。菲茨罗伊对此感到十分无奈。所幸他随身携带了两个甘油气压计。后来他写道：

> 4月11日，当船从海上归来后，竟然以这种方式下锚停泊，很多帆桁都未收束，还高高地悬在上方，虽然我的两只甘油气压计显示风暴就要来临了，但（凯布尔）像往常一样又去睡大觉了。当风暴开始的时候，我急忙催促这位船长降下桅杆、帆桁和转向索，同时把第二个锚准备好。做完这些之后，我们的船长再次回到甲板下的休息室，进入温柔的梦乡。[9]

事后证明，菲茨罗伊的警觉是至关重要的。当船长离开之后，菲茨罗伊仍然坚持查看锚的情况。他所担心的不仅仅是这条船，同时还有他在甲板下熟睡的妻子和3个孩子。气压表的读数在持续下跌。他知道这预示着什么。为了加固船体，他将第二只锚也抛了下去。"那天的夜晚很美，夜空清朗，还能看到月光"，他后来回忆道。很多人觉得他是多此一举。但到了凌晨两点，天气发生剧烈变化。从西面传来狂风的咆哮声，"一道高度接近下桅杆的白色水墙"扑向船体。在短短的几分钟里，"大卫·马尔科姆号"的位置发生了严重的偏移，与几座花岗岩礁石近在咫尺。菲茨罗伊表示："如果事先未作好应对措施，估计整船人都将难以幸免。唯有上帝保佑，人们才能在如此荒凉、狂野和凶险的国度得救。"[10]

虽然"大卫·马尔科姆号"有惊无险地穿越了麦哲伦海峡，但这绝非得益于凯布尔船长的指挥才能。对于菲茨罗伊来说，这是一次侥幸逃生，完全是受到了上帝眷顾的结果。

在担任"小猎犬号"船长的那些年，菲茨罗伊有了类似于耶稣复活般的经历。他是一个虔诚的基督徒，但在年轻时，这一信仰还比较谨慎。"我在年轻时一度感到十分焦虑，不知道该如何看待自己对于摩西所写的《创世记》的怀疑，即使不是完全不信"，他在回忆录中如是写道。不过到了19世纪40年代，菲茨罗伊坚定了自己的信仰。他写到了自己之前的思想"摇摆"和"假想"，认为《旧约》中记录的"可能是神话传说"。他的朋友们注意到了他的这种思想转变。他越发忍受不了一些异端理论，比如地理学家查尔斯·莱伊尔（Charles Lyell）在其所著《地理学原理》（*Principles of Geology*）中的理论——地球的起源相当久远。

朋友们将菲茨罗伊的这种转变归因于受到他的妻子玛丽的影响。和他之前研究颅相学一样，菲茨罗伊总是倾向于毫无保留地接受一种思想。一位记者后来写道："菲茨罗伊一旦选择相信某个观点，那么谁也无法使他对此产生动摇。"[11]怀着对叛教者的愤怒，在《皇家舰船"冒险号"和"小猎犬号"航海考察记》的最后一章，他还专门列举大量事实，对《旧约》中的说法进行论证。他试图将旅途中的见闻与他在《圣经》中读到的内容联系起来。他宣称，世界上至少有23个不同的人种，他们就像不同类型的石头一样，可以被划分为三六九等。他所遇到的黑色、红色和棕色人种部落是诺亚的孙子古实（Cush）的后裔，他们曾受到神的责罚；而那些长相英俊伟岸、皮肤白皙的欧洲人则是闪（Shem）和雅弗（Japheth）的后裔，他们受到了神的青睐。作为一个严格按照字面意义理解《圣经》的人，菲茨罗伊把每样东西都放到《旧约》当中去解释。菲茨罗伊有一个观点后来受到了达尔文的讽刺，该观点认为，恐龙之所以灭绝，是因为它们体型太大、太笨重了，无法爬上诺亚方舟的跳板。

不过，在1846年，达尔文和菲茨罗伊的关系还是比较友好的。在得知他的老朋友回到伦敦后，达尔文立即写了一封简信。他在信的开头写道："您此次回程一路多有艰险，得知您平安返回伦敦后，特此致信以示庆贺。""但愿您的健康未受损害，还像以前那样生龙活虎……我知道您一定有诸多事务缠身，若在城中有空，可携夫人来乡下小住几日，我和我的妻子将感到不胜荣幸；我们在乡下有一套宽敞舒适的房子，位置十分安静，空气也非常清新怡人。"[12]

雹暴袭击伦敦

随着7月酷暑的到来，菲茨罗伊一定也非常希望能到达尔文位于肯特郡道恩村的家里做客。温度升得更高了。公园里的草坪变成了金黄色，地面干旱龟裂，就像一船饼干一样。整个伦敦都被笼罩在一片热浪当中。为了避暑，很多人都待在房间里，或者躲在伦敦的林荫路和鸟笼道两旁的榆树底下。自1814年的冰雪集会以来，伦敦的人口从当时的100万人增加到了200万人，成为当时世界上人口最多的城市。不过，1846年7月底的伦敦不再是冰天雪地的世界了，拉雪橇、溜冰、吃姜饼、喝杜松子酒和苏打饮料似乎都已变得十分遥远。取而代之的是人们在九曲湖泡澡，在落潮时到泰晤士河边戏水。卢克·霍华德，也就是之前给云进行分类的人，将这种天气称为"烈日轰击"(Coup de soleil)。[13]

多年来，霍华德坚持从事天气研究，发表了他著名的《伦敦气候》(*Climate of London*)和《气象学七讲》(*Seven Lectures on Meteorology*)。在这些著作中，霍华德首次表示，随着城市规模的不断扩大，它们已经能够形成自己的"小气候"了。他认为，在伦敦市区，从大量烟囱和厨房烟气中排放出来的热量积聚起来，足以使市区的温度比其周边乡村地区高出1.579华氏度（约0.877摄氏度）。此外他也认为，拥挤的人群也会将温度进一步抬高。他做了一个类比：

> 不论是在冬天还是夏天，当一个人将手放在蜂房上时，将会意外地发现，一群小小的蜜蜂竟然能够提升它们所处蜂房的温度，因此在温暖的天气里，我们可以看到它们会扇动翅膀为蜂房通风降温；而且在休息时，它们会像城市的居民一样，喜欢停靠在门口通风的地方。[14]

在霍华德看来，伦敦就是一个超大型的蜂房。而到了1846年7月31日，伦敦人就像蜜蜂一样，纷纷到门口乘风纳凉。7月在滚滚雷声中结束，雷声从南方天边传来，就像看门狗的吠叫一样隆隆作响。蒲福也和所有伦敦人一样，在这种闷热天气下艰难度日。8月1日，他因承受"霍乱之苦"而醒得很早。辗转难眠的蒲福叫来了医生，给他开了一片含有鸦片和甘汞的药片，吃完后"他完全镇定了下来"。在镇静剂的作用下，蒲福昏睡了一个上午，整个城市都被笼罩在一片雾霭当中。一直等到上午10点，阳光才穿透云层投射下来，而太阳一旦露头，便又开始施展淫威。温度一路飙升到32.2摄氏度。在格林尼治，天空中铺满了卷层云。小飞云压着屋顶向前飞奔。疾风骤起，吹得树木沙沙作响，窗户摇晃不定。雷声也越响越大。到了下午3点左右，蒲福从沉睡中醒来，看到外面昏天黑地的。没多久，夏季的暴风雨铺天盖地而来。

伦敦已经多年没有经历过这么猛烈的暴雨了。大雨倾盆而下，一道道闪电划破昏暗的天空。暴雨越下越大，丝毫没有停息的意思。水流很快就淹没了排水沟，汇聚成河，沿着街道奔流而下，水位都在迅速上涨。整座城市就像是遭受了侵略。在泰晤士河上，一艘轮船被闪电击中。电流击穿了船身，击毁了右舷的明轮罩，还差点击中站在船桥上指挥航行的船长。还有一道闪电击中了位于伦敦市莫宁顿新月街17号的建筑，电流穿过烟囱，将一个女仆击倒在地。在伦敦南部的诺伍德，牧场上的一群割草工人由于未能及时躲避，闪电瞬间夺走了4个人的生命。

在格林公园，水流巨大的冲击力冲破了一根金属排水管。从商业街顺流而下的一股水浪涌入了圣詹姆斯公园，将一群羊冲得东倒西歪。巨大的水流还未退去，风暴的第二波攻击又到来了，风暴带来了"一场大冰雹，很少有人见过比这更大的"。冰雹不仅降落的速度快，而且比玻璃球还大还重，有的大小甚至接近半个便士的铜币，就像致命的碎冰块儿一样噼里啪啦地砸下来。《泰晤士报》后来报道说，有颗冰雹重达1.5盎司（约42.5克）。这场冰雹几乎相当于将布赖顿海岸的全部石子收集起来砸向伦敦地区。躲在房间里的人们听着冰雹砸在玻璃上发出的声音。大雨和冰雹一直持续了两个小时。直到下午6点一刻，人们才敢试着走出家门。街上一片凌乱，居民们纷纷用牛奶桶从窗户里往外舀水。

之后的几天，伦敦各家报纸对受灾情况进行了报道："恐怖的雷雹风暴"，"毁灭性的雷暴"，以及"有史以来最强的周六大风暴"。这些报道文章对这次由闪电、强风、大雨和冰雹共同造成的浩劫作了全景式的描述。在两英里长的旺兹沃思大道两侧，凡是朝南的门窗玻璃全被击得粉碎。在新建的议会大厦，约有7000块老式的冕牌玻璃被毁，同时受损的还有伯灵顿拱廊街上的2736扇窗户和天窗，在米尔班克的一家工厂，1.4万块玻璃被毁。在白金汉宫，由于画廊上方的天窗损毁，大雨从缺口处倾泻而入，大量世界级名画险些被毁。在存放有阿尔伯特·库普、帕尔米贾尼诺、斯蒂恩和凡·戴克等画家代表作的房间，一小时内积水的深度就上升了数英尺。

在暴雨过后的几周里，报纸上涌现出无数篇受灾报道。蒲福家的受灾情况不算太严重，他叫来了玻璃工，仅用两天时间就把这场"小灾"修补好了。这次真可谓侥幸。不过，他对于其他人的受灾情况仍然是感同身受的。他在笔记本上写道，"到处都是这次暴雨造成的灾情，破损的温室、灌水的房间、被撑破的排水管，等等"。一周过后，他仍在对这次事件进行反思。他写道，"据说周六的雹暴，抑或说是大冰块雨，导致伦敦大量玻璃受损，价值总计10万英镑"。[15] 损失数目之大，几乎相当于英国工程师伊桑巴德·金德姆·布鲁内尔（Isambard Kingdom Brunel）建造世界首艘螺旋桨推进式铁壳轮船——"大不列颠号"所花的费用。

各大媒体对这场风暴争相报道，尤其是其中一家颇具影响力的新发行的周报，名为《伦敦新闻画报》(Illustrated London News)。这家报社虽然刚成立了不到4年，但以报道迅速、图文并茂而受到广泛的欢迎。这场风暴自然成为这家报纸的极佳素材，它专门安排了两个版面进行报道。最吸引人的当属报道中所附的一张雕版图，该图描绘的是从格林尼治附近的布莱克西斯高处向下俯瞰的受灾状况。在图的下方，显示的是整个伦敦的面貌，包括大大小小的街道、屋顶和塔尖，以及远处高高耸立的圣保罗大教堂，一切就像赫伯特·梅森（Herbert Mason）在1940年德国空袭英国所拍摄的代表性照片一样。

这种雕版图是由画家弗雷德里克·詹姆斯·史密斯（Frederick James Smyth）绘制的，是对极端天气的完美描绘。伦敦的天空黑作一团，一道强烈的闪电划破苍穹。雨点以倾斜的角度重重地砸下来。烟囱里冒出的烟雾都被压得直不起腰。在作品的前景里，史密斯添加了一个人物，该人物身处于一片混乱当中，从而使整幅画的表意更加丰富，重心也更加突出。这个人在大风中弯腰而行，一只手扣着头上的帽子，防止被风吹跑。一条狗在他的右手边伏着身子。他们沿着一条街道前行，曾经干净整洁的街道，如今也变得泥泞不堪。前面不远处就是郊区，他们正朝着那里奋力挺进。[16]

从布莱克西斯俯视伦敦，《伦敦新闻画报》，1846年。

格莱舍：组建气象观察员联络网

1846年，《伦敦新闻画报》在布莱克西斯安排了一个气象联络员。这个人来自格林尼治皇家天文台的磁力与气象部，名叫詹姆斯·格莱舍，各种天气建议、报告和特征从这个联络员那里被源源不断地传送出去。格莱舍住在达特茅斯排房13号，距离史密斯的雕版图中所描绘的地点仅有几分钟路程。图中的人物会不会就是格莱舍？如果是的话，那么这就不仅仅是一幅示意图了。它将成为格莱舍在皇家天文台下班后，匆忙地走在返家途中的一幅写实图，图中所描绘的狂野不羁、变幻莫测的天气现象，也将成为他毕生的钻研对象。

1846年，詹姆斯·格莱舍年龄已有37岁，他又瘦又高，目光像罗密士一样犀利，工作起来也像蒲福那样刻苦。那天上午风暴到来时，他正在天文台。他目睹了天上的卷层云和低空飞行的飞云。下午3点10分，格莱舍记录了雨是如何伴随着雷电开始降落的。他在皇家天文台以及位于布莱克西斯的家里对冰雹进行了研究——"不是特别大"。格莱舍在家里对更多冰雹或者说冰块进行了测量，并推断冰雹样品的平均尺寸和一个大榛子相仿。后来，当闪电击中了他的房子时，他感到附近一阵轻微的震动。到了晚上，当雨水逐渐平息后，他看到城市上空有一团"怪异的雾气"。他写道："雾气是如此浓重，以至于连几米之外的路灯都无法看清。"[17]

作为20世纪一个出色的科学家，詹姆斯·格莱舍除了善于观察外，还具有其他一些特质。他拥有理性的头脑，思维细致缜密，而且作品极为丰富。1846年8月，他正在奋笔疾书，为一个宏大的气象研究项目撰写结论。该项目研究的是露水的形成过程，以及地表散热的途径问题。1814年，W. C. 威尔斯发表了他的经典作品——《露水研究》(*An Essay on Dew*)，首次证明了露水不是从天而降的，而是由于水汽在物体表面凝结形成的，而格莱舍所撰写的这篇名为《地球、地表及其周边各类物体在夜间放热量研究》的文章，则是继威尔斯之后在相关领域的又一次深入研究。在过去的3年里，该项目耗费了格莱舍的大量空余时间，如今他想对该过程做更为细致的研究。在开始研究工作之前，他曾花费了数月时间，旨在寻找最合适的温度计。在建立最合适的测温模型前，他尝试了各种长度、尺寸、形状和材质颜色的温度计。设备准备就绪了，研究框架写好了，格莱舍在皇家天文台一连度过了好几个长夜。他伏在地面上，观察着热量从地面释放到空气中。他对所有数据进行了测量，包括单个草株叶片的高度、气压、气温和地表温度、风向、湿度、露点温度、云团覆盖比例等。工作中的格莱舍让我们想起了英国小说家伍德豪斯（P. G. Wodehouse）笔下的大反派——罗德瑞克·斯波德（Roderick Spode），他的"眼神如此犀利，以至于能够看清60步开外的一只牡蛎"。如果说斯波德能看清60步开外的牡蛎，那么格莱舍就能看清70步开外的牡蛎。

格莱舍全身心投入到实验研究当中。他对各种情况都进行了考察。在读取数据时，他屏住呼吸，以防自己的气息会对气压计产生影响，同时还把台灯挪到一边，以免产生干扰。经年累月，他积累了大量的研究数据。他逐渐扩大了自己的研究范围。他研究了长叶草、短叶草、草丛下面的土壤，通过改变不同的变量来测量其效果。之后，他开始用各种材料对草丛进行覆盖，包括木头、亚麻、铅块、黑色锡铁、木炭、玻璃、兔皮、白垩和棉花等。在做完这些后，他把目光转向了颜色，观察不同颜色吸热效果的差异。他发现，黑色吸热最多，之后依次是黄色、猩红色、橙色、白色、绿色、深红色、深蓝色和浅蓝色。格莱舍在格林尼治的草丛里，一趴就是几个小时。他的乐趣之一是观察露珠在单个叶片上的形成过程。[18]他为之着迷，却也为之生病，潮湿引起的风湿病让他好几年都不得安生。

不过对于格莱舍而言，这种风险是值得一冒的。如今到了1846年8月，他的研究论文终于接近收尾了，他准备在第二年递交给英国皇家学会审读讨论。英国皇家学会仍然是科学精英们的平台，对于格莱舍来说，这是他得到人们认可的一次绝佳机会。这篇论文将是他的研究成果的首次亮相，按照惯例，非学会成员的文章将被别人代为朗读，而将要代他朗读的人是他在格林尼治皇家天文台的上级——英国皇家天文学家乔治·艾里（George Airy）。

时年45岁的艾里比格莱舍大8岁，其地位和名望都相当高。

他虽然身材不高，但名声却极大：在英国，甚至在整个西方世界，几乎无人能够达到他的学术地位。艾里出生在英格兰的诺森伯兰郡，在萨福克郡长大，15岁时便能够自如地背诵长达2394行的拉丁诗文，令当时学校的校长感到颇为惊讶。这可以说是这位神童智慧的牛刀小试。艾里勤奋好学，喜欢到沼泽地游玩，喜爱民间诗歌，而且特别擅长数学。等年龄一到，他就进入剑桥大学。在这里，他赢得了众多奖学金。1823年，他毫无悬念地以剑桥大学数学学位考试第一名毕业。之后，他在学术界的地位扶摇直上：25岁成为卢卡斯数学教授[①]，27岁时成为普鲁密安天文学教授以及剑桥大学天文台主任。伦敦的政界精英们对其仰慕已久，终于在1835年将其强行调离他在剑桥的工作岗位，接替年迈的约翰·庞德担任格林尼治皇家天文台的皇家天文学家。在这里，他以其独特的敬业精神投入工作，使天文台的面貌焕然一新。如果说他身上比别人具有什么特质的话，那就应该是极高的工作效率和对秩序的极致追求。他的一位传记作家后来写道：

> 他无论做什么事都井井有条，他最担心的就是天文台的日常工作陷入无序，即使在最不起眼的事情上。例如，他花了一下午的时间在一张大纸板上写了"空的"（Empty）一词，并将其钉在一大摞空的包装盒上，因为他发现这些空盒子与其他装有文件的盒子容易混在一起。

---

① 英国剑桥大学的一个荣誉职位，授予对象为数学及物理相关的研究者，同一时间只授予一人，牛顿、霍金、狄拉克都曾担任此教席。

他的助手无法帮他做这件事，因为他必须先把自己指定的工作完成。[19]

对于格莱舍而言，艾里是一位可敬的领导。同时，由于艾里同意代其朗读他的论文，他也成为格莱舍的一个重要的学术同盟者。这使格莱舍有机会跻身于更高的学术圈子。对于格莱舍而言，这是他有生以来在一个全新的领域里所取得的最大成功。

詹姆斯·格莱舍出生于1809年4月7日，出生地位于泰晤士河南岸的罗瑟希德。在他还是个孩子的时候，他们家搬到了格林尼治，也就是古老的皇家宫殿的遗址，都铎王朝的亨利八世、玛丽一世和伊丽莎白一世都出生于此。这座城市里保留了很多漂亮的乔治时期的街道和海军学校。不过，在格林尼治公园里，仍然矗立着一座精密的灯塔。如今已有150多年历史的皇家天文台，已成为学术界一个永恒的标志。该天文台始建于17世纪，它就像一个由红砖和琉璃瓦建造的城堡一样，在群树环绕中高高矗立着。格莱舍第一次参观这座天文台是在20岁时，当时他对一切都是那么好奇，在各种观测仪器前驻足徘徊，包括精密的四分仪和六分仪。

不过，当时他还需要在另外一个地方继续自己的学徒生涯。他被任命为英国全国地形测量局的助理，他离开了伦敦东部，去到西爱尔兰那潮湿多风的山区。从1829年到1830年的两年里，他攀爬在戈尔韦郡和利默里克郡的群山之中，随时带着经纬仪来测量角度。就像在克罗根山上的蒲福以及在火地岛的菲茨罗伊一样，登上高处的格莱舍也收获了灵感。后来，他把自己在大气研究上的觉悟归功于这次攀爬：

> 一连几周我都被重重浓雾所包围，先是在戈尔韦郡
> 的本考尔山（Bencor Mountain）上，后来又在利默里克
> 郡附近的奇珀尔山峰（Keeper Mountain）上……我在执行
> 任务期间，经常置身于云雾之上或被云雾包围，有时候
> 时间还很长。于是我便开始研究天空和云朵那微妙的颜
> 色，以及云雾的运动和冰晶的形成。[20]

不过，一切都是由于潮湿的气候造成的。两年后，格莱舍回到了英国，不再从事户外工作。后来，格莱舍在剑桥大学天文台找到了一份工作，担任艾里的数学计算员。他从1833年开始从事这份工作，两个人之间也从此建立起深厚的友谊，一直持续了40多年之久。作为天文台八角室（Octagon Room）的3位助理之一，他的研究对象是整个星空，他们通过一个角度可调节的天文望远镜，对天上星星的位置和轨迹进行观测和记录。但即使在这些日子里，他也始终没有舍弃自己对大气的研究兴趣。他写道："在进行太空观测的间隙，我曾以极大的兴趣观察云的形成，每当云朵挡住星光时，我都希望知道这些云为何形成得这么快，它们周边大气的运行过程又是怎样的。"[21]

格莱舍的成功源于他对细节的重视。艾里的严苛是出了名的，因此很难有什么成果是能够让他满意的。不过，格莱舍还是以自己精益求精的工作态度赢得了他的信任。1835年，当艾里被任命为皇家天文学家时，他的第一项安排就是把格莱舍从剑桥大学天文台征调过来。他将要参与的是对格林尼治天文台开展的一项大刀阔斧的整改工作，艾里对这里的印象是"奇奇怪怪"。4年后，当整改工作全面开展时，艾里任命格莱舍担任新成立的磁力与气

象部的主管。这是格莱舍职业生涯的重要转折点，从此他的精力和才干开始集中到气象学上。在为该部门挑选主管时，艾里力排众议，坚持让格莱舍担任，这也使格莱舍的地位有了大幅提升。

作为新部门的主管，格莱舍也成为英国的首位政府气象学家，在艾里的领导和监督下开展工作。艾里和格莱舍，作为气象学领域的两位重要人物，他们尽情地发挥着自己的创造力。首先，他们为日常观测制定了时间表。这是一种前所未有的数据采集方式。格莱舍致力于寻找最精确的观测仪器。与此同时，艾里列出了需要观测的内容。对于他所制定的计划，工作人员要严格执行。除周日以外，格莱舍和他的助手们每天都要在哥廷根标准时间的每个整点读取数据，不分昼夜。他们记录的内容包括风向、云层覆盖度、云的类型、气流的变化、风力和日照强度。艾里和格莱舍甚至还为他们的观测仪器制作了专用的支架，确保在4英尺（约1.2米）高的水平上所读取的数据的一致性。自从1840年冬天观测活动开始以来，一切工作都以极为有序的节奏和精度进行着。不过，对原始数据的采集只是工作的第一步。

1844年，格莱舍写道：

> 由于观测工作极易受到周边环境的干扰，这就要求工作人员对观测仪器的状态进行极为精心的维护。相对于后期大量的计算工作而言，观测工作就相当于小儿科。他们推导出了各个观测仪器在每天、每月和每年的观测位置，只有通过大幅缩减常规观测，改为每天不定时观测，才能取得如此高的观测精度。[22]

观测方法的改进大幅提高了天气观测数据的质量。艾里十分热衷于简化科学研究方法，这可以从他对格莱舍及其他助手的称呼上看出来。他并不按照习惯称呼他们的名字，而是分别以 A、B 和 C 作为 3 个人的代号。

格莱舍是从 19 世纪 40 年代中期开始进行露水研究的。由于他必须整晚对观测仪器进行检查校验，因此他可以充分利用自己的闲暇时间从事露水研究工作。他也期望有一天能够将报告撰写成论文。在担任艾里的下属十多年后，格莱舍也开始声名鹊起。他已经以自己的名义发表了两篇天文学论文，并且从 1843 年起，"格莱舍先生"的名字偶尔也会见诸论文内。1844 年 3 月，《伦敦新闻画报》发表了一篇有关格林尼治磁力与气象部的长篇专题报道。[23]这篇报道文章是由格莱舍撰写的，是对该部门日常工作的清晰介绍。格莱舍在文中自豪地提到了他们"运用创新方法获取和记录最有趣、最重要的科研结果"。虽然这篇报道文章没有什么问题，但它还是在艾里和报社之间引起了一番争执。艾里指出，格林尼治天文台所有的官方通信均须通过他向外发布，而非他的下属。因此，格莱舍的名字根本就不应该出现在报纸上。

虽然只是一件微不足道的小事，但我们从中还是可以看出格莱舍所具有的一些特质。格莱舍自幼便显示出对机会的敏锐把握能力。阴差阳错，格莱舍的名字登上了发行量高达每周 5 万份的《伦敦新闻画报》。从此他便与这家报纸那雄心勃勃的负责人以及报社建立了长期的合作关系。不久，格莱舍成为其非正式的气象通信员。他在需要时提供评论意见和数据资料，并在 1846 年受邀为《伦敦插图版历书》（*Illustrated London Almanac*）绘制插图。一切万事俱备。格莱舍既有了一份体面的工作，又有发挥的空间和一个公开的社会形象。他从天文台的计算员升任助理，又从助理升任通信主管，但他前进的步伐还远未停止。

到19世纪30年代前期，气象报道已成为历书的主要组成部分：每年都会有成千上万本名为《穆尔旧历》(Old Moore's)、《墨菲历书》(Murphy's) 之类的作品售出，书中充斥了大量无实用价值的气象观点，然而公众对此却显得十分包容且乐此不疲，因为他们情愿沉浸在对酷暑、暖冬、大霜冻、大风暴或大雾等异常天气的预测之中，其中还真有一次预言恰巧与现实相符。这次预言是由帕特里克·墨菲 (Patrick Murphy)——《墨菲年鉴》(Murphy's Almanac) 的作者——于1838年提出的，他准确地预言了1839年1月20日将是一年中最冷的一天。这次预言歪打正着地实现后，墨菲一举成名，被人称为"天气巫师"，他自己变得陡然而富。这次预言成就了他的事业。

不过，格莱舍在天气报道的方法上也发生了转变。他对于天气的展望也受到了那个时代趋势的影响，到19世纪40年代，人们越来越推崇数字和推理量化的事实。1838年《爱丁堡评论》曾宣称，"只有基于观察和实验，直接从现实中得出或是运用数学推理从现实中推理得出的知识才是可靠的"。[24] 人类社会似乎终于接近了勒内·笛卡尔提出的普遍数学 (mathesis universalis) 的边缘——完全通过数学的方法来理解自然。玛丽·萨默维尔（Mary Somerville）所著的《论物质科学的关联》(On the Connexion of the Physical Sciences) 成为19世纪30年代最有影响力的著作之一。在萨默维尔看来，数学是一门纯粹的学科，其适用性无所不包，它更像是一种精神上的追求。她写道："人类所拥有的这种强大工具，植根于人类头脑的初始构造，并建立在若干存于上帝之中的基本定理之上，上帝在仿照自己的形象创造人后，便将其植入人类的胸膛。"之后，她开始回顾自己最初发现数学魅力时的情景："当我回想起自己第一次见到'代数'（Algebra）这个神秘的词汇时，我简直不敢相信自己竟拥有如此巨大的财富。"[25]

19世纪20年代，巴黎有一位比利时籍天文学家阿道夫·凯特勒（Adolphe Quetelet），他最早开始将用于夜间寻星的误差定律应用于其他目的。通过广泛收集统计数据，他把这种数学方法应用到各种社会现象当中，包括犯罪和健康状况等。久而久之，人们给这种误差统计法起了一个新的名称："标准差"（standard deviation）。到19世纪40年代，数字被应用于社会生活的方方面面，这被视为不可改变的事实。1841年，第一次完全意义上的英国人口普查正式启动，并且计划在10年后开展一次规模更大的人口调查活动。

1846年，法国一位名叫奥本·勒维耶（Urbain Le Verrier）的几何学家通过一次史无前例的壮举震惊了整个科学界。他与英国剑桥的一位数学家约翰·柯西·亚当斯（John Couch Adams）分别独立研究天王星运行轨迹的"摄动"问题。人们认为，天王星运行轨迹的异常情况表明，在太阳系的天王星运行轨道之外，还有一个质量天体在干扰其运转。勒维耶和亚当斯根据自己的计算预测了这一质量天体的存在。1846年9月，勒维耶给柏林天文台写信，请求他们在夜间对天空的某个具体位置进行观测，以寻找这个可能存在的行星。这引起了柏林天文台助理员约翰·加勒（Johann Galle）的注意，不久之后，他果真在预测的天空位置发现了一个并未记录在案的天体。该天体后来被证实是一颗行星，被命名为"海王星"。对这一成就感到惊叹不已的阿拉果发表了那句著名的称赞：勒维耶是"通过自己的笔尖"发现了一颗行星。

勒维耶的成功显示了数学的巨大力量。通过数学统计，可以指导政府安排经费投入，用来打击犯罪，战胜疾病。越来越多公开的演示证明了数学的精确性。英国数学家查尔斯·巴贝奇（Charles Babbage）习惯将任何问题都归纳为数学公式，这使他一度遭到朋友们的嘲笑，而当他发明了分析机（Analytical Engine）用以解决逻辑问题时，则吸引了大批观众前来观看。1833年，艾里在天文台的前任约翰·庞德下令在天文台的一根柱子上挂一只大铁球。每天下午1点的时候，铁球会被松开并砸向地面，发出巨大的撞击声，泰晤士河上航行的船只要听到声音就可以据此对船上的精密计时计进行校准。庞德的报时球成为格林尼治地区一个熟悉的背景音源。

　　格莱舍也是一个对数字十分着迷的人。他所做的每一个计划，每一次实验，以及发表的每篇论文中，都包含着大量数字。1833年，在柯勒律治的建议下，威廉·休厄尔创立了"维多利亚式科学家"一词，用来指代那些严谨而勤勉的科学家。作为这类人的典型代表，格莱舍曾经提出，只要一张纸、一支笔和一些经过认真统计的数字，人们就可以发现真理。在19世纪40年代，科学家们努力建造着知识的大厦，它的一砖一瓦都是由美丽的数学公式构成的。

　　当然，格莱舍把他的精力集中在气象学问上。在这一时期，他的研究活动标志着人们在气象信息的获取方式上有了长足的进步。仅仅在20年前，约翰·弗雷德里克·丹尼尔在他的《气象学随笔》的引言中还大发牢骚，借机在皇家学会上对它的数据采集方法进行抨击。令他感到不解的是，世界上如此顶尖的科学团体竟然对这种粗陋的数据采集方法熟视无睹。他抨击简陋的仪器、漫不经心的观察者、全天候的测量：

> 该机构长期以来表现出的草率和疏忽一直广受诟病，
> 却始终没有一个德高望重的人能对这些记录进行检视。
> 道尔顿、汤姆森和霍华德先生都曾表达过他们的不满。霍
> 华德先生甚至反问道："如果这个博学而尊贵的机构认为
> 气象学不再值得关注的话，那何不立即将气象学的文章
> 从学会会报上撤下？"[26]

丹尼尔坚持对此进行批判。观测读数"全凭观测者的睡帽进
行校准"，气压计中的水银从未经过煮沸，管中的多余空气或湿气
也从未得到清理。该学会竟然依靠一座隔壁建筑上的风向标指示
风向，他们对风速的估测十分散漫，丹尼尔总共研究了730份观测
记录，发现其中有669份给出的结果都是相同的。丹尼尔揭示的最
令人触目惊心的情况是，他发现雨量计被塞在了烟囱的罩子底下，
这就意味着在有风的天气条件下，它几乎测不到降雨量。

艾里和格莱舍在天文台的工作反映了一种全新的、客观的测
量方法，逐渐将那些粗糙落后的观测方法逐出历史舞台。几十年
来，报纸上总是忍不住用"据健在的年龄最长者回忆"这类字眼来
强调极端天气。但从此以后，这种模糊的陈词滥调已经显得苍白
无力了。人们需要用数据说话，任何论点都需要数据的支持，任
何理论都有公式来证明。

1846年的某段时间，格莱舍在英国出生、结婚和死亡登记部
门的季度报告中发现了一个错误。该报告在其气象简述部分声称，
约克郡的平均气温比伦敦高5摄氏度。感到疑惑的格莱舍给该登记

部门的登记总长乔治·格雷厄姆（George Graham）写信解释说，这么高的温差"实际上是不可能的"。该部门依照程序给格莱舍回信，信中感谢他指出这一错误，并承认该部门的工作人员都不懂气象学。格莱舍借机又写了一封回信，在信中建议以后将所有的区域性天气报告发给他审阅。登记部门欣然同意。艾里同意格莱舍利用业余时间研究天气统计数据。

而格莱舍对这项工作也抱有极大的兴趣。他给当时各地的天气通信员写信，然而得到的答复并不令人满意。格莱舍抱怨说，他们"极其不切实际"，"他们并没掌握自然的实际，"虽然拥有各种"奇特的观点"，但"很少有人知道观测仪器的特性，也不会做必要的校正以减少观测频率"。格莱舍把他们全都解雇了，这和艾里的作风十分相似。从1847年起，他重新开始，凭借他在格林尼治天文台的职务，与各个领先的学术团体的成员进行联系。他努力结交皇家学会、皇家天文学院的成员，甚至还说服艾里本人，为他最新编制的行动框架填充内容——这也成为他们之间的一段小插曲。

格莱舍以极大的热情投入到这项新的爱好当中，《气象学改革运动》（*Meteorological Crusade*）的作者罗密士将其描述为"横跨大西洋般的"热情。格莱舍利用业余时间踏遍英国各地，与通信员沟通，并尽可能多地与潜在的参与者写信交流。功夫不负有心人，经过辛勤努力，他逐渐建立起了一张南起英国的南安普顿，北至格拉斯哥，东起洛斯托夫特，西至利物浦的联络网。得益于四通八达的铁路网，他在英国的寻访活动成为可能。如果是在20年前，类似的远途旅行需要花费数周的时间。现在，他可以乘坐汉萨姆马车（Hansom cab）① 直奔英国的一个火车站跳上火车，几小时后就能到达下一个目的地。在同一天的时间里，他就能会见联络人，查看他们的仪器，计算他们联络点的经度和纬度，演示读取数据的方法，寒暄几句之后再次返回格林尼治。很多时候，格莱舍都要随身携带他经过改进的观测设备，以代替那些不适用的设备，而他的联络网也开始稳步扩大。

这一联络网最初只是用于为登记总长撰写季度气象报告。不过，到了1848年8月，一个机会出现了，而格莱舍再一次抓住了它。1846年查尔斯·狄更斯新创立了一家名为《每日新闻》（*Daily News*）的报社并担任主编，此举震惊了英国报界。这家报纸的发展前景十分诱人。每天都刊发当时最知名作者的文章，这使其足以同著名的《纪事晨报》（*Morning Chronicle*）分庭抗礼，使狄更斯可以通过报纸继续反映社会现实。虽然狄更斯担任主编没多久就把这一职位转交给了别人，以腾出时间继续写他的长篇小说《董贝父子》，不过《每日新闻》还是延续了他的创作风格。1848年夏末，由于"多雨和恶劣天气"对农场作物的收获产生了威胁，报社的一名编辑写信给格莱舍，询问他是否能够提供一些最新的天气信息。而格莱舍所做的远远不止这些。凭借他那处于运行良好的气象观察员联络网，他可以提供一种实验性的天气报告服务。这是一项前所未有的活动。

---

① 　一种两轮的车厢式马车（1834年取得专利），其特点是车夫座位高踞于马车的后部。这种马车因其原设计人约瑟夫·汉萨姆而命名。

史上首份天气报告

英国的电磁电报发挥了关键作用。虽然这种电磁电报在设计上与莫尔斯的电报并不相同，但它在人们当中所产生的兴奋度却是相同的。这种电报是由威廉·库克和查尔斯·惠斯通共同设计的，当它在英国大地上开始铺设时，热衷于报道科技进步的《伦敦新闻画报》密切地关注着它的建设进度。1844年5月，报纸上发表了一篇关于新建设的斯劳电报站的专题报道，用雕版画展示了电报站的建筑和积极工作的电报员。9个月后，一场谋杀案的发生让斯劳电报站再次成为人们关注的焦点。《伦敦新闻画报》刊发了一篇标题为《索尔特希尔谋杀案》(*Murder at Salt Hill*) 的文章，文章对"（斯劳电报站）新配置的电磁设备的工作情况"进行了详细描述。一条可疑信息从斯劳电报站发出，并沿着电线传送到了帕丁顿：

> 当索尔特希尔的谋杀案甫一发生，有人看见嫌犯从斯劳火车站购买了一张于下午7点42分出发前往伦敦的火车头等票。嫌犯身着贵格会教徒的装束，穿着一件棕色的大衣，大衣的长度都快盖住脚了。他乘坐的是2号头等车厢的最后一个车室。[27]

当火车抵达帕丁顿时，嫌犯被警察抓获。这再次印证了那句古老的吟咏：不管人跑得多快，都跑不过电。电报热潮在美国也在掀起。一场远距离国际象棋比赛在朴次茅斯电报站和沃克斯霍尔电报站之间展开，一边是由斯汤顿先生和其搭档陆军少校肯尼迪组成，一边是由"著名的"沃克尔先生和他的一个朋友组成。在报道的最后，文章总结道：

> 我们的先辈们会把一些惊人的现象归结于巫术。这
> 个发明不但惊人，而且还特别实用。人们用它来给火车
> 发送电报指令，用它来为公司雇员之间传递消息。仅需
> 支付一小笔费用，人们就可以通过电报来谈生意。虽然
> 电报的用途数不胜数，但人们最容易想到的就是，它可
> 以用于传递各种重要情报。由此看来，它在某种程度上
> 可以取代邮局通信的现有模式。[28]

3年后，即在1848年8月，《每日新闻》报社和格莱舍达成一致，
利用电报来提供天气报告服务。由报社承担相关运行费用，格莱
舍负责提供天气数据。每天上午9点，全英国29个电报站同时采
集数据，然后发送到伦敦，再由格莱舍进行整理，之后在次日的
《每日新闻》上进行发布。报告内容比较简单，包括地名、风向和
天气总体情况。首份天气报告出现在1848年8月31日，详细报告
了英国全国在前一天的天气状况。这是世界上首次关于通过电报
传递天气报告的记录。[29]

风况和天气状况

（鉴于未来2个月的天气状况十分重要，我们已同电报公司达成协议，将通过电报提供每日天气报告。）

昨日上午9点，下列地区的风况和天气状况如下：

切姆斯福德	西风	晴
科尔切斯特	西南西风	晴
德比	东北偏北风	晴
格洛斯特	东南东风	晴
……		

《每日新闻》希望这些报告能够让收获季节的农民们感到安心。到了秋季，这些报告似乎完成了自己的使命，宣告结束。在不经意间，这家报社完成了一项工作——天气报告。由于内容实用、方法新颖，这项工作吸引了大量的关注。伦敦的读者们喜欢一边吃早餐，一边研究报纸上的各种天气图表。他们可以判断自己的亲朋好友是否在布赖顿挨了雨淋，或是在迪欧享受阳光。在格莱舍的天气报告停办后的几周里，这家报社陆续收到很多信件，询问能否继续提供天气报告。其中一封询问信正是来自艾里本人。至于这封信是不是他代表格莱舍写的，我们不得而知，但他在信中对报社编辑说，他认为这些报告很有用。他已经开始在地图上绘制这些信息，甚至打算撰文称赞一个"很有可能产生巨大科学价

值"的观点，不料这项天气报告计划却戛然而止了。

艾里的干预对该计划产生了重要影响。作为英国科学界的泰斗，他的观点是举足轻重的，《每日新闻》不可能对他的话置若罔闻。相反，他们给艾里回信，决定重新启动该计划。这次，他们对该计划进行了一定调整，以使其运行更长的一段时间。他们决定用铁路来代替电报。虽然这会让人觉得诧异，但这主要是因为电报在当时的费用高昂，而且电报的通信网络还是十分有限的。相对来说，铁路是一个比较现实的替代选择。到1848年，英国已经拥有约5000英里（约8046.7公里）的铁路线路，远远超过电磁电报的线路长度，《每日新闻》成功争取到了英国北方铁路、西部铁路、西南铁路、南部沿海铁路、兰开斯特和卡莱尔地区铁路、约克地区纽卡斯特铁路和伯威克地区铁路方面的支持，同意为其免费向伦敦承运天气报告。

这真是一项可喜的进展。艾里和格莱舍列出了英国各地的50个火车站，格莱舍开始与各个车站的站长联络。若干周之后，格莱舍再次踏上行程，这次他携带了一张简单的框架表，其中包括天气报告的地点、日期、风向、风力（无风、微风、强风、大风、风暴或飓风）和天气类型：晴、少云、多云、雾天、阵雨、雨天、大雨、雪天、冰雹及雷雨。由于当时政府部门之间的交流是十分有限的，如果艾里当时能与他的朋友——在英国白厅供职的蒲福搭上话，他必将从蒲福那里获得更多先进的风力和天气指代知识。然而各部门还是保持各自为战，在自己的职能范围内努力耕耘着。但无论如何，人们至少开始这样做了。

到第二年夏天，新的计划再次付诸实施。首份报告发表在1849年6月14日的《每日新闻》上，标题为《气象表——显示以下各地昨日上午9点的天气状况》。与此同时，回到格林尼治的格莱舍并不满足于对收到的旧数据进行简单处理。

> 一收到反馈数据，我首先对每份数据进行检查，然后将其划分成若干组，包括来自某知名的天气观察员的观测数据，然后我将每次反馈结果与相应的标准反馈结果进行对比，同时考虑海拔的差异，等等；之后，我分别按照纬度和经度进行分组。通过这些方法，我往往能检查出其中的错误之处，而且十分有效。检查完之后，我就开始进行数据整合。[30]

正如罗密士在美国所做的那样，格莱舍也开始在英国各岛的地图上将这些天气数据绘制出来。他用一条长长的箭头表示各个站点的风向，用其他符号（他并未详细描述）来表示气压值和温度。格莱舍从1849年7月开始制作这些图表，并且在之后一年的时间里，日复一日地坚持绘制。虽然这些图表从未发表过，但这被认为是当时最早的天气数据图。在最早的通过电报发送的天气报告出现不久便被绘制出来的这种天气图，使格莱舍成为英国乃至世界上天气报告的先驱。

到1849年，格莱舍已不再担任艾里的助理，他开始小有名气。1849年1月，经艾里、赫歇尔和查尔斯·巴贝奇的提议，他当选为皇家学会会员，以表彰他在《哲学学报》上发表的气象学论文，以及他作为一名气象学家所做的杰出贡献。[31]对格莱舍来说，这些成就便是对他十多年来的不懈努力的肯定。格莱舍充分利用自己作为皇家学会会员的身份，提请皇家学会提供一笔资金支持，帮助对他的《社科年鉴》和天气网络进行扩充，以提供官方数据。他已经自费推动这一计划长达4年了。格莱舍在写给皇家学会委员会的信中表示，气象学正在经历一场革命。此前气象学一直远远落后于具有坚实基础的物理学、化学和生物等学科，但这种日子一去不复返了。他指出，"在过去两年里，这个一度被冷落的学科再次吸引越来越多的关注"。[32]

他的这种说法并不夸张。一时间，整个科学界似乎都开始对气象学活动产生浓厚的兴趣。1848年，在英国科学促进协会的科技进步大会上，各种新兴的气象学相关课题和实验层出不穷。会议的3项主题发言谈论的都是气象学，其中包括由德国科学家海因希里·多弗发表的有关对抗性气团的演讲。同年，东印度公司的一名船员亨利·皮丁顿（Henry Piddington）根据雷德菲尔德和里德的理论，发表了《风暴规律船员入门手册》（*The Sailor's Horn-Book for the Law of Storms*）。手册的内容简明易懂，引人入胜。它的销量也十分好，成为航海人员争相阅读的航海指南。此外，他还作出了另一个贡献。为了让相关词汇更加标准化，他用一整套的标准取代了对风的种种奇特称呼，如西罗科风（sirocco）、山头风（helm wind）、西蒙风（simoom）、苏门答腊风（Sumatras），等等。他建议船员们采用古希腊用于形容一条蛇盘起来的形状的词汇"cyclone"来描述旋风。他的这种观点广受欢迎。而在美国，关于风暴的论战似乎还没有要结束的意思：埃斯皮和雷德菲尔德仍在科学类出版物上互相攻讦。同时，一个更为强悍的论战者罗伯特·海尔（Robert Hare）带着他关于电力的观点，也加入了论战。

在论战之外，人们也在开展着更多活动。1841年，英国科学促进协会在基尤（Kew）① 成立了气象观测台。在弗朗西斯·罗纳尔兹（Francis Ronalds）的指挥下，基尤观测台与格林尼治天文台一样勤勉，利用风筝和电气设备，积极收集着各种大气数据。1849年，威廉·里德在对原来的手册进行了更新的基础上，出版了一本名为《风暴规律发展进程》（*Progress on the Law of Storms*）的著作。同一年，美国的埃斯皮也终于得到了尝试造雨的机会。他在美国弗吉尼亚州的费尔法克斯县开展试验，在12英亩（约4.86公顷）的松树林中放火，等待雨的形成。然而，雨水迟迟未来。此后报纸基本不再报道埃斯皮造雨的事，但他私下里把这次失败归因于受到干扰因素的影响。

与此同时，另一个科学计划在美国处于紧锣密鼓的筹备当中。1846年8月，当一场雹暴袭击伦敦后，美国总统安德鲁·杰克逊也在华盛顿特区成立了史密森尼学会（Smithsonian Institution）。该学会是一个新设立的"旨在普及和提升全民知识水平"的机构，是由英国的一位慈善家遗赠的约50万美元建立的。美国的科学明星约瑟夫·亨利被任命为该学会的首任秘书，不久之后，亨利宣布了该学会的首个主题项目——史密森尼气象计划。这是一个颇具雄心壮志的计划。在罗密士和埃斯皮的建议下，亨利制定了一个规模空前的天气观测网络计划。学会为该项目安排了1000美元的活动资金，很快，各种观测结果通过各州的电报线纷纷传送过来。这些数据十分丰富，可以供研究人员绘制成每日的天气图，在该学会的大厅里进行展示。人们纷纷赶过来欣赏这种新奇的天气图。

---

① 英国皇家植物园的一部分。

气象学终于走向了兴盛，它不再是稀奇古怪的玩意儿。而它当前所面临的最大问题，则是如何将松散的气象工作整合起来。英国皇家学会非常规性的气象学分会无法再满足现实的需求，此前有关人士试图建立气象学会的努力，包括托马斯·福斯特在1823年的尝试，最终都以失败告终。1850年4月，这一突出问题终于得到了解决。在这一年，格莱舍在白金汉郡参加了一场由气象学家们召开的会议。这次会议持续了3天，最终决定成立英国气象学会。学会成立的宣言很快就传遍了各大报社，5月7日，该学会的第一次大会召开。该学会在《杰克逊牛津期刊》（*Jackson's Oxford Journal*）上宣布："凡是有志于推动科学进步的人士，只要给布莱克西斯的格莱舍先生写信表达加入的意愿，便可以成为本学会的会员。"[33]格莱舍本人并没有出任该学会的主席，他把主席的职位让给了皇家天文学会的成员塞缪尔·惠特布莱德（Samuel Whitbread）。他自己则担任学会秘书。格莱舍担任这一职务再合适不过了：他可以在学会工作的具体细节上进行把关。

格莱舍的名声不再局限于英国。当约瑟夫·亨利想要获得有关英国气象资料收集习惯的资料时，他选择写信给格莱舍本人。格莱舍感到受宠若惊。他当天便给出了热情的回复。他详细描述了自己近年来在相关方面取得的成功，并给亨利转发了一些数据采集框架表格，并附言道：

> 您将在我的回信中看到一个新学会的地址，该学会是由我本人及若干绅士们一起组建的……目前该学会正在召开年度大会，期间本人收到您的来函，感到十分荣幸。学会决定将本人亲自绘制的观测数据收集表附呈给您，并希

望在将来能够与史密森尼学会实现长远的合作。[34]

在1851年的整个春天，伦敦人都在盼望5月的到来。伦敦在每年5月都会举办庆典活动，而这一年显得尤其不同：早在1849年，英国政府就决定在海德公园建造一座名为水晶宫的大型展览建筑，并定于1851年在这里召开一次浩大的万国工业博览会。当这一天逐渐临近时，很多人聚集在伦敦翘首以盼。《伦敦新闻画报》对这一盛况进行了描述：

> 在这个令人难忘的"五月天"的早晨，阳光明媚，碧空如洗，空气清新而温和，一切都像诗歌中所描绘的那样美好。成千上万的人早已聚集到伦敦，期待这次盛会的召开。早晨6点钟，公园大门按照预定时间开放，身着盛装的人们乘着马车从四面八方赶来，鱼贯而入，街道上的人群组成盛大的游行方阵，朝着展览现场走来。[35]

工业展厅被设置在海德公园的南部沿线，是由巨大的玻璃墙体和钢铁柱子建造的。一名记者写道，巍峨耸立的水晶宫仿佛是"世界各地人们所取得的进步的一座丰碑"。在水晶宫的内部是迷宫一样的林荫街道，等着那些"腰缠万贯的富人和想赚钱的贵人去探索"。街道上陈列着各种雕塑、珠宝、美术品、蒸汽机、照相设备、乐器以及人们所能想到的各种东西。人类的天才创造力从未得到如此集中的展现。伊拉斯谟·达尔文和理查德·洛弗尔·埃奇沃思之前经常喜欢在热闹的集市上闲逛，饶有兴致地查看像雨伞一样撑起的帐篷，对能够让婴儿快速安静入睡的摇床赞不绝口。

拥有出色组织能力的威廉·里德以执行委员会主席的身份出席了水晶宫的这场盛会。格莱舍也在现场，担任科学仪器展区的报告人。他昂首阔步地走在会展街道上，以惯有的严格态度检查着每件展品——最后认为只有少数展品能够达到所需标准。8月8日，格莱舍自己也将在展会上一显身手，向公众展示英国首份根据电报采集数据绘制的日常天气图。参观者可以直观地看到全国的天气状况：这也是有史以来的第一次。格莱舍的这种尝试逐渐改变了人们对天气的理解方式。

　　格莱舍的展品给阿尔伯特亲王留下了深刻印象，他要求格莱舍在第二年做一次专题演讲。格莱舍在演讲的开头说道："多年以来，我一直在气象学界呼吁，并且始终坚信，气象学要想成为一门科学，首先要做的就是建立一个广泛的、通用的同步观测体系。"[36]这可谓真知灼见。

第 8 章

伟大征程
Beginnings

1852年年初，身处伦敦西部某条街上的罗伯特·菲茨罗伊正值人生的巅峰时期。他浑身上下无处不彰显着维多利亚时代绅士的风格。尽管人到中年，但他深栗的发色未曾斑驳，容光焕发，精力充沛不亚于年轻人。他对时尚的品位也多年如一日，长长的双排扣深色大衣、背心和领带一丝不苟。去年夏天他当选为英国皇家学会——"科学研究的杰出导航"——会员，不久之前刚被提拔为海军上将的蒲福在他的提名表上签了字。[1]之后菲茨罗伊在社交领域也打了一场大胜仗，成功跳过雅典娜神殿俱乐部长达16年的等待名单，顺利当选（无需投票）为俱乐部会员。作为一名声名显赫的绅士，菲茨罗伊在社交场合上的每次亮相都是报纸的追逐对象。尽管他和太太玛丽、4个孩子还有3名仆人住在伦敦西部郊区，但他的社交活动仍然十分频繁。声名远扬，备受推崇，人脉宽广，身体健康，菲茨罗伊俨然处于人生的巅峰。然而，人生总有不如意之处。

1852年3月15日星期一，菲茨罗伊伏案在纸上写下了这样的标题：《私人且机密：菲茨罗伊个人履历、服役经历、健康状况以及为未来职务所作准备之备忘录》，热烈张扬的个人风格一览无遗。[2]

接下来他用洋洋洒洒千余字总结了他的职业生涯。简洁明了的段落勾勒出各个阶段的经历，提纲挈领式地历数所有重要成绩：获得首枚勋章、晋升"忒提斯号"(Thetis)护卫舰上尉，担任"小猎犬号"船长，荣获英国皇家地理学会金质奖章和当选议会议员。

接下来的事情就不那么容易写了。

被精神病折磨的菲茨罗伊

1843年4月，斯坦利勋爵建议时任船长的菲茨罗伊出任新西兰总督。尽管相隔万里且薪水菲薄，菲茨罗伊仍认为他有义务承担起这项艰巨的任务。他放弃了议会席位和其他工作（尽管只要他人在英格兰就能永久保有这些职位），携全家搭乘商船远赴新西兰。

菲茨罗伊的到来招致当时权倾一方的新西兰公司（New Zealand Company）的极大不满，后者最终导致他于1846年被召回。

平实准确的叙述将那段痛苦的记忆赤裸裸地呈现出来。台面下的暗流涌动并不难觉察：接受斯坦利勋爵的提议就意味着放弃家中安逸的生活。这一系列事件中扭曲感渗透了这份备忘录的字里行间。这份文件乍看之下平淡无奇，仔细琢磨却是意味深长。菲茨罗伊写这份稿件的目的是什么？为什么像他这样一位知名人士会被要求写一份简历？在150年后的今天读这份稿件，你只会感受到一颗想要确认自我价值的心。尽管使用第三人称是那个时代的普遍做法，却同样耐人寻味。这能让他保持客观吗？这是一种应对棘手问题的手段吗？

菲茨罗伊的苦恼不难理解。曾经的他生活优渥，完全能够在某个郡买一栋、建一栋或养一栋漂亮的房子，社交场上的大手大脚也丝毫不会受到影响。然而，到了1852年，他却不得不面临万贯家财即将散尽的窘境。菲茨罗伊并非浮夸之徒，他的大部分资产都是在担任公职期间花出去的：远赴新西兰或者在"小猎犬号"航行期间新购置辅助船只。菲茨罗伊对政府提倡的"位高则任重"（noblesse oblige）这一贵族精神坚信不疑，他的失败也正源于此。

对政府补偿满怀期望的他最终于1834年10月意识到自己一分钱都拿不到，现实把一切狠狠打碎。菲茨罗伊的经济状况和精神状态在这场突如其来的打击之下遭受重创，他也由此一蹶不振。他把自己锁在阁楼里写辞职信。数日以来，他不停地向"小猎犬号"上的随船医生倾诉，要步他舅舅卡斯尔雷勋爵的后尘，用小刀割喉自杀。几天之后他才恢复过来，和手下进行正常对话。很快，他回到甲板上属于他的那个位置，用达尔文在一封信中的话说，展示了"他冷静下来后的毫不变通"。[3]

但这个插曲并未被遗忘。当卡斯尔雷勋爵以异常激烈的方式高调自杀的时候，17岁的菲茨罗伊还只是海军学校的一名学生。从此之后，菲茨罗伊的生活就笼罩在恐惧的阴影之下。他的人生观全都建立在家门声望之上。他的立足之所、人际关系、意见看法以及优雅自持全都来自他的家庭出身。

祖上的那些国王、爵士、总督等重量级人物让他的家族谱系熠熠生辉，成就自身的动力、超乎寻常的智力和天赋也正是家族的代代传承。可是依照这个逻辑，他也难逃卡斯尔雷勋爵那种病态癫狂。菲茨罗伊对雪莱的著名诗歌《暴政的假面游行》(*The Mask of Anarchy*)肯定不会陌生。诗中第二节这样写道：

> 我在路上与杀戮不期而遇，
>
> 他蒙着与卡斯尔雷一样的面具；
>
> 外表看似和蔼，实则凶残不类，
>
> 七条警犬身在其后紧随。

菲茨罗伊不论外貌还是性格酷都似他的舅舅，这一点经常被提及。对于菲茨罗伊而言，这种对比无疑令他坐立难安。继承这种不稳定精神状态的可能性一直在他心头挥之不去，聪明才智之下潜藏着的是躁动不安的心魔。

这几年以来，心魔再一次滋长起来。败走新西兰让他的政治幻想彻底破灭，菲茨罗伊又重新回到皇家海军。从执掌"小猎犬号"的时候起他就颇受尊重，并很快就被委任为伍利奇造船厂的负责人。还没干多久，他又被调任为"傲慢者号"（Arrogant）战舰的舰长。"傲慢者号"这个庞然大物与"小猎犬号"截然不同。作为一艘混合动力船，"傲慢者号"同时配备了人工驱动的螺旋桨和传统的桅杆风帆。菲茨罗伊很喜欢这种创新，他干劲十足地把相关设备都配置起来。在船长菲茨罗伊的细心呵护下，"傲慢者号"的首航向葡萄牙里斯本进发了。与麦哲伦海峡相比，这简直是小菜一碟——就像一缕清风穿过比斯开湾，但这意味着把妻子玛丽和孩子们留在伦敦。几年前达尔文就曾与他说过："听说你要搭船出海，我很惊讶，试想一下，离开家人是种多么大的牺牲啊。不过你从来都不是个容易屈服的人。"[4]

达尔文预料得没错。菲茨罗伊在他的备忘录中详细记录了接下来的事情：

> 1850年2月，菲茨罗伊舰长把"傲慢者号"的手续全都办妥了。精疲力竭的他不得不向家庭事务低头，随之而来的疲劳、焦虑让他在相当一段时间内心力交瘁。
>
> 他在里斯本与马丁准将交谈后不再担任舰长一职，腾出时间来照顾家庭，休养身体。换了环境并休息了一个星期之后，他完全变了个人。在英格兰停留数月，把

一直掣肘的问题安排妥当，就能完全恢复健康。他的前半生一直重复着这个过程，而且效果还相当不错。

菲茨罗伊笔下这段不太美好的记忆变得生动了许多，但是他的话只讲了一半。他在里斯本收到了妻子玛丽的来信，信中对于经济困窘的种种抱怨让他的精神问题再一次爆发，这次他陷入了进退两难的境地。作为一名海军军官，服役观念已经深入骨髓，他深知放弃舰长一职就等于为自己的军旅生涯画上句号。想要取代他的人都排成了长队，每个人都能力出众，随时可以到位。

他在备忘录中小心翼翼地避开了真相，丝毫没有提及他在"小猎犬号"上的那次崩溃，费尽心思想要把里斯本事件描绘成一次意外。但是这种看法是无所遁形的。著名航海家菲茨罗伊，曾经战胜过世界上最危险的海域，却无法掌控自己的情绪？

他的朋友们一直以来都对他的精神问题深感忧虑。早在"小猎犬号"时期，达尔文就注意到了菲茨罗伊古怪的行径，他在给家里妹妹的信中这样写道："我从没遇到过这样的人，我会去猜想他更像拿破仑还是霍雷肖·纳尔逊。"[5]达尔文后来越来越适应菲茨罗伊这种"最不合时宜的性格"了，也学会了在每天早晨菲茨罗伊脾气最坏的时候避开他。达尔文发现与菲茨罗伊保持密切关系会让人非常焦虑。在彰显个人魅力、启发灵感的同时，菲茨罗伊也同样可能会吓坏旁人。这就像是把一头狮子锁在伦敦的一栋房子里，你不知道他什么时候会咆哮怒吼。"小猎犬号"旅程结束后他们回到了英格兰，在达尔文出版《"小猎犬号"航海记》期间，他们之间爆发了最严重的一次冲突。菲茨罗伊认为达尔文在书中并没有充分体现船员们的贡献和功绩，他在一次拜访中对达尔文大发雷霆。达尔文后来这样反思道："我从没停止过揣测他是怎样的一个人，浑身上下都是优点，但他的臭脾气毁了一切——他脑子里肯定有地方坏掉了，要不然没法解释他看待事物的方式。"[6]

达尔文认为这种脾气是菲茨罗伊魅力四射的性格的一大败笔，了解菲茨罗伊的人都对这种矛盾深以为然。他的手下因为他的"高涨热情、充沛精力和无私奉献"而崇拜他。他们"感触最深的就是当全船上下安危都系于菲茨罗伊一身时，他应对各种困难局面所展现出的超乎寻常的勇气和超高的航海技术"。但就是这么一个经历了大风大浪的人，却也会被一点小事轻易击垮。达尔文眼中的菲茨罗伊是一个矛盾的集合体：天赋卓然、掌控欲强、充满悲剧色彩。从优秀学生到备受尊敬的舰长，从著名航海家到冉冉升起的政治新星，这一路菲茨罗伊整整走了20年。然而，当46岁的他希冀着事业再创新高的时候，他却失业了，未来也陷入一片混沌。他在备忘录的结尾这样写道：

> 菲茨罗伊舰长现在非常健康，随时可以投入到任何工作当中。他现年46岁，会说法语、意大利语和西班牙语，还曾学过拉丁语和希腊语（作为死语言[①]），以及多种科学和专业科目。

屋漏偏逢连夜雨。在纸上奋笔疾书的菲茨罗伊还不清楚妻子玛丽的健康正每况愈下。16年来她一直是他的精神支柱，但是现

---

① 指一种已经不再有人以之作为母语的语言。

在快撑不住了。菲茨罗伊在1852年3月给妹妹的信中写道，玛丽感冒了。他进一步解释，"心脏左侧和后背疼痛难忍。她并没有任何好转迹象，4月初的时候显然已经时日无多了"。

《纪事晨报》刊登了玛丽去世的讣告。"罗伯特·菲茨罗伊舰长的爱妻玛丽于4月5日星期一在诺兰广场去世。"众多亲友送行，包括阿伯丁郡法斯克的格拉斯顿从男爵继承者的托马斯·格拉斯顿爵士①。格拉斯顿安慰了菲茨罗伊，并把《遭丧之家》(*The House of Mourning*) 这本书送给他。菲茨罗伊于一周后回信，这是他一生所有书信中最为感人的：

> 我悲痛欲绝，但依然心怀希望。我挚爱的妻子一直以来都是虔诚的基督徒。我知道她现在获得了安宁和永远的幸福；我也确信，如果我全心全意追随她已沐上帝恩泽的脚步，认真工作，自我救赎，我终将与她重聚。她的灵魂走了多远我们可能无从知晓，但创造一切的上帝无所不能，我们在神迷的电气时代游荡，这只是全能上帝无限创造中的沧海一粟，却已经超出了我们的理解范畴。
>
> 我逝去的妻子对上帝的依赖始终如一。她对圣言的理解远远超过了许多圣人，她对真理、基督教纯洁性的坚持就是她崇敬上帝的明证。

---

① 即第7章提及德约翰·格拉斯顿的长子，四度出任英国首相的威廉·格拉斯顿的哥哥。本文作者之所以提及爵位继承，是因为老约翰是在1851年12月去世的。

菲茨罗伊在给格拉斯顿的信中写道，玛丽在去年秋天就知道自己的病情了，但她没有声张。从今年2月份起，在菲茨罗伊不知情的情况下，她给孩子们相继写下了"来自天国"的"动人书信"。知道这一切的只有家中的女仆。在信件末尾，菲茨罗伊写下了这样的愿望：

> 愿上帝保佑她的善举能够泽被她的丈夫、子女，保佑她挚爱的家人一个不少地全部在天国重聚。[7]

这封直抵人心、情深义重的书信写于玛丽去世9天后。面对着聪明才智、社会地位与自己同属一个层级的格拉斯顿，菲茨罗伊吐露了真实心声。他发现玛丽一直隐藏病情时十分震惊，而这种隐藏却恰恰是她高尚品格、善良本性和对宗教虔诚的最有力的证据。她没有去看医生，即使是在死亡面前，她最牵挂的依然是菲茨罗伊的事业和孩子们。这是最无私、最高尚的奉献。信件的最后一段将这一点展现得淋漓尽致。菲茨罗伊的希望是如此谦卑，"她挚爱的家人一个不少地全部在天国重聚"，以至于他认为他需要为这样的直言不讳道歉。

菲茨罗伊的生活笼罩在黑暗之中。几个月过去了，他现在是一个鳏夫，要照料4个孩子，暂时无暇顾及他的事业。蒲福邀请他担任一个潮汐调查任务的负责人，但他拒绝了。直到一年之后，他才重新出山，担任英国陆军总司令兼印度总督哈丁勋爵（Lord Hardinge）的首席私人秘书。对于才华横溢如菲茨罗伊这样的人而言，这一职务的官僚气息令人窒息。更进一步来说，这个职位本身就是家族裙带关系依然坚挺的证明——哈丁是菲茨罗伊的舅舅——而他这番安排也并非出于对菲茨罗伊能力的肯定。

然而，无论如何这是一份像样的工作。菲茨罗伊负责哈丁的日程，就像是更加体面的鲍勃·克拉特基特（Bob Cratchit）[①]。在1854年年初的会面后，达尔文这样写道："我见菲茨罗伊的时间已经很晚了，他看上去状态很好，对我非常热情。可怜的兄弟，除了他的那些倒霉事，我担心他的经济状况很糟糕，至少他没再请管家了。"[8]达尔文的见地总是一针见血，但菲茨罗伊还不至于挨饿。之后，他和他的表妹玛利亚·伊莎贝尔·史密斯结婚，家里总算安定了下来。很难说这种结合是出于各取所需的实际安排还是真爱，但这场婚姻的确帮他理顺了家庭问题。现在，菲茨罗伊终于可以集中精力，去找一份更加刺激的工作了。有些事情是命中注定的，也很快就发生了。

马修·莫里：绘制全球风图

1853年夏末，布鲁塞尔召开一次海事会议。会议组织者是美国陆军中尉马修·莫里（Matthew Maury），他为这场会议的成功召开已经筹划了相当一段时间。莫里不是那种能够容忍忽视和冷落的人。会议召开前，他已经用他的计划对欧洲各国政府开展了为期数月的"轰炸"。作为一名一流的主办者，莫里在过去10年里一直是美国新型实用气象学的率先应用者；现在他想拓展这一系统，

---

① 狄更斯的作品《圣诞颂歌》的主人公。

需要有关方面的帮助。他的工作内容是建立在良好记录的基础之上，同时涉及风图有关内容。尽管他一直在华盛顿特区的办公室里埋头工作，但他此前就已经注意到航海日记作为宝贵的数据来源一直被无视。浩如烟海的海风和洋流资料被遗忘在众多的分类架和办公室中，现在他着手开展整理工作，看看是否能够挖掘出它们更大的意义和用处。这与蒲福在40年前尚未遇到埃奇沃思时的观点不谋而合。

莫里的风图在美国名声大噪。这些图表显示了大洋各个区域在每个月份中的典型风速和风力强度，这对于航海家来说可谓是重大突破。多年来，水手们一直都是简简单单地沿着直线驶向目的地。莫里的风图揭示了这种方法的愚蠢之处：旅行者在从曼彻斯特去往谢菲尔德的陆路途中为了避免上山下山，肯定会绕过奔宁山脉（Pennines）；同理可证，水手从里约热内卢驶往蒙得维的亚时也可以避开莫里在图中已经标注出的有逆风或者没有风（更糟糕的情况）的区域。多年以来，水手们不得不依赖经验，用他们的话说就是导航全凭瞎猜或上帝（Guess or God）。然而峰回路转，有了莫里的风图，他们就能够根据航行时间合理规划线路，就像是陆地上的旅行者拿到了英国地形测量局发布的地图一样。风图成效非常显著，航行次数大幅削减，利润却急剧飙升。这等美事注定会引起欧洲各国的极大兴趣，莫里本人也在极力推广自己的工作成果。壮志满怀的他意识到未来的成功有赖于收集更多船只的数据，为此，他已经游说了基督教世界的各个沿海国家。他指出，让这些宝贵数据分散在各个角落的这种做法必须马上纠正；现在正是我们将它们汇总起来好好利用的大好时机。

在1853年8月至9月的会议中，莫里的计划得到了进一步充实。英国、法国、比利时、丹麦、荷兰、挪威、葡萄牙、俄罗斯、瑞典和美国等10国参加了会议。英国代表是年迈的海军舰长弗雷德里克·比奇和英国地形测量局局长亨利·詹姆斯。不愿听美国佬在那里指手划脚,英国政府指示二人不作出任何承诺。就像是一场外交演练一样,莫里积极推动的热情终于得到了回报。全部10名参会者达成了一项极为简略的会议纪要:"配合商船,不论国别"。[9]在每天的固定时间,舰长们落座后,浏览气压、气温、风力和风向等数据。比奇和亨利心满意足地在会议结束后离开了,然后向白厅海军部汇报,需要有人来承担这项新工作。按照惯例,英国皇家学会下属的一个委员会按照要求起草了一份报告,并向多名人士征求意见,包括负责水文局的蒲福和皇家天文学家乔治·艾里爵士。他们两人是负责该项任务的两大热门人选。

将莫里的计划分派到相应部门并没那么容易。蒲福的水文局毫无疑问负责一切与海洋有关的事务,但是当时水文局已经是超负荷运转了。在格林尼治天文台工作的艾里也面临同样的问题。而将这项任务分包给诸如英国皇家学会、英国科学促进协会或气象学会意味着政府放弃了相应的管理权限。当詹姆斯向艾里征求意见时,艾里是一如既往的直言不讳:"考虑到对大量的气象观测数据进行提炼并加以推演,我认为这对于政府部门来说完全是无关紧要的,所涉及的工作与任何政府机构都不相同……唯一关键的就是人选。"在这个核心问题上,他又补充道:"就我个人而言,接手此项任务倒是可以,在某些情况下我可能还会对此感到很高兴,但是这将需要对一些当前无法解决的问题进行妥善的安排。"[10]

菲茨罗伊也对詹姆斯和比奇进行了回复。如果说艾里的回复缺乏自信,那么菲茨罗伊的回信则洋溢着热情。他于1853年11月

5日写下的回信草稿如今保存在国家档案馆中。信中满是被划掉的语句、加了下划线的词语和胡乱涂写的注意事项。菲茨罗伊认为海军军官可能会是合适人选，但是担心其受教育程度不够高。他认为，合适的候选人需要掌握多项技能，并拥有丰富的经验。他必须掌握"许多领域的知识，比如潮汐、洋流、风、气温、磁力、电以及大气"，（这）需要把上述每个领域的专家——阿拉果、休厄尔、伦内尔、里德、萨宾、法拉第和赫歇尔等人融为一体。[11]

菲茨罗伊信马由缰的内容随之一变："你可以选择一名充满热情、值得信赖的官员。他需要能够为这项工作全身心地奋斗数年，实现你想象中的伟大目标。"找准主题后，菲茨罗伊的笔下流畅了许多："这位官员必须把这项费时费力的工作稳步推进下去……相比海军上尉或其他军官，他应具备更丰富的经验，更善于为他人着想。"你能感受到菲茨罗伊越写越激动了。

> 应当选择经验十分丰富的舰长……对这项任务非常积极，且住在伦敦市或附近，能够在白天收集材料，晚上进行加工处理。他能够独立工作，在需要的时候聘请自己的办公助手，条件是他有丰厚的薪水，而他也可因此放弃其他待遇良好的工作。[12]

尽管菲茨罗伊提供了一些参考人选，然而显然他的心目中真正适合这份工作的人只有一个，那就是他自己。

事实上，菲茨罗伊看起来无比适合这个还不太明确的新岗位。他在"小猎犬号"上的种种经历是任何其他不谙航海的人难以比拟的。他登上过合恩岛，追逐过喧嚣的比斯开湾上的海风，还绘制过麦哲伦海峡的地图。他对天气的熟稔程度几乎无人可比。数年之后，牛津大学的罗威尔先生很夸张地讲述了他的一次见闻：他看到一辆轮子很大的四轮马车被一阵狂风从路上卷起，扔到树篱的另一边。这个故事传到菲茨罗伊那里时，后者淡定地回应："我知道这些事情。我还知道风能把船卷到半空，然后撕成碎片。"[13]

菲茨罗伊不仅实践经验丰富，而且具有深厚的科研背景。他在科学仪器上的天赋，以及对精确的不懈追求早已显露出来。1853年冬季，他的朋友蒲福为他到处奔走，不断游说。时间不断推移，下议院对候选人进行了讨论，"菲茨罗伊就算不是完美人选，那也是最佳人选"这一事实已经越来越明确了。他熟悉政府系统，了解大大小小的港口，备受水手们尊敬。等到1854年春季，所有人一致同意，应由菲茨罗伊承担此项工作。

然而，政府首先要找到资金来源。最后，海军部划拨了3200英镑。这带来了下议院历史上一次著名的发言。发言人是新当选为爱尔兰卡洛郡（Carlow）代表的约翰·鲍尔（John Ball），他也是一名科学爱好者。他起身发言，表达对这一新设机构的希望。

> 我坚信在未来，票数会越来越多；因为近年来，没有哪个科学部门的发展速度超过了气象学。我希望能够把陆上、海上由不同人士完成的观测数据都收集起来。如果能够做到这一点，我预测几年之后，尽管我们国家的天气变化多端，我们也能预测到这座大都市①明天的天

---

① 指伦敦。

气情况。

（被一片笑声打断，但随后鲍尔继续发言）

科学在现代已经实现了很多比这个更令人惊奇的成就。因此，我的预测并非像某些上议院的绅士老爷们所想的那样荒谬不堪。[14]

鲍尔的同僚们笑出来并不奇怪。这个部门的成立并不是为了预报天气，否则就是一件天大的蠢事了。这是一个专门负责绘制地图的部门，旨在降低航行成本。伦敦的大臣们已经注意到了莫里在美国取得的巨大成功。每年支出减少25万到50万英镑无疑蕴藏着巨大的吸引力，而这也正是菲茨罗伊得到委任的原因所在。

勒维耶：全球首创风暴预警系统

英吉利海峡的另一侧正酝酿着更大规模的计划。布鲁塞尔的会议结束后，荷兰委派数学教授白贝罗（C. D. H. Buys Ballot）在乌得勒支成立荷兰皇家气象研究所（Royal Meteorological Institute）。1854年该研究所成立后，很快就绘制了多幅气象地图。更具前瞻性的是法国巴黎天文台新任负责人奥本·勒维耶。勒维耶在1846年发现了海王星，由此声名鹊起；拿破仑三世特命他接替阿拉果的职位。阿拉果在布鲁塞尔会议结束一个月后就去世了。独断专行、脾气暴躁、野心勃勃的勒维耶将之看作是让巴黎天文台焕然一新、让法国这个"彰显着突出科学精神"的国家再拾荣光的大好时机。[15]

气象是勒维耶重点关注的领域之一。他意识到英美已经走到了法国的前面，约瑟夫·亨利在史密森尼学会仍在不断创新。1854年，勒维耶发布了他的"伟大倡议"。他制定了一个框架：天文台将配置更好的仪器，每天发布天气情况记录；同时他还会建立一个电报网，每天把各省数据报送至天文台。"通过加入电报线的连接，"他表示，"进行气象观测的不同气象站，实时掌握不断扩大的风暴的方向和风速将变为可能；因此可以在沿海强风，特别是那些危害巨大的飓风登陆前，提前数小时发布预警。"[16]

这至少暗示了法国的一项全新政策。不到10年之前，阿拉果还毫不留情地写道："那些正直且爱惜羽毛的饱学之士，绝不敢去预报天气，不论科学发展到什么地步。"[17]而刚担任巴黎天文台负责人才几个月的勒维耶，恰恰就在大力推动这项事业。法国的风暴预警系统是全球首创，勒维耶的丰功伟绩上又添了浓墨重彩的一笔。

勒维耶的建议中涉及的技术远远超越了阿拉果在1846年的设想。在勒维耶就任的时代，欧洲已经具备了像蜘蛛网一样密集的电报线路。其中英国最为发达，90%以上的人口方圆10英里内都设有发报站。法国、比利时和意大利紧随其后，积极进行相关基础设施的建设。查尔斯·狄更斯于1854年在欧洲大陆上徒步旅行，他在家书中写道："出门在外的时候，几乎没有什么能比电报更吸引我的注意，它就像一道阳光，穿透了罗马竞技场那尘封已久的冷酷之心。在阿尔卑斯山巅，周围是经年不化的冰雪，电线杆在山间大风中依然屹立不倒。在我们横跨英吉利海峡时，海底深处的线路也毫无怨言。"[18]英吉利海峡的这条海底电报线路开设于1850

年，电报线长30英里，"直径0.1英寸，外面包裹着杜仲胶①，差不多小指粗细"。[19]线路铺设在英吉利海峡底部，一端连着英国多佛，一端连着法国格里内角，这意味着伦敦的信息仅需数秒就能传递到巴黎、柏林或米兰。

菲茨罗伊将密切关注他的法国对手勒维耶的动向。然而，当他于1854年8月1日正式就任时，显然英国对于风暴预警并不太感冒。他的职务是贸易委员会气象局气象统计专家，冗长拗口的职务名称和"小猎犬号"上的饼干一样枯燥乏味。一年后，艾里在给詹姆斯的信中这样写道，"全世界没有哪个科学学科像气象学一样，有着难计其数的等待加工的事实材料"，而菲茨罗伊的任务就是化无序为有序。[20]凭借着600英镑的薪水，菲茨罗伊在年底招募到了3名助手，分别是制图员帕特里克森、文员巴宾顿和汤申德。最初，这3个人并没有固定的办公场所，他们暂时在摄政街15号里开展工作。第二年春天，他们终于在议会街2号安定下来，这里距离威斯敏斯特宫只有几分钟的路程。一切就绪，菲茨罗伊的工作重新进入轨道。

而在议会街不远处的白厅，蒲福即将卸去在水文局的职务：一个属于工业与扩张的时代，一个充盈着智慧与远见的时代。在26年的时间里，蒲福强烈的好奇心在世界发展进程中留下了深刻的影响。仅从数字上看，蒲福的成果令人惊叹：1437幅地图，100余次各项调查。他的双脚丈量过英国每一寸海岸线，新西兰、澳大利亚、希腊和阿根廷等万里之外的海岸线也留下了他的足迹。他

---

① 天然橡胶之一，产自属于杜仲科的杜仲树，是中国的特产。

的每项工作都渗透着对细节的关注：最初的命令、往来通讯、情况汇报、地图绘制以及最终发布。政府内部对于蒲福的工作和学识给予了同等的高度认可。多年以来，他就像是19世纪的维基百科，人们触手可及的活百科。阿尔伯特亲王想要在怀特岛上为新宫殿选址时（即后来的奥斯本宫），他会写信咨询蒲福的意见。拉格比公学的校长想要查看突尼斯海湾的地形时，他会写信向蒲福求助。艾里想要绘制阿加索克利斯（Agathocles）[①] 在三次布匿战争[②] 的路线时，他会写信向蒲福咨询。蒲福好像无所不知。有一次，蒲福与家人在海德公园散步时恰好遇到了达尔文，后者"向他们讲述了一些关于大黄蜂的有趣情况"。

土耳其的经历给蒲福的腿上留下了一道深深的伤痕，西班牙则在他的胸口留下了霰弹枪的弹片：蒲福是从战争年代走出来的人形遗产。甚至有人怀疑他在书桌前犯过心脏病，但之后他还是自己走回家了。然而，岁月不饶人，他的听力每况愈下，频繁的背部痉挛也让他吃尽苦头。1854年5月27日，蒲福度过了他的80岁生日。同年3月他提交了辞职申请，但未获得通过——当时英国与俄罗斯帝国正在克里米亚战争[③] 中交战，蒲福被认为是不可或缺的。他在这一年继续担任原有职务，因此与他的好友，也是备受他提携的菲茨罗伊有着一段短暂的共事时光。看到菲茨罗伊的天

---

① 公元前361～前289年西西里岛叙拉古的暴君，后自立为西西里王。
② 布匿战争是公元前264～前146年古罗马和古迦太基两个奴隶制国家之间为争夺地中海西部统治权而进行的著名战争。
③ 1853年10月20日因争夺巴尔干半岛的控制权而在欧洲大陆爆发的一场战争，奥斯曼帝国、英国、法国、撒丁王国等先后向俄罗斯帝国宣战，战争一直持续到1856年才结束。

赋能够转化为切实的成果，蒲福想必非常欣慰。然而，蒲福比任何人都清楚前路艰难。蒲福多年来都在抱怨那些死板僵硬的政客削减了 50% 的部门预算。1851 年，得知预算又被削减了之后，他这样写道："我不会一遍又一遍地重复那些已经说得明明白白的事情，不论是关于开展调查或船货损失给国家造成的负担，这是对你们的时间不负责任；我恳请你们，把你们想要节省的小数目与由此可能带来的巨大不幸放到一起考虑。"这是菲茨罗伊要独自面对的现实。蒲福的名言是"人类的天性是低估所有他们不理解的事物"，这一点菲茨罗伊肯定感同身受。

1854 年的圣诞前夜过得五光十色，《曼彻斯特卫报》(*Manchester Guardian*) 这样写道：

> 不论是迷信的年迈者，还是充满幻想的年轻人，都会见证这一年最后一个日落：五彩斑斓的火烧云、流金溢彩的夕阳斜照，绚丽的彩虹掩映其中，西方遥远的地平线上还点缀着一痕清绮水色。傍晚褪去，清朗的月光照耀着大地。伴随着月色清辉，悠远的钟声宣告着 1855 年的到来，以及黑云压顶、风暴骤起的新年清晨。冥冥之中，这仿佛是大自然对于当下和未来不幸事件的神秘暗示。[21]

这是一个充满了起点与终点的时代，圈子在闭合，企业在兴起。1855 年 1 月，菲茨罗伊去议会街 2 号的办公室上班的同时，蒲福正在给他遍布全球的调查人员书写最后一份公报，让他们向他的继任者约翰·华盛顿 (John Washington) 汇报。最后一批信件于

1月30日送出，最后一批地图也绘制完毕，最后一批计划也顺利完成。蒲福离开他的办公室，关好门，"颇为失落"地走出白厅。大步流星地在街道上飞奔已成为过去，现在的他只能在雪地上慢慢地走过。雪已经下了两个星期，伦敦又变成了银装素裹的童话梦境。蒲福在街上一寸一寸地向前挪动，他小小的身影慢慢消失在漫天雪花中，几乎没人会意识到他是多么伟大的一个人。

格莱舍：雪晶的隐秘世界

这场雪从1月13日就开始下了，一开始不大，但是后来越下越大。现在英国人已经从雪中衍生出了很多文学作品。查尔斯·狄更斯在他的《圣诞颂歌》提到了冬季出没在伦敦的小精灵，《伦敦新闻画报》借助其圣诞节专刊，将之进一步提炼为白色圣诞节的概念。维多利亚时代的绅士们在鹅卵石的地面上连连打滑，穷人家的男孩子们隔着街道互扔雪球：冻得通红的鼻子，沾满雪水的双手。满是冰雪的街道与暖意融融的客厅形成了鲜明的对比。极具说服力的描述将公私之间的天壤之别显现出来。但是，相比维多利亚时代的其他寒冬，1855年的冬季还带来了额外的影响。极低的温度持续了数天之久，达尔文估计他花园中的鸟有80%都被冻死了。雪在路面上久积不化。在詹姆斯·格莱舍的眼中，这样的夜晚非常迷人。晶莹剔透的雪花并没有像在暴风雪中那样狂飞乱舞，而是一阵一阵地，从寒冷而清澈的夜空落入凡尘。"在我的记忆中，从没有哪场雪像这场这样，怎么看都像是刚下完一样，没有尽头。"[22]

然而，尽管艾里对布鲁塞尔会议颇有微词，格莱舍仍然很可能将接手菲茨罗伊的工作：他是英国最著名，也很可能是最有能力的气象学家。然而，1855年初，他的工作量急剧加大，即使能干如他，处理起来也颇为吃力。除了格林尼治天文台，他同时还要协调大量其他工作，包括义务为英国气象学会的《年鉴》收集数据等。去年卫生总署也与他进行了接触，希望他能够就空气质量与近期爆发的霍乱的关系写一篇论文。在所剩无几的空闲时间里，他又一头扎进了摄影和显微镜学这两个新的科学爱好中。这些兴趣将促使他投身于一项全新且令人激动的项目。

　　2月初的一天，格莱舍正在向伦敦东边走去，这里距离他在位于布莱克西思的家颇有一段距离。在途经阿贝伍兹街区时，晶莹剔透的雪花引起了他的注意，他随即蹲下来，用柯丁顿透镜仔细观察。柯丁顿透镜是一种质量轻、效果好的放大镜，很受那些研究甲虫的自然学家的欢迎。犹如碎钻一般细密透亮的雪花铺满了地面，每一朵都透着"遗世而独立"的气息，在格莱舍眼中"如同蓬松细软的白色棉花，这里一团那里一片地散落在地上"。透过放大镜，他发现每片雪花都像是一颗六芒星，从中间向外伸出6条精致的晶轴。天空突然又飘起了雪花。

　　空气突然安静下来，雪花铺满了地面，天空阴云密布。雪花的直径为0.4英寸（约1.02厘米），很好分辨。此时的气温大约是32华氏度（即0摄氏度）左右。15分钟后，结构复杂却各不相同的雪花混杂在一起。有些形状体现出了几何图形严谨而和谐的特点；有些则显现出了蕨类植物叶片的精妙形态；有些看上去像是三叶草；还有一些雪花的晶轴出现了大小不一的情况，3条晶轴形态丰满，像蕨类植物一样，另外3条则细得像根针。伴随着飘飘洒洒的雪花，气温也在不断降低；雪花形态最多的时候也是气温最低的时刻。待到快要下完时，星状雪花又变得多了起来，此时气温也有所回升。半个小时后雪终于停了，一直阴云密布的天空也终于透出了阳光。[23]

在格莱舍之前，雪晶就已经引起了很多人的兴趣。1662年，罗伯特·胡克就在英国皇家学会的一次早会上给出了一套用稀释墨水绘制的雪晶图样。胡克认为雪花是带有瑕疵的冰晶碎片，是从云层中分离出来的完美晶体的残余物。数学家乔治·哈维于1834年在他的《气象论》（*Treatise on Meteorology*）一书中给出了另一套图样。现在，1885年2月，格莱舍决定在这方面开展科学观测。

塞西莉亚·格莱舍（Cecilia Glaisher）的冰晶设计图，1855年。

回到位于布莱克希思的家中，格莱舍通过柯丁顿透镜观察放大后的雪花形态，然后一一绘制下来。2月8日，他"确认了部分最为重要的图形"，然后通过全天观测，确定这些独立的晶体是全程保持这样的形态，还是会与其他雪花融合。天黑之后他的工作仍在持续。"距离午夜已经过去很久了，我依然待在外面，闪烁的雪晶犹如花岗岩中的云母，无数的雪花呈现出网状、叶状、结状等形态，似乎是在拼命避免个性化，让各种雪晶更容易归类。"[24]

格莱舍的新计划打开了一个隐秘世界的大门，肉眼无法感知的美由此得以体现。在接下来的日子里，他不断推进研究进度，对从他家窗户上获得的各种雪晶样本进行记录、分类和形状绘制。正如在10年前他对露水进行了仔细研究，致力于揭示其中的自然规律；如今他试图证明，堆积在房屋上的、从屋顶上滑落的或是停留在树枝上的雪花并不是形态杂乱无章的细小微粒，而是严格遵循着几何规律的完美晶体。2月16日，他再次走出家门。每一片雪花都像是一座微型水晶宫，林荫大道、华丽拱门、各种结构性建筑一应俱全，能够完美地对光线进行折射和反射。他把观察到的点点滴滴都活灵活现地记录下来。他对其中一片雪花进行了这样的标注，"其直径约为0.05英寸，光彩四射，透明度极高。总体效果如图所示。环绕在雪花形状外延的棱镜状结构十分引人注目，而位于中心部位的是一个极为闪耀的小颗粒"。[25]

格莱舍像寻找化石那样收集雪花形态。但是由于无法将雪晶保存下来，他只能尽最大努力准确地将之画下来。他记录的内容包括最高温度和最低温度、积雪情况和观测地点。随着研究的深入，他发现了雪晶具有多种形态和几何形状：六边形、长菱形、长方柱体、簇矢状等。这些形态呈现出高度的对称性，这绝不是偶然。格莱舍这样描述其中一片雪晶，"是人类所能想象出的最优雅完美的组合"：

> （这片雪晶）的中心部分由两个六边形上下重叠而成，
> 因此向外延伸出了双倍的角度数量。从上层六边形的6个
> 角延伸出了这片雪晶的长半径，附着在这些轴线上的是
> 透明度最高的冰晶片。这些冰晶薄片进一步延伸出了叶
> 簇形状的冰晶，构成了整片雪晶的最外层。靠近中心的
> 轴线部分呈棱镜状。从下方的六边形延伸出的轴线较短，
> 也呈现出类似的棱镜状。轴线顶部又延伸出了三条线，
> 其中两条呈类似的棱镜状，另一条则在形状上有所区别。
> 几乎再没有哪种形状的雪花能够超越这一极致优雅的形
> 态了，而精准细致的绘制更加凸显了这一形状的精美。[26]

格莱舍26岁的妻子塞西莉亚也在家中参与格莱舍的实验。作为一名极具天赋的艺术家，塞西莉亚在同年晚些时候，凭借反映英国蕨类植物叶片的照片奠定了自己的地位。她在格莱舍的实验中展现出了巨大的天赋和极高的敏感性，她的雪晶画作在格莱舍的研究中出现得越来越多：不论是全面性，还是美观度，或者是精细度都堪称维多利亚时代的伟大作品。格莱舍数次就其硕果累累的研究发表文章。第一次是为格林尼治自然历史协会（Greenwich Natural History Society），第二次是为《伦敦新闻画报》，然后以《1855年年初极端天气、降雪及雪晶研究》为题向英国气象学会投稿。

在塞西莉亚的支持下，雪晶研究大获成功。现在读他的报告，你都能感受到3月份冰雪消融时他的失落。如同目送好友离世，他

眼睁睁地看着这些晶莹剔透的雪花一片片融化，一团团从塔顶和屋顶滑落。

因为温度升高，雪晶形状的改变速度就变得非常快：以最匪夷所思而又千变万化的方式自外向内快速崩塌。当我说崩塌时，指的是三个或更多棱柱瞬间融化成一个。

中午的时候，雪全部化完了，此时气温达到了37华氏度（约2.7摄氏度）。公鸡正在等待着春天的到来，安静了6个星期的鸟儿们也在树间叽叽喳喳。我6天前看到的长达2英尺（约0.61米）的冰柱正在迅速融化。除了鸟类，大自然中的一切似乎都在静静地等待一场变革。与此同时，极为罕见的是，缀满雾凇的树枝正在不断滴水。半个小时后，温度升到了38华氏度（约3.3摄氏度），势不可挡的融化拉开了序幕。

下午3点时，气温是35.5华氏度（约1.9摄氏度），细小的雪花不断从高处滑落，滴水也随处可见，除了鸟儿的欢快歌唱，周围一片寂静。[27]

菲茨罗伊：志在绘制全球海图

在伦敦另一边的威斯敏斯特，菲茨罗伊正准备拿出20年前在"小猎犬号"上的拼劲，投入到眼前的工作中。

他从港口开始入手。他深知，凭借商船船长建立起一条沟通渠道至关重要。因此他首先做的就是向海事局和船舶代理商派发传单，极力推广这样一种经济学观点。他明确指出，"现已证明，莫里中尉的风图和航行指南为美国船只缩短了约1/3的航程。哪怕往来印度的船只最多仅能缩短1/10的航程距离，每年光运费一项就足足可以省下25万英镑"。[28]

菲茨罗伊小小的办公室并没有沾染官僚主义的恶习，因此很快就成为英国政府的左膀右臂。他将采购回来的仪器先送至伦敦西郊的基尤观测台进行测试，然后再分发给商船队和海军部。到1855年年中时，已经有50艘商船和2艘军舰配备好了全套仪器。很快，其他船只也完成了相应工作。他主动出击、四处探访，频频会见各位船长、代理商和海军官员，而不是坐在办公室里等着结果送上门。与此同时，他安排手下的制图员负责处理历史数据，将海洋划分成很多方块，并绘制出了他称之为"风力星标"(wind star) ① 的图示。每个方块中都有一个星标，3个月内风力数据的平均数值一望可知。菲茨罗伊的风力星标是在传统理念基础上的简单创新，也是莫里风图的一个变体。他们把地球上的海洋转化成跳棋棋盘，上面的数据信息简明易懂。通往印度、美洲和中国更加便捷的路线一目了然，而这正是英国海军部的大臣们在1854年的设想。

手下人员的笔记有些漫不经心，菲茨罗伊不辞辛劳地在很多页上留下了醒目的手写圈注。他的批注在如今看来依然很有意义，比如劝解手下要努力工作、衣着整洁以及不要迟到。透过这些话，

---

① 见菲茨罗伊于1863年出版的《天气学手册》(*The Weather Book*)，用来表示风的方向和强度。

我们能够一窥当年这位英国海军舰长在船上发号施令的风范。

帕特里克森先生：

我很遗憾地发现，由于我个人对于编纂数据手册这项工作的推进程度关注不够，有些数据看起来毫无可信度，不论我们希望这些数据在其上下文环境中有多么准确。

帕特里克森先生：

注意办公室之前的安排和近期的一系列变化！

帕特里克森先生：

注意我对办公室各项安排的点评——我现在不得不说，如果我不在的时间超过一天，你和巴宾顿先生都不应该出现在这里。[29]

菲茨罗伊严格要求的习惯始终如一。他在信中这样抱怨，"办公室里只有三个年轻人，没有水手，所以能完成的工作少得可怜"。[30]然而政府却非常高兴，菲茨罗伊的"少得可怜"的工作对政府来说却算得上是巨大的成绩了。他为下属安排了许多工作，并经常对他们耳提面命，强调他们是在完成公职。正如他的前任蒲福，菲茨罗伊认为他在摄政街的工作时间极为神圣，并将之全部投入到政务工作中。"他一丝不苟地执行着这一原则，期间小心避免一切个人私事；只在5点下班后，离开办公室回家前这段时间内写私人信件。"

这是菲茨罗伊人生哲学中最重要的原则：他的使命就是尽全

力履职。正如在"小猎犬号"上一样，他很快就赢得了下属的敬重。他成功说服贸易委员会，为部门争取到了更多休息时间；同时，当他们被有关方面糊弄去参加文官考试时，认为此举极不合理的菲茨罗伊也毫不退让、据理力争。1855年年末，菲茨罗伊为这个新设部门制定了等级分明、分工细致的工作框架：人员排序依次为菲茨罗伊、帕特里克森、巴宾顿和汤申德，四个人全身心地投入到处理浩如烟海的数据之中。[31]

自1855年履新的一年中，菲茨罗伊对气象登记表的适用性进行了深入思考。这是比奇在1853年布鲁塞尔会议后制定的表格，但菲茨罗伊认为它有很多局限性。他无视有关规定，设计了一份替代版来取代原版。比奇很快就注意到了这件事，并且大为光火，反应激烈。亨利·詹姆斯也被卷入到这场激烈的争执。詹姆斯在给菲茨罗伊的信中这样写道："我已经拜读了您关于更改气象登记表的提议。如果这份提议是在布鲁塞尔会议上提出的，我肯定会毫不犹豫地接受。"然而事实上，詹姆斯劝菲茨罗伊尽量保持现状。

次日，菲茨罗伊发起了激烈的反击，罗列了一大堆的缺点。比奇的表格与其目的不相适应：不仅格莱舍认为如此，萨宾少校和水文学家约翰·华盛顿也持相同意见。菲茨罗伊将第二版改制意见邮寄给詹姆斯，后者在一周后直言不讳地回复道："我的意见十分明确，对您而言最好、最稳妥的方法就是重新回到布鲁塞尔会议记录中的表格形式上，这也是最简单的办法。"这样的回复让菲茨罗伊非常恼火，他在旁边空白处凌乱地写道："为什么？如果发现了缺点呢？"[32]

菲茨罗伊绝不会一味执行命令而不加质疑，这一点很早之前就已经体现出来。习惯了自己动手丰衣足食的菲茨罗伊正逐渐意识到，白厅弥漫的官僚主义会无情地打压哪怕是最好的点子。尽管菲茨罗伊向亨利·詹姆斯大声否认"我不是创新者"，他并没有像一般文官那样墨守成规，而是会不时采取曲线救国的策略，避开上级主管。他鼓励莫里私下给他写信，这样他们就能够悄悄地讨论各种计划了。两人就这样暗度陈仓地保持沟通，但是白厅的政客始终对菲茨罗伊心怀疑虑，而这也许正是在比奇1857年去世后，他无法再度晋升，接任年薪约为1000英镑的贸易委员会海军指挥官一职的原因。尽管菲茨罗伊对这个职务望眼欲穿，而且各方面也非常出众，但是最终，他在"小猎犬号"上的老部下巴塞罗缪·沙利文（Bartholomew Sulivan）走马上任。这一委任中蕴含的轻蔑深深地刺痛了菲茨罗伊。自从再度出山以来，菲茨罗伊一直忙于重建自己在社交圈的影响力。他把家从诺兰广场搬到了南肯辛顿区景色优美的翁斯洛广场（Onslow Square），住进了由当时引领时尚的设计师查尔斯·弗里克（Charles Freake）建造的白色外墙的住宅中。这是当时伦敦最受追捧的地段，菲茨罗伊每年至少要支付1000英镑来维持家里的正常开销，这远远超过了他的经济能力。

然而，无论如何，菲茨罗伊的成果是无法忽视的。随着搭载他的设备的船只的增加，他的注意力转移到了部门的二级目标上。绘制节省时间的海图是1854年拨付经费的最重要目的，然而，与此同时，风暴的问题也有所涉及。萨宾曾经写道：

> 不论是出于导航或普通科学的考虑，如果女王陛下的海军舰长以及商船船长能够依照学到的方法，在所有情况下都能准确区分旋转风暴、狂风（更准确的说法可能是旋风）和普通的大风，这就再好不过了。[33]

菲茨罗伊注意到了这个小小的段落。这进一步拓展了他所开展活动的覆盖面，促使他进行更加广泛的科学研究。这个提议充满了诱惑。如果菲茨罗伊能够从科学角度对天气进行研究，那么他不仅能够满足学术上的好奇心，还能体验宗教层面上的成就感，这无疑是一种两全其美的方法。改善临海而居的人们的生活，进一步阐释《创世记》的故事：这是最好的政务工作了。有了蒲福的珠玉在前，他也计划将自己所在的部门打造成行政管理中心，以及哲学思辨的温床。

菲茨罗伊对气象学已经了解得颇为深入了。常年与喜怒无常的大海打交道，他亲身体验了各种天气情况：帕姆佩罗冷风、圣艾尔摩之火（St Elmo's Fire）[①]、闪电、威利瓦飑、海峡狂风和乌云飑等。菲茨罗伊最初认为天气变化是受到月亮的影响，但在1836年，他在"小猎犬号"航行期间在好望角遇到约翰·赫歇尔爵士，后者逻辑严密的论述让他放弃了这一观点。在随后的多年里，菲茨罗伊陆续研究了詹姆斯·埃斯皮、威廉·C.雷德菲尔德、威廉·里德爵士和亨利·皮丁顿的著作。自从担任气象局负责人后，他更是广泛涉猎相关书籍，德国科学家海因里希·多弗的作品《风暴规律》（Law of Storms）给他留下了深刻印象，他还将之译成了英文。

1858年3月，菲茨罗伊再次与赫歇尔爵士取得联系。他在信中写道，他读到了后者为《大英百科全书》编写的气象部分，"令我倍感羞愧和遗憾的是，我竟然不知道这篇文章的存在"。菲茨罗

[①] 古代海员观察到的一种自然现象，多见于雷雨天气，在如船只桅杆顶端之类的尖状物上，产生如火焰般的蓝白色闪光。

伊在写给赫歇尔爵士的信中一直都表现得十分恭敬。他仅仅称自己为"实际操作者",希望好脾气的爵士能够与他分享更多宝贵的信息。[34] 他就像是一个求知欲旺盛的学生,下课后迟迟不走,想要最喜欢的老师给他开小灶。1858年后,二者的通信频繁起来。赫歇尔爵士很享受这种书信往来,两个人交换了很多私人看法。菲茨罗伊对"气象学"(meteorology)这个词颇有意见,认为它极为拗口。"我希望可以说成是'气学'(mitrology)",他这样写道。[35]在另一封信中,他表达出了对莫里的真正看法,颇有点两面派的味道,"我举双手赞同你对莫里中尉的看法(私人意见,请勿外传)"。菲茨罗伊承认,"他(在众多助手的帮助下)不辞劳苦地收集了大量数据(有些很值得怀疑),然后要求其他人也这样做"。[36]

这些写给赫歇尔爵士的信件早早地为此后的事件发展埋下了伏笔。19世纪50年代末,尽管反对意见不绝于耳,菲茨罗伊仍在拼尽全力地想要打响自己在科研领域的名声。

菲茨罗伊所处的平台非常有利。他与英国基尤气象观测台联系密切,后者负责给他提供标准化的温度计、气压计和湿度计。因为对这些仪器的质量比较感兴趣,菲茨罗伊设计出了新型气压计,也就是后来的菲茨罗伊气压计(FitzRoy Barometer)。新款气压计用描述性词语取代了旧版上常见的数字刻度,旨在进一步方便使用人员们读表。新型气压计很快就投入了生产。菲茨罗伊所著的仅25页的《气压计及天气手册》(*Barometer and Weather Manual*)也同样具有极强的实用性。该手册简明易懂,皮丁顿船长的《水手基础手册》(*Sailor's Horn-Book*)和里德少将的著作《风暴规律初探》为菲茨罗伊提供了不少灵感。菲茨罗伊着意精简手册篇幅,"这样一来,既便于携带,也不会导致书价过高";而他也正好借此机会将以往所学加以提炼，汇聚在一本书中。

科研工作与实际经历的罕见结合为这本小册子奠定了坚实基础。正如托马斯·福斯特的《大气现象研究》一书，菲茨罗伊详细论述了天气预报的可能性："尽管准确预报天气情况还有诸多困难，结合仪器结果和大气观测情况依然能够为未来的天气情况提供很多有用信息。"[37]

这是大胆无畏的科研工作。身为政府部门的气象统计人员，菲茨罗伊在自己的职权范围内写下这样的内容无疑是具有重要意义的。这是天气预报领域中的首次从国家层面开展的尝试——未获批准，很可能是因为没有人注意到这一点。菲茨罗伊的建议简单明了，身处大海的船长们能够有效采纳。这本书中关于云的部分本来可能是由托马斯·福斯特所写：

柔软轻盈的云层预示着晴朗的好天气，微风；轮廓鲜明且色泽浓郁的云层，有风；云层阴沉，但有蓝天，多风；浅蓝色的明亮天空预示着天气晴好。总的来说，云层外观越柔软，风力就越小（但降雨的可能性会增加）；云层边缘越清晰、越厚重，呈簇状或不规则形状，风力就可能越强。此外，日落时天空呈现明黄色，意味着将会起风；而浅黄色则意味着下雨。因此通过观察红色、黄色或灰色等颜色的分布情况，在很大程度上能够预测出不久之后的天气情况。事实上，如果再辅之以有关仪器，几乎可以做到万无一失了。

呈墨水颜色的小片云朵预示着降雨；厚重云层上划过的碎雨云预示着降雨和起风；但如果单独出现，则只会起风。[38]

你可以想象一下，在火地岛的一个晴朗而忙碌的早晨，海员在甲板上来回走动，爬上桅杆绑好绳索，大声喊出各种口令；而此时菲茨罗伊的脑海中正盘旋着这些想法。菲茨罗伊将海上生活的点点滴滴部分记录在诗中或"格言"中：

> 晴雨表低，
> 提防风起。
> 要是上升，
> 好放风筝。[39]

菲茨罗伊的小册子收获了无数赞誉。远在美国的莫里也拿到了一册，他写信回复称这是"一本重要的天气小手册"。[40]在3年的气象研究工作中，菲茨罗伊一路顺风顺水，进展神速。他建立起了自己的舰船网，发布了风力星标图，设计了新型气压计，还出版了一本书。白厅失去了蒲福，但是上天将菲茨罗伊赐予了他们。

老一辈科学名宿相继离世

退休后的蒲福再没有留在伦敦的必要了。为了享受更好的空气和更宽阔的视野，他搬到了位于南海岸的布赖顿市。蒲福从卧室的窗户就可以远眺英吉利海峡，也许那些始于斯、终于斯的航程也会再度浮现在他的眼前。30多年前，约翰·康斯太勃尔为了让妻子恢复健康，也同样从伦敦来到了布赖顿这个"海边的皮卡迪利大街①"。这里灿烂的阳光、清新的空气、舒缓的地形、广阔的海滩和起起伏伏的海浪都成了他描摹的对象。康斯太勃尔在这里完成了一系列油画，其中《雨云海景》(*Seascape Study with Rain Cloud*) 就描绘了一场海上的大暴雨，泼天大雨倾泻入海。另一幅画作描绘的则是阴沉天空下酝酿着巨变的海边，他在画中使用了大量的对比手法：斑驳的云层明暗夹杂，远处的双桅帆船正停靠在海湾中，两个人手挽手地走在海滩上。康斯太勃尔画中乔治王治下的英国渐渐进入了辉煌灿烂、繁忙无比的维多利亚时代。

晚年的蒲福经常在海滩上散步，他肯定也会看到康斯太勃尔画中所描绘的那艘双桅帆船。那艘船其实只是一个代表，它的背后是失事的"范西特塔号"、巡防舰"法厄同号"、测量风力等级的"伍利奇号"以及正第四次驶向卡拉米尼亚（卡拉马尼亚）"弗雷德里克斯斯蒂号"；它也能代表蒲福的调查船只，"小猎犬号"、"赛福尔号"(Sulphur)、"响尾蛇号"(Rattlesnake) 或其余上百条蒲福用过的船只。每艘船都人员齐备，目的明确，周游世界。蒲福一直都很留意天气情况。他把自己的天气日志保存了半个多世纪，包括气温、气压、刮风、降雨等详细记录。他一直与伦敦的好友们保持密切联系，思维一直都很活跃。1857年5月27日，他度过了自己83岁的生日。然而，在这年年末，他的健康情况已经急转直下。圣诞节前夕，他的家人接到通知，紧急赶往布赖顿市与他做最后的告别。见到蒲福后，他们发现尽管他的身体已经极度虚

---

① 伦敦著名的商业街。

弱，但他的思维依然敏捷，"思路清晰、记忆准确，谈到他正在读的书时很有活力"。12月15日，他和医生们就优秀史学家的功绩进行了探讨。次日晚上，他向他的孩子们表示非常累，亲吻了每个人之后就陷入了沉沉的睡眠，并在当天夜里静静地去世了。[41]

蒲福的逝世备极哀荣。他为后人留下了大量的宝贵财富。尽管没有接受过正规教育，但他却一路走到了英国政坛的顶层，与艾里爵士、萨宾少校、威廉·休厄尔和赫歇尔爵士平起平坐，因其远见卓识而声名远播。以他的名字成立的基金随后改为"蒲福表彰奖"，专门奖励每年海军上尉或船长考试中航行部分排名最高的考生。奖品的设置也充分彰显了蒲福的特点，不是金质奖章，而是"科学仪器或对海军军官具有很强实用价值的专业著作"，具体可以从以下几类中选择一种：

1. 一套顶级望远镜，由当时最著名眼镜商，比如罗斯、多隆德等制作完成；

2. 一个六分仪，由当时最著名的制造商制作完成，如特劳顿等；

3. 一只金质怀表或可以放在口袋中的天文钟；

4. 一幅地理学地图，比如基思·约翰逊的《政治和物理图谱》(*Political and Physical Atlas*)；

5. 一套由优秀学者出版的书籍，主要围绕与海军服役有关的事项。[42]

3位备受信任的人士接受指派负责奖项有关工作。作为蒲福的资深门徒、海军考试的优秀学生，最近擢升海军少将的罗伯特·菲茨罗伊就是其中之一。

老一辈的科学名宿正在退出历史舞台。威廉·雷德菲尔德于1857年2月12日逝世。他是美国著名的科学家，美国科学促进协会的奠基人及首任主席。威廉·里德与之相交20载，两人信件你来我往，充分交流对于暴风的观察情况。面对这一晴天霹雳的噩耗，里德在给雷德菲尔德的儿子的信中这样写道："我整天都沉浸在失去至交好友的沉痛中，我清楚知道这并不是幻觉。"[43]而历任百慕大总督、迎风群岛总督和马耳他总督的里德本人也于次年过世。雷德菲尔德的儿子表示："他一直致力于改进农业和教育。因此，狄更斯在自己创办的周刊《家常话》(*Household Words*) 中称他为'优秀总督'。"[44]

托马斯·福斯特和詹姆斯·埃斯皮也先后于1860年辞世。埃斯皮为19世纪30年代尚在襁褓中的科学作出了巨大而深远的贡献，尽管他想要成为当代新牛顿的远大目标并未能够实现。尽管才智出众，但是由于气象学内容繁杂、应用广泛且各理论派系间争斗不断，埃斯皮的成就受到了相当影响。然而，人们会记住他在暴风雨研究上的卓越贡献，尽管不为人所喜，却是他个人的成就。80多岁的"现代气象学之父"卢克·霍华德硕果仅存，尽管他的记忆力和身体状况每况愈下，但对天气的热情却从未消退。他的儿子罗伯特在位于伦敦北部托特纳姆区 (Tottenham) 的家中悉心照料他的生活起居，儿子眼中的父亲定格成为这样的形象：年迈的老人"从早到晚"凝望着天空，目送着云朵缓缓滑向汉普斯特德，即使在忘掉家人的名字后也依然如此。1864年，霍华德闭上了双眼，享年91岁。

在半个多世纪的时光中，霍华德为气象学的发展作出了深远的贡献。他的研究在云层的基础上，进一步拓展到了辐射、城市热岛和气流等领域。50年前，在托特纳姆的一场讲座中，他甚至提出地球的自转可能会导致风向偏移。他向听众进一步解释，不论上方的空气是向北或向南运动，下方的地球永远"都在旋转"。[45]如果埃斯皮或雷德菲尔德能够考虑到这一点，他们也许就会用另外的方法来研究暴风雨。然而实际情况是，直到1856年，有关暴风雨的争论才最终尘埃落定。来自美国田纳西州纳什维尔市的数学家威廉·费雷尔（William Ferrel）沉默寡言、才智超群。在《海洋的海风与洋流》（Winds and Currents of the Ocean）一文中，费雷尔解释了海上暴风呈螺旋状的原因。他证明这是因为地球自转导致气流向气压较低的部分不断运动。如果将地球自转这一因素纳入到埃斯皮的理论中，我们就能够真正了解大气环流的情况了。法国数学家古斯塔夫·科里奥利（Gustave Coreolis）对地球自转的偏移效果进行了计算，而费雷尔的研究正是建立在这一基础上的。费雷尔的贡献在于首次将这一偏移成果应用到风力研究中。这种引人入胜的研究方法打通了现象观测与理论研究。颇令人摸不着头脑的是，这意味着埃斯皮和雷德菲尔德都只说对了一半。正如埃斯皮所说，风确实是向上运动的；雷德菲尔德也没错，他认为风在围绕一个中心点旋转。在学术争论上花费了大量时间精力的埃斯皮和雷德菲尔德都没能亲眼见证彼此理论的成功结合。这也许也是个不错的结局吧。

一代科学人就这样逝去了，但他们在气象学理论和实际操作上给后人留下了难以估量的宝贵财富。在伦敦，菲茨罗伊的天气网络发展迅速，格莱舍在格林尼治天文台的工作也日渐繁重。在巴黎，勒维耶已经建立起了24小时全天候的天气观测站网络，其中13个站点每天3次将有关报告通过电报传回至巴黎天文台。这些报告会刊登在《祖国报》(*La Patrie*) 等报刊上。勒维耶在私底下则走得更远，通过爱丽舍宫的一位特别官员向拿破仑三世提供天气预测的有关情况。在美国，约瑟夫·亨利也同样进展神速。从1856年起，他就不断将电报传来的天气数据标注在史密森尼学会大厅的地图上。这幅地图就是一个奇迹，几乎将美国每个电报站的天气情况实时展现出来。彩色卡片——白色代表晴朗，蓝色代表降雪，黑色代表降雨，棕色代表多云——被架子固定在相应的位置，同时用箭头表示风向。每天早晨10点进行第一次更新，此后全天进行动态更新。在举行重要演讲的时候，入口大门处会高高悬挂起气象旗号，这成为气象科学这门新兴学科的金字招牌。

在气象学领域，美国终于不再受制于人。事实上，在19世纪50年代末，美国的气象学研究全球领先——使用莫尔斯电码的电报不断通报着各地的风暴信息。局势发展变化之快让部分人难以适应。《纽约时报》1858年的一篇文章写道，"任何有理性的人都没有质疑，电报深深损害了"人们的思维和价值观：

> 流于表面、十分突兀、未经筛选、传播速度过快导致无法检验是否真实，这全都是电报信息的特点。它是否导致大众没有时间去寻求真相？信件从欧洲过来需要10天。10分钟内获得那些边边角角的消息有什么用？寥寥数行的电报又能容纳多少内容？这儿下雪了，那儿下雨了，一个人被杀了，一个人上吊了。[46]

摄政街则没有受到这些干扰，菲茨罗伊此时正在筹划下一步工作。19世纪40年代，罗伯特·皮尔爵士提出废止《航海法》；维多利亚时代的英国极大得益于全球贸易，国家财富飞速增加。受到这两个因素的影响，商业船只呈现出井喷式发展。到19世纪50年代时，英国的海岸线上已经密密麻麻布满了商船。猎鲸船的目的地是新西兰和南太平洋，商人的目的地是印度或西印度群岛，移民则乘船从利物浦去往美国的加利福尼亚或澳大利亚的新南威尔士。尽管市场需求非常庞大，但很多船只的质量却令人担忧，而英国所有港口流传的故事都是关于松散无序的环境、毫无经验的船长以及想一夜暴富的商人。如此一来，后果不堪设想。1857年和1858年的政府工作报告显示，平均每年在英国海岸上的船只失事会导致850人丧生，以及"150万~200万英镑的财物损失"。

到了1859年，菲茨罗伊非常确信飞速发展的科学能够完全避免这一巨大损失。他认为，解决方法就在于换个角度去应用他的那些堆积如山的气象数据：

> 显而易见的是，即使是最能干的水手，仅仅观察天空的话也经常会在天气判断上出现偏差，除非是在天气极恶劣的情况下。幸运的是，当大自然即将带来一场远超平常水平的大风暴时，它通常会提前有所通知。这样一来，事实上我们现在就知道了，所有极为危险、会对海岸线和海上船只造成重大打击的暴风雨或剧烈风暴，都会提前在气压计上有所表现。大自然提前预警从未缺席，而如果人类对此漫不经心，那么他们一定会付出代价。[47]

这番话注定会在托马斯·泰勒（Thomas Taylor）船长的耳边回响。

第9章

危险之路
Dangerous Paths

1859年，一股如印度夏天般的酷热笼罩着时值秋季的英格兰，人们都在谈论这一反常的天气变化。之后的两年里，气温不断升高，1861年夏天的酷热程度已经堪比出了名的1846年的七月酷暑了。13年后，气温更是达到了异常的92华氏度（约33.3摄氏度），菲茨罗伊如此记录道。人们在酷热难当的天气里迎来了丰收，这种天气一直持续到9月份英国议会的再次召开。各大报社纷纷把焦点放在政客身上，那些政客穿着保守——戴着烟囱管似的帽子，身披如午夜般漆黑的西装——工作起来十分缓慢。

　　菲茨罗伊的办公室距离议会大厦有一分钟的路程。在那里，最为严峻的问题是泰晤士河的状况。两年的干旱使它不复当年美景。河面上散发着有毒气体，河里流动着污水。"没有几个伦敦人会忘记1859年的泰晤士河，"菲茨罗伊回忆道，"1858～1859年，水资源供应不上，污水大量蒸发，恶臭弥漫，就算不传播疾病，也会使眼睛和鼻子备受煎熬。"[1]

　　酷热的天气一直持续到10月20日的周四，气温在一夜之间骤降。这并非夏去秋来的平稳过渡。议会大厦周围，夹杂着雨与雪的风暴在咆哮。对于刚刚在一个月前完工的巨型钟表大本钟来说，这次的冷热交替过于突然，以至于使它的钟体裂开了一道缝，并发出沉闷的怪异响声。

　　在翁斯洛广场的家中，菲茨罗伊正在阅读天气预告。气温的骤降使他感到担忧。气温已经降到22华氏度（约5.6摄氏度），"这一整个冬季，大多数日子都不会低于此温度"。但是，降低的不仅仅是温度，气压也在降低，这情形令人十分担忧。10月22日，玛利亚的家人才从约克郡归来。他们告诉菲茨罗伊，他们乘坐的火车穿梭在猛烈的暴风雪中。不久，另一位朋友向他抱怨，称气压计的读数降得很低，令人不安。他问道："这预示着什么?"菲茨罗伊回答道："气温计降到这么低，北方将会有风雪。"[2]

飓风抹杀"皇家宪章号"

有一个人最近一直在享受明媚的阳光，他就是蒸汽帆船"皇家宪章号"(Royal Charter)的船长托马斯·泰勒。1859年9月，泰勒驾驶船只从澳大利亚的墨尔本出发返回英国，他们在温暖的热带海域航行，天空点缀着卷积云。"皇家宪章号"造型优美时髦，是最新型的蒸汽帆船。它由钢铁打造，船体狭窄，行驶起来如同一把破开水面的利刃。虽然2800吨的吨位略有些羞涩，但装备了一对200匹马力的活塞发动机和防水防火的船舱，使得"皇家宪章号"在同等级别的船只中犹如一颗明星。它继承了英国工程师布鲁内尔的"大不列颠号"和菲茨罗伊的"傲慢者号"的血统，是一艘结合了风力与现代蒸汽之力的船只。当没有风时，泰勒可以命令启动以煤炭驱动的发动机。这对发动机不算强劲：每只只有200匹马力，但在钢铁身躯的深处跳动，就如同一颗小心脏，帮助"皇家宪章号"寻找海风。

对于此船的拥有者——吉布斯·布赖特航运公司来说，"皇家宪章号"是公司的骄傲。初次由利物浦到墨尔本的航行，它花费的航行时间比普通船只缩短了三分之一。自那之后，有宣传海报向潜在顾客推销其为"60天内从利物浦到墨尔本的蒸汽帆船"。[3]这些顾客主要为有抱负的中产阶级，他们向往有钱人的生活并确信能够在墨尔本附近著名的巴拉腊特金矿区有所收获。上一个10年以来，几千名来自欧洲各地的淘金客踏上了澳大利亚南海岸。1859年8月，许多旅客将搭乘"皇家宪章号"返回家乡，他们当中已有很多人圆了梦。船上总计有500名乘客以及一大货仓的金子。确切的数字没有记载，但是至少有价值30万英镑的金条和金币锁在保险库里、塞在裤兜里、藏在钱袋里或填在旅行箱的底部。实际上，这个数字可能要翻一番。对许多人来说，"皇家宪章号"驶回利物浦的归程将标志着一段长途旅行的终结。为了追求梦想，他们离开故乡，度过了一段无法想象的日子。"奋进号"起航90年后，"皇家宪章号"上的旅客将满载着故事归来。其中还有一个15岁的年轻水手查尔斯·托马斯，他曾给故乡寄过一封信，信上说："母亲，请为顺风祈祷，而我将为风鸣笛。"[4]

"皇家宪章号"于8月26日起航。它驶离墨尔本，朝东满帆而行，跨越太平洋，绕过好望角，顺着南美洲的海岸航行，穿越赤道。再往北，驶入大西洋，在古老而熟悉的北方星空下航行。它于10月中旬到达英吉利海峡西端。当伦敦天气突变时，"皇家宪章号"悄悄地沿着爱尔兰南海岸航行。10月24日，"皇家宪章号"抵达昆斯敦（Queenstown）。15名乘客在此下了船，但很快又上满了乘客。从"皇家宪章号"驶离墨尔本那天起，至今已有59天了，在旅程的末端，乘客的数量还在不断攀升。交谊厅的乘客们在吃晚餐时听到泰勒船长说，将在24小时内抵达利物浦，一时间许多人纷纷为泰勒船长慷慨解囊。泰勒是位好船长，擅长交际，在几个月的航行中与交谊厅的旅客们建立了良好的关系。他开玩笑道，他也希望不久后就能回到太太温暖的怀抱里。

这一连串的妙语仅仅是适用于"皇家宪章号"，体现了奢华旅行的趋势。这艘船在海上若隐若现，仿佛一座移动的住宅。为了值回75畿尼的票价，交谊厅的旅客们登上甲板，肆意享受杜松子酒和奎宁水，品尝猪牛羊等烤肉，到了晚上，他们在热带地区的月光下跳华尔兹。船员与乘客的比例为1比4，这艘船服役了半个世纪，直到"泰坦尼克号"的出现——如同一栋浮动的豪华公寓。泰勒船长并非是库克或菲茨罗伊之类的人，而是他们的进阶版——既是一名勇敢的船长，也是一名时髦的服装店老板。与此前不同，随着航海旅行走向商业化，由墨尔本到利物浦的旅程成为一场美妙的演出。

泰勒船长近20年来的航海记录近乎完美。自"皇家宪章号"首次航行开始，他就在这艘船上工作了，因此十分了解这艘船。困扰他的事情只有一件：10月25日的周二，当他驾驶船只在爱尔兰海域朝着威尔士海岸航行时，遇到了大雾天气。此时，在离都柏林仅仅80公里的地方，一团浓雾覆盖在海岸上，浓厚到引航船都找不到"皇家宪章号"，所以只能通过雾钟的钟声引导船只。之后，菲茨罗伊记录了此事，他回忆起老船员作的打油诗：

> 当晨雾在山中升起，
> 猎人的号角不受遮蔽，
> 仍是好天气。
> 唉，最怕是
> 雾气生于海面时。[5]

雾霭由都柏林向着视野较为清晰的威尔士海岸扩散。下午泰勒和一艘引航船联系上，下午1点30分抵达霍利黑德海岸。一股震颤般的兴奋感席卷甲板和交谊厅。停泊在霍利黑德港口入口的是工程师布鲁内尔的"大东方号"(Great Eastern)，那是一艘维多利亚时期制作的庞然大物：18914吨的排水量，由钢铁和木材制作而成。交谊厅的乘客们涌上甲板，挤在栏杆处盯着因那艘船停泊于此而略显拥挤的港口。在乘客们的身后，秋季的太阳渐渐沉入雾中，散发着多彩而浑浊的光芒。

霍利黑德港口的一名工作人员目睹了天气的变化。一开始还是阳光明媚，天气十分晴朗，他能够眺望到小岛另一端那雄伟的寒武纪山，山顶覆盖着白雪，整座山拔地而起，形状如同拳头握紧的指关节。到了下午，风变冷了，天空布满了云朵。到下午6点太阳落山之际，一大团雾气笼罩着天空，空气变得阴阴郁郁。[6]

"皇家宪章号"上的一个船员说这将是个"肮脏的夜晚"。我们不确定泰勒是否观察过三个气压计中的一个，也没人知道他是否带着或读过菲茨罗伊的《气压计和天气手册》的复印本——虽然他很可能读过。不管怎样，他多年的航海经历告诉他应该警惕这些信号：气压骤降，空气变冷，海雾升起，海鸥、角嘴海雀、刀嘴海雀飞向海岸。菲茨罗伊之后写道："这种情况下，十分依赖个人的判断。"[7]在这种情况下——从墨尔本出发已有59天，总共的行程只有60天，旅客们在餐桌上向他敬酒——泰勒船长决定继续航行。

他们驶离霍利黑德海岸和"大东方号"，绕安格尔西岛的西北端航行。菲茨罗伊之后会指出，"航海技能中有个简单的认知，就是当遇到大风时，如果情况允许的话，你应该往左走，右侧或者右手边会是风暴的中心"。但泰勒不知道这种规定。波浪一次次地将他们抬起——海水在高涨——灾难也离他们越来越近。在霍利黑德海岸，一名《泰晤士报》记者在搜查发生在"大东方号"上的事件时，目睹了天气的变化。

> 一团黑色的烟雾罩在山头，并向天空扩散，速度很
> 快，给人一种不祥的感觉。海水越涨越高，风越刮越大，
> 船上的玻璃杯纷纷掉落。8点前，一股强风伴随着冰雹和
> 暴雨从东边袭来。夜色来临时，风力升级，令人发怵的
> 狂风在圆杆和绳索间呼啸，发出持续不断的嘶嘶声，听
> 起来糟糕透了，人们若还记得玻璃杯仍不断掉落，就会
> 更加害怕。而这些却仅仅是个开始。

随着风渐渐变冷，"皇家宪章号"在安格尔西岛布满岩石的北
端航行。为了应对大风，泰勒削减帆数并向引擎添加燃料。船只
勉强停留在既定的航线，奋力冲过布满碎礁的海域，那里有许多
裸露的岩石，在波涛汹涌的海浪中前行，时速达5~6节。不久，
风力再度升级，在绳索间发出嗖嗖的响声。6点30分，一股来自
东南方向的风席卷而来。泰勒船长没有更好的法子，只能保持航
线，抵达利物浦的希望愈发渺茫。现在天已经黑了，夜晚与飞溅
的水花吞没了"皇家宪章号"。在不远处的海岸上，有人注意到一
道蓝色的亮光从海上扩散开来。后来人们认为这是"皇家宪章号"
发出的首个呼救信号弹，或许是向沿海的领航员寻求援助。
　　呼救信号标志着一场为时24小时的战斗开始，交战双方是"皇
家宪章号"与暴风雨。这是19世纪人造引擎技术与大自然原始力
量的一次较量。晚上8点，风速接近160公里每小时，发出尖锐的
声音。这股力量震动着船只，掀起的波浪如山一般高，然后重重
地摔落在幽深的海面。这些居住在陆地上的人没有经历过这样残

暴的灾难。晚上 10 点，风向由东南转向东北。过去几小时里都停下脚步的"皇家宪章号"此时想奋力留在原地，却被推向风暴的虎口。狂风如雪崩般向它倾泻而来：时速 160 公里的风不仅阻断了前行的路，还将其往回推。船后方是布满岩石的安格尔西岛东海岸沙滩。

晚上 11 点，泰勒船长命令放下左舷锚，他希望这只挂钩能够将船只固定在海床上。船锚通过锚链孔滑入夜色之中，铁链发出的哗啦啦的响声在喧闹的风中近乎听不见。铁锚沉入深海中，但可怕的是，锚爪没有抓住海床，船仍旧往后漂。发出的响声表明了水越来越浅，从 36 米到 28 米——意味已经很明确：船并没有固定在海床上。它正拉着锚，继续被推着往后行驶。

泰勒命令把右舷锚也放下来，"皇家宪章号"如同攀岩者死命抓住悬崖一样抓住海床。泰勒希望锚链能够坚持到风暴过去。对于在这种环境下奋战了 6 个小时的他们来说，这是一个合理的想法。在那种情形下，船长可能会认为最糟糕的情况已经过去了。但是如今风速依旧稳定在每小时 130～140 公里，有时候，时速 160 公里的狂风从右甲板刮过，令人绝望。狂风掀起了令人毛骨悚然的巨浪，"皇家宪章号"左右摇晃，最简单的任务都成了巨大的挑战。两个小时以来，"皇家宪章号"一直拴在两个船锚上。等式已然很明了：两个船锚的阻力加上燃煤引擎的力量，约等于风暴的残暴力量。船被两股力量拉扯着，绷得紧紧的。短时间内看起来暂时还算稳定，但到了次日凌晨 1 点 30 分，左舷锚锚链孔处的铁链断裂。突然之间释放的巨大拉力，令铁链被抛向空中，看起来在船上方悬了一秒钟，随后摔向海面，在海浪中转来转去。

这是首次沉重的打击。船内，泰勒船长正在努力安抚乘客，与他们在交谊厅共饮咖啡。但实际上，船只正在慢慢往后滑行。一个小时后，右舷锚也在巨大的拉力之下消失不见，只留下"皇家宪章号"跟跟跄跄地被狂暴至极的东北风推着往后走。船上的引擎无力地运作着，方向舵沦为摆设，"皇家宪章号"已经无法控制。船的背后是布满礁石的海湾，这是个臭名昭著的地方，许多船只在此失事。凌晨3点30分，"皇家宪章号"撞上礁石。

起初，看起来泰勒船长似乎逃过一劫。他们没有撞向岩石，而是停在沙滩上。钢铁铸造的船体没有破裂，尽管能见度太低，他无法确认身处何地，但仍然信心满满地告诉交谊厅的女性乘客："女士们，我们到岸了，我希望是个沙滩，我向上帝许愿，我们会在天亮时上岸。"[8]确实，黎明并不遥远。两个小时过去了。5点30分，天空中的第一缕阳光照亮世界，船员们吃惊地发现，他们距离岬角只有几米。他们没有搁浅在空旷的沙滩上，也没有撞向一个多石的海岸，而是停在距离海岸几米的位置，距离北边的莫伊尔弗雷（Moelfre）渔村仅有1600米。

虽然与安全咫尺之隔，但现实是残酷而恐怖的。甲板与悬崖顶部的距离过大，看起来无法搭桥。即使是那几个小时的混沌过后，风暴还在加强。火焰划过呼啸的天空。泰勒命令砍断桅杆，让它们倒在甲板上。如今，海中漂满了碎木块。泰勒最大的希望是现在赶紧退潮，只要海水退去，他们就会稳稳地留在陆地上。但是，在过去的12个小时里，他的预测已经出现了很多次失误。事实上，海水正在上涨。很快，船体将随着高涨的海水显露出来。

莫伊尔弗雷渔村的村民爬上悬崖顶部，与船体仅有几米之隔，但他们无能为力。而后，船上的马其他水兵约瑟夫·罗杰斯（Joseph Rogers）自愿携带一根绳子爬上岸，这就是后人所称赞的"世纪之游"。他将绳子系在腰间，然后跳进黑漆漆的海水中。几乎所有人都对他不抱希望，认为他就算不淹死，也势必会在岩石上跌个粉身碎骨。然而，由于惊人的运气、毅力和勇气，他到达了岸上，他紧紧抓住海岸上的礁石以防被冲走。最后，一队村民手拉手连成一条线，将他拉到安全的地方。几分钟后，人们做了一个临时坐板，通过绳索牵引，一个极危险的人员传递在悬崖顶部与甲板前部之间进行。

留给"皇家宪章号"的时间不多了。如今，潮水正不断地涌来。一波波的浪潮将船从沙床上慢慢抬高。最终，一股浪潮将其抬起，船倾斜着发出嘎吱的声响，然后很快被卷进空旷的水域中。潮水淹没了船尾，凶猛的浪潮带着船体急剧后退，然后顺着波峰往下坠，向着裸露的石灰岩石壳撞去。这段旷日持久的、与自然的英勇斗争即将成为一场动作麻利的处决。最终，"皇家宪章号"的故事简化成了一系列悲剧的花絮。在交谊厅里，一位牧师引导人们祈祷。一个来自莫伊尔弗雷渔村的乘客爬上甲板，发现他横渡了半个地球，最后却在故乡面前沉船。泰勒待在水手舱的前部，沉沦在自我否定之中。人们最后看见他时，"他泪流满脸，情绪异常激动"。另一个人看到他喘着气呼喊："还有希望！"[9]浪潮将"皇家宪章号"摔在岩石上，如同核桃碰上锤子，瞬间炸裂开来。

最后的景象恐怖极了。为了不被卷入致命的水下逆流中，乘客们纷纷跳入波涛汹涌的海水中，他们中的许多人因为口袋里沉甸甸的金子而沉入海底。此时正值寒冬，男人们穿戴着厚厚的军大衣、法兰绒裤子、鸭绒裤、头巾、纬起绒布裤子和靴子，因此生还的希望渺茫，穿着长筒袜和刺绣的晚礼服的女人们也是如此。很少女人或儿童能够幸存。最后，大概只有41位乘客在这场暴风雨中活了下来——他们中的大多数都通过那个简易坐板顺利逃生，另一些人很幸运，被海浪冲到海岸上，然后被拖到安全的地方。至于其他人，有些溺死在海中，有些摔死在岩石上。他们或躯体断裂或毁容或被撕成碎片，很多人都变得面目全非。安格尔西岛上最可怕的一次海潮留下了超过450具尸体。

许多游客听说了这次海难，乘坐轮船横跨英国过来察看。一位名皮科克的先生发现从莫伊尔弗雷到阿姆卢赫（Amlwch）的整个海岸都堆满了海难的残骸。他穿行于残骸中，"越过裂缝和深洞"，捡起一些红木碎片，一截30厘米长的老旧绳索，一块玻璃碎片，"碎得不成模样"，还有"蕾丝边的婴儿裙"；"一块上好的法兰绒背心碎布片，原先是紫色，现在近乎无色；还有一顶肥大、带斑点的防水帽，戴在溺死的水手头上"。[10]这些杂七杂八的寻常物品让他感到震惊，这些东西彰显着一场灾难。在安格尔西岛西部海岸上，除了扭曲而浮肿的残肢外，还有一箱风格迥异的货物。金币和金条有些在死者的口袋里，有些散落在海滩上。人们还打捞上来很多金表，几乎所有表针都指向7点到8点之间。至于这艘排水量达3300吨的、优雅而阔气的铁船——宛若移动的英格兰——已经剩不下什么了。

对于"皇家宪章号"的陨落，英国报纸的描述带着其典型的幽默。《伦敦新闻画报》委托画家弗雷德里克·詹姆斯·史密斯雕刻一幅木版画以描述此景象——这位艺术家曾描绘了1846年的伦敦霾暴。这幅木版画于灾难发生后的第二天面世，描述了船只颠簸在漆黑的夜里，表现了一种狂暴的气氛。另一位描述此景象的作家是查尔斯·狄更斯。"皇家宪章号"的灾难是命运之神的一次可怕玩笑，是一次充满戏剧性的事件，其中有许多展现了个人精神和英雄主义的故事，例如约瑟夫·罗杰斯的事迹，这使得狄更斯浮想联翩。他在他创作的《非商业旅者》(*Uncommercial Traveller*) 文集中记录了一个篇幅颇长的温情故事。他注重当地社会团体的反应，尤其关注备受敬重的牧师史蒂芬·罗斯·休斯，后者致力于埋葬死者并与处于悲痛之中的死者家属联系。

许多乘客似乎在恐慌中死去。对此，狄更斯如此记录：

> 他们站在铅灰色的清晨中，倾着身子以对抗狂风，内心痛苦无比，海水不断涌来，如同连绵不绝的山峦。水花夹着雹子扑面而来，作为船上货物一部分的羊毛伴着海水泡沫涌入。泡沫消融后，羊毛留在地上。他们看到救生船从船的一端放下。起初，救生船上有三个人；它颠簸了一下，也就是一眨眼的事情，上面就只剩两个人了；一股巨浪拍过来，船上只剩一个人了；随后，它被掀了个底朝天，最后那个人从被拍碎的木板堆中伸出

"皇家宪章号"海难，《伦敦新闻画报》，1859年。

手臂胡乱地挥舞，仿佛在寻求不可能得到的帮助，然后沉入深海中。[11]

人们认为泰勒船长是救生船上的一员。

受到风暴影响的不仅仅是威尔士北海岸。接下来的几周，报纸上充满了风暴造成损害的报道：暴风把沿岸的货船卷起，重重地扔在港口的岸壁上；把船帆撕成一条条布带，船员死命地抓住桅杆。萨默塞特市的迈恩黑德，所有渔船都被卷到港口的岸壁上，揉成一团。在国家的另一侧，距离诺福克郡的大雅茅斯（Great Yarmouth）300多公里的地方，一艘鲱式单桅帆船"詹姆斯与杰西号"（James and Jessie）被风吹着飞速穿过整洁的、新修建的不列颠码头。在这些报道中，或许最出名的故事当属德文郡海岸上位于道利什（Dawlish）与廷茅斯（Teignmouth）之间的布鲁内尔的标志性铁路遭到损坏。在狂暴风浪的冲击下，铁路的保护墙因为堆满沙子和鹅卵石而变厚了一倍。"看起来……不久前故去的布鲁内尔先生大大低估了海浪在猛烈东风的作用下所能造成的影响，"《伦敦新闻画报》指出，"风暴期间的浪潮太过凶猛，平均重量达一吨的压顶石如同软木一样被暴风卷起。巨大的风浪将钢筋上的墙壁撕成碎片，卷起在空中。人们用骇人听闻的词语描述当时的情景，建筑物被毁坏，残骸瓦砾与浪花泡沫一起吹向空中，发出可怕的咆哮声"。[12]

唯一可与自然力量对抗的大概是维多利亚时代的引擎了。但在每一次的较量中，胜出的总是大自然。大不列颠码头、道利什铁路、"皇家宪章号"，这些都可以代表着科学而文明的大不列颠，却在一夜之间全部毁于一旦。

菲茨罗伊：建立风暴圆锥预警系统

伦敦对这场灾难的报道震惊了菲茨罗伊。整个夏天他的脑子都想着船的各种残骸。在一次英国科学促进协会的会议上，他曾试图通过一项决议，要求政府资助建造风暴预警系统。这个主意得到了很多人的认同，但在能够取得任何进展之前，"皇家宪章号"就沉没了。

这次的自然事件足以令朝野震动，菲茨罗伊抓住了这个机会。他全身心投入到这次风暴的调查之中。1859年末，在狄更斯爬上莫伊尔弗雷渔村的岩石上之前，菲茨罗伊就已经向皇家学会提交了初步的调查成果。他告诉学会成员，说自己搜集的信息来自"灯塔、气象台和亲历者"，证据表明这场风暴就如同预料，是"一个完全的水平气旋"，"从南向北跨越整个国家"。[13]此外，他还将提出一个更重要的观点。"另一个有价值的结论，"他总结道，"电报通信能够在几百公里以外，告知各船只该区域附近的风暴。除此之外，别无他法。"[14]

菲茨罗伊私下努力推行风暴预警的观点。12月5日，在英国科学促进协会的基础上，菲茨罗伊向英国贸易委员会提交了一份提案。17日，贸易委员会通过了他的提案。登记在案5年后，菲茨罗伊的提案发生了变化。整个春季，他都在为具体应用此系统制定计划，并分析人们所称的"'皇家宪章号'大风"。

菲茨罗伊迎接了这次挑战，就像20年前雷德菲尔德和里德所做的那样。他出发追踪大风的轨迹。在几周之内，建立了一个数据库。大风在接近正午时分到达南海岸，并向北行进，在大约6点30分到达威尔士海岸。从始至终，大风的行踪都和预计的一样。他请同事巴宾顿绘制出大风每小时的变化图，标示了气压和温度的变化点。自1857年起，在菲茨罗伊的指示下，巴宾顿开始绘制。如今，这些图表已经有了自己的名字——天气图（Synoptic charter）。其中，"synoptic"一词是菲茨罗伊从《对观福音书》（Synoptic Gospels）的名字里借来的——马太、马可和路加从不同的视角讲述了耶稣的生活。基督教徒只有全部研读过之后，才能彻底了解耶稣的生活，菲茨罗伊将这些宗教知识带入到他的气象研究中。天气图能够同时显示气压、温度和地形，这几年来，巴宾顿相关的实验也有了进展。关于"皇家宪章号"大风，他积累了"无数"数据，"如同置于太空中的眼睛，在同一时间监视着整个北大西洋"，菲茨罗伊如此写道。[15]

关于"皇家宪章号"大风的天气图每小时记录一次，显示了大风如何围绕着"风眼"逆时针旋转。菲茨罗伊断定，危险区域是距离中心30公里到80公里的区域。在这片区域里，风速可达每小时90到160公里，呈现为"不间断的涡流"，如同池塘里向外传递的波纹。这意味着，当"皇家宪章号"离开安格尔西岛后在东北风中挣扎的同时，一股北风正在爱尔兰海域肆虐而下，一股来自西北方向的大风正在都柏林掀墙揭瓦。

菲茨罗伊发现，自己对冷热空气之间的巨大差异尤为感兴趣。冷热风的转换是《风暴规律》一书提到的风暴出现的关键特征。多弗认为，在气团与气团之间的断层处，风暴出现尤为普遍，此后的地震研究关注地壳板块的移动，其思路也与之相似。这种观点让菲茨罗伊着迷。爱尔兰记者开普敦·博伊德对此表示："19日我在贝尔法斯特，天空下着小雨，闷热的天气使人感到压抑，如同闷热潮湿的五月天。之后三天，我沿着东海岸旅行，却被一阵夹着雪花和冰雹的猛烈北风所打断。"[16]

气温下降为多弗所说的风暴提供了完美条件。冷热气团被想象为在空中彼此对抗的敌人。气温下降得越厉害，气团的对抗就越厉害，所产生的后果也就越严重。

1860年6月，菲茨罗伊希望将研究成果提交给英国科学促进协会进行审查。几周前，他收到过一封来自美军指挥官威廉·约翰斯的信，信上讲述了帆船"威廉·卡明号"(William Cummings) 的故事。约翰从另一个视角为菲茨罗伊讲述了这个故事。根据其给出的证据，在"皇家宪章号"遭遇大风的当晚，约翰斯航行了16公里。不同于泰勒船长，约翰斯在船上保有一份马修·莫里风图的复制本以及菲茨罗伊所著的《气压计及天气手册》。事实证明，这两份文件至关重要。约翰斯意识到自己正处于风暴边缘，他缩短了航程并抢风驶向开阔的海域。当时，他看到了"一阵巨大的西印度飓风"从山后袭来。他用简短的结论为此次信件收尾，"我们只是遭受到了一点点擦伤和飞沫的困扰，这种程度的损失并不比任何正常情况下的严重"。对比"皇家宪章号"的遭遇，人们会感到荒唐。比起"威廉·卡明号"，"皇家宪章号"享有巨大的优势——蒸汽引擎以及钢铁制作的船体，但"威廉·卡明号"却幸存了。[17]

即使菲茨罗伊并未公开批评泰勒船长，但他是不看好泰勒当船长的。当"皇家宪章号"绕行安格尔西岛时，菲茨罗伊没有任何与其联系的方式，他明白一切只能取决于泰勒船长如何判断了。

有了状态完美的船帆，又有蒸汽的力量，只要右舷抢风行驶几个小时，就能够幸免于难。此时此刻，个人的判断极其关键。几公里外的另一艘船"威廉·卡明号"，

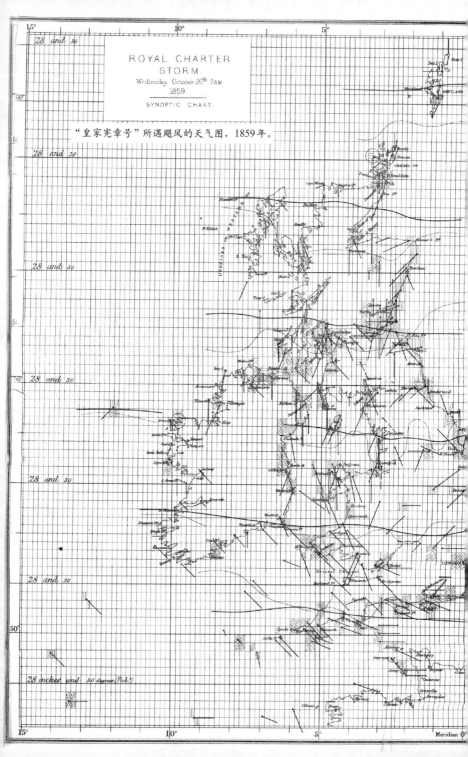

ROYAL CHARTER
STORM.
Wednesday, October 26th 9 AM
1859.

SYNOPTIC CHART.

"皇家宪章号"所遇飓风的天气图，1859年。

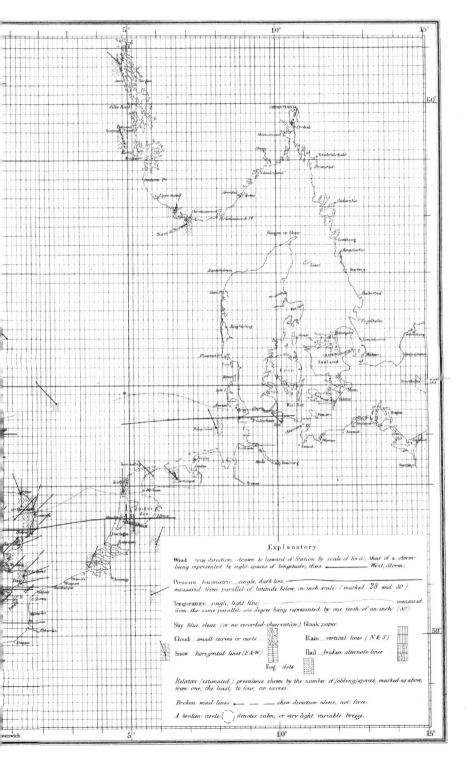

只是一艘木船而非铁船，船体也要小很多，选择了向西行驶，因而非但没有沉没，甚至没受到实质性的损坏……

在离开最后的港口之时，那艘船（"皇家宪章号"）上搭载着先进的仪器，它们应该已经给出了充分的提示，但假如它们没有，或者它们的指示没有被留意到，那也不应该对天上的征兆不予理会——任何一条船都不能忽视，"威廉·卡明号"或者无数沿岸货船便没有。[18]

菲茨罗伊把约翰斯信件上的内容当作论文的重点，论文主题为"论英国风暴"，并将其递交给在牛津举办的英国科学促进协会会议。这是个强有力的论证，证明了他的信仰之转变是被他人说服影响的。论文于6月29日星期五提交，在此4周前，也就是6月初，英国贸易委员会批准了他提出的建立风暴预警系统。英国贸易委员会注册建立一个电报网络，该网络的路线与19世纪40年代格莱舍的路线相同。13个电报站——阿伯丁、贝里克、赫尔、雅茅斯、多佛、朴次茅斯、泽西、普利茅斯、彭赞斯、科克、戈尔韦、伦敦德里和格里诺克——由菲茨罗伊挑选，并将在这些地方装备气象设备。电报公司同意将完整的气象通知单，包括关于温度、气压、天气状况和风向等内容，于每天早晨9点传给伦敦。这些信息会列成表格、简化并稍后绘制在议会街的一张地图上。如果通知有风暴，一条预警消息将沿着网路传送出去。

为了在港口处标记风暴，菲茨罗伊设计出一系列圆锥状和鼓状物。根据风力和风向的不同，码头上将悬挂不同的物体组合。类似克劳德·沙普和埃奇沃思设计出的老式电报信号，菲茨罗伊设计的风暴圆锥体在很远处就能看见。它们的高度约1米，直径约0.9

米，悬挂在电报站或海岸警卫站的桅杆上，这样船只在几公里外就能看见。菲茨罗伊告诉英国科学促进协会，这是一个直接而实用的系统，它包含这样几个简单的信号：

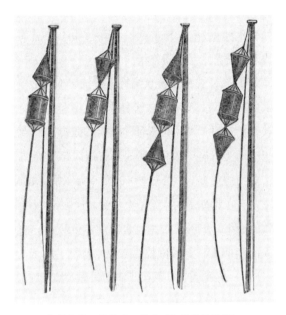

锥形信号，1860年，摘自《伦敦新闻画报》。

一个圆锥体，顶端朝上，表示大风可能从北吹来。

一个圆锥体，顶端朝下，表示大风可能从南吹来。

单独一个鼓，表示危险的大风可能从相反的区域连续不断地吹来。

一个圆锥体和一个鼓，预示危险的大风来袭，圆锥体的位置表示其可能的最初风向——顶端朝上，在鼓之上，表明是极地的风或者北风；顶端朝下，并在鼓之下，表明是南风。

　　无论何时发出这样的信号（根据伦敦发来的电报），将只保留到当天日落前，除非之后有其他指示。[19]

　　这套系统预计9月1日正式实施。菲茨罗伊宣称："这个计划非常简单，而且设备都已经准备就绪。"[20]

　　菲茨罗伊的风暴圆锥预警系统将是对抗沉船事故的一个至关重要的新武器。对许多人来说，这套系统来得有些晚了。在英国，甚至当菲茨罗伊针对"皇家宪章号"沉船的分析在牛津完成之后，整个国家仍在承受着这一悲剧所带来的悲痛。《泰晤士报》报道称其为"一次可怕的灾难"。在一连串的夏季大风中，186人——大部分为渔民——在北海丧生。"除了大量生命逝去，"报纸写道，"还有贫困导致的后果，剥夺了那些风暴幸存者赖以为生的工具。"历史总是惊人的相似。在英国伦敦的劳合社，臭名昭著的卢廷大钟（Lutine bell）——之前曾在一艘船于海上失踪时被敲响过——再次被敲响。

　　1860年6月29日周五，人们看到了菲茨罗伊作为气象学先驱者的一面，他极力支持这个有益的计划。但是命中注定，他的牛津演讲会迎来了一个戏剧性的结局。回顾19世纪的科学史，人们将会看到两种定义、两个重要时刻的美妙相会。第一个是1859年10月25日"皇家宪章号"的沉没。第二个是更具深远影响的事件，是查尔斯·达尔文的《物种起源》之出版。

《物种起源》问世，达尔文、菲茨罗伊交恶

1859 年 10 月 1 日，达尔文在日记中匆匆记下，"完成《物种起源》摘要的校对（历时 13 个月零 10 天）"。在承受了几十年的否定与痛苦之后，达尔文写下了自然选择的进化理论——这个理论完全颠覆了基督教对人类过去的解释。之后达尔文写道，阐述自己的观点如同承认犯下谋杀罪。如果他是杀人犯，那么"小猎犬号"的船长菲茨罗伊则在无意间成了帮凶。他们之间的嫌隙如今将彻底爆发。菲茨罗伊是一名虔诚的基督徒，如今，一名老朋友将动摇他的精神支柱。

10 月 23 日"皇家宪章号"抵达英国海域之时，达尔文正写信给他最亲密的朋友——约瑟夫·道尔顿·胡克（Joseph Dalton Hooker），设想这本书的前景。"皇家宪章号"沉没之时，第一版的印数确定为 1250。11 月初，当菲茨罗伊针对海难的调查取得进展之时，《物种起源》的复印本印刷完成并发放给英国和欧洲的科学家。11 月 24 日，图书正式出版，并在首日售罄。菲茨罗伊属于那些提前收到此书的人之一。长期以来，他都怀疑达尔文私下酝酿着激进的理论，但事实比他想象中还要糟糕。他对此感到厌恶。"我亲爱的老朋友，"他写信给达尔文，"你认为人类是猿类（甚至是最古老的猿类）的后代。在你的这种理论中，至少我找不到任何高尚的东西。"

对菲茨罗伊来说，他的个人身份认同来源于其显赫的公爵和国王血脉，他对进化的观点深恶痛绝。接下来的几周，他抓住每个机会来诋毁《物种起源》——事实证明这本书受到了追捧，他感到十分危险。他的其中一种手段是利用《泰晤士报》的读者来信。

他取了个粗鲁的笔名森纳士（Senex，意为"老男人"），并写文章抨击达尔文的理论。达尔文认出了菲茨罗伊独特的行文风格，并意识到了这个森纳士的真实身份。他迅速写了一封信给地质学家查尔斯·莱伊尔：

> 我忘记了你是否相信《泰晤士报》上所说的，为了不发生这种事，所以我写了这封厚厚的信——我确信那是由菲茨罗伊所写。几天前，他刚刚给我写过一封信，信上说世界总人口没有增长。他没有把自己关于乳齿象灭绝是因为方舟门过小的理论加上去，我对此表示遗憾。多么愚蠢而自负，最伟大的报纸竟然还引用了！ [21]

6月29日菲茨罗伊去往牛津，在英国科学促进协会的会议上发表了"论英国风暴"的演讲。第二天，一场主题为"从达尔文先生的观点看欧洲的智力发展"的既定辩论会即将在牛津大学的自然历史博物馆举行。当时正是达尔文的理论最受追捧的时刻。自从《物种起源》出版，科学界首次聚在一起，其中还有来自牛津大学的教授、讲师和学者。甚至备受人尊敬的查尔斯·道奇森（Charles Dodgson，笔名刘易斯·卡罗尔，其作品有《爱丽丝梦游仙境》）也在场。这场辩论有可能会改变人类看待世界的方式，因而选择在存放着诸多古代工艺品的博物馆中举行再合适不过了。

人们将此次辩论看作是一次科学与宗教之间的巅峰对决并予以铭记。尽管达尔文并不在场，而且是德雷珀先生做的开幕演讲，人人都说十分乏味，但好戏没多久就开始了。在此之前有流言称，牛津教区的主教塞缪尔·威尔伯福斯（Samuel Wilberforce）以及教会的支持者（他们说话雄辩、气场强大、行事专横）将这次辩论看作是一次公开诋毁达尔文理论的机会。迎接其挑战的是生物学家托马斯·赫胥黎，因为在报纸上极力支持《物种起源》，他为自己赢得了"达尔文斗牛犬"的绰号。

德雷珀的讲话结束后，威尔伯福斯如期站了起来。他充满激情地演讲了半个小时，抨击达尔文理论的根源。是否发现了由自然选择进化而来的实例物种？"我们可以无畏地断言并没有。"大头菜通过竞争进化成人类是否可信？最后，他转向赫胥黎，用一个犀利的问题来结束他的发言。威尔伯福斯强势质问，既然赫胥黎的先祖是一个猿猴，那么这个猿猴是来自他的祖父还是祖母呢？对此，赫胥黎的回答十分大胆，足以载入史册。

> 相比起一个极具天赋和影响力，却用自己的才华和权力来混淆科学真理的人，我更愿意和一个猩猩有血缘关系。[22]

这是一场来自各自专业顶尖人才之间的巅峰智斗。此后，辩论开始进入白热化，其中一个站起来表述自己厌恶之情的人是菲茨罗伊，没有知道他说了些什么。但是两星期后，达尔文听到有人报告：菲茨罗伊站在人群中，手里挥舞着《圣经》，"懊悔"地呼喊那本书里的事实没有逻辑。从达尔文给他年迈的导师亨斯洛教授写的一封信来看，他似乎一点也不惊讶——他叹气道："我认为他时常处在精神失常的边缘。"

从一位老朋友口中得到这样令人窒息的评论，菲茨罗伊正被推到一个无比艰难的境地。自他从乘坐"小猎犬号"的航行归来起，他的基督教信仰一直支撑着他。不仅如此，他的信仰还与他对玛丽的记忆紧密联系在一起。表面上看起来像是达尔文在知识上背叛了他，实际却有其他的含义：这是一次情感攻击，攻击对象是菲茨罗伊对死去妻子的怀念。在接下来的几十年里，无数的人都将得出自己对《物种起源》的解释。天文学家赫歇尔、地理学家莱伊尔、生物学家赫胥黎等人对其的态度各不相同。对许多人来说，生活的中心问题是宗教信仰面临着挑战。但是几乎没有人面临过比罗伯特·菲茨罗伊更为复杂的道德困境。

在牛津，菲茨罗伊的人格出现分裂。本质上来说，他既是一位忠诚的改革派，又是一名强硬的保守派。在其职业生涯里，他一直为革新而斗争——在"小猎犬号"上使用光导体，在"傲慢者号"上使用天气日志和蒸汽驱动以及研发风暴预警系统。这些标志着他是一位先驱者。但是菲茨罗伊也被过去所牵绊：这些可以在他与玛丽的关系，他从小所受的教育以及他忠诚于等级制度——等级与阶层不可改变——中体现出来。

这些相互矛盾的信念在菲茨罗伊心中拉扯着。在1860年的牛津会议上，他陷入了一个难以维持的境地。公开谴责达尔文激进的理论使他感到开心。但如果说《物种起源》是科学对过去的擅自闯入的话，而教会对过去的解释已经有一千年的历史了，那么从逻辑上说，天气预报就意味着对神圣未来的入侵。天气预报与进化论是科学孕育的双胞胎：一个夺走了过去，一个夺走了未来；一个来自达尔文，一个来自菲茨罗伊。科学与友情以愈加复杂的方式分分合合，他们之间的分歧永远无法解决。两位老朋友因为彼此的信念而分道扬镳。

格莱舍：热气球升空实验

如今已有30年历史的英国科学促进协会一直充当科学观点的测试机构。正如埃斯皮所发现的，它的支持或谴责将意味着成就或抹杀一个理论。如今的几个活跃的陆上天气网络都收获了有用的数据，但还有一个区域仍未可知：上层大气。

为了解决这个问题，1858年在利兹举行的英国科学促进协会会议上，一个委员会成立了，委员会的工作任务是组织热气球升空。这个主意是：通过把科学家放在热气球上，带着设备去记录位于高空的大气数据，以此来拓展大气观测的范围。会议任命了一群备受尊敬的科学家：即将离职的皇家学会主席沃罗特斯利勋爵、迈克尔·法拉第、查尔斯·惠斯通以及格莱舍的一位老朋友李博士。他们一起为委员会起了一个名字——热气球委员会。委员会从格莱舍和艾里处收到了许多支持者的来信。1859年5月，在皮卡迪利大街的伯林顿府①举行的一次会议中，格莱舍和菲茨罗伊也加入了这份名单之中。对于气象学来说，这是崭新而大胆的一步。它结合了探索所带来的兴奋感与科学所特有的冷静的理性主义。就像蒲福的调查船一样，挂在热气球上的篮子将成为智慧绽放的中心，没人知道这将揭示什么。

19世纪的上半叶，热气球极其受人欢迎。热气球午餐成为不容错过的壮观体验，人们写下乘坐热气球旅行的故事，如同近代

---

① 起初是一幢帕拉第奥式风格的私宅。19世纪中期，英国政府购进伯林顿府并进行了扩建。

传说，这标志着自由的终极表达。氢气球驯服了科学力量，将其用于美的享受和表演，但同时令人吃惊的是，却很少将其用于科学实验。最近的一次重大热气球升空发生在1804年，来自年轻的法国物理学家约瑟夫·路易·盖－吕萨克，从巴黎的艺术设计学院出发，乘坐名为"库泰勒号"（Coutelle）的氢气球到达8000米的高空。他携带着气压计、温度计、深水望远镜、测试地球磁场的罗盘以及几个收集空气样本的瓶子。他想要证实"令牙齿打战的高空冷空气，并希望证明高空会使脑袋肿得像南瓜，鼻子会流血"的观点是错误的——卢克·霍华德曾计算过，在11000米的高空，空气所占的体积是地球上的7倍。[23]可喜可贺，他满载归来。但是见过如此壮观景象的人没几个还活着（盖－吕萨克于1850年逝世，他是一个享誉世界的法国科学家）。

盖－吕萨克乘坐热气球升空留下了许多永恒的科学遗产，其中之一就是温度随着高度的升高而递减的法则。据他计算，每升高90米，温度下降1华氏度。近半个世纪来，尽管没有人乘坐热气球来检验此公式是否准确，但人们都采用此公式。意志坚定的托马斯·福斯特试图进行一次科学升空实验。1831年4月，福斯特为升空试验筹集了足够的资金，他把这段经历用明亮的记叙风格写成了一本书《伟大的空中航行和阿尔卑斯山航行编年史》（*Annals of Some Remarkable Aerial and Alpine Voyages*）。这本书的主要内容是他对自己乘坐热气球升空的描述，而对于从18世纪80年代起的热气球狂热到19世纪初热气球艺术形式的繁荣这段热气球发展的简史，他却愉快地一掠而过。盯着天空看了几年后，能够在空中航行对福斯特来说是一次愉快的享受。他已经观察过阿尔卑斯山山顶的乌云，但是这次肯定有所不同。1831年4月30日的周六，在埃塞克斯郡切姆斯福德附近的穆萨姆（Moulsham），福斯特爬进热气球的篮子里，慢慢上升到"温和而静谧的大气中"。

> 顺着莫尔登河的流向，盘旋在河边的沼泽地上空的积云，慢慢地消退成层云或白色的暮霭。这片暮霭慢慢降下来，笼罩在陆地上，起初我们认为那是烟。更高处飘浮着积云，许多雾霭仍旧在上升。如今这番景色更宏伟美丽。田地里，开花的海甘蓝给麦田打上了灿烂的金黄色，嫩嫩的小麦打上了绿色，或者休耕的土地所呈现的深棕色；一排排树木交织在一起，淡色系的树叶和花朵使树干的深色调变得活泼，河流、树木和村庄纵横交错，构成了最有魅力的一个国家。[24]

要是福斯特将目光转向东方，他将看到村庄与农场散布在戴德姆河谷周边，那是康斯太勃尔的家乡。气球升到1500米的高空，伴着气流优雅地掠过大气层。蓝色的地平线令人感到愉悦，福斯特伸着脑袋趴在篮子的边缘，直直地盯着正下方的深谷。他自豪地说，虽然啪啪的声音振聋发聩，但自己却没有一丝眩晕感。

福斯特回到地面后，得出了几个坚定的结论。他声称热气球是时代的奇迹，比蒸汽船好多了——"深海里新生的庞然大物与空中的飞马没法比"。[25]福斯特还坚决反对携带茶点的习惯——香槟、肉类、奶酪和果酱都成为在乘坐热气球时常吃的食品——但是，对于福斯特来说，这只会使他在做科学实验时分心。问题是福斯特的探险丝毫不含有科学的性质。首先，他忘了带科学仪器。而他所谓的科学实验也在其沉迷于美景之时彻底被忽略，当时他的脑袋耷拉在篮子边上，出神地望向远处。在福斯特的航行中，他创作出几篇美得令人窒息的散文，但从科学的角度来看却毫无价值。他总共记录了两组数据：升空前的温度和气压。

直到19世纪50年代起，科学性质的热气球活动才开始多了起来，当时基尤气象观测台的负责人约翰·威尔士（John Welsh）在查尔斯·格林（Charles Green）的命令下在伦敦进行了4次热气球升空，升空的高度在6000米左右。当时格林是最有名的热气球驾驶员，驾驶热气球有40年了，并在其标志性的"皇家沃克斯霍尔号"（Royal Vauxhall）和"大拿骚号"（Great Nassau）上完成了500次升空。1836年某天，他迎来了个人的巨大成功，驾驶热气球从沃克斯霍尔花园飞到德国中部，创下了世界纪录。之后他继续飞行，使用了新方法——以煤气替代氢气，但这不仅成本昂贵，而且难以控制。对威尔士来说，格林是个出色的飞行员。格林操控气球，威尔士则专注于科学观测，他们像"奋斗号"上的库克和班克斯一样分工合作，一个负责导航，另一个专心研究科学。他们做的3次升空试验都非常成功。尽管感觉犹存，但仍有更多需要去做。如今，伦敦科学界的精英们都环绕在英国科学促进协会委员会周围。时机似乎已经成熟，是时候开始新的尝试了。于是，他们自然而然地再次转向查尔斯·格林。

1859年7月，菲茨罗伊加入3人的研究小组，并同意支付90英镑给格林，赞助他在斯塔福德郡伍尔弗汉普顿进行4组热气球升空实验。相对于如此大胆的科学实验，伍尔弗汉普顿这个地方显得有些乏味，但是地理位置优越，正处于国家的中心，而且委员会与当地的煤气厂经过讨价还价得到了价格更为低廉的气球燃料。起飞的日期定在8月15日，沃罗特斯利、菲茨罗伊和格莱舍都赶过来观看其升空。但是此次升空试验最后铩羽而归。人们试图给格林的老气球"大拿骚号"充气，但是几股混乱的风使人们的努力化为泡影，停泊在地面的"大拿骚号"被扯来扯去，如同一匹心情焦躁的马儿。等到充气完成后，天色已晚。第二天，他们再次尝试并在下午1点30分成功充气。但是又一次风吹来，升空试验再次被打乱。气球颤动并撕裂，煤气在几秒内倾泻而出。这种混乱的场景无法用语言来形容，格莱舍求助于经过检验的可靠图形，他将这次失败称为一次"空难"。[26] 而这次失败也终结了夏天的热气球升空试验活动。

人们仍对上层大气的状况一无所知，没人知道大气层有多高。19世纪40年代，埃德加·爱伦·坡写了一篇小说，其中提到一个人曾乘坐热气球升空到月球。尽管没几个人认为这种想法可行，但也没人能确切地表明这不可行。几个世纪来，人们做了许多大气高度的预测。化学家约翰·道尔顿认为大约80000米，而菲茨罗伊认为16000米的可能性更大。升到最高的热气球是盖-吕萨克所驾驶的，大约有8000米，打破这个记录是英国的目标。但是仍有其他的神秘的事情。随着高度的升高，有多少气流在流动？气温会如同盖-吕萨克所说的那样随着高度升高而继续递减吗？高空的天气是否与低空的天气相同？当气球接触到带电的卷云会发生什么？19世纪30年代的福斯特对此十分担心，他认为气球可能会爆炸并变成火球坠向地面。

两个夏天过去了。1862年，在英国科学促进协会会议上，一个新的热气球委员会成立了。这段时间菲茨罗伊太过忙碌，但是英国皇家学会的艾里、赫歇尔、大卫·布鲁斯特爵士和约翰·廷德尔（John Tyndall）都在名单之中。他们决心要取得进展，因而定下了13个目标，其中的主要目标是"确定不同高度下的空气温度和湿度"以及"检验盖-吕萨克的温度随高度升高递减的公式是否准确"。为了完成这些实验，他们求助于忠实的科学拥护者詹姆斯·格莱舍，希望他来接手气象气球的驾驶工作。

格莱舍已经53岁了，且没有实际驾驶热气球的经验。迄今为止，他一直远离公众的焦点，转而去偏僻的办公室作为气象学会的秘书或基尤气象观测台的负责人去成就一番事业。也许任命格莱舍的决定性力量是来自艾里。如今，格莱舍已经和艾里一起工作了30年。他做事细心、靠谱、冷静、理智并具有科学精神。对于这样一位疯狂追求细节并出色完成工作的人，他们难以找出更为明智的选择。

结果证实格莱舍对热气球有潜在的兴趣。10年前，他在格林尼治天文台的屋顶上透过天文望远镜看着约翰·威尔士升空，热气球划出一条弧线。如今，格莱舍有机会亲自体验一把升空。他将与经验老道的驾驶员——43岁的亨利·特雷西·葛士维（Henry Tracy Coxwell）一起操控热气球。一只专门委托制作的热气球"猛犸象号"（Mammoth）由美国最好的布料制成，容纳体积达2500立方米。充气后，这将是有史以来最大的热气球。如果你读过格莱舍之后写成的作品《空中旅行》（Travels in the Air）的话，你会发现，在最开始的地方，你就能察觉到格莱舍的声音里掺杂了不安。他丧失了在写露水和雪晶论文时的冷静与沉着。随着他的"第一次升空"不断迫近，他开始对观测感到焦躁不安，他将必须高效地工作，而且猛烈的着陆也会有丧失数据的危险。为了安抚自己的紧张情绪，格莱舍在格林尼治设计了一套飞行测试模拟装置，并用此练习。他写道："我将要观测一个此前没有人设想过的现象，要是我没准备好，我肯定会受到谴责的。我发现我害怕这种情况出现。"

格莱舍尽其所能去做准备。为了保护其越来越多的仪器，他设计了一个简易的快速收纳装置，以便他可以在短时间内取出温度计、湿度计和气压计并将其放入装有防护垫的吸能盒中。他计划使用丹尼尔湿度计来读取温度和露点。他有干湿球温度计、水银气压计和无液气压计，有收集空气样本的瓶子，有检测氧气含量的臭氧试纸。除此之外，他还打算盯着云层和气球，并检测大气电流。这个名单越来越长，简直要成为猎奇的仪器展览了，但这也是个巨大的挑战，不亚于半个世纪前康斯太勃尔对云的研究。

1862年7月17日，经历过几次升空失败后，格莱舍的机会终于来了。这注定是个困难的开始。一阵可怕的风向伍尔弗汉普顿袭来，一会西风，一会北风，一会又变成西风。格莱舍用以其一贯保守的陈述表示："这种情况对新手来说可一点都不鼓舞人心。"[27]到了上午9点半，"猛犸象号"充气完毕。格莱舍和葛士维于9点42分爬进热气球驾驶舱，慢慢离开地面。接下来是糟糕的一分钟，当气球离开发射点时，它开始向一边倾斜，造成了巨大的恐慌。热气球加速时，篮子剧烈地倾斜，格莱舍感到十分惊慌，他发了狂似地寻找自己的仪器。他如此写道："如果前方有烟囱或者高耸的建筑物的话，那将会是致命的。"[28]

幸运的是，并没有那种障碍物。在其研究生涯里，格莱舍很少犯错，而热气球起飞之时的失常表现是鲜有的一次（上午9点43分）——但一旦"猛犸象号"升空后，他冷静干练地做事的习惯又恢复了。5分钟之内，气球升到云里，格莱舍忙于测试和记录，既有策略又有效率。牛津大学学者约翰·罗斯金20年前曾写道：

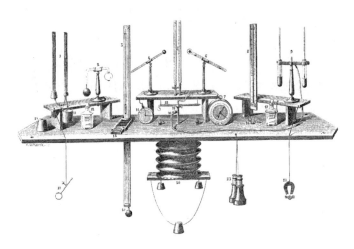

詹姆斯·格莱舍在热气球中的实验台，摘自《空中旅行》，1871年。

"这位气象学家，如同一个至高无上的神，王国的空气让其无比欣喜。"[29]格莱舍的本子上记满了数字。

上午9点49分，气球到达云层，高度为1362米。气球继续爬升，9点51分时来到1768米，我们穿过了这一云层，但再次包裹在积层云中，高度为2432米。9点55分，明媚的阳光照在我们身上，煤气开始膨胀，气球呈现完美的球形。一幅极为壮观的风景呈现在我们面前，但不幸的是，我不能腾出时间来记录这番特殊的美景，因为我仍在将仪器摆放在应该待的位置。当一切仪器就位后，我们来到了3048米的高空。10点2分，云彩变得十分美丽。10点3分，来到3873米的高空，听见了一段优美的音乐。10点4分，能够透过云层看到地球。来到5155米，我们离下面的云朵已经很远了，尽管远处的积云和层云似乎在与我们同等的高度，我们上空已经完全没有云，天空呈现出普鲁士蓝。[30]

随着他们的升空，格莱舍不断地切换仪器、记录数据，偶尔抬头看看四周，享受在云中的乐趣，然后继续工作。最后，这些秘密全都被他们掌握了。气象学正飞往令人激动的新高度。

下　午

　　随着下午的到来，云的底部开始变厚。在强烈的对流气流的推升下，潮湿气团进一步上升，并开始凝华成为冰晶。积云那犹如菜花般的冠部开始聚拢起来，积雨云正在迅速形成。在适当的条件下，可以在陆地上空形成高达数英里的鬃积雨云，它那铁砧一般的冠部会沿着对流层和平流层的交界地带铺开。作为地球上位置最高的结构，英语中有"to be on cloud nine"[1]的说法，这里的"nine（9）"是1896年的《国际云图集》（*International Cloud Atlas*）对积雨云的编号。

　　在积雨云的内部，空气急剧冷却，其中会形成与卷云类似的冰晶，它们会在广阔的天穹中蔓延开来。在这种天气里，雨滴会被下方强烈的上升气流重新吸进云里，并像跷跷板一样不断升降，从而形成同心多层的冰粒，冰粒降落到地面就是冰雹。不过，今天冰晶是直接降落的，随着它们落入下方更温暖的大气中，冰晶开始慢慢融化，阵雨就开始了。

　　较大的雨点降落速度最快，并且会在降落过程中互相融合和分解。有时候我们会注意到一种先行降落的雨水，啪啪地溅落在公路上，这往往意味着一场大暴雨紧随而至。雨滴的大小有很多种，最小的雨滴可以是直径仅为1毫米的小液滴，最大的可以是直

---

① 属英语习语，字面意义为"在9号云之上"，用以表示"得意忘形""飘飘然"之意。

径5毫米的巨无霸，其降落速度可达9米/秒。

雨滴在降落过程中会穿过一缕阳光，并对光线形成折射，而在半英里（约804.7米）之下的地表背对太阳站立的人，如果向上仰视42度，他们会看到彩虹。

每个人看到的彩虹都是不同的，对于观看者来说，彩虹是动态且唯一的。和天空的蓝色一样，彩虹的颜色也是一种短暂的混搭，其样态是由折射阳光的雨滴大小决定的。仅包含7种典型颜色（红、橙、黄、绿、蓝、靛、紫）的理想彩虹是不存在的，相反，我们可以从中看到混合色，而且如果你注意观察，你会发现彩虹也是会发生变化的。

直径1～2毫米的大雨滴所产生的彩虹带有非常显眼和生动的绿色，以及鲜明的红色，但几乎看不到蓝色。直径0.5毫米的中型雨滴产生的彩虹具有的红色较少，但紫色会很多，而直径在0.08～0.1毫米的小雨滴会产生一道明显的虹，但几乎看不到色彩，这种被称为"白虹"（White Rainbow），十分罕见。

在主虹的上部仰角51度的地方往往还会存在第二道虹，相比于主虹来说，副虹要暗淡很多，而且不易察觉。副虹的颜色顺序与主虹是完全相反的，它的最外一层是紫色，最里层是红色。据称，在一次暴雨期间，有人看到每当雷声响起时，彩虹就会暂时消失，感觉就像受到了惊吓。是否是由于空气震动造成雨滴瞬间聚合，从而破坏了天上的这块调色板，尚没有人能对此给出定论。

第四部分

信　任

第10章

举世瞩目
Dazzling Bright

1862年8月18日，詹姆斯·格莱舍和亨利·葛士维开始了他们的第二次热气球旅行。和第一次相比，这一次进展得十分顺利。下午1点没过多久，葛士维拉下弹簧销，他们开始缓慢上升。格莱舍看到伍尔弗汉普顿在他们脚下逐渐缩小，直到看起来像个模型。不到10分钟，他们就穿过一片高耸的积云。从云层花椰菜状的顶部出来之后，格莱舍被眼前的景色迷住了。苍穹呈现出一种"美丽的深蓝，点缀着丝丝卷云"。其他的云"因为光线和阴影的变换产生的神奇效果使人目眩神迷"。有那么一会儿，他像福斯特一样将头伸出吊篮凝视着。他看见附近一朵云上倒映出巨大的轮廓，热气球的形状像一顶"光彩夺目的皇冠"装饰着云朵。在下降两个半小时之后，格莱舍望着他认为是他们从伍尔弗汉普顿升空时穿过的那片积云。它在他们的正北方，格莱舍猜测它是一路尾随他们过来的。他认为，从这片云庄严的样子来看，它应该被称为"云之君王"才对。[1]

格莱舍：探索大气层的奥秘

两周之后，也就是9月5日，格莱舍和葛士维再一次从伍尔弗汉普顿出发。那天天气阴冷潮湿，并不适合热气球飞行。但多风的秋季即将到来，他们决意挤出时间再进行一次高海拔飞行。他们之前已经到达2.4万英尺（约7315米）的高度，比1804年盖－吕萨克的创举高出了一点点。他们没有经受任何不良反应，这一次，他们的目标是飞得更高。

和之前一样，他们午后1点从伍尔弗汉普顿出发，在10分钟之内他们攀升得很快。穿过云层，"一片灿烂的阳光洒在我们身上，天空晴朗，万里无云。我们脚下是一片壮丽的云海，它的表面不断变化，呈现出连绵不断的山丘和山脉的形态，又仿佛一簇簇洁白如雪的植物从它上面冒出来"，格莱舍如此写道。格莱舍一遍遍地记录着数据，从气压表到温度计，从温度计到湿度计。地面温度是59.5华氏度（15.3摄氏度），进入云层1英里后温度降低到36.5华氏度（2.5摄氏度），离开地面2英里温度降到零度左右，到他们上升到4英里的高度时，温度正好是7华氏度（零下13.9摄氏度）。格莱舍略微停了一下，让相机底片曝光。阳光非常耀眼，快速的曝光即可捕获风景。但格莱舍的尝试失败了，或许是因为吊篮不停地晃动。现在上升的速度比之前更快，"猛犸象号"被风吹得摇摆不停。很快热气球开始螺旋式上升，而不是沿着垂直的路径稳定地攀爬。

他们上升的速度不断加快，低处的云朵在他们脚下越缩越小。天空的颜色逐渐变成一种更深的蓝色。到5英里高空时气温为2华氏度（零下16.7摄氏度），这比寒冷的冬天苏格兰山顶的温度还要低。格莱舍和葛士维穿着厚重的外套，系着围巾，戴着手套，看起来更像是准备去参加一次周日下午的徒步旅行，而不是在上层大气中飞行。在超过2万英尺之后，他们感到刺骨的寒冷。很快，格莱舍的设备开始出现故障。他的丹尼尔湿度计停止记录数据，他无法使湿球温度计上形成水珠，其他设备也被霜冻封住。但他们决定飞得更高，于是他们丢掉了更多用来调节飞行高度的沙袋。"猛犸象号"歪歪扭扭地向上攀爬，此刻的速度是每两到三分钟上升大约1000英尺。

"在此之前我都能很轻松地进行观测"，格莱舍回忆道。[2]但曾经的老习惯突然变成一项令人疲惫的任务。他的上一组数据记录于下午1点51分或52分。他使用近似值的方法很重要。气压计记录数据为10.8英寸，干球温度计记录的数据是零下5摄氏度。[3]在上升过程中，格莱舍和葛士维一直背靠背完成自己的工作：格莱舍记录数据，葛士维操纵热气球。下午1点54分，格莱舍突然喊葛士维帮忙。然而，葛士维却很难分心。格莱舍从他的观测台看了一眼，看到了一幅骇人的景象。葛士维爬到了吊篮外面，正通过牵引绳把自己吊向热气球的伞圈——这儿离吊篮有5英尺。"猛犸象号"的旋转令伞阀拉绳——它对排气非常重要——来来回回摇摆，已经和伞圈搅在了一起。

当葛士维从吊篮里爬出去时，格莱舍有一种奇怪的感觉。他的一只胳膊完全麻木了。他动了动另一只胳膊，也同样虚弱无力。当葛士维把自己吊起来穿过那堆搅在一起的绳子时，格莱舍的身体仿佛瘫痪了。他的头像果冻一样无力地耷拉在肩膀上。他试着把头抬起来，但它却倒向另一侧的肩膀。没过多久，他的双腿都站不直了，向后倒下去。"这个姿势让我刚好能看到伞圈里的葛士维。我只能模模糊糊地看见葛士维先生，我竭尽全力想开口说话，但一个字也说不出来。"

我的眼前一片黑暗，我的视神经突然失灵了，但我依然还有意识，我的思维还很活跃，就像此刻正在写作时一样。我想我可能窒息了，当时我觉得如果我们不赶紧下降，我将必死无疑；我的脑海中千头万绪，而我却像准备上床睡觉般突然失去了意识。[4]

格莱舍的处境非常危险。"猛犸象号"进入了在今天被称为"死亡区"的地方，在大气的这一区域氧气含量不足以支持动物的生命。在平流层的边缘，格莱舍的身体机能逐步丧失。下午1点56分，在海拔约2.9万英尺的地方，格莱舍昏迷了。这个高度是用三角学最新测定的世界最高峰——后来被称为珠穆朗玛峰——的高度。

几分钟后格莱舍又被晃醒了。他被远处传来的葛士维的声音唤醒了。他听到葛士维在说话，其中有"温度"和"观测"等词语。接着他又听到他说："快试试，现在就做。"最后，格莱舍终于意识到葛士维是在试图叫醒他。他的意识逐渐恢复，手边的仪器"稍微能看清了"。这时，他的目光越过观测台，看见了葛士维那让人宽慰的身影。

"我刚刚昏迷了。"格莱舍说道。

"是啊，我也一样，就差一点点。"葛士维回答道。[5]

格莱舍注意到葛士维的手变黑了。他拿出一瓶白兰地，把酒水浇在手上。直到此时，他的本能才开始恢复。他转过身回到书桌前，用维多利亚时代所有科学中最得意而又低调的句子写道："我于2点零7分重新开始观测，气压计数据为11.53英寸，温度计数据为零下2华氏度。"[6]

距离格莱舍倒下已经过去大约10分钟了。就像他的数据证明的那样，"猛犸象号"下降的速度非常快。直到此时，葛士维才把刚才那10分钟里发生的事情告诉格莱舍。这是一个比他想象的还要刺激的故事。或许格莱舍因为昏迷而没有经历它算是因祸得福吧。爬上热气球的伞圈——据格莱舍计算，他们现在离地面有7英里，或者说是3.5万英尺——葛士维成功地解开了阀绳。他向下望去，看到格莱舍躺在那里。"我的双腿就那么伸着，手臂垂在身体两侧"，格莱舍回忆道。由于他看起来"安详而平静"，葛士维推断他可能已经死了。后来，一幅名为《在7英里高空中昏迷的格莱舍先生》的著名石版画记录下了这一激动人心的时刻。这是一个骇人的画面，两个人危险地漂浮在高空中，而格莱舍直接瘫倒在吊篮里，马上就要失去平衡。如果他掉下去，那么他们两个人都可能会死去：格莱舍的身体在斯塔福德郡上方7英里的高空坠落，葛士维的命运甚至更可怕。由于"猛犸象号"卸下了最重的负荷，葛士维将径直向上飞去，越来越远直到消失不见。在这幅石版画中，他的处境甚至比格莱舍还要危险。他爬上了热气球的伞圈，左腿像蛇一样缠绕在绳索上，右手紧紧抓着绳子。阀绳拼命摆动，但他却够不着。

在如同特技飞行一般的史无前例的壮举中，葛士维抓住了阀绳并解开了它，他的勇气超乎想象。但他们的麻烦并没有就此结束。在安全地回到吊篮里后，葛士维发现自己已经精疲力竭。刚刚还身手敏捷的他现在感觉好像瘫痪了一样，根本没有力气抬起胳膊来拉动阀绳排气。他拼尽最后一丝气力，试着用牙齿咬住阀绳，这才终于成功。他低下头"（拽了绳子）两三次"，热气球才终于开始径直下降。[7]

仅仅10分钟，"猛犸象号"降落到约1万英尺的地方——在这个高度，热气球可以从容不迫地飞行了。要是格莱舍和葛士维知道如此剧烈的气压波动会给人带来的危险的话，他们就会意识到自己依然处于极度危险的境地。但格莱舍却不了解这一点。他从昏迷中苏醒后，又像之前那样开始观测，仿佛他们之前遭遇的只是一个小麻烦而已。下午2点40分，他们在什罗普郡郊外的某块农田着陆了。

在把热气球和物品整理妥当之后，他们朝最近的村庄走去。走了七八英里，他们才在拉德洛（Ludlow）附近寇德威斯顿村（Cold Weston）找到一家乡村旅馆，并在那里喝了一品脱啤酒。

第三次乘坐"猛犸象号"升空让格莱舍名声大噪。在随后的几个星期，《泰晤士报》刊登了他的飞行记录，这引起了全国人民的好奇心。使人们着迷的并非科研细节，而是人类的勇气，以及假如葛士维不幸遇难他们会遭遇什么样可怕的经历。他的整个记录充满了让人不安的悖论。首先是极低的气温。所有人都能感受到太阳带来的温暖，但你越接近它，它就变得越冷，这听起来似乎很奇怪。其次是审美悖论。格莱舍描绘的世界美不胜收：卷云，蔚蓝的天空，清澈的空气，但它又是一个极度危险的地方。上层大气不会很快或暴力地杀死某个人，但它会使人的感官因窒息而变得迟钝。它让人的大脑眩晕，四肢无力。格莱舍所描述的那种缓慢地失去知觉的过程令人担忧和不安，同时又让人感到激动。他写道：

> 在人缓缓上升、悬浮在半空的时候，窒息会攫取人的生命，就像严寒偷偷夺走登山者的生命一样，这些登山者逐渐麻木，感觉不到痛苦，屈从于不断袭来的睡意，最终再也醒不过来。[8]

这其中，最让人为之称道的地方是葛士维表现出来的巨大勇气。毫无疑问，如果他没能成功地拉动阀绳排气，那他们最终都会飘到太空中去，继而丧命。这个故事从头至尾都体现着英国式的严谨。葛士维唤醒格莱舍的方法也许是对科学最好的贡献了，他用"温度""观测"这些刺激性的词语使格莱舍恢复了意识。"科技工作者的勇气值得在史书中专门写上一笔",《泰晤士报》在一篇社论中如此写道:

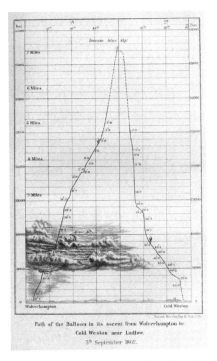

热气球从伍尔弗汉普顿到拉德洛附近的寇德威斯顿村的飞行路径,
1862年9月5日。

他们孤独、缜密、冷静、坚忍……葛士维先生和格莱舍先生的空中之旅足以被列为实验家、探索家和旅行家们最伟大的壮举之一……他们展示了科学能够激发出怎样的热情,带来何等的勇气。[9]

当然，这只是这个故事中人性的一面。除了颂扬他们为科学献身的勇气之外，这里面还包含着一个真实的科学探索的故事。几个世纪以来，人们一直在推测大气层的高度，其中最有价值的是17世纪的约翰内斯·开普勒 (Johannes Kepler) 提出的。开普勒根据黄昏持续的时间计算出大气层的高度在40～50英里之间。两个世纪以来，这一说法一直为人接受，直到19世纪初约翰·道尔顿计算出更精确的数字：44英里。现在看来，格莱舍和葛士维似乎解开了这个谜团。通过他们的飞行，他们重塑了人类宜居世界的边界，就像之前的哥伦布或马可·波罗所做的一样。

第三次空中旅行之后，格莱舍的热气球飞行变成了全国性的事件。报纸会像报道重大体育赛事一般热情地期待、记录和报道他的每一次飞行。这些都给格莱舍带来了声望，让他成为全国知名度最高的科学家，并给气象学实验带来了极大的关注度，这种关注度自从18世纪50年代富兰克林的闪电实验之后还从来没有出现过。许多科学家会在未来几年抱怨格莱舍的公众形象，说他就跟充满了煤气的"猛犸象号"一样，也随着热气自我膨胀起来了。

伦敦的菲茨罗伊上将是对此最感兴趣的人之一。受到所谓的"真正的英雄飞行"的激励，他立即给格莱舍写信，希望能得到一份观测数据的副本。[10]菲茨罗伊如愿复制了记录数据，仿佛这样做他也亲身体验了飞行带来的刺激一样。尽管不愿公开宣布，但格莱舍告诉菲茨罗伊，当时葛士维曾看到气压表处于它的最低点，应在7～8英寸。如果这是真的的话，就意味着他们上升超过了7英里，或许到了3.6万英尺（约10972.8米）的高度。"那里没有水分——没有云——但他们却远远超过了这两个高度：他们比先前任何人还要接近没有温度，没有空气的神秘的太空。他们进入太空的勇敢冒险很有可能会阻止其他任何人像他们那样孤注一掷，无论科学考察有多么神秘，哪怕是出于对科学的兴趣。"格莱舍认同这一说法。他向菲茨罗伊坦承，他很庆幸高空飞行已经结束了。他像以往那样谦虚地写道："极限就是5英里。无论何时，气压计（读数）到了11英寸——从谨慎的立场来说——一赶快打开阀门。"[11]

葛士维没能在11英寸读数的地方打开伞阀，这一举动不仅留下了一段难忘的故事，还取得了一些令人激动的科学数据。格莱舍收集到的数据质疑了盖-吕萨克的理论，该理论认为高度每升高300英尺气温就会下降1华氏度。与此相反，他观察到的情况要复杂得多，空气会交替变得更冷和更热。人们开始意识到大气中存在着各种不同的层次。这一发现打开了科学探索的新窗口，气象学家将为此忙碌几十年，并最终完成了对不同大气层的描述。早在1862年，格莱舍就已经意识到空中飞行的重要意义。"这次航行的结果是最重要的，"他告诉菲茨罗伊，"它将会影响光的折射，对沃拉斯顿（Wollaston）的沸点理论，对热电学都有影响。我们还需要做更多的实验。我已经乘气球升空8次了，假使明年再来8次，又没有讲述我的新故事，我想其他人会接着做下去的。"[12]

格莱舍和菲茨罗伊的关系是诚恳的，但没能发展成友谊。他们两个的经历非常相像，但又完全不同。他们都是50多岁经验丰富的科学家，都是皇家学会的会员，都是英国科学促进协会热气球委员会的成员。他们都在气象学界享有盛誉，都是各自工作领域中的顶尖人才。但在1862年夏秋之前，以冒险和探索闻名于世的还是经验丰富的老水手菲茨罗伊，格莱舍的资历无法跟他相提并论。假如菲茨罗伊在1862年不是那么忙碌的话，作为气象学家和葛士维一起进行大气实验的也可能是他吧？或许这个假设有点牵强。不管怎样，想象一下著名的"小猎犬号"船长，现在的海军上将，穿着他那庄严的制服飘浮在半空中的景象，这也是值得让人开心的事。当然，这种情况从来不曾发生，因为到1862年当格莱舍一飞冲天的时候，菲茨罗伊正忙于进行一项截然不同的实验。

菲茨罗伊：全球第一份官方天气预报

菲茨罗伊并不是第一个建立风暴预警系统的欧洲人。在这一点上他被荷兰气象学家白贝罗远远地甩在身后，后者在1860年6月1日就开始提供预警信号服务。当菲茨罗伊1854年开始在贸易委员会任职时，白贝罗正被任命为荷兰皇家气象研究所的负责人，他是一位思维活跃的思想家。荷兰的海岸线较短，国土面积狭小，这使得白贝罗能够在4个地方设立气象观测站：登海尔德、格罗宁根、法拉盛和马斯特里赫特。白贝罗利用自己在数学方面的造诣，于早年间花费大量时间分析这几个气象站记录的数据。到了1857年，他已经研究出一种简单的定律来确定风向。这种定律完全建立在平均值的基础上，他将之称为"气压偏差"(departure of barometric pressure)。简单说来，在某一天，假如登海尔德的气压比往年的平均值高，这就表明存在一个气压正偏差。如果偏低，则是气压负偏差。

白贝罗定律属于科学家喜闻乐见的那类合理速记法。他计算出如果南方气象站（法拉盛或马斯特里赫特）的平均气压偏差比北方（登海尔德或格罗宁根）气象站的高，风就会从西边吹来。如果情况相反，风就会从东边吹来。他将在1863年英国科学促进协会的一次会议上对这一等式进行阐述：

> 更精确地说，你们可以认为风的角度与气压最大差异的方向近乎一致。当你沿着风的方向站立时（或者顺着电流的方向），你左侧的大气压强是最低的。[13]

时至今日，白贝罗定律依然被许多水手牢记在心。"在北半球，若你背风而立，则低压在左。"

白贝罗还曾使用与分析气压数据类似的方法来计算风的预期强度。利用这些等式和电报，他在1860年6月1日发出了世界上第一份官方风暴预警，此时菲茨罗伊正在为牛津英国科学促进协会的演讲作准备。与此同时，在海峡对岸的法国，勒维耶也在考虑一种类似的服务。他写信给乔治·艾里——意味深长的是，不是给菲茨罗伊——询问英国是否有意向分享活跃风暴的相关信息。这种情况很微妙。作为科学领域的老对手，英法两国一直以来都习惯于独立开展工作，希望把发明或发现当作是国家骄傲；最近法国因为摄影创新以及发现海王星取得了胜利，而这两项成就原本也有可能属于英国人。但天气领域截然不同。它不分国家边界，刮过巴黎大街的风暴首先会将什鲁斯伯里、都柏林或戈尔韦的树木吹断。对英国人来说也是如此，现实情况迫使英法这组老对手组成一个关系微妙的联盟。

勒维耶和菲茨罗伊都不具备交际手腕。当菲茨罗伊的神秘工作引起威斯敏斯特政客们的怀疑时，在巴黎的勒维耶则因为他在天文台的专制和欺凌变得声名狼藉。19世纪60年代，许多员工因为身心俱疲或愤怒辞职了，有的则是被勒维耶赶走的，这为他赢得了"了不起的可憎天文学家"的名号。专横自负的勒维耶和骄傲神秘的菲茨罗伊组建的联盟注定不会一帆风顺。从1865年开始，在接下来的5年里，这两人被迫建立的关系用紧张而又包容来形容再合适不过了。他们的信件彬彬有礼而又闪烁其辞，他们都密切注视着对方的一举一动。

当时，勒维耶和法国政府乐意把他们在气象学上的抱负仅局限于每天在报纸上发布天气报告，以及与《气象公报》(*Bulletin météorologique*) 开展合作。《气象公报》是一份专门研究温度、风力和气压的国际文摘，内容数据由勒维耶整理并发布给欧洲的气象观测站。然而，菲茨罗伊有更宏大的计划。1861年2月6日，他发布了第一份东北海岸线的风暴预警，它通过电报传递消息，再经由位于议会街的气象局进行解释，最后再传达给沿海地区的气象站以便及时将锥体信号标升起来。从运行的角度来看，一切都进行得很顺利。通过这种运作流程，菲茨罗伊准确地观察到在大西洋上一个风暴链正在形成，它将在英国海岸登陆。最大问题出现在位于东北海岸线的南希尔兹 (South Shields)，这里的一些渔民对那些圆锥体信号标视若无睹，结果导致船只被风暴吞噬。

从惠特比 (Whitby) 传来了一个更为震撼的消息。惠特比是一个封闭的小渔村，无法接收电报预警。在那场风暴中，惠特比大多数的船只被困在港口附近一片遍布礁石的浅滩，救援船几个月前刚刚下水，由渔村里"十里挑一的水手"驾驶，出发前去营救被困船员。连续5次，救援船都成功载着渔民返回港口；但在第6次也是最后一次营救时，当救援船带着已经筋疲力尽的海员们开始返航时，它终于被巨浪打翻。惠特比的教区牧师基恩先生写信给《泰晤士报》："那里有数千人被困——他们就在咫尺之内，但我们就是无能为力——那些强壮的人临死前的挣扎让人心惊胆寒，他们与愤怒的海浪搏斗，最终，13人中有12个都沉没了，只有一个活了下来。"

惠特比救援船上的水手的勇气在报纸上得到了应有的赞颂，同时报纸也给"菲茨罗伊上将的风暴预警"留下了评论空间。每个人都注意到菲茨罗伊准确地预测到了这场风暴。在一篇专栏评论里，《泰晤士报》祝贺菲茨罗伊在工作上取得的成就，并在同一期报纸上刊登了他之前写给报纸的一封信。在这封信里，菲茨罗伊对他的系统充满了信心，他宣称"我国经常遭遇风暴袭击的每一处海岸，都会在风暴发生的前3天收到预警信息。风暴预测的准确度可以和日食一样准确，并且可以通过诸如灯塔一样显眼的信号进行通知"。

这些东西很有说服力。他的风暴预警运行良好，但宣称每次风暴来袭时都能保证提前3天发出预警，这种声明如果不能称作愚蠢，那就是过于狂热了。尽管如此，《泰晤士报》还是欣然接受了。如果说还有什么困难的话，那就是说服渔民留意菲茨罗伊的警报。"或许提前3天告诉船员将会有一场龙卷风是徒劳的，"该报纸指出，"他们也许并不相信这条消息，或者更有可能是视若无睹。"这完全是一个关乎信任的问题，人们必须相信科学。对记者来说，科学层面的问题已经解决了。他在结尾热情洋溢地写道："我们尚且无法预测这个季节的基本特点，但我们似乎有可能在风暴来临前进行预报，甚至能够探明风从哪个地方吹来。如果我们真的懂得这一点——看起来也没有怀疑它的理由——剩下的事情应该会很容易了。"《武装部队联合杂志》(*United Service Magazine*) 持有相同的观点：

我们对于天气知识的科学原理知之甚少，我们气象局的系统也不健全。但气象局的巨大优势是显而易见的，特别是当我们考虑到在全球海洋范围内航行的船只数量时，它们大约有20万艘，并载有超过100万的水手——他们都暴露在风暴之中，长久以来，当风暴来临时他们没有一丝躲避的机会。这是一件让人惋惜的事情，但上天似乎会在未来怜悯我们，情况得以改变。阿拉伯人也许把山中的狮子当作是他们的主人，赋予它任意捕杀牲畜的权力；但是，多亏了科学，我们的航海家现在能够在与风暴和天气变化的搏斗中赢得一线生机。科学和观测告诉我们风会刮向哪里，"让它任意吹吧"，电报已经击败了暴风雨。[14]

菲茨罗伊预测风暴的方法基于多弗冷热空气前锋交汇的观点，多弗认为这两种空气的碰撞会引发"大气回旋"（atmospheric gyration），而这就是所有风暴的源头。菲茨罗伊在1862年研究过多弗《风暴规律》的第二版，这本著作以大量的细节分析了信风、季风以及温带地区的暴风。此时菲茨罗伊和多弗已经成为亲密的朋友，多弗在第二版中将献词献给了菲茨罗伊，感谢他长期以来的支持。对于菲茨罗伊来说，多弗就是他预警系统背后的权威，借助他的观点，菲茨罗伊才提出自己的规则：

气压表下降超过0.5英寸，或者温度变动超过15华氏度通常表示会有剧烈的天气变化或风暴发生。在一个小时内下降了将近0.1英寸已经是一场暴风雨到来之前的必然先兆了。这种变化速度越快，发生危险的大气动荡的风险就越高。[15]

1861年2月的那次风暴预警给菲茨罗伊开了一个幸运的好头，从那以后他的工作改变了。此前气象局主要是一个行政中心的角色，但在一年的时间里它变成了一个活力十足的部门。菲茨罗伊知道，成功预警的关键在于对电报网传来的日常气象数据认真而准确的分析。从之前对于历史记录和日志的数据分析到现在解读每天的实时数据，这种转变意义重大。现在，时效性变得非常重要。假如菲茨罗伊每年漏报大约20次风暴中的任何一次，那一定会有人员伤亡的情况发生。由于英国的天气与规律的办公时间并不一致，这就变成了一份需要全情投入的工作。

从开始航海以来，菲茨罗伊就感到了一种强烈的责任感。1831年"小猎犬号"从普利茅斯港口起航不久，菲茨罗伊就派人把船上的指挥官都叫来，告诉他们"他从来不知道船会发生所谓的意外，除非这些意外可以追溯到负责这项工作的指挥官身上；他相信无一例外几乎都是这种情况"。他告诫他们，"在'小猎犬号'上，如果出现风帆破损，桅杆被卷走，船桅或帆桁被撞倒，或者海浪冲上甲板的情况，他会认为当时负责的官员应受责备"。[16]这番话让菲茨罗伊的船员惶恐不安，但回过头来他们就明白了，这正是"小猎犬号"能够保持完美的安全记录背后的关键因素。30年过去了，他一直对这种持续的警惕标准赞赏有加，只不过这次和海洋无关，而是跟大气有关。

1861年8月，菲茨罗伊决定将他的风暴预警系统从最初的50个应用点扩展到130个。他还采取了另一项措施。因为他不想浪费他每天对天气数据的分析，于是决定把它们发送给报社——作为对第二天的天气预测。第一份出版于1861年8月1日。在《泰晤士报》常规的气象图下方，低调地出了一则不起眼的通知，它是一个新板块。上面写着：

> 明后两天的天气概况——
> 北部地区：轻微的偏西风，晴。
> 西部地区：轻微的偏南风，晴。
> 南部地区：较强的偏西风，晴。

对菲茨罗伊来说，这一举动很符合逻辑。他后来指出，其实作出这些预报并没有花费额外的钱，他只是觉得这些信息或许有用，应该被包含在气象图部分。这种想法符合逻辑，但同时也有潜在争议。菲茨罗伊这样做并没有获得批准。表面上看来这似乎无关紧要，但实际上这非常重要。菲茨罗伊代表政府提供科学的天气预报，这可是有史以来的第一次。这是一次公开的科学实验，但它并没有理论框架来支撑这些预测，没有先前的实验作为成功率的基准，更没有行政机构的支持，这着实是一项大胆的举措。在格林尼治皇家天文台，艾里已经明令禁止作任何形式的预测。而在议会街，菲茨罗伊朝着另一个方向快速前进。

菲茨罗伊试图通过"预报"（Forecast）这个新造术语来理清这些通知中的词汇和哲理困惑。"它们并非预言（Prophecie）和预测（Prediction）——'预报'这一术语严格适用于表达对某种科学组合和计算的结果的意见。"无论何时，只要一有机会，他就会强调这一点："像暴风雨来临前的迹象一样，那些预测出糟糕天气的通知仅仅具备警告意义，是为了提醒人们某些岛屿上空的某个地方会发生预期的扰动，它不具备任何强制性，也不会强行干涉任何船只或个人的行为。"[17]

　　风暴预警最初是为了保护船员和那些生活在海边的人们的利益，但菲茨罗伊的预报却为普罗大众打开了气象学的大门。在1862年与1863年之交的那个狂风不止的冬季，6家报社的报纸持续刊登菲茨罗伊的风暴预警，读者们越发感到好奇。从计划去伦敦出差的商人，到准备去海边度假的家庭，菲茨罗伊的天气预报吸引着许许多多的人。对赛马机构来说，这些预报就更新奇了，因为它们能够提醒上流社会的人士，让他们在风暴来临之时带齐所需装备。1862年6月，埃普索姆将要举行赛马比赛。《时代报》(The Era) 表示："所有人都急切地查阅报纸上的气象专栏，这里刊登着菲茨罗伊上将的天气预报，在这位经验丰富的预测人员看来……这将会是一个晴朗的好天气，雨伞或许就不用带了，这让大家感到心满意足。"

　　杂志《每周一刊》(Once a Week) 刊登了一篇评价菲茨罗伊成就的文章。"在新理论不断涌现的今天，我们无需为新科学的崛起而大惊小怪，"它开头这样写道，"其中，每年至少有一到两个是诞生于假设和经验。社会科学依然还是襁褓中的婴儿，民族学、比较语言学以及更多的学科也差不多刚刚诞生，而气象学却像年轻的巨人一般快速成长。"文章引用了菲茨罗伊的声明，称从800艘商船的航海日志中总共收集到了5500个月的观测数据。除此之外，他也从其他渠道获取着源源不断的数据：

　　　　海岸沿线的灯塔看守人统计大雾出现的次数。风向则通过各个地区的自动风速计进行记录，再经过简单的运算就能得出它的强度。我们的气象站负责每天统计露水出现的次数，温度会仔细查明。大气中臭氧的总量也被探明，连电和磁都能考虑在内。这些统计数据为我们年轻的学科提供了养料。[18]

除此以外，《每周一刊》还指出，气象学还具有应用价值。人们很快就开始赞扬菲茨罗伊的预报。它们不仅对船员至关重要——这篇文章称，在采访过的55位港务监督长中，有46位支持风暴预警，有7位表示"不确定"，仅有3位不太满意——天气预报逐渐变成了人们日常生活的一个习惯所在。"即使是普通人，只要扫一眼公共天气报道，看一下他们的温度计和气压表读数，再留心观察一下天空的状况，通过简单的练习也能够很容易地至少提前一天预测天气。"

因此，随着气象学的不断发展，我们或许可以推测出冰雹和雷电等坏天气了。它们导致的危害越来越低，农民们将不再需要买保险。不仅如此，那些熟悉的物品，比如雨伞和胶鞋，也将逐渐失去它们的存在价值，就连胶布雨衣也不得不退出我们的生活。[19]

《每周一刊》的那篇文章刊登后不久，在一个周日的早上，菲茨罗伊的女儿劳拉在家中（位于翁斯洛广场）听见了敲门声。她闻声走到门口——父母前不久才去参加圣餐礼，现在正在归程中，所以劳拉觉得一定是他们回来了。她用力打开门，却尴尬地发现站在门外的是女王的使者，对方称"造访上将家是想打听一下明天的天气预报和风暴预警，因为女王陛下打算乘船去怀特岛的奥斯本宫"。

对劳拉来说，这是一段弥足珍贵的回忆。父亲从事的天气研究如今终于赢得声誉。1862年3月，他在英国科学研究所就他的天气预报做了一次演讲，这次演讲反响极佳，就连《晨邮报》都抱怨，称他正在摧毁传统的科学概念。有句古老的谚语曾说："有人告诉我们，像风一般不确定这句话已经过时了，因为据说风也会受到固定规则的控制……把某人称作'随风倒'已经不再是一种侮辱；因为某位大臣'看天说话'就去怀疑他的决策优柔寡断现在也变得毫无根由了，因为就连贸易委员会主席手下也有一名官员因为能够告诉人们风从哪个方向吹而吃上皇粮。"[20]1862年11月8日，在菲茨罗伊的预报和风暴预警全面展开的时候，他的文章第一次登上讽刺性周报《笨拙》（Punch）。这篇文章的标题为《风暴将至》，文章写道："鉴于新上任的天气预报员菲茨罗伊上将成功做出风暴来临的预言，所以他现在应该被称为'吹风上将'（the First Admiral of the Blew）才合适。"

帮助他人，在人道主义事业中挥洒自己的天赋，成为一名开拓者，这才是菲茨罗伊希望看到的别人眼中的自己。为了满足他的部门不断增加的工作，他雇用了越来越多的员工，气象局的预算也增加了。到1862年，部门已经扩员至10人，其中包括经验丰富的副手巴宾顿和帕特里克森。现在他们几乎没有时间去担心风向图和仪器的流转。相反，部门的大部分资源都被用于进行数据分析。气象局已经变成一个具有崇高使命的部门。作为一个实用主义者，在海上度过了大半辈子的菲茨罗伊沉醉于一个个计划、目标和目的地之中。"石块可以被打磨，砖块可以被垒砌，但如果眼里没有目标——比如一幢计划建造的大厦——这种劳苦只会令头脑疲倦，却得不到丝毫回报，哪怕真正的科学信念对未来结果有非常生动的描绘。"人们很难期待他会仅仅满足于做一个"统计员"。[21]

天气预报的运作关键在于电报。在一些雄心勃勃的私人公司的资金支持下，电报在19世纪50年代拓展了不列颠和爱尔兰的长度和宽度。这就意味着，气象站的观测员可以立即把天气情况编辑成电报码，比如罗蒙湖有微风，斯卡伯勒会刮风下雨，洛斯托夫特阳光灿烂，而彭赞斯天气晴好。英国的各种天气类型都可以简写成数字，再通过电报传到议会街2号。早上9点采集数据，10点30分或10点40分，电报就会滴滴答答地将信息发布出去，除了周日以外，天天如此。数据经过读取、简化、修正并整理成备用的表格供菲茨罗伊分析。上午11点，菲茨罗伊完成分析形成报告，随即发送到《泰晤士报》进行第二次编辑。其他的则送给劳合社、《航运公报》、贸易委员会和英国皇家骑兵卫队。到了下午，更多的报道和预测报告被送往各家晚报。接下来，由于数据还在源源不断地发送过来，最后的通知是为第二天早上写的，并在办公室关门之前发送出去。菲茨罗伊为其行云流水的工作流程感到自豪。"这些预告信号的传播速度非常快，"他写道，"在离开伦敦半小时之后沿海地区的人们就可以看到它们了。"[22]

从无到有，这是组织的巨大胜利。为了精简系统，菲茨罗伊将英国划分为6个地理区域：苏格兰、爱尔兰、中西部、西南部、东南部和东海岸。每一区域的天气报告和天气预报都会单独准备，以便使风暴预警的结果更加精确。同样，菲茨罗伊也面临着语言方面的挑战。"由于报纸版面有限，"他解释称，"同样的话由不同的人说出来就有了不同的含义。因此，在写这类简洁、概括性的但又十分明确的句子时，一定得仔细选择词汇，这样才能到达令人满意的目的。"可惜蒲福不能来帮忙，他最喜欢解决这种问题。

笑柄："预报不可靠"

菲茨罗伊雄心勃勃，但他并没有对问题视而不见——他知道他的风暴预警体系并不统一。比如，风暴信号鼓何时升起？所有船看到时都要停在港口吗？"渔民和水手愿意坐视机会溜走吗？"菲茨罗伊思索着，"肯定不会啊，所有的警示信号想表达的都是'当心，务必要小心'。"这种平衡很难把握。菲茨罗伊有责任发出预警，但他无法为他所说的话承担全部责任。为了澄清这个问题，他试图把自己塑造成某种仁慈的旁观者。他解释说，风暴预警和预测主要还是一个关于信任的问题。和下达命令不同，他试着去通知，去移交责任，以此希望人们会相信他的判断。他的意识深处始终记得一则著名的伊索寓言：《狼来了》。"预警不应太过频繁，也不应太普遍，它应该是一种督促，以免'狼'趁我们不备时出现，造成损失；但另一方面，冒着偶尔犯错的风险相对来说更好一些，上一次危险来临时没有预警，很多人因为这个错误而丧生。"

在某些场合，风暴预警还是发挥了作用，但其他时候他也会犯错。每日发布的预报出现的问题越来越多。1862年4月11日，《泰晤士报》中的报道表示：

公众已经饶有兴致地注意到，现在每天早上我们都会对未来两天的天气状况进行预测。对这种现象我们怀有某种恶趣味的担忧。我们愿意放弃偶然成功的全部功劳，但与此同时，我们要求不对天气预测太频繁的失败承担任何责任。从上周看来，大自然似乎对打击科学预测产生了特殊的兴趣。[23]

这里有一个用词上的改变。如果预测结果正确，人们把它当作最精确的科学加以支持。但是一旦失误，它们就变成了预言或预测。菲茨罗伊到底是勇敢还是武断，大胆还是鲁莽，充满想象还是疯疯癫癫，是一个人道主义者还是一个傻瓜，是一个预报员还是一个预言家，这完全取决于当天的天气以及评价他的人。

为了得到批评者的支持并证明自己，菲茨罗伊比之前工作得更努力了。"尽管我们的结论可能是错误的，我们的判断充满谬误，但自然规律以及人类观察到的种种迹象从来都是真实的，"他争辩道，"准确的解读才是关键所在。"[24]这是一个大胆的论述。自18、19世纪之交汉弗莱·戴维在皇家科学研究所完成实验以来，展示性科学就茁壮发展起来，而法拉第的圣诞演讲延续了这股潮流。但这次不同于以往。戴维和法拉第用他们的实验表现征服了人们，他们展示的实验早已经过测试并证明一定会成功的，而菲茨罗伊却没有这种确定性。就像19世纪40年代莫尔斯的电报演示，这是一种会随时发生变化的科学。每天公众都会面对一份新的预报，一项新的实验。它是否成功根本就是另外一回事。在一些人看来，菲茨罗伊似乎走上了某条精神错乱的幻想之路。这条路将考验公众对科学的信心。

直到现在，菲茨罗伊工作的效率和目标就连他的同事都觉得不可思议。1862年8月，当他在南部城市布赖顿度假时，他开始把他渊博的气象知识写进一本书里。不到两个半月的时间他就完成了这本书，在12月这本《天气学手册：实用气象指南》（*The Weather Book: a manual of practical meteorology*）就已经上市销售了。这本书输出的智慧能量是惊人的。尽管他这本450页的书有差不多一半借鉴了之前发表的作品，但剩下的却是全新的内容。这与他25年前潜心著述《"小猎犬号"航海记》形成了鲜明的对比。菲茨罗伊的朋友们都很诧异，其中的一位写信给达尔文，说他看见了菲茨罗伊"正在写一本书，看起来非常疲惫，好像被困在了工作之中"。[25] 不过他的付出是完全值得的，他把成书提前寄给皇家学会和赫歇尔，并解释说这是在他"所谓的假期"里完成的。[26]

　　《天气学手册》是一部通俗易懂的科学作品。菲茨罗伊效仿了里德和皮丁顿，希望自己的书对所有人都有用。他把两大主题合二为一：仔细观察和科学理论。他一遍又一遍地强调这二者的简单结合允许人们去预测天气状况。他的写作风格清晰、简洁，精确而又实用：

　　　　人们希望正确和系统化地制作和记录气象观测，或许正是这种焦虑引发了一种流行的观点，即绝对精确是极其重要的，观测次数越多越好。毫无疑问，在天文台情况本该如此；但将所有的地点、观测员、时机、气候以及机会一视同仁，要求每一条记录都是相似的，这确实是强人所难，他们精密的仪器并不是用来剪羊毛的剃刀。[27]

可能格莱舍的确用剃刀剪过羊毛，但你永远想象不到他能写出这么一本著作。《天气学手册》涵盖了一系列主题：仪器设备、关于天气的智慧、气象学的发展、世界各地不同的气候概述、大气的成分以及他自己的预测方法。

《天气学手册》最具启发意义的篇章之一出现在书的结尾处，菲茨罗伊在这一章节中回顾了自己的经历。他让这一章变成了个人自传。海员生涯对他的影响一目了然。他生动地记录了发生在科孚岛的雷击；闪电之所以会如此醒目，是因为它们仿佛是从水下冒出来的，而不是从天上。他还记录了1829年遭遇恶风帕姆佩罗时的情景，当时还有两名水手溺死海中；还有在麦哲伦海峡遇到凯布尔船长的故事，当时他们正从新西兰返航回家。不过，所有这些回忆都比不上他所描绘的19世纪20年代在拉普拉塔遭遇雷暴天气的情景：

> 也许世界上再没有哪个地方比这里（拉普拉塔）的闪电更多了。从皇家海军军舰"忒提斯号"（Thetis）上看，在拉普拉塔河口汇入大海的那片海域，整片天空（有一次）看起来仿佛一个巨大的钢铁熔炉，闪电连续不断，形态各异，布满整个天空，甚至从海面向上走。闪电持续不断地击打着"忒提斯号"和另一艘距离一英里远的船之间的海水。事实上，尽管乌云遮住了群星，闪电依然照亮了整个苍穹。这种壮观的场面，笔者还从没见过。瓢泼大雨不时地倾盆而下。从晚上9点直到午夜，夜空被整整照亮了3个小时，尽管人们看见叉子状的闪电从四面八方击中了水面，但两艘船却没被击中。[28]

菲茨罗伊的描述扣人心弦又栩栩如生：哪怕是半个世纪后他在平静的布赖顿的办公桌前写作，当时天空中的闪电依然令他记忆犹新。他亲身感受到了天气的戏剧变化：距离近得让人着迷，但又不至于让人受伤。

菲茨罗伊和这些遥远的经历密不可分。像蒲福、格莱舍、康斯太勃尔一样，他被这些自然留下的记忆深深地打动。对于天气的热爱一直伴随着他。1863年3月10日，在《天气学手册》出版后不久，他漫步在大雾笼罩的伦敦街道。到达办公室后，他抓起笔一口气为他的朋友——化学家约翰·霍尔·格拉斯顿（John Hall Gladstone）写下了一张便条：

亲爱的格拉斯顿博士：

我真希望你今天早上在这里。这场浓厚的大雾是如此罕见，我还从来没有在白天什么也看不见过。那是一种绚丽的颜色——红黄色，它就如同撒上薄荷的豌豆汤那般黏稠。因为碳对人体非常有益，我希望我今天早上吸收的这些应该会让我感觉良好吧。[29]

《天气学手册》收到的评论几乎都是正面的，《伦敦知识观察者》（The London Intellectual Observer）或许是其中热情最高的。评论开篇写道："没有几个人能像海军上将菲茨罗伊这样，脚踏实地地作出如此实际的贡献。我们整个沿海地区的人民都对他的天气预报翘首以盼。"在接下来的一段文章中，"科学水手"菲茨罗伊应该会非常喜欢：

那些无知的人对待菲茨罗伊上将的态度，就跟他们对待那些搅扰到他们慵懒的平静或者让他们无法安然入睡的人一样；但我们引用的当代科学家的言论却是真实的，它这样说道："尽管有人出言讥讽，但这个人是这门科学杰出的传道者，并且这门科学还处在襁褓之中。没有人像他那样作好了承认这一点的准备。毫无疑问，它有时会欺骗我们，但我们希望它言之凿凿的日子快点到来。即便这样，当海军上将菲茨罗伊在港口悬挂起他的警示信号表明可能会有暴风雨时，那些体积较小或者不太坚固的船只都不会去海里冒险。"[30]

《伦敦知识观察者》发现，任何一家科技图书馆都愿意收藏菲茨罗伊的这本专题著作。这促使它的出版商——朗文出版社立即发行一本"廉价的气象学手册"。然而，《雅典娜神殿》(Athenaeum) 杂志发表的一篇评论语气就不那么乐观了。在称赞完他的"热情和能量"之后，它开始进行攻击。这位评论家（菲茨罗伊有可能猜测过他的身份）认为他的风格"相当的没有头绪"，更重要的是，菲茨罗伊没有"给气象学家提供他们最需要的事实。这本书只是对未经证实的假设做了删减，却并没有对观察到的事实进行严格的归纳从而形成准确的原理，对于一本旨在为一门全新的实验科学打下根基的书来说，这是一个错误"。[31]

在那些没有查看过报刊上每天刊登的气象表的人当中，可能有很多人会称赞菲茨罗伊上将的天气预报，因为他们相信他的预报通常都是对的，因而也愿意为他理论的准确性提供可靠的证词。但我们并不认同他们的理由，并且我们的观点跟他们的完全相反，我们认为他的推测是容易招致怀疑的表面证据，因为我们发现，他的天气预言让人感觉特别不舒服。[32]

这是《雅典娜神殿》杂志一系列批评文章中最新的一篇，该杂志经常刊载伦敦科学家和作家弗朗西斯·高尔顿（Francis Galton）撰写的文章。虽然这篇评论没有署名，但高尔顿的风格一看便知。

勒维耶一直在巴黎天文台密切留意菲茨罗伊的举动。3年来，这个英国人一直在发布风暴预警和天气预报，而法国人则心甘情愿地只是发布报告和私人预报，像在热气球升空前发送给著名摄影家菲力克斯·纳达尔（Felix Nadar）的那种。在美国，约瑟夫·亨利在史密森尼学会工作原本进展得非常顺利，却因为南北战争而不得不中断，战场距离华盛顿仅有数英里远。到1863年，菲茨罗伊带领下的英国和白贝罗带领下的荷兰在应用天气科学方面处于领先地位。勒维耶打算改变这种局面。

在法国建立风暴预警的提议一直悬而未决，到1863年，在马里·戴维（E. H. Marié Davy）的努力下它才最终得以实现。马里·戴维是一位来自波拿巴公立高中的教授，勒维耶在1862年将其招致麾下。马里·戴维聪明、勤奋，还能忍受和勒维耶一起工作，他于1863年8月开始提供风暴预警服务，就像在英国运行的一样。马里·戴维"不分昼夜"独自处理着电报传送来的数据。从1863年秋天起，他开始发布自己的风暴预警。

到那年年底，似乎整个欧洲都在追随菲茨罗伊的脚步。有马里·戴维这样一位在欧洲颇具影响力的人物作为《气象公报》的领导，其他国家——葡萄牙、西班牙、意大利、德国和俄国——都将跟随他的脚步。如果真是这样的话，这对菲茨罗伊来说是一个强有力的证明，因为他的眼光和多年持续不断的努力是正确的。然而，在英国国内，反对者还在不断增加。这一次，带给他麻烦的又是一位伊拉斯谟·达尔文的孙辈。

第 11 章

争议四起
Ending

高尔顿：让气象图走进千家万户

1863 年 10 月期的《威斯敏斯特评论》(*Westminster Review*) 刊登了一篇专题文章来评价弗朗西斯·高尔顿近期出版的一本书。高尔顿的这本《气象图绘制法》(*Meteorographica*) 以其新颖的方法吸引了《威斯敏斯特评论》的注意，该方法使用创新的印刷技术在地图上标注气象统计数据。"高尔顿先生的工作既有趣又辛苦，它在相当大的程度上，成功地展示了气象图应当以何种方式去发表。"《威斯敏斯特评论》写道，"它的出现有望实现作者的愿望，即吸引贸易委员会的气象部来考虑这件重要的事情。"[1]

在议会街，菲茨罗伊很难不注意到高尔顿的最新作品。他和高尔顿在伦敦的俱乐部聚集区、皇家学会、皇家地理学会以及雅典娜神殿俱乐部都有类似的活动圈子。一段时间以来，高尔顿一直在宣传他的气象学理论——这些观点并不总是和菲茨罗伊的相契合。41 岁的高尔顿性格内敛、聪明、漠视权威，正好是菲茨罗伊不喜欢的那类批评家。更糟糕的是，他是伊拉斯谟的孙辈，还是查尔斯·达尔文的半个表亲。不久之前，菲茨罗伊和高尔顿的关系还很友好。但到了 1863 年 10 月，两人之间的裂痕就很明显了。冲突一触即发。

在伊拉斯谟·达尔文的孙辈中，弗朗西斯·高尔顿的才智最为突出。他 1822 年出生在伯明翰，从儿时起就是一个天才。一岁就掌握了大写字母，6 个月后已经熟练掌握希腊字母表，到两岁半时读完了自己的第一本书。四岁时他已经相当了不起了，写下了如下文字：

我4岁了，可以读任何英语书。除了52首拉丁语诗歌之外，我还会讲所有的拉丁语实词和形容词，还有常用的动词。此外，我会做任何加法，也会用2、3、4、5、6、7、8、10做乘法。我还认识钱币。我会一点法语，我还会看时间。[2]

18岁时高尔顿写道，"我有一种想去远行的冲动，仿佛我是一只候鸟"。接下来他在非洲南部的荒野度过了很多年，躲避饥饿的狮子，猎杀大象、白犀牛和长颈鹿。1852年，高尔顿以著名探险家的身份回到英国，决心成为名留青史的科学家，如有可能还会在这条路上打败几只"老怪物"。1853年，为了嘉奖他在非洲南部的考察，皇家地理学会授予他金质奖章，地理学会成了高尔顿的能量基地。1854年，他和年迈的弗朗西斯·蒲福一起进入地理学会委员会，他应该就是在那里第一次遇见了菲茨罗伊。最初，他们相处得很友好，1859年菲茨罗伊甚至在高尔顿入选皇家学会的提名表上签名以示支持。[3]

虽然有一些特立独行，但那时的高尔顿已经成为英国科学界一颗冉冉升起的新星。他通常独自工作，使用数字和统计数据去研究各种发明和疑难问题。他的研究内容通常很古怪。1859年，他试图把制作最好茶杯的标准确定下来。他做了一把研究用的茶壶，上面装有温度计，他用这把茶壶来测量以下变量：n，代表所需用水的盎司量；e，代表它超出茶壶的温度；t，代表把水注入茶壶后壶体获得的额外温度；c，代表额定容量。经过仔细研究，他得出了一条公式——$C+ne=(C+n)t$，据此便可以设计出一个完美的茶杯。[4]他对科学真理的投入深深地打动了格莱舍。还有一次，他计算了世界上已知黄金的总量，最后得出结论：把这些黄金全部装进他的客厅，还会剩下94立方英尺的空余。在职业生涯的后期，他完成了一篇深刻的随笔，名为《根据科学原理切一块圆形蛋糕》(*Cutting a Round Cake on Scientific Principles*)。如果把高尔顿的哲学归纳为一句格言的话，这句话可以这么表达："计算，随时随地计算。"

高尔顿对气象学突然产生的兴趣或许可以追溯至1860年，那时他正在法国比利牛斯山附近的吕雄地区徒步旅行。由于迫切地想要试一下新羊皮睡袋的效果，高尔顿放弃了舒适的旅馆和妻子的陪伴，独自走到山脚下准备在那儿过夜。

> 天快要下大雨了，但在夜幕降临之前，趁着暴风雨还没来临，我还有时间在山上找一个好地点，这里比吕雄要高出大约1000英尺，甚至更高。然后，我就在那里钻进睡袋，等待雨水的到来。没有什么东西比那个景象更壮观了。乌云和闪电就在我的头顶，大雨倾盆而下。不一会儿，它们就落到了我所在的位置，闪电噼啪作响，没过多久，所有的混乱都趋于平静，只剩下头顶繁星点点的夜空。[5]

高尔顿的经历让人联想到爱尔兰山中的蒲福，或格莱舍，或火地岛的菲茨罗伊。正是这种美学意味上的诱惑使他们产生了去了解一下的渴望。因此，以菲茨罗伊开创性的天气预警作为大背景，高尔顿在成为皇家学会成员后的第二年，就带着初生牛犊不怕虎的精神，一头扎进了气象学的探索中。

高尔顿最初抱怨说报纸气象专栏上出现的简单数据"不能让读者在脑海中形成画面"。1861年，他在《哲学杂志》上宣布他正在研究一种新系统，"没有干巴巴的数字罗列，而是以图表的形式记录气象观测的结果，而且不会丢失细节"。高尔顿头脑中设想的是一幅天气图。自从伊莱亚斯·罗密士在19世纪40年代发表第一张天气图以来，气象学家一直在画类似的图表。1849年格莱舍曾在私下里画过，埃斯皮在他的年度报告里也添加过图表，史密森尼学会曾在墙壁上绘制过天气图，菲茨罗伊和勒维耶都曾在私下里使用过图表。高尔顿的想法在当时本身并不算是创新。然而，他想将图表绘制这项技术从私人领域带出来，刊登在报纸上，用图表取代数据表。在《哲学杂志》的这篇文章中，高尔顿拟定了他的计划，并附上一副使用活字印刷术制作的图样。云朵颜色较暗，一组马蹄状的图形表示风的强度和方向，温度则以数字表示。

　　带着这种想法，高尔顿决定使用真实数据来做模型，他像罗密士一样提议对一小段历史时期的数据进行详细研究。他选择了1861年的12月——这是一个天气变化十分极端的月份——他描绘出整个欧洲在那个月的气象活动。正是在这个问题上，他和菲茨罗伊产生了隔阂：高尔顿让菲茨罗伊提供之前的数据，而菲茨罗伊并不是那么支持他。也许是菲茨罗伊的领地意识太强，他把高尔顿的新点子当成了对他方法的批评。并且，由于先前的教训太过深刻，他可能不太愿意帮助达尔文家族的成员。不管出于什么想法，高尔顿并没有在议会街得到多少支持。而在其他地区，他的成功率也不算太高。他给欧洲主要的天文台和气象学家写信——用英语、法语和德语——询问能否得到帮助。荷兰的白贝罗非常热心，比利时的气象学家也一样，但法国、瑞士、丹麦、瑞典、意大利和爱尔兰的气象学家大多都无视他的请求，这就意味着他不得不花费数月从个人和报纸那里收集天气数据。尽管如此，高尔顿最终还是建立起了1861年12月的数据库，他把这些数据绘制在他的模型表上。他看到的东西让他惊讶不已。

时至今日，雷德菲尔德提出的旋转风暴的概念经过里德和皮丁顿这些年的完善最终被命名为"气旋"，它成为气象学理论中已被证实的部分。由于费雷尔已经对科里奥利效应作了解释——地球自转产生的作用力——风为何会围绕低气压中心旋转这个问题就很清楚了，就像雷德菲尔德最初观察到的那样。的确如此，其他人已经证明风并非只会旋转，它也会被吸引到一个中心点，并在这里形成向上的气柱，正如埃斯皮说的那样，就像水沿着一个巨大的倒置水盆旋转。高尔顿很熟悉这些理论，随着收集到的数据越来越多，他仿佛能够看到这些气旋横扫欧洲的景象。

他也看到了之前从来没有人注意到的一些东西。在1861年12月2日的气象图上，高尔顿绘制了一种运行方式与气旋完全相反的气象体系。和风朝着低气压中心旋转的情况不同，它们沿着一个高气压点向外吹动，正如高尔顿写的那样，形成了"一种反气旋"，彻底的相反。

在1862年圣诞节，高尔顿记录下自己的观测结果，将其命名为《气旋理论的发展过程》(*A Development of the Theory of Cyclones*)，并把它寄给皇家学会，会员们对它进行了审慎的研究。[6]这是一篇非常具有启发意义的观察报告，高尔顿对大气中的第二大宏观力量作了解释说明。今天，气旋和反气旋作为两种互补的反作用力为人所熟知，它们协助空气在全球循环体系中转移。气旋将空气吸进来，再从顶部吹出去，而反气旋则向外推空气，把空气向下朝地面推动，在地面空气再一次被气旋利用，空气就这样循环往复地转移，永不停歇。高尔顿是第一个看到大气运行这种宏大景象的人。在他提交给皇家学会的论文中，他以机械为喻解释他的发现：它们就像两个齿轮，他写道，"使整个体系的运行相互关联、协调一致"。多年以来，雷德菲尔德、里德、皮丁顿和菲茨罗伊都试图建立起气旋理论，而高尔顿用了不到一年的时间建立了反气旋理论，而且是完全独立完成的。

高尔顿对自己的发现颇为满意，他继续绘制12月的天气图。这项工作漫长而又枯燥，需要把数据进行归类、删减，最后再画到地图上。1863年10月，他的努力结出了果实。他将这本书命名为《气象图绘制法》———本融合了气象数据和图表的书——它包含93张图表，展示了1861年12月欧洲大陆每天早晨、中午和晚上的天气状况。高尔顿使用符号代表雨、雪、晴或者具体某个时间点的云层厚度，以及气压、温度和风向。在两年的绘制过程中，他展示了天气图也能以一种生动和易于理解的形式走进千家万户。在一次针对图表的说明会上，高尔顿抓住机会猛烈抨击菲茨罗伊，他认为菲茨罗伊每天的报道"缺乏数据，笼统，或者经常只是提供风的知识，甚至还是普通的那种"。[7]

高尔顿能想到的就是这些。在过去两年里，他和菲茨罗伊变得水火不容。他怀疑菲茨罗伊囤积天气数据但又不好好利用。对高尔顿来说，看着这些图表，他更加确定自己所知甚少。当他查看勒维耶制作的一张气象图时——他从1863年开始发布——他被天气系统巨大的规模震撼了。从北到南，自东向西，整个欧洲大陆太小，而无法囊括一种天气状态的全部内容。他可以看到少量的气旋和反气旋、云块、雨带，但他的目光却不断投向图表之外的地方——去看看在亚速尔群岛或者波罗的海正在发生什么。紧接着，高尔顿又对比了"真正知道的东西与气象学家身上普遍存在的教条主义之间狭小的界限"。[8] 大多数人都能听出他的弦外之音。高尔顿指的就是菲茨罗伊和他的气象预报。只有少量的理论和有限的数据，菲茨罗伊怎么有可能预测天气呢？

菲茨罗伊的预报缺乏理论支持？

1863 年 1 月，《泰晤士报》书信版面刊登了一连串怨声载道的来信，抱怨天气预报的准确度。菲茨罗伊选择亲自回应，他并没有敷衍塞责，而是以"天气预报员"作为第一人称起草了一封和颜悦色而又温暖人心的回复："我无需再次重复，先生，因为我已经解释过很多次了，'预报'只是表达可能性的一种方式——它并非武断的预测。"他继续写道，这些预报只是发布风暴预警的一种"可靠和令人满意的"的方式，随着时间的推移，它们的准确度也在不断提高。"就像我说的那样，它像是一场'竞赛'，我们要赶在风暴来临前警告我们的前哨；而这一点我们现在经常能做到。一年之前这都是不可能的事情，因为那时我们还没有那个本事。"他给这封信做了个幽默的结尾：

> 在结束这封不得不写的信之前，请允许我再补充一句，面对这些公平的或不公平的嘲讽和批评——它们或出自那些因为忘了带雨伞而导致帽子被损坏的人，或来自那些反对理由合乎情理的人，"正如现在宣扬的那

样"——从事和研究了一辈子天气工作的天气预报员却越来越珍惜"预报"的价值，将它视为一种可以悬挂信号鼓的科学根据地。[9]

菲茨罗伊的信得到了普遍的好评，甚至就连《笨拙》也作了防御性回击，它可不是遭受攻击的政府工作人员的同盟。但当时的形势非常复杂。1862~1863 年的冬天对气象局来说非常艰难。风暴预警和预报不可能光靠新鲜感活下去。最让科学家感到困扰的是菲茨罗伊的方法，或者他根本就没什么方法。尽管他发表了《天气学手册》，但很多人依然并不是很清楚预报形成的原理是什么。它们是单独发布的，还是他设计出了一套标准化、可重复的流程？

气象学家对于理论依然没有达成共识。这个国家满是持各种理论的气象学家：月球影响论者、反气旋论者、天体气象学家和气旋论者。由于缺少绝对可靠的方法去验证任何一种理论，人们可以随便选择他们中意的观点，它们很难被驳倒的特点给人带来一种安全感。现在只剩菲茨罗伊一人在不同流派的思想间找寻路径，这条路就像麦哲伦海峡一样艰难和崎岖。就像他在《天气学手册》中表明的那样，他认同多弗的观点，相信雷德菲尔德和里德的理论，但他自己的方法却含混不清。每当陷入困境时，比如上次在《泰晤士报》上，他的方法又变回那种有些含糊不清的"生活实践"。

《帕克莱恩快报》(Park Lane Express) 驻伦敦的记者 W. H. 怀特的攻击比较有代表性。在怀特看来，菲茨罗伊就像是天气预言家之王，"在政府的支持和整个国家丰厚的赞助下"，他处于统治阶层的顶端，凌驾于月球影响论者和天体气象学家之上。尽管怀特不得不承认菲茨罗伊拯救了很多"勇敢的水手"的生命,挽回了大量的财产损失,但他的成就却因他缺乏哪怕是"最不沾边"的方法而大打折扣。"无论这位上将什么时候离开人世,风暴之神都将会感到高兴,"他写道,"风暴理论将随他一起消亡,因此人类将一如既往地无知,就像上将开始他的职业生涯之前那样。"[10]

> 这种状况让人痛苦,但它无疑又是事实。上将预测的风暴很多根本就没有出现过,而其他没有预测到的却出现了;事实清楚地表明在预测过程中没有办法附加理论,即使他的体系也曾产生过很多重要的结果——这些结果是由一个未知的,因而也无法预见的原因引起的。[11]

持有这种想法的并非怀特一人。在一众批评家中,有一位名叫"B"的小册子作家对菲茨罗伊进行了最持久也是最直言不讳的批评。"B"是一名坚定的反气旋论者,他拒绝相信气旋性风暴的观点。他指责菲茨罗伊屈从于"气旋狂热"。一篇又一篇嘲笑菲茨罗伊的文章从"B"的笔下诞生。他充分利用了埃斯皮的一句言论:"我担心菲茨罗伊船长不会对气象学作出太多贡献,他缺乏原理。就空气中的水蒸气这个问题而言,他就完全没搞明白。"[12]每当抱怨菲茨罗伊时,"B"经常会找出一个理由提起这句老话。那些多年来一直关注气象学发展的人都很清楚,埃斯皮几乎对每一个不认同他观点的人都很刻薄,从赫歇尔到里德,概不例外,但公众却把这句话当作菲茨罗伊是一个倒霉的、愚蠢的外行的佐证。这些来自"B"和怀特的攻击清楚地描绘出菲茨罗伊的困境:如果他躲避理论,他将受到批评;如果他提出一套理论,其他人则会提出异议。

菲茨罗伊对此心知肚明。早在19世纪60年代初期，他就试图通过提出理论来缓和针对他的批评。他对大气物理学的一次重要尝试出现在《天气学手册》的第18章，其中涉及一种他称为"日月活动"（lunisolar action）的概念。菲茨罗伊的想法毫无疑问是跟潮汐打了半辈子交道的水手的想法，他想把同样的原理应用于大气。"月球也会对空气分子产生作用力，就像万有引力施加给水和地球的一样"，他在《天气学手册》中这样写道，"因此，大气中的'潮汐活动'也一定受到了月球和太阳的影响，从大气的深度和极佳的移动性来说，它们的规模有可能很大。"[13]为了找寻他的万有定律，菲茨罗伊返回到17世纪，试图从牛顿的数学理论中找寻灵感。这个雄心勃勃的想法让他仿佛看到了无形大气的生动画面：

随着世界沿着轴心旋转，引发了连续不断的波浪；一个的效果还没消失，另一个又出现了，结果就产生了连续不断的运动：在太阳热度不断增加的情况下，大气不会持续上升，而是朝周边溢出。[14]

为了赢得支持，他向约翰·赫歇尔爵士求助。菲茨罗伊认识赫歇尔已经有25年了。赫歇尔依然还是当时最卓越的科学家，在菲茨罗伊为气象局工作的岁月中，他一直跟他保持着愉快的信件交流。随着他对日月活动看法的逐渐成形，菲茨罗伊从1862年年底到1863年年初给赫歇尔写了大量关于这个问题的信件。1862年圣诞节前夜，菲茨罗伊写信给赫歇尔："我能请求您跳过我的书前面的章节，直接翻阅第18章吗？在您没有表达反对意见之前，我一直感觉这部分内容里有一些荒谬的废话。"[15]接着，在1863年3月10日他又写道："又增加了一篇短文，跟我第18章的内容有关系，我冒昧地把它变成了一个佐证。另外，本书的第二版修订稿几天后会提交给您。"6天后，他又写道："您方便吗？我实在不该再拿我那些关于日月活动的乱七八糟的想法麻烦您，但我感觉我的手稿（在第10至第12章）没能清楚地表达我的观点。现在我请求您烧掉它，并允许我奉上一篇新论文。"[16]

菲茨罗伊的谦虚和诚恳没有用。他的观点中掺杂了太多月球影响论，而赫歇尔不想跟它们扯上任何关系，从一开始赫歇尔就把它们视为一堆纠缠不清的无稽之谈。他写了封回信，把他的想法如实告诉菲茨罗伊。菲茨罗伊有很多优点：勤勉、聪明、勇于开拓、诚实、实际、敢于创新。他在自己的领域是一个很有天分的执行人员，同时还心怀强烈的人道主义精神，但他不是一个理论科学家。尽管菲茨罗伊对赫歇尔的评价很生气，但他最后还是接受了。"非常感谢您的意见，"他回复道，"这会使我避免因为一篇论文而被报纸大肆批评，这篇论文我原本计划寄给皇家学会的。现在修改我的书为时已晚——我已找过最高权威了——我很满足，也不打算再找其他权威了。"[17]

菲茨罗伊提出一种新理论的希望破灭了，他只得集中精力来处理天气预报和风暴预警的实际运行。在过去几年里，气象部为电报的支出从1861年的3107英镑变为1862年的5325英镑，接着又增加到1864年的7104英镑——这笔钱相当于今天的50多万英镑。对菲茨罗伊来说，拯救的许多生命让国家得到了足够的回报，但其他人对于这种结果却越来越不满意。1854年气象局成立之初的使命是利用风图帮助英国商船在大洋上加快航行速度，为国家带来净利润。而现在用在图表上的时间越来越少，用来发出警报和预测的时间却越来越多——这并不能带来明显的经济回报——和最初设想的那个简单的、以利润为导向的计划相比，政府目前处于一种奇怪的亏损境地。特鲁罗地区的自由党议员奥古斯都·史密斯就是其中一个看到这种矛盾的人。作为自由贸易的支持者，他以菲茨罗伊所不具备的商人眼光看待这种亏损。在1864年预算增加后，史密斯成了议会里的"挑刺分子"。1864年5月，他声称菲茨罗伊的预报变得越来越糟，气象学工作最好由格林尼治的艾里和格莱舍来主持，他还说法国运营着一个"更为科学的机构"。

菲茨罗伊在《泰晤士报》上对史密斯进行了回应，这一次他没有像之前那样彬彬有礼。在写给编辑约翰·德兰尼的信中，他挑衅意味十足地指出：近期预报的统计数据得到了改善；再者，之所以会成立气象局，就是因为艾里没有时间处理好这些工作；最后，法国的预警服务实际上是在模仿英国，这让史密斯所说的法国的机构更科学的言论看起来相当怪异。很明显，菲茨罗伊生气了，他注意到史密斯手中握有西西里岛港口的租约。于是，他以一种尖刻的语气写道：

> 有人告诉我自从发布天气预报以来，英格兰西部受损船只的数量持续减少，光顾西西里岛那个完美港口的遇难船只少了很多。[18]

菲茨罗伊的回应非常直白。第二天史密斯愤然回击，驳斥菲茨罗伊的"暗讽"，称这是某种他认为"与海军上将的思考和行为习惯相一致，很自然地以自己在这些事情上的标准来判断其他人"

的行为。[19]至此，这场口水战打住了，不过也只是暂时的而已。

在威斯敏斯特以外的地方，菲茨罗伊的名声变得就像是参加恶俗游戏的大明星。正是从这个时候开始，我们对于今天的天气预报的态度就徘徊在家族式的溺爱和深深的怀疑之间。回到19世纪60年代，你还可以在这种复杂的情感中增加一点新鲜感。1863年10月，菲茨罗伊成为利物浦的赫德曼（W. G. Herdman）所写的一首诗的主角。赫德曼的这首《复活的埃俄罗斯》（*Aeolus Redivivus*）以一种梦幻的风格开头：

> 我希望我是菲茨罗伊上将，
> 身在云端安然高坐，
> 指指这，指指那，
> 风和天气——恶劣或晴朗。[20]

赫德曼的诗徐徐展开，戏谑地把菲茨罗伊从议会街带上天空，天上的他像孩子玩耍士兵的玩具一样玩耍着大气层。对于很多科学和政治圈之外的人来说，这就是他们了解菲茨罗伊的方式。他是一个半吊子、阴谋家，总是做着白日梦。菲茨罗伊就像一个被冲进白厅的老水手，而他的气象学游戏不过是在玩弄上帝。

这种说法让菲茨罗伊不知所措。在整个19世纪60年代，他一直对《圣经》保持着一种极端保守的解读。无论是出于坚定的信仰还是在玛丽死后，他感觉自己身负一种情感上的责任，要去维系他们共同的信仰。但在1852年玛丽去世后的这10年间，特别是从1859年达尔文发表《物种起源》起，他们所共知的世界，那个由基督教掌控的世界开始破碎了。

多年以来菲茨罗伊一直相信旧有的正统观念，这种观念认为通过科学研究，一个人可以体验到精神上的满足。这一观念在允许他们把对宗教的虔诚和对科学的好奇结合起来的同时，又不会让一个遮蔽另外一个。这对埃奇沃思、蒲福和里德都产生过作用，在很长一段时间里也对菲茨罗伊产生过作用。当菲茨罗伊在《天气学手册》中描绘格莱舍乘坐热气球升空的情景时，他的思维开始偏离了轨道。他拿笔写下一份简短的宗教冥想：

> 大气是无所不在的，普遍存在的，也是无法理解的，对于人类来说，它几乎拥有无限的力量、速度和范围。然而，它只不过是全能上帝的一个媒介罢了。可当人类对这些形式或组合——比如磁力和重力——的次级影响进行研究时，又会发现它们的效果是如此不可思议。它们表明，在人类唯物主义哲学的迷雾中，神的力量若隐若现。[21]

"穿过迷雾"的这一瞥代表着旧有的态度：自然是一块棱镜，透过它人类可以感知上帝的威严和神秘。然而，自从1859年《物种起源》出版以来，这种观点就广受质疑。达尔文声称大自然中不存在上帝，这种耸人听闻的言论成为每个科学家都遭遇的困境。达尔文私下里经常给他的朋友莱伊尔和胡克写信，好奇人们会在多大程度上接受他的观点。每个人都不一样。约翰·赫歇尔、约翰·斯图尔特密尔和威廉·休厄尔这3位那个时代最重要的哲学家对于达尔文的理论感到非常困惑，几乎没有公开写过任何关于它的东西——尽管赫歇尔私下里曾把自然选择理论戏谑地称为"杂乱理论"。[22]剑桥大学现代历史学教授，同时也是维多利亚女王专职教士的查尔斯·金斯莱（Charles Kingsley）对于这本书对他的影响则更加坦率。他写信给达尔文，告诉他"假如你是对的，我将放弃我所信奉和撰写的大部分东西"。[23]弗朗西斯·高尔顿则更为大胆，他在他的表哥达尔文的论述中找到了解放。他后来在自传中写道："《物种起源》标志着我精神发展中的'一个新纪元'，就像它对人类思想的普遍发展做的那样。只需轻轻一碰，它就将摧毁众多教条主义的桎梏，唤醒人们反抗所有古老权威的精神，这些权威认同的那些未经证实的论断同现代科学相互矛盾。"[24]

与此形成对比的是，菲茨罗伊似乎停留在了过去。他的宗教哲学是不可动摇的：保守和刻板。然而，他的气象工作却正好相反：创新、探索和实验。一方面，他提倡不单只做研究，还要对天气进行预测；而另一方面，他又对天气是上天意志的一部分这一说法深信不疑。

上帝对天气的控制依然是一个尚在争论中的问题。主教威尔伯福斯曾在1860年命令他的牧师在收获季节之前祈祷干燥和晴朗的天气。19世纪的40年代和50年代，人们曾经为霍乱、克里米亚战争以及印度叛乱进行过祷告。然而，呼唤神对天气进行干预则更进了一步。这或许是威尔伯福斯采取的防御性策略。不管哪种情况，它都充满争议。查尔斯·金斯莱彼时正在钻研《物种起源》的含义，他尖刻地作出了回应。他撰写了一篇布道文，指责威尔伯福斯任意解读《圣经》和上帝对自然事件的影响：

　　　　请容许我做一个假设，比如某个地方下了很长时间的雨，我们是请求上帝改变海洋的潮汐、大陆的形态、地球旋转的速率，还是太阳和月亮的作用力、光照和速度呢？所有的这一切，一个都不能少，我想请问一下，我能请求上帝改变天空吗？哪怕就一天？[25]

高尔顿也注意到了他们的争论，私下里他已经开始思索另一个富有争议的计划了。作为一个从来不会在旧制度的阴影下瑟瑟发抖的人，高尔顿将他的注意力转向了祈祷这种行为。这个问题一直困扰着他。祈祷真的有用吗？他开始按照自己习惯的方式对这个问题展开了有条不紊的统计数据分析。他的实验以一个假设作为开始："宗教鼓励我们祈求特别的祝福，不管是精神上的还是世俗上的，希望以这种方式——也只能以这种方式——我们才能得到它们"，摘录自《史密斯氏圣经字典》（*Smith's Dictionary of the Bible*）。[26]接着，他想到了一种验证这个声明的方法。他找到一本《社会统计学期刊》（*Journal of the Statistical Society*），这本书罗列了国王、王后以及其他阶层的人的平均寿命。高尔顿指出，在每一场教堂礼拜中，不管是新教还是天主教，"赐予他或她福寿延年"是统治阶层惯常的祈祷词。高尔顿分析道，如果祈祷有效的话，那么像这种明确的和持续的祈祷将会使国王和王后们延年益寿。但根据《社会统计学期刊》，情况并非如此。大多数王室成员的平均寿命是64.04岁，而牧师、律师、医生以及贵族可以活到将近70岁。"统治者实际上是所有过着锦衣玉食生活的人当中寿命最短的，"高尔顿总结道，"因而祈祷并不具备效力。"[27]

高尔顿的这篇论文一直到1872年才出现在《双周评论》（*Fortnightly Review*）上，同时也引发了可想而知的争议。但它的存在具有非常重大的意义。如果300年前他写下这么一篇文章，他将会被烧死；200年前则会被投进监牢，而100年前则会被送进精神病院。然而到了19世纪60年代，关于宗教权力和完整性的问题经常出现在当时的辩论中，高尔顿只是把很多人的想法写出来了而已。

在这种思潮下，菲茨罗伊不得不面对这样一个问题：谁控制着天气，上帝还是科学？菲茨罗伊再一次陷入进退两难的境地。一方面，他是研究未来的先驱科学家；另一方面，他依然还是1852年玛丽去世时的那个虔诚的基督徒，他日复一日地处理着涌入办公室的数据，创造着理论，到了周日，他又会去教堂祈祷风调雨顺的天气。这就是菲茨罗伊的怪异悖论。他就像一个身披铠甲长大的少年。

整个1863年格莱舍都在进行热气球飞行实验。这些实验越来越规律，被媒体当作热门内容加以报道。格莱舍先生的第9次热气球飞行，格莱舍先生的第13次热气球飞行，格莱舍先生的第15次热气球飞行。他的凌云壮志似乎没有尽头，但对某些人来说新鲜感却渐渐消退。1863年6月，《笨拙》发表了首篇恶搞文章。这篇文章指出，对热气球的狂热和最近兴起的对地下铁路的狂热都大同小异。《笨拙》表示它期待着这两种新鲜事物的结合，"关于修建地下热气球铁路的提议尚在考虑之中"。10月17日，它又发表了一篇名为《格莱舍先生和葛士维先生的科学记录》的专题文章，文中极尽诋毁之能事。想象中的飞行"从英国科学促进会煤气厂的一座拱门下"开始了，不久之后吊篮飞到了足够高的位置，格莱舍开始进行数据测量：

气球高出 HM 59.3000 有200005英尺，一小时后的下午2点开始着陆。空气温度为0000000000000000度，等等，葛士维先生推迟到2点30分，当他变化和拒绝下雪时。

此时的景色就像一群巨大的天鹅和谐地聚集在一起。平原上，树木飞快地移动。觉察到葛士维先生的碰撞后，我们躲过了一家农舍，接着一头扎进松软的地面。我打开篮子，发现葛士维先生的残骸毫发无损，这让我感到痛苦不堪。而我们自己身上的淤青则有昼夜平分点那么大。

我们降落在布莱克本西北6英里处的圣殿酒吧，我们得衷心感谢热气球，它热情地派它的马车来车站接我们。[28]

和所有优秀的讽刺文章一样，《笨拙》提出了一个严肃的观点，这篇文章的话外之音非常清楚：这些热气球飞行的意义到底是什么？格莱舍现在已经飞到了世界之巅，为什么还要继续呢？为什么还要用这些难以理解的统计数据频繁地"轰炸"公众呢？

实际上，格莱舍对于继续展开飞行有着合理的科学动机。在英格兰南部的一次飞行中，他研究了云朵在泰晤士河上空"奇特的"形成过程。"云朵一路跟随着蜿蜒曲折的河水，从来没有远离过河道的上空"，这显示了对流的力量。他还收集了大量高空气温变化的数据，以及某一地区交汇气流的数量。此外，格莱舍的飞行还产生了一些针对"稀薄空气"(氧气浓度较低)对人体产生的影响的有趣的生物学调查。平静状态下他每分钟心跳76下，在1万英尺的高空，他的心跳变成每分钟90下，在更高的位置他每分钟心跳110下。到1.7万英尺时，他的嘴唇变成了紫色，到1.9万英尺时他的四肢变成了深紫色。“在离地面4英里的地方，”他写道，“我能听见自己的心跳声，我的呼吸也受到了影响。”[29]

这些信息具有真正的科研价值，为人们研究高原反应提供了最早的数据。对于那些愤世嫉俗的人来说，格莱舍的功绩说好听点是轻浮，说难听点就是虚荣。他就像变成了一个讨厌鬼，陶醉于自己的新爱好中，迫切地想跟任何愿意聆听的人分享他的经历。当格莱舍准备在下次飞行时携带一条狗和一对兔子的消息传来时，《笨拙》高兴坏了。它以格莱舍的“航空狗”的口吻发表了一封信，这只“学识渊博”的狗被称为“飞天㹴犬”。在这只狗看来，这是一次状况百出的飞行。从一开始这只飞天㹴犬就强烈地渴望吃掉“这对笨蛋兔子”，格莱舍和葛士维不得不拼命地把它们分开。很快天㹴犬开始了自己的观测：

> 2点45分，根据格莱舍的手表，我开始嚎叫。
>
> 2点46分，还是根据格莱舍的手表，葛士维踢了我一脚。
>
> 3点31分，我想咬格莱舍小腿，但没法轻松咬到。
>
> 3点36分，我想我看见月亮了，于是嚎叫起来。
>
> 3点37分，“踢他一脚！”葛士维友好地说道。格莱舍虽然是个老头，但他很聪明，他没有那么做。“不，”他说道，“就让狗高高兴兴地去叫吧，去咬吧。去抓，去撕扯，去嚎叫吧。让熊和狮子跳舞、打架。”“别再让那只狗叫了。”葛士维说道，文章就此结束。[30]

谁杀死了天气先驱？

嘲讽对于观点或实验是危险的东西。它会让它们胎死腹中，把支持变成嘲笑。如果格莱舍和格拉斯顿、迪斯雷利以及一脸大胡子的意大利人一样变成《笨拙》主要的攻击对象的话，那么菲茨罗伊这位"天气预报员"就成了它的另一个攻击对象：

> 近来我们听说，6月初很多人会把5月称为"上一个月"①；我们联系了菲茨罗伊上将，他立即拿出气压表，升起锥形信号鼓，敲响信号鼓，吹起喇叭，接着发电报给我们说5月不是最后一个月，我们现在在另一个月，到年底之前还有好多个月呢！ 31

这种挖苦无法掩盖一个让人沮丧的事实：菲茨罗伊正在苦苦挣扎。《泰晤士报》近期的一篇文章也提到了这一点。这篇文章是对菲茨罗伊年度报告的回应，在报告中，菲茨罗伊声称预报的准确率正在增加，但《泰晤士报》并不这样认为。它开头效仿了阿拉果著名的警句，声称"无论这门学科发展到哪个地步"，人们都应该反对预报。接下来它又开始质疑起气象学，声称即便到了现在，最好的未来天气迹象也不是多弗或里德发布的，而是那些大自然中古老的迹象：月亮的光环、毛驴的嘶鸣、鸭子的叫声。这篇文章继续说，"菲茨罗伊上将不得不让公众相信"，比这还好的迹象

---

① 亦有最后一个月的意思。——译者注

是存在的，"他在这项工作中努力多年，他的勤勉值得称赞"。[32]

在读这篇文章的时候，菲茨罗伊觉察到了些许夸奖之意，他一定知道接下来会发生什么。预警经常会滞后，或风向有误，"但当菲茨罗伊上将发电报时，肯定会有事情发生，这一点毋庸置疑"。菲茨罗伊的书面表达有些地方还需要改进，即使对于受过良好教育的读者来说，他的许多解读也是难以理解的。《泰晤士报》的这篇文章挑选出许多令人不快的段落，比如这段话："正是这种来自统计事实的有力结果让人们可以对可能性进行真正的科学计算。"这只是其中一个例子，文章又补充说，这句话"简单明了，符合文法，其中一些我们还可以引用"。它继续说道，更可笑的是菲茨罗伊那难以理解的类比："事实如同大地；电报线就像根茎；中心办公室就是躯干；预报就像枝叶；警示信号就是这株幼小的知识之树上结的果实。"[33] 对作家来说，这幅画面含糊不清，几乎就是菲茨罗伊领导的气象局的完美缩影：宏伟壮丽，雄心勃勃，言过其实。

这一次，菲茨罗伊没有作出任何回应。《泰晤士报》发行量巨大，是英国人精神生活的主要传播媒介之一，如此嘲讽他的项目、写作风格、观点和志向简直就是一种羞辱。

他工作初期的那种乐观精神消失了。1864年秋，贸易委员会削减了他的预算，停止给他最重要的8处位于南部沿海地区、威尔士和苏格兰的电报站拨付资金。原本就缺乏信息，菲茨罗伊现在只得根据更少的数据发布预报。在一篇关于气象局的专题文章中，《联合军人杂志》以一种哀伤的基调引用了约翰·班扬（John Bunyan）的文字，"在幸福的大门口，有一条通向困惑和混乱海湾的短短的辅路"。[34]

1864年下半年，菲茨罗伊入选第三卷人物传记选集——《文学、科学和艺术名人肖像》(*Portraits of Men of Eminence in Literature,Science and Art*)。这本书满足了维多利亚时代的人们对自传不断增加的阅读欲望，但它真正吸引人的地方在于附带的每一个特写人物的照片。照片由摄影家欧内斯特·爱德华兹 (Ernest Edwards) 进行拍摄，计划做成正式的肖像画。到目前为，爱德华兹已经相继为法拉第、赫胥黎和萨克雷拍摄了照片，在第三卷中还将加入著名的北极探险家乔治·巴克爵士 (Sir George Back)，以及著名作家、语言学家和神气活现的剑客理查德·伯顿 (Richard Burton)，他曾伪装成一个穆斯林完成了著名的麦加远行。

能和这样一群响当当的人物一起入选人物传记选集是一种荣耀。对菲茨罗伊来说，和这个时代威名赫赫的人在一起一定让他感到心满意足。然而，爱德华兹给他拍摄的照片却使人不安。这张照片拍摄于1864年末或1865年初，是一副正式的全身像。菲茨罗伊笔直地坐在椅子上，双手交叉置于胸前，看起来目空一切。几年后，菲茨罗伊的另一幅照片——由伦敦立体照片公司拍摄的一张蛋白照片——将他刻画成一个精神抖擞的老船长：一只手洋洋得意地放在桌子上，身披大氅，系着领结，穿着方格纹马甲。在早期的那张照片中，他面容饱满，凝视着远方，好像是在炫耀他侧脸的髭须。现在，仅仅过了几年，他看起来完全不一样了：面容憔悴，痛苦不堪，眼神呆滞，头顶的头发已经完全脱落，只剩下冰凉、惨白的头皮。他坐在一间斯巴达风格的房间中，显得焦虑不安。看起来他就像在损失与不安、放弃与恐慌中被撕扯着。

59岁的菲茨罗伊身体已经大不如前了。曾经，精力充沛的他可以在火地岛的群山中爬上爬下，现在他突然就衰老了。在撰写

《天气学手册》时他的健康状况就已经开始恶化。他经常在下班后还在持续写作直到深夜，这种情况开始考验菲茨罗伊的体力。让他恐慌的是，他阅读没几分钟就会昏睡过去。"他徒劳无功地反抗这种自然衰老，尝试每一种战胜它的方法，但都没有效果。"[35]1864年8月，他被强制休息了一段时间。他的一位朋友注意到他"看起来筋疲力尽，瘦弱不堪"。他的听力开始衰退，视力也逐渐丧失。多年以来，他一直向赫歇尔抱怨"看这些印刷品伤害眼睛"。[36]现在他阅读起来十分吃力，这个问题也反映在了他的书写上。那个曾经志得意满的海军官员能够书写优雅的乔治时代艺术风格的字体，现在他的字体越来越大，几乎有种喜剧效果。他的一些书信看起来很疯狂，你甚至能感受到他在下笔时用了多大的力气。

《文学、科学和艺术名人肖像》的发行量并不像最初预计的那样大。尽管爱德华兹所有的蛋白照片都是原版的，并经过了仔细的冲印，但附带的文字就没那么精彩了。至少就菲茨罗伊来说，他被要求提供一份以第三人称撰写的个人生平介绍。由于被忙碌的工作折磨得疲惫不堪，他找到一份自传草稿——写于1852年3月，差不多是10年前——再对其进行补充。他删去了大部分他早期在海上航行的细节，另外加入他的气象学工作。他把气象局的设立描述成"一个实验"，以及它是如何从"收集、制表以及根据海上收集到的气象观测数据推测结果"发展成"发布天气预警或预报的电报系统"。菲茨罗伊给这份简短的自传草稿写了结尾：

> 他曾努力使这个有些复杂的研究课题的重要事实和结论对所有热心的询问者都显而易见。他到底取得了多大的成就可以通过各个阶层对它不断增加的兴趣得到证

明，特别是航海业和沿海地区，以及所有与天气有关的
一切。

在风暴肆虐沿海地区时，风暴预警救了多少人，挽
回了多少财产损失已经很难去估算了，风暴来临前我们
会通过信号鼓及时发布消息，如果没有的话，我们也会
在大多数报纸上刊登预报。我们发现，在英国沿海以及
毗邻地区，人们对这些预警信号的成功普遍怀有信心。[37]

草稿就此打住，菲茨罗伊的声音安静下来。这将是他最后一
次向公众讲述自己的生活。他的朋友们已经感到不安了。他们知
道他没有钱。他们担心他工作太努力，而他又很容易被批评的声
音动摇。在《笨拙》中作为一个喜剧人物出现是一回事，但《泰晤
士报》对他的批评则是另一回事。对于一份曾经鼓励过他的报纸而
言，这是一个残酷的转变。

1865年3月27日，菲茨罗伊参加了皇家地理学会的一次会
议，他在会议上被要求对即将出发的北极勘探队发表看法。据报
道，他怒气冲冲地离开了，认为自己受到主席罗德里克·默奇森爵
士（Sir Roderick Murchison）的怠慢。疲惫不堪的菲茨罗伊决定休
息一段时间，让巴宾顿负责议会街气象局的工作。为了远离伦敦
市中心的争吵和喧嚣，以及他重重的社会和职业责任，他和妻儿
搬到了上诺伍德区教会路140号的一幢乔治风格的三层小楼。诺伍
德位于伦敦南部，是"一个最利于身心健康的地方，四周是群山和
山谷构成的美丽景致"。菲茨罗伊曾经令人惊叹的精力似乎彻底消
失了。

在接下来的几个星期，菲茨罗伊避免接触一切与气象学有关

的东西。他一直躺在床上，直到 4 月的最后一周，他的精神才开始逐渐好起来。4 月 23 日，他沿着教会路走了 200 码的距离，一直走到了诸圣教堂（All Saints Church），在这里领了圣餐。那个周末他身体感觉不错，就和一个朋友开车去兜风，还坐在花园里看他的女儿劳拉玩槌球游戏。这段时间他似乎一直在积攒回归的精神。在接下来的一个礼拜他去了伦敦 3 次，从克罗伊登火车站出发坐到查令十字街，还去议会街拜访了巴宾顿。每次回来之后，他都极度疲惫。

到现在这种模式已经完全定型了。一段时间的休息会让他精神焕发，但只要一接触任何精神压力，他就会崩溃。玛利亚·菲茨罗伊对此一清二楚。到现在他们已经结婚 10 年了，在他崩溃的这段时间她一直照料着他，随着春日的延伸，玛利亚仔细观察着他的一举一动。

临近 5 月，风暴渐歇，这是一个休息放松的好时节。但放松对菲茨罗伊来说却不容易。在 4 月最后一周的某个时候，菲茨罗伊在报纸上读到了亚伯拉罕·林肯在华盛顿特区福特剧院遇刺的消息。这条新闻似乎"吸引了他全部的注意力"。[38] 几天后，他听说马修·莫里正在伦敦进行访问。无论他早先的忧虑是什么，菲茨罗伊一直都把莫里是当成朋友看待。他一直关注南北战争的消息，想知道莫里现在怎么样了，又是如何为邦联战斗的。现在他们战败了，莫里前途暗淡，菲茨罗伊突然变得非常担忧。总统被刺，莫里的未来会是什么样呢？这种恐惧紧紧抓住他。"想到无家可归的可怜的莫里；他的妻儿远在天边，也不知道怎么样了。"[39]

玛利亚·菲茨罗伊的私人日记

（4月27日，周四）

　　就在准备上床休息前，他收到了特穆勒特先生的来信，邀请他和我周日到周一去他家最后再看一看莫里上尉。这封信似乎让他坐立不安，他不知道是该接受邀请还是该保持平静。那个晚上他当然没有睡好，我能给他的唯一建议就是去做那件能让他的头脑彻底放松的事情。[40]

　　周五上午，菲茨罗伊乘坐火车去伦敦拜访了气象局，回来之后告诉玛利亚他写信拒绝了特穆勒特的邀请。因为手头还有很多事情要做，他决定用下午的时间来写作。工作没多久，他就喊玛利亚，表示"没有答复的便条的数量让他感觉压力十足"。她安慰他，然后一起给"两到三个最紧迫的"作了回复。

　　莫里造访的消息直到周六上午依然让菲茨罗伊烦恼不已。他告诉玛利亚他有"强烈的愿望想再去看望莫里"。玛利亚说他"最好满足自己的这个愿望"，但菲茨罗伊回答说他完全"无法用力，只能躺下来休息"。

　　到了周六，吃完午餐后，菲茨罗伊告诉玛利亚他觉得出去散散步对他有好处，于是就带着两个女儿出了门。玛利亚单独留下，准备乘坐马车出去转转。当她回到教会路时，她发现菲茨罗伊扔下女儿乘坐火车去伦敦见莫里了。

　　他那天晚上8点才回到家。回来之后，玛利亚看到他"既疲惫不堪，又兴奋不已，自从离开伦敦（来诺伍德）之后我从来没有见过他像这样处于一种紧张不安的糟糕状态。他似乎完全无法理清自己的思绪，也不能连贯地回答问题，或者作出任何连贯的回复"。

玛利亚·菲茨罗伊的私人日记

（4月29日，周六，晚）

　　他一般会在晚餐后睡上一小会儿，但今晚他甚至无法合上眼睛。当女儿们上床睡觉后，他跟我说他想和我谈谈周日再去伦敦看望莫里的事。我问他是不是还没有跟他说再见，他说已经说过了。于是我说我感觉很累，我们现在最好都去睡觉，等明天早上再好好谈（这件事）。

　　他同意了，说我看起来非常疲惫。我走开了，没过多久我又下楼，因为他没有上楼。他感谢我下楼来看望他，说他马上就上去。他当时就站在桌子旁，面前放着一张打开的报纸。没过多久，他回到了房间。

　　他上床时我正躺在床上。他来到我睡的那一侧，问我是不是感觉不舒服，然后吻了吻我，并祝我晚安，接着就去睡觉了。那时刚好夜里12点，我很快就睡着了。我早上醒来后说我希望他睡了个好觉，因为他一直很安静。他说他也相信自己睡着了，但感觉并不是很有精神；他抱怨白天的光线，我说我们必须发明个什么东西不让它照进来。这个时候时钟响了，正好是6点。6点到7点这段时间我们谁也没有讲话，我相信我们都还半睡不醒。

　　7点没过多久，他问我女仆是不是叫我们叫晚了。我说今天是周日，她通常会晚一点儿，因为不用像其他日子那样为赶10点的火车而急着做早餐。7点30分，女仆来叫我们。他比我先起来，我记不清具体是什么时间，但一定是在7点45分左右。

他比我先起来，然后去了更衣室。路上，他还顺便亲吻了劳拉，才打开他并没有上锁的更衣室的门。[41]

第二天，各大媒体爆出了一个惊人的消息，《泰晤士报》《晨邮报》《先驱报》以及《蓓尔美尔报》都在其中。这条消息通过电报传遍了全国。

罗伯特·菲茨罗伊上将自杀

这条几乎无法描述的轰动性消息从诺伍德地区传来，整个科学界都陷入巨大的悲痛之中。伟大的天气预言家罗伯特·菲茨罗伊上将用一把剃刀割开了自己的喉咙，结束了自己的生命。[42]

第 12 章

如何讲述真理
Truth Telling

菲茨罗伊：从先驱到骗子

菲茨罗伊自杀的消息引发了可怕的连锁反应。植物学家约瑟夫·道尔顿·胡克立即给他伟大的朋友写信道："我亲爱的达尔文，对于可怜的菲茨罗伊的离世，我们和你一样感到非常震惊……可怜的老菲茨罗伊——我感觉非常遗憾——因为尽管我不太了解他，但我总是把他和你紧密地联系在一起，我真的很钦佩他作为一名气象学家的勇气，还有他的仁慈和善良。"胡克又匆忙添加上一条附言："我真希望他们不会让格莱舍来接替这个职位，或者莫里，或者这群卑鄙家伙中的任何一个，这些人似乎都活在自己的光环之中。"[1]

两天后达尔文写了封回信。

5月4日，道恩郡

我亲爱的胡克：

菲茨罗伊的死讯让我感到惊愕，但我其实本不该这样，因为我记得曾经想过发生这种事的可能性；在我们航行期间，这个可怜的家伙的精神状态就相当不稳定。我一辈子都没有见过像他那样纠结的性格。我曾经非常爱他，发自肺腑地爱他；但他的脾气太坏了，很容易就会生气，所以我也渐渐失去了对他的爱，只希望不再跟他有任何来往。他跟我发生过两次激烈的争吵，而我根本没有挑衅过他。当然，他这个人还是有很多高尚和值得尊敬的地方的。可怜的家伙，他的职业生涯就这么悲哀地结束了。你知道他是卡斯尔雷勋爵的外甥，行为举止和样貌都和卡斯尔雷很像。

　　非常感谢你写给我的关于菲茨罗伊的信。——可怜的家伙，航行初期他对我真的很好。[2]

　　在达尔文写下这封最早的对于菲茨罗伊性格的评价之前，对他死因的官方调查也已经完成。这是一件残酷的事情。那些在他生前最后见过他的人都聚到上诺伍德区的白鹿酒馆。他们在那儿讲述着相似的故事，故事里那个疲惫不堪的男人疯狂地想要回去工作，但身体状态跟不上。他似乎被勒维耶写的一封信吓坏了。他告诉他的医生他以前写一封回信只需要15分钟，但现在却要花24个小时。由于很难入睡，菲茨罗伊转而寻求药物治疗。早在几周之前，他就吞食过鸦片丸，这险些让他丧命。当他询问他的医生哈特利博士他是否可以回去工作时，哈特利警告他不要这么做："我回答说以你大脑目前的状态，瘫痪离你不远了。菲茨罗伊似乎完全领会到我的意思，他说，'我真的非常感激你，这将救了我一命'。"但几天之后他就去世了。

　　调查结论这样写道："菲茨罗伊上将的死亡是自主行为，在该行为发生时他的头脑处于一种很不健康的状态。"[3]

　　对于玛利亚·菲茨罗伊来说，这样的结果简直难以接受。她躲避警方的询问，人们也没有听说过她的证词。自杀是一件难以理解的事情。对于信教者来说，没有什么比这更糟糕的了：在大限来临之前结束生命就是欺骗上帝。菲茨罗伊的舅舅卡斯尔雷是自杀身亡的，现在他也选择了自裁，仿佛是躲不开的宿命。最悲惨的是，作为一名虔诚的基督徒，菲茨罗伊不能埋葬在圣地。1852年玛丽死后，他曾动情和虔诚地写道，"愿主让她的孩子和丧偶的丈夫因她而获得福报，愿主让他们以后可以重聚，没有一个她曾深爱过的人会被遗漏"，现在他毁掉了他们在天国团聚的所有希望。[4]他的自戕是无神论最后的宣言吗？这是一个令人震惊的想法。命运对他的残酷真是没有尽头。

心碎的玛利亚·菲茨罗伊从公众的视野中消失了。她没有对贸易委员会或海军部询问葬礼细节的来信进行回复。他的老朋友巴塞洛缪·沙利文一听到消息就从康沃尔急匆匆赶到伦敦，当他在议会街碰见玛利亚的一个兄弟时才知道葬礼的计划。玛利亚的兄弟正忙着整理菲茨罗伊的私人文件，他告诉沙利文目前只有家属接到邀请。但5月7日那个周六沙利文还是出现了，那时葬礼仪式在上诺伍德区的诸圣教堂"刚开始不久"。一小群人聚在那里，包括巴宾顿和法国海军的一位上将。"他们对他的评价很高"，沙利文第二天在给达尔文的一张便条上写道：

> 这是一场安静、简朴的葬礼，我认为葬礼就该是这个样子。可怜的菲茨罗伊太太带着两个女儿就要出发了。我们都在外面等着，随后跟在她的马车后面步行——跟在后面的只有兄弟们进了屋子。墓地的景象让人难受。可怜的菲茨罗伊太太和女儿们看起来非常虚弱，菲茨罗伊太太尤其如此。棺木是纯黑色的，上面有一块铜牌，刻着"罗伯特·菲茨罗伊，生于——死于——的字样"。[5]

为了让教堂和家属都能接受，他们达成协议，将菲茨罗伊的遗体安葬在离教堂墓园大门不远的地方。

意味深长的是，英国皇家救生艇协会在1865年5月4日召开的一次会议上向菲茨罗伊表达了敬意，它是最先向菲茨罗伊致敬的组织之一。协会主席厄尔·珀西（Earl Percy）下议员就菲茨罗伊在气象学上的贡献发表了一番动人的悼词，称"勇敢的上将的离世使皇家救生艇协会和科学界损失了一位真诚的朋友"。他下令给玛利亚发去一封慰问信。一周之后，她写了一封简短但真诚的回信："我高贵的丈夫所做的牺牲比在战场上或者军舰甲板上与外敌进行激烈斗争而丢掉性命的人还要多，甚至比那些英国引以为豪的驾驶救生艇去营救同胞的勇士还要多，因为他总是把自己的生命置于危险的境地。"

当这封信刊登在报纸上后，一位来自切尔滕纳姆、名叫汉娜·哈维的女士深受感动，立即给皇家救生艇协会捐款600英镑，用于在法夫郡（Fife）的安斯特拉瑟购买一艘新的救生艇。她唯一的条件是把这艘船命名为"菲茨罗伊上将号"。菲茨罗伊的故事打动了汉娜·哈维，这并不让人惊讶。当他自杀的消息爆出后，他变成了高尚品德的代表。《绅士杂志》（*Gentleman's Magazine*）在一篇讣告中详细叙述了菲茨罗伊事必躬亲的工作习惯以及他所承受的持续压力。天气预报员的生命永远不会"死气沉沉"："风的呼啸，窗户嗒嗒作响，急促的雨声，闪电，惊雷和天气的突然改变……都会让这位气象工作人员兴奋不已，而这种感觉外人是体会不到的。"

格莱舍发表在《雅典娜神殿》杂志上的讣告也表达了相同的情感，《联合军人杂志》在悼念"菲茨罗伊上将，经验丰富的水手，游历四方的博物学家，虔诚的基督徒，沿海居民最好的朋友"时也选取了这一主题。它继续写道：

假如那条（去休息的）建议被采纳了该多好。在我们
哀悼他英年早逝时，我们也希望这给很多过度劳累的思
想家和工作人员敲响了警钟，他们出于无限的热情往往
会忘记自己精力有限，并且透支了未来。

另一个表达自己震惊之情的人是皇家地理学会主席罗德里
克·默奇森爵士。默奇森说，作为地理学会创始人之一、学会金质
奖章的得主、英国最受尊敬的地理学家之一，菲茨罗伊的去世是
真正的损失。"时刻保持高度紧张的性格，对自己职责强烈的荣誉
感和责任心，过度劳累引发的焦躁不安，这些情绪带来的压迫感
让他的头脑难以承受，更何况他还要解决如此多的问题。这位拥
有高尚灵魂的人已经离开了这个世界，这让他的许多朋友和仰慕
者感到悲痛，也让他所有的同胞感到深深的遗憾。"[6]

这些充满感情和公正的悼词至少给一个似乎以悲剧收场的生
命涂抹上了最后的光彩。由于无法解释气象预报背后的原理，菲
茨罗伊尚不足以被称为"科学家"，他对《旧约全书》的全情投入
似乎受到了误导，他的职业生涯似乎也很让人失望。1836年从"小
猎犬号"的环球航行回来之后，以他的背景和才智，他本可以很
容易当上海军大臣或政府官员，这样的话他可能就不会和贸易委
员会的小职员争吵不休，而是跟迪斯雷利和格拉斯顿这样的政界
要员针锋相对。但他没有谋求到这些东西，他的政治生涯停止了。
在新西兰总督任上，他做得一团糟，在贸易委员会那个小到不起
眼的数据部里，他也引发过争议。1854年之后他在贸易委员会就
再也没有升过职，就连他的老部下巴塞洛缪·沙利文都已经超过了
他。

如果这些都不够悲惨的话，那1865年夏天人们发现菲茨罗伊生前就已经债台高筑才是真正的惨不忍睹。对于一个在外人看来属于伦敦上流社会的富裕精英家庭来说，这是一个尴尬的污点。菲茨罗伊一家住在南肯辛顿的联排别墅里，过着体面的生活，有5名仆人伺候。但在1865年夏天当他经济拮据的消息传出之后，这幅平静、祥和的家居画面也被撕成了碎片。在公众看来，这是空洞的财富，是虚有其表。到了6月，他位于翁斯洛广场的房子的租赁权被拍卖，月底的时候他那拥有"2000多本珍贵作品"的巨大的图书馆也被拍卖。菲茨罗伊死后这个家庭已经彻底破产，就连他的《"小猎犬号"航海记》也被摆上了货架。[7]"他是那么富有才华，职业生涯却如此令人伤心。"达尔文给胡克写信说道。[8]

破产和拍卖逐渐演变成了菲茨罗伊是个伪君子的传闻——不管是他的公共生活还是私人生活。菲茨罗伊的老对手奥古斯都·史密斯一点儿也没考虑菲茨罗伊家人的感受——他很可能依然还在为去年夏天他们的争执耿耿于怀——他在下议院要求对预报和风暴预警进行紧急审查。他的言论引发了玛利亚激烈的回击，指责他"迫害一个已经去世的善良高贵的人"。如果风暴预警没用的话，她反问道："那为何其他国家如此迫切地采用它们？为何苏格兰北部沿海地区的渔民的妻子们会呼喊：现在谁来照顾我们的丈夫？"

你再也伤害不到他了——虽然我不认为你这么做是出于对一个从未伤害过他人的人的怨恨。你的动机或许是想在议员中获得一点点名气，但你却在他不幸的妻子那颗早已苦水四溢的心中又添加了一丝苦涩。现在，对他工作的每一句诽谤都让我感到成倍的痛苦。与此同时，对于数以千计他应得的赞美之词我也由衷地感激。他的事业在我死后还会继续存在，到那时，无论是赞誉还是诋毁都不会像现在这样影响他了。[9]

很多民众对于玛利亚的遭遇感同身受。几个星期以来，不断有信件刊登在报纸上，表达对菲茨罗伊去世的遗憾，并提供了及时的风暴预警和迅捷的预报挽救生命的例子。对天气预报一直情有独钟的赛马公司决定以它们特有的方式向他表达敬意。《体育报》（*Sporting Gazette*）在6月8日报道称莫里斯先生——当时最优秀的马匹训练师之一——将一匹小马命名为"菲茨罗伊上将"。在《体育报》的这篇报道中还有一个历史学家或许会喜欢的细节，那就是菲茨罗伊上将是由"公爵夫人预言家"所生。[10]

天气预报沦为"英国祸害"

然而，在人情冷漠的威斯敏斯特，很多人都认同史密斯的怀疑，称菲茨罗伊是个骗子。对他的方法的担忧让贸易委员会的官员感到不自在已经有好一阵子了。既然他已经不在了，现在有机会纠正这个错误了。

菲茨罗伊的死讯一经公布，关于气象局未来将何去何从的猜测就开始了。在胡克给达尔文的便条中提到了格莱舍接替这一职位的可能性，这一传言已经在白厅传开了。《泰晤士报》5月12日转载了《医学时报》（*Medical Times*）的一篇文章，提议让格莱舍来接班。格莱舍25年前被提名为格林尼治天文台的磁力与气象局的负责人，现在依然还在艾里手下工作。根据《医学时报》的说法，正是因为这段经历，以及多年为气象学会检查仪器和发布结果的工作，还有他坐热气球高空侦察大气层的最新履历，让他成为接手这份工作的完美人选。《泰晤士报》管理运营着《医学时报》，这表明它默认了这一传闻。但在白厅，其他计划早已在进行中。

贸易委员会的助理秘书托马斯·法瑞尔（Thomas Farrer）在5月26日写信给蒲福的老朋友——现任皇家学会主席萨宾少校。萨宾是科学界元老，他18世纪末出生在都柏林一个英格兰人与爱尔兰人组成的家庭里，与蒲福共享一份遗产，并和他成为朋友。19世纪20年代，他与约翰·弗雷德里克·丹尼尔一起探讨气象学问题。萨宾是一个奉行实用主义的行政管理者，在勾心斗角的政治世界，他成为菲茨罗伊的盟友，给予后者自由创新的权力。现在，他想要保护菲茨罗伊身后的名誉。可法瑞尔却是完全不同的一类人。他相继在伊顿公学和牛津大学接受教育，在成为文官之前曾接受培训准备当律师。作为一名富有才华的行政工作管理者，他的声望在1865年就开始扶摇直上。法瑞尔一直以来就对菲茨罗伊的活动和他不断增加的年度支出存在质疑。他写信给萨宾："菲茨罗伊上将的去世导致气象局职位空缺，在诸位大人看来，这为检查过往记录以及气象局目前的状态提供了一个绝佳的机会。"法瑞尔的信罗列了9个直接针对菲茨罗伊活动的问题。

萨宾三个礼拜之后给他写了封回信。"菲茨罗伊上将建立和从事的预报系统是一个'试验性质的过程'，这一点他本人已经作了清晰的表述"，萨宾指出。他继续说，这项实验之所以能获批是因为它很受欢迎。他指出，在1862年提交给贸易委员会的一份报告中，菲茨罗伊反馈了56个港务监督长的意见。有46位港务监督长对风暴预警持支持态度，3位反对，而其余7位"不置可否"。据此，萨宾告诉法瑞尔，他认为这项工作应该继续进行下去。[11]

为了支持自己的观点，萨宾引用了更多的统计数据。从1863年4月1日至1864年3月31日，菲茨罗伊一共向沿海的气象站发出过2288条信号。根据菲茨罗伊自己的计算，这其中的1188条，甚至超过一半的信号都已经被接下来的天气证实了。因而这些信号的精确度是持续提高的。萨宾告诉法瑞尔他估计准确度还会进一步得到提高。在这封信的结尾，他以自己和皇家学会委员会的名义提出了一条建议。如果巴宾顿"只发布每天的天气状况而不发表任何意见"的话，那就最好不过了"。[12]

天气预报和风暴预警之间的这种差别并不是菲茨罗伊认可的那种。正如他经常说的那样，预警是基于预报得出的。去除一个将会影响另一个。无论是否了解这种论证，萨宾的信造成了一些不确定因素。为了解决这一问题，政府要求出具一份关于气象局每日工作内容的报告。调查定于1865年秋季和冬季展开，并于1866年春提交调查结果。政府委派了3个人进行调查：代表贸易委员会的法瑞尔、水文部官员埃文斯，以及皇家学会推荐的弗朗西斯·高尔顿——这是一个容易引发异议的任命。事后来看，这就像让安妮·博林来审判阿拉贡的凯瑟琳①。

从很多方面来看高尔顿都是一个完美的选择。他聪明、勤奋，对溜须拍马无动于衷，有一种打破砂锅问到底的精神。他的背景

---

① 阿拉贡的凯瑟琳是英国国王亨利八世的第一任王后，安妮·博林为其侍从女官，与亨利八世偷情。后亨利八世为与其结婚，与阿拉贡的凯瑟琳展开了漫长的离婚诉讼。

也是一种优势。至少有5年的时间他一直在发表有关气象问题的文章，并在1863年根据自己的反气旋发现对理论作了进一步的完善。他对巴黎所有最新的发展都了如指掌，甚至刚刚给《读者》(The Reader) 写了一篇评论勒维耶成就的长篇大作。然而，正是这种紧密关系让高尔顿的任命引发了争议。从1863年开始，他就一直公开批评菲茨罗伊，后者拒绝给他提供项目急需的数据的行为让他非常恼火。他的敌意出现过好多次，尤其在他为《雅典娜神殿》杂志撰写的关于《天气学手册》的苛刻评论中表现得最为明显。他还把自己对统计数据的偏爱带到调查工作之中。皇家地理学会的克莱门茨·马卡姆 (Clements Markham) ——曾和高尔顿发生过争执——声称，"他的头脑是数字和统计化的，几乎没有任何想象力"，"他本质上就是一个教条主义者，没有多少同情心……无法容忍他人的失败，处事也不老练"。[13]这些很难说是一个负责一项客观报告的公正裁判应当具备的品质。然而，1865年秋天，气象局办公室的文件为高尔顿和他的两个同事打开了。

在委员会调查、思考和撰写报告的这8个月里，议会街2号还是像往常一样继续工作。1866年4月，差不多在菲茨罗伊自杀一年后，这份报告出炉了。这是一份内容庞杂、指意明确且充满指责的报告。如果说到目前为止人们对菲茨罗伊只是怀疑的话，那么这份报告则把这些怀疑变成了事实。这份报告称气象局已经偏离了正常轨道，非常危险。在布鲁塞尔会议之后，气象局成立之初的统计学基础早已被忘得一干二净。它早期的工作让人印象深刻。19世纪50年代后期，记录数量"稳步增加"。毫无疑问，如果"菲茨罗伊上将和他的气象局将注意力一直锁定在皇家学会建议的目标上，而不是放在那些和气象学完全不沾边的部门，也就是气象预言部上的话，它原本可以取得巨大的成就"。这就是这份报告的中心论点。他们用了"预言"（Prognostication）这个词，而不是"预报"，这就很能说明问题。委员会对用词的改变作了解释："菲茨罗伊给出的理由是'预报'一词是用来表达一种确定程度较低的预测，同时它又比'预料'和'预告'这些常用词汇的程度更高一些。他的这一理由是否合理，人们还是充满怀疑。含义模糊的措辞总是会让那些使用它的人满足于不确定的结论。"[14]

19世纪60年代，没有哪个科学家会对不确定的结论感到满意，高尔顿尤其如此。科学应该是精确的、明确的、明了的。然而自从菲茨罗伊放弃他最初的工作目标起——他以"一丝不苟和兢兢业业"的态度开始他的工作——他就为了疯狂的预测而放弃了数学和统计学的神圣根基。结果，委员会宣布气象局大部分的本职工作——它们的目标依然是合理的——要继续进行。首先，菲茨罗伊的风力星标需要做大规模的改善，从海洋的10度平方降低到5度平方。为了获取更原始的数据，气象局还需要一个更好的、更复杂的架构形式。这份报告的作者们认为，当务之急是处理大约165万条额外的观测数据。

委员会继续写道，菲茨罗伊并没有将目光锁定在这个目标上；相反，他受到了预言的诱惑。他们推测，"早在1856年，已故的菲茨罗伊上将就把注意力放在了对不列颠群岛上空天气变化的日常观察上，并对这些变化持有某种看法"。在他们的眼中，预报不是一种高尚的事业，而是之前从未见过的疯狂的科学应用。他们说1854年的简报不允许这种行为，这一点是很明确的，甚至当英国科学促进协会在1859年通过关于风暴预警的决议时，也没有任何证据显示它"计划将某一地区除已知风暴外的东西通过电报传达给另一地区……无论如何，他们根本不具备设立一个如此精密的天气预报体系的基础"。[15]

按照委员会的描述，气象局从1859年后就失去了明确的目标，它的体系一片混乱。菲茨罗伊的预测依据没有一条形成公式或者准则。"不管怎样，气象局目前并不存在这样的结论和规则。"在质询巴宾顿时，他们发现"气象局预测天气的依据并不能以法则的形式表述出来"。他们承认菲茨罗伊在提交给贸易委员会的各类报告以及《天气学手册》中阐述过的观点，但他们并不认为这可以作为一个公开实验的有效依据。

> 这些条件和可能性中有很多是能够以法则的形式加以表述的，它们中的一部分也是气象学家普遍接受的，对此我们毫不怀疑；我们也不会怀疑在很多情况下这些可能性是应该加以考虑的，尤其是在天气突然且剧烈地变化这种重要的情况下。但我们并没有发现这些条件或可能性被总结成任何明确的或可被理解的公式，或者正如现在一样，它们无法以指令的形式在气象局中进行交流沟通。假如现在气象局的员工离开了，我们将无法在他们工作的基础上继续履行职责。[16]

两年前 W. H. 怀特也以同样的理由指责过菲茨罗伊。天气预报系统只存在于菲茨罗伊的头脑中。他做了4年的预报，但在这4年中他并没有将他的流程提炼成清晰的表述形式。这不是一种有效管理，而是狂妄自大。他们透露说，唯一留下来的有效历史记录是一本类似剪贴簿的东西，上面满是关于风暴影响的杂乱记录以及从报纸上剪下的新闻报道。

但是，除了满满的恶意之外，这份报告不得不面对一个基本事实——在玛利亚写给奥古斯都·史密斯的信中也提到过——风暴预警很受欢迎。正如萨宾在早先的信中指出的那样，真正与之息息相关的那些人——港务监督长和渔民——的反应一直都是绝对积极和正面的。这份报告也承认"根据我们在大多数重要港口对一些值得信任的人的调查，我们发现从事航海业的人们相比从前对它们持更加肯定的态度"。然而，这样一个事实却被他们通过解释搪塞过去了。

> 但在评估它真正的价值时，我们千万不能忘记，这个世界是多么急迫地将它那不合理的信任置于天气预测偶然的成功率上，而天气预报又有多容易就忘记自己的失败。毋庸多言，我们不希望把气象局的努力和普通的天气预言家的预测混为一谈，他们只是试图把天气的变化同星辰或月球的变化联系起来。然而，在我们评估大众情感的价值，并将其作为判断风暴预警价值的依据时，我们会参考这些预言以及人们对于它们的信任，这并非毫无关系。

报告继续将怀疑的目光投向所有支持预报和预警的统计数据上，特别是那些菲茨罗伊计算以及萨宾引用过的。委员会设计出一套新的数学框架，发现通过它得出的预测结果并不像菲茨罗伊在提交给贸易委员会的报告中声称的那么有效。他们的建议很明确——菲茨罗伊的预报必须马上中止："我们要说的是，没有证据证明每日预报是正确的，或者'通过它我们得以'了解到在未来两到三天会出现什么样的天气状况，以及——作为预报的最终目的——风暴什么时候会来临。"

关于每日预报的效用，首先我们必须实事求是地说，如果它们缺乏合理的依据，并且也没有证据显示它们是正确的，那它们就不具备实际用途。但就算不考虑这一点，我们也很怀疑像这样言辞隐晦的天气预报在播报未来天气时会有什么价值。[17]

在风暴预警的问题上，委员会不再那么言辞犀利。他们认为在涉及风的强度时有一半左右的预警被证明是有效的，但在风向上准确度就低了很多。正因为如此，他们认为预警应当继续进行，但它们只需要通报风暴即将来临的消息就可以了。总而言之，他们认为气象局应该被一分为二：一半专注于处理之前被严重忽视的数据统计工作；另一半则由皇家学会监管，只需要研究风暴预警和科学就可以了。对于菲茨罗伊的气象局来说，这就如同敲响了丧钟。

在接下来的几个月里，气象局旧有的体系被几记重拳摧毁了。首先是天气预报，紧随其后的是风暴预警。这一举动甚至超出了高尔顿和委员会的提议，但由于预测天气的这种想法受到了质疑，贸易委员会决定远离这种争议。法瑞尔表示可以将风暴预警限制为只向各个港口通报业已发生的风暴消息，但贸易委员会主席米尔纳·吉布森（Milner Gibson）拒绝考虑这个提议。

非常有趣——毕竟，假如预警发布的时间只比风暴到来的时间早一点，比如12个小时，那预报风暴其实并没有太多实际功用——在风暴到来几小时前，当地人利用气压计也能对天气状况有一个大概的了解。[18]

1866年11月29日，政府发布了一条通告，宣布风暴预警服务将于12月7日中止。观察员都已经从观测塔撤下了，这项实验结束了。

1866年12月标志着气象局一段了不起的活跃期的完结。作为白厅最年轻的部门之一，菲茨罗伊在它12年的历史中创建了一套航海网络，构想和发布了风力星标图，出版了《气压计和天气指南》，建立起一套电报网络，推出了风暴预警系统，成为世界上有史以来第一个官方天气预报员，撰写了《天气学手册》，开辟了与欧洲其他国家建立气象学关系的先河，主要是巴黎天文台的勒维耶。菲茨罗伊至少会感到一种成就感，正如他1864年给《文学、科学和艺术名人肖像》提交的简介中说的那样：

在风暴肆虐沿海地区时，风暴预警救了多少人，挽回了多少财产损失已经很难去估算了，风暴来临前我们会通过信号鼓及时发布消息，如果没有的话，我们也会在大多数报纸上刊登预报。[19]

菲茨罗伊的职业生涯充满了活力和目标。假如1854年当选气象局负责人这一职务的人是格莱舍而不是他的话，那气象局将是另外一种完全不同的样子。它会有更多的统计数据，当然也更有秩序，但也会更谨小慎微。

终其一生，菲茨罗伊都被认为是一位先驱。他之所以和白厅其他官僚不同，是因为他跟他所在部门工作的密切联系。对他来说，天气并不是一件微不足道的小事。它并不是萨里郡下的一场雨，或者埃普索姆的一阵风。相反，它是袭击里约的闪电，是吹过拉普拉塔的冷风，是麦哲伦海峡呼啸的飓风，是好望角接连不断的风暴。对于一位曾目睹船员因为被飓风刮进海中溺死的船长来说，天气从来不止是收集统计数据——它是一种催人奋进的情感力量。如果菲茨罗伊的故事是一个悲剧的话，那么它也是一个高贵的悲剧。他曾拼尽全力来改善当时的状况，不仅是为了水手或渔民，也是为了每一个受到天气影响的人。两个半世纪之前，弗朗西斯·培根——科学的创始人——曾写下一段发人深省的文字，关于是什么吸引人走向科学？

> 人会想要去学习和获得知识，有时是出于天生的好奇心和自身喜欢探究的爱好；有时是为了以变化和趣事来丰富精神生活；有时则是为了提升名望；有时是为了让自己获得智慧和辩驳的胜利；大多数时候则是为了收益和证明自己，他们很少会真诚地说出自己的真正原因。但就人的收益和证明自身而言……（科学是）一个丰富的宝库，服务于造物主的荣耀和人类的救赎。[20]

菲茨罗伊就具体体现了弗朗西斯·培根最后一句话中提到的那个罕见群体的特点——利他主义、受宗教感召，"服务于造物主的荣耀和人类的救赎"。

他同样具有凝聚人心的非凡天赋——"小猎犬号"上的船员会

毫不犹豫地跟随他穿过奔腾的河流，登上苍茫的高山。对于帕特里克森、巴宾顿以及议会街2号的其他工作人员而言，即使菲茨罗伊去世已经很久了，他们依然相信气象局的使命。这是菲茨罗伊性格深处的悖论。他具备罕见的使人们信任自己的天赋，但内心深处他却忍受着不确定性的折磨。这些相互矛盾的力量时刻影响着他，但他还是努力去履行职责。他的气象工作极具革命性，甚至让一个政府部门取得了远远超出时代发展的成就，并因此引发一场真正的科学危机。他提出了很多根本性问题，例如：实用科学的发展速度应该多快？每一套解决方案都需要一个明确的表达公式吗？如何才能向公众讲述理论科学？科学家在工作中应该投入多少情感？难道真像达尔文写的那样，"科学工作者应该无欲无求，只需有一颗顽石般的心"就可以了吗？[21]

这些问题时至今日依然困扰着我们。一种新型药物——比如新的抗癌药物——应该多快向公众发售？让普通百姓去理解日内瓦的大型强子对撞机背后复杂的粒子物理学很重要吗？19世纪60年代，由于科学处于迅猛发展的阶段，这些问题显得非常尖锐。根据《每周一刊》的说法，新科学的崛起"让人惊讶"。统计学、语言学、社会学、民族学、基因学，这些新学科的研究注定会改变我们的生活，让这个世界变得更好，更快乐，也更高效。然而，菲茨罗伊的天气预报似乎走得过快。在被《笨拙》嘲讽之后，流言蜚语传遍了全国，难怪它们会让人感到不自在。它们威胁要在科学高歌猛进之际剥夺它的声望和荣誉。对很多像艾里和高尔顿这样的人来说，这有些太过分了。而菲茨罗伊这个反叛者却义无反顾地坚持着，因为他相信自己是对的。

为预报正名

发展不是统一的和线性的。它们有时候会超前，比如18世纪50年代富兰克林所做的风筝实验，或者霍华德在1802年对云进行的分类。而在其他情况下，一种观点从诞生到被人接受可能会需要整整一代人的时间，就像雷德菲尔德的旋转风暴一样。

狄更斯在《匹克威克外传》第4章有一段描写匹克威克先生追帽子的文字：

> 人这一辈子是很难体验到像追自己的帽子这样可笑的窘境的，也是难得像这样不容易博得慈善的怜恤的。极度的镇定和一种特别的判断力，是捉帽子时所必需的。你一定不能向前猛冲，否则会踩到帽子；但你也千万不要走另一个极端，否则你将彻底失去它。最好的办法是文雅地紧跟着你所追的东西，小心而谨慎，看准机会，轻轻地走到它的前面，接着猛地俯下身子，一把抓住帽顶，把它结结实实地扣在头上。并且始终要保持开心的笑容，仿佛你和其他人一样，也觉得这是件怪有趣的事情。[22]

在这里，帽子是观点的绝佳象征。假如追得太快，就像埃斯皮的造雨理论或上升气柱理论一样，你会有遭人耻笑的危险。但如果你追的速度不够快，它就会消失，就像埃奇沃思的电报那样。菲茨罗伊的天气预报也面临这种两难的境地。它们就像莫尔斯的电报一样充满新意，而莫尔斯花费了10年的时间才把他的想法变成产品。多年以来，他为了让人相信一直在苦苦挣扎。这正是哲学和科学所要面对的核心挑战：如何让人们相信？在1867年或1868年艾米莉·狄金森写了一首关于信任的短诗，《要说出全部真理，但不能太直接》(*Tell All the Truth But Tell It Slant*)：

> 要说出全部真理，但不能太直接——
> 迂回的路才引向终点
> 真理的惊喜太明亮，太强烈
> 我们不敢和它面对面
> 就像雷声中惶恐不安的孩子
> 需要温和安慰的话
> 真理的光也只能慢慢地透射
> 否则人人都会变瞎——[23]

　　这首诗是对讲述真理时所要面临的挑战的精确探究。狄更斯的每一句话都是对她起首第一句诗的解构："要说出全部真理，但不能太直接"。通过解释闪电来安慰卧室里被吓坏的孩子，这是一幅充满力量而又意味隽永的画面。秘诀不是通过物理学来解释闪电；相反，你必须从一个间接的角度来解释。你不能强迫别人接受某种观点，你必须通过解释、故事和讲述来让他们理解。"真理的光也只能慢慢地透射，否则人人都会变瞎"。

　　菲茨罗伊想尽一切办法来宣传他的观点。他向渔民和水手发表了《气压计和天气指南》，他为大众撰写了《天气学手册》，他在英国科学研究所做演讲，给英国科学促进协会写论文，并在《泰晤士报》的读者来信版面与批评者进行互动。他能做的也就这么多了。

1902年，约瑟夫·康拉德在他的小说《台风》中首次描写了天气预报的道德复杂性。菲茨罗伊一定会喜欢《台风》这类科学寓言的。故事背景设置在一艘名为"南山号"的轮船上，这艘航行在中国南海的船由大名鼎鼎的马克惠船长（Captain MacWhirr）指挥——这个人"具备足够的应变能力，但也仅此而已"——这个故事对缺乏科学信念的马克惠进行了考验。有一天，天气热得叫人喘不过气来，他发现气压计的读数下降了，但他什么也没有做。"预兆在他看来什么都不是，他并没有领会到预兆所传递的信息，直到它变成现实让他深刻体会到它的威力。"由于无法预判天气，也不愿将船驶离航线，马克惠驾驶着船在落日暗淡的红光中径直朝目的地开去。"黄铜色的晚霞慢慢消散，黑暗的天空中出现了一大群巨大的星星，它们摇摇晃晃，仿佛是被风吹上去的一样；它们不停地闪烁着，看起来和地球的距离很近。"

马克惠仿佛就是泰勒船长的翻版，1859年泰勒船长驾驶的"皇家宪章号"在安格尔西岛附近遭遇飓风而沉没。气压计的读数已经下降6个小时了。在舰桥上，马克惠百无聊赖地翻阅着一本关于风暴的书——可能是里德或皮丁顿写的。台风很快就来了。

康拉德的台风就像一头巨兽。"狂风在黑暗中呼啸着，猛烈地撕扯着轮船。"水漫过甲板，灌进了大副的嘴巴里，有时是淡水，有时是咸水。"南山号"爬上像山那样高的漆黑的海浪上，又猛地朝另一侧冲下去。马克惠站在舰桥上，像拳击手一样瞪大双眼。"他试着看清东西，带着水手特有的警惕性盯着风暴眼，如同拳击手盯着敌人的眼睛，仿佛这样他就能刺探到对方隐藏的意图，并猜到击打的目标和力度。"然而，台风是无法被理解的，人们只能借助理性的判断或科学认识来忍受或避免它——而这些马克惠都不具备。几个小时前，马克惠指着他的书对大副说："事实上你并不知道作者说的是不是对的。除非你能抓住风暴，不然你怎么知道它是什么做的？"[24]

九死一生的马克惠吸取了教训，带着严重损毁的船艰难地回到港口，船身遍布盐的结晶，看起来就像"从海底的某个地方被打捞上来，带到这里进行维修一样"。康拉德的观点很明确。由于无视科学，马克惠遭受了无妄之灾。他是"出过海的傻瓜中最傻的"之一。《台风》于1902年开始在《蓓尔美尔杂志》(*Pall Mall Magazine*)上连载，一年之后出版了图书。这是一个关于预测，关于相信科学的故事。菲茨罗伊在翻动书页时肯定会点头赞许的，这本书为他所代表的一切进行了辩护。

1866年，在菲茨罗伊的风暴预警暂停一个星期后，贸易委员会收到了第一封投诉信。"我相信暂停不会持续太久，"一位来自坎伯兰郡 (Cumberland) 锡洛斯 (Silloth) 的牧师写道，"因为'预警'在这片海岸是无价的，我认为如果皇家学会的主席和委员目睹了水手对预警信号不断增加的关注度，并了解到它们总体的精确度的话，他们就不会建议停止预警，哪怕只是临时的。"[25]

阿伯丁下议员赛克斯上校在下议院提起这个问题。1867年2月26日，他询问贸易委员会主席斯坦福·诺斯科特爵士 (Sir Stafford Northcote) 是否看过苏格兰气象学会的记录，或"利思、格拉斯哥、邓迪、阿伯丁以及爱丁堡的商业机构"要求重新开始发布风暴预警信号的申请。诺斯科特让赛克斯重新查阅皇家学会的报告，但赛克斯没有动摇。76岁的他是议会中资历最老的人之一。他有一份闪闪发光的履历，他曾在印度参军，并担任东印度公司的经理。赛克斯出身科学世家，曾经研究过印度的野生动物并发表了很多这一主题的手册。最近，他和菲茨罗伊、艾里以及格莱舍一起执掌英国科学促进协会的热气球委员会。在读完皇家学会的报告后，赛克斯认为菲茨罗伊受到了不公正待遇。在接下来的3个月里，他利用每一次机会在下议院质疑政府关于天气预警的决定，并且开始自己计算它们的效果。

赛克斯公布了他的计算结果。根据他的估算，在3年里，菲茨罗伊发布的预警中大约有75%得到了随后的天气情况的证实。这一结果与高尔顿和委员会曾经宣称的大相径庭，他们说菲茨罗伊的准确率不足50%。赛克斯上校的工作鼓励了其他人，包括天体气象学会（Astro-Meteorological Society）的克里斯托弗·库克（Christopher Cooke），他写了一本名为《菲茨罗伊上将：事实与失败》（*Admiral FitzRoy:His Facts and Failures*）的小册子。尽管在理论方面库克不认同菲茨罗伊，但和赛克斯一样，他认为委员会的做法太过分了。在对议会记录进行总结之后，库克估计菲茨罗伊的工作总共花费了政府4.5万英镑。

> 毫无疑问，大不列颠女神比克努特（Canute）更能有效地统治海洋，但如果她想要维护她的统治，让人为她干活，替她打仗，给她纳税，那她就不应该吝惜这么一点点公帑！[26]

库克在小册子的结尾处对近期支持风暴预警的证据进行了汇总，而委员会报告为数众多的附件并没有收录其中任何一条。它的开头是一份证言清单。阿伯丁海事局、邓迪海事局、南希尔兹船主协会、桑德兰飞行员协会、桑德兰商船办公室、西哈特尔浦海关征收员协会、大雅茅斯失事船只接管人协会、迪尔海关征收员协会都表达了同样的意见：它们希望继续发布风暴预警。唯一的反对声音来自普利茅斯海事局——对此，库克作了解释，因为该海事局地处西南地区，不太需要来自大西洋上的观测数据，普利茅斯是一个风暴预警不太可能发挥作用的地方。这样一个强大的、有用的工具居然被废除了，就因为它不能满足实用科学的要求，这简直令人难以置信。

英国科学促进协会经常举办气象学论坛。19世纪30年代，它主持了威廉·里德开创性的风暴研究工作，两年后埃斯皮把这些会议当作展示他观点的平台。多弗和菲茨罗伊也曾在此发表过论文，到了1867年，即将召开的会议给科学界提供了一个完美的机会来对围绕天气预报的争议做一次评判。9月，邓迪的气象学家和气象学论文的数量"平均上涨了很多"。大量的投稿被刊登出来。一份是关于无液气压计的运行状况，另一份是关于磁干扰的，其他的则是关于磷的亮度和降雨量，最吸引人的要数赛克斯上校所做的名为《风暴预警及其重要性、实用性》(*Storm Warnings,Their Importance and Practicability*) 的演讲。

赛克斯的演讲以对过去30年气象学发展的回顾开始。接着他又谈到了菲茨罗伊的任命"以及那位绅士长久以来在推动气象学发展，并将其应用于最实际和有用的目标方面所付出的最宝贵、最勤勉的努力"。赛克斯很快开始陈述他的观点。"在3年里，他发布了405条风暴预警，"他说道，"这其中有305条是正确的。"观众席响起了掌声。赛克斯继续表达他对皇家学会的失望之情：他们拒绝继续发布菲茨罗伊的预警信号，而是相反，决定再等上15年，用来收集数据，并且"在获取这些数据后，如果他们认为这些观测结果的真实性能够得到保证的话，他们才会发布预警。"

　　然而，要想这么做，就需要新建大量的天文台，并且配备自动记录仪器，而这些费用要比气象局的开支多得多。他毫不犹豫地指出，皇家学会委员会给出的拒绝理由完全是迂腐的装腔作势——实际上也就是科学的浮夸（笑声）。[27]

赛克斯好奇其他国家会用这个古怪的"英国祸害"做什么。在法国，他们一直使用这种"广受好评的"风暴预警。在圣彼得堡，他们也采纳了菲茨罗伊的方法：

　　然而，在这里，作为世界上海事活动最频繁的国家的我们，在已经为其他国家在风暴预警这件事上树立了榜样之后，现在却要放弃它们（掌声）。我们对工作是不是科学得过头了（笑声）？[28]

赛克斯引起了众人的共鸣。他以一个简单的请求结束了妙趣横生的表演——大不列颠的人民不应该因为"一些人的反复无常"而被剥夺享受天气预警服务的权利。他坐下的时候响起了更加热烈的掌声。

邓迪商会会长约翰·唐（John Don）是第一个起立的人。唐告诉观众他完全同意赛克斯的意见，这个国家变成了科学界那些装腔作势的迂腐家伙的人质。他提议进行表决，要求立即恢复提供预警服务。苏格兰气象学会主席 D. 米尔恩·霍姆（D. Milne Home）

此时也表达了他的支持，指出由于英国处于欧洲大陆地理前哨的位置，坐落在大西洋风暴、北极寒流以及大陆暖流交汇的不稳定的十字路口，它是最能够产生有用信息的国家，就是欧洲大陆的瞭望台。名字很精致的威廉·蒙塔古·道格拉斯·斯科特（William Montagu Douglas Scott）——也就是著名的巴克卢公爵（Duke of Buccleuch）——也表示支持。他透露自己私下里也一直在为天气预警的回归进行游说。

那天在观众席上就座的另一位杰出人物是爱德华·贝尔彻上将（Admiral Edward Belcher），他是菲茨罗伊的熟人，也是蒲福手下的老测量员之一。贝尔彻当时已经68岁了，他是拿破仑战争的幸存者，也是皇家海军辉煌时期的一名老兵，因为在北极追捕约翰·富兰克林爵士而出名。他的演讲热情洋溢，一开始就宣称菲茨罗伊上将受到了"民间军事法庭的审判，而且这伙人根本没资格审判他"。他继续说道：

> 他们应该听听海军方面对这个问题的看法，毕竟它实际上是一个海军问题。曾经有人说我们无法预知天气活动，但他却告诉他们事实恰恰相反（掌声）。早在1812年的时候，他回想起驻波尔多海军上将不变的习惯，每当气压计发生变化时，他都会发出信号，船只也会相应地收起桅杆并降下帆桁。有一次，他们正追击敌人，就在即将追上时，他们的船长看了一眼气压计，突然下令收起上桅帆，但还没等收完很多桅杆就被毁坏了。还有一次，他预测到某一地区会有风暴，结果他的预测正好在那个时间点被证实了。他知道只有让那些掌权者履行

职责，他们才可以继续发布预警信号。因此，说不能发布预警信号简直就是无稽之谈。（掌声）为什么呢？因为牲畜、鸟类、鱼类以及爬行动物，实际上万物都会发出风暴将至的迹象，在气象观测结果的帮助下，科研人员能够对大气变化发出非常精确的通知。[29]

这些话本该从菲茨罗伊的口中说出。他的项目也许在伦敦受到了行政管理人员和谨小慎微者的嘲笑，但现在，在这里，科研界的精英们都联合起来支持他。

最后发言的是新任气象学会主席詹姆斯·格莱舍。到目前为止，格莱舍一直在静静地聆听，他比其他人都更了解这个主题。年近六旬的他早已闻名全国，他作为英国气象学奠基人之一的声誉是毋庸置疑的，他的意见得到了应有的尊重。格莱舍告诉观众，他"对于皇家学会的决定感到非常吃惊"。他找不到不重新发布风暴预警的"合理理由"，他的这一发言赢得了热烈的掌声。"他在做总结时真诚地表达了他的意见，认为应该重新开始发布信号。"[30]这是对菲茨罗伊的辩护，它来自最高权威。

最终，决议通过了，贸易委员会和皇家学会只得执行。他们选择了一个折中方案——菲茨罗伊的天气预报和风暴预警不会回归，它们是政治炸弹。他们选择了发布风暴情报。简单地说，这意味着只通过电报向沿海地区发布活跃风暴的消息——也就是被证实存在的风暴。这可以让政府机构发挥专业知识和技术，同时又不用走上预测的"歧途"。这似乎是一个完美的折中方案。但正如菲茨罗伊在《天气学手册》中设想的那样，风暴情报也会出现问题。对于西南地区的港口来说，这些情报毫无用处，因为它们总是在风暴发生之后才被告知风暴来临的消息。在北海，情报也同样不能让长途航行的渔民和商人满意，他们不在港口的时间经常比他们可能收到的10小时的预警时间还要久。废除菲茨罗伊的旧系统后留下了一个缺口，一个令人绝望的深渊。1865年之后这段暂时平静的时间里发生的海难事故让人们的心头又感到一阵寒意。"如果……将会怎样?"的问题渐渐多了起来。

比如1869年的北海风暴，当时来自斯卡伯勒和菲雷的鲱鱼联合捕捞船队准备在10月25日出发去进行晚季捕捞。那是一个晴朗的早晨，这些帆船已经离港30英里了。风暴很快就来了。汹涌的海浪，黑暗的天空，无助的船只。这样的场景大家都很熟悉。"嘉意号"(Good Intent) 的船长乔治·詹金森 (George Jenkinson) 也是卫理公会的牧师，他为他的船员能平安获救而祈祷。"晚上，我察觉到风暴不断聚集的明确无误的迹象，祈求上帝伸出他那有力的手帮助我们度过这个夜晚。"詹金森转向他的船员，告诉他们做好准备将他们的灵魂托付给上帝。第二天清晨，"嘉意号"艰难地驶回斯卡伯勒，是少数几艘平安返航的船只之一。这简直是死里逃生。"上帝救了我们，对此我们再怎么赞美都不为过。愿我们继续相信基督，直到我们渡过苦海，最终到达'慰藉的港湾'"，詹金森之后写道。科学妥协了，渔民们再一次将信仰交给天意。[31]

格莱舍：发现急流

假如詹姆斯·格莱舍读到过关于这次风暴的一些新闻的话，他会感到颤抖。格莱舍的一生都表现得与众不同。其他人都是年纪越大越小心谨慎，而他却变得越来越大胆。他是当时英国科学界一个响当当的人物。他那个时期的画像表明他是一个威严的人：深邃的目光，浓密的络腮胡，隆起的前额。他的声望世界闻名。1866年，在读完关于他的热气球壮举事迹之后，俄国沙皇亚历山大二世送给他"一枚华美的钻戒"以示欣赏。当格莱舍30年前在爱尔兰的高山上开始他的职业生涯时，他怎么也不会预想到自己会获得这种荣耀。

1862～1866年间，格莱舍共进行了28次飞行，有7次飞进了高层大气。他的回忆录成为报纸的热门内容。它们带有读者熟悉的旅行文学的风格，同时又混杂着维多利亚时期小说中类似猎狮、射象和殖民地暴动等令人热血沸腾的元素。格莱舍关于天空的故事中有一种引人入胜的东西。这是一个人类无法征服的地方——天空无法被占或殖民，它以这种无形的状态维持着强有力的统治。

没有哪个人像格莱舍一样对它如此着迷。当乘坐热气球在云间穿行时，他感觉自己就像"天空的子民"：他的身体变得更敏捷，思维也更活跃，"每种感官都加强了，以满足工作的需求"。在《空中旅行》这本书里，他对那个世界的景象进行了如梦似幻般的描绘。

我们头顶上是宏伟的屋顶——一个深蓝色的巨大穹顶。在东面，你可以看见彩虹即将消失的颜色；在西面，阳光给乱云镶上了银边。在阳光的照耀下，水汽从连绵的群山中升腾而起，它们就像天上的阿尔卑斯山脉，相互叠加，层峦叠嶂，直到最高峰被落日染上色彩。这些紧紧堆积在一起的东西，有些看起来像是被雪崩踩蹭过，

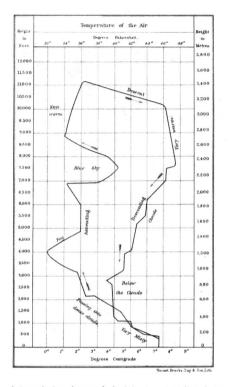

上升和下降过程中不同高度的气温，1864年4月6日。

有些则像是被冰川势不可挡的移动撕裂过。一些云仿佛是由水晶甚至是钻石做的；一些则像巨大的圆锥直插天际；其他的则类似金字塔，只不过侧面的轮廓有些粗糙。这些景象各式各样，美不胜收，我们甚至想要永远留在这里，在这片无垠的平原一直这么游荡下去。[32]

尽管被周围的美景深深迷住了，但格莱舍却不曾忘记他的科学使命。1863年7月，他在一个狂风大作的夏日升空，打算去观察水在雨云中的形成过程。他穿过层层潮湿的云雾，研究不同高度下雨滴的力量和体积。在2000英尺的高空，他发现雨滴就像"一枚四便士的硬币"。在此次以及其他几次飞行中，他证明了盖－吕萨克提出的温度会随着高度的增加而下降的理论是错误的。"现在很有必要宣布这种理想化的规律是不正确的"，他如此写道。即使在阳光明媚、风平浪静的日子里，格莱舍也发现在温度和高度之间建立一种规律是不可能的。他发现，同样复杂的还有风向。

1864年1月，他借助一阵东南风从伦敦升空了。飞到1300英尺的高空时，他遭遇了一股强烈的西南气流，这股气流在8000英尺的高空又转为南－西南方向。风的这一系列变化比人们数年前想的还要复杂。这一发现促使格莱舍开始思考风对于英国气候的重要性。在这次冬季飞行后不久，格莱舍确定了一股位于3000英尺高空的西南暖流的厚度。"在这股暖流上面空气很干燥，更高的地方还是一样干燥"，他写道。格莱舍还注意到这股气流有一种奇异的特征——它和湾流一样来自同一个方向。

> 和这股西南气流的相遇非常重要，因为它能够详细解释为什么英格兰冬季的气温会比我们这一纬度本该出现的温度要高。由此我们可以得知我们冬季较高的温度很大程度上是受到了湾流的影响。我们无需怀疑这一自然媒介的影响，同时，我们还有必要在其中加入来自相同地区的平行气流的影响——一股真正的空中湾流。[33]

在这股气流被确定或理解之前的数十年，格莱舍的话可能会被看作是对急流（jet stream）的预测，急流在今天被认为是决定英国天气的主要因素。尽管格莱舍的西南气流的纬度比急流低很多——急流在大约6英里的高空运行——但他的观测透露了风对于我们气候的影响。

乘坐热气球漂浮于高空的格莱舍代表了气象学的进步。在过去70年里，人们见证了对大气层史无前例的探索。它不再是一片混乱的领域，抑或是上帝的殿堂。它是这个生机勃勃的世界的基本部分，是我们的一部分。亚历山大·冯·洪堡在1845年出版了《宇宙》(Kosmos)，在这本集他的科学知识之大成的书中，他号召人们对大气进行更广泛的了解："如果剥离了大气层，地球就会和月球一样变成一片被沉寂笼罩的沙漠，想象一下这幅画面吧。"[34]

卢克·霍华德多年之前就相同的主题发表过演讲：

> 假设人类和其他动物，甚至包括植物都不需要呼吸（大气），不需要营养，也不需要温度，即便如此，如果没有空气的话，那该是多么乏味的场景啊！大自然一片空白，我们在户外玩乐的地方也空空如也！没有清新的微风！没有时而会下起温柔雨水的蓝天，没有摇晃的树枝和沙沙作响的树叶；没有夏日云朵的美丽和多变，没有彩虹，没有雨水！[35]

1870年，美国海军在史密森尼学会观测网原有的基础上成立了气象局。第二年，气象局开始根据电报传来的报告发布未来天气的"概率"。

《泰晤士报》在1875年刊登了第一幅每日气象图，由弗朗西斯·高尔顿绘制。4年后，已经中断13年的天气预报在英国再次恢复。又过了10年，急流——大气的大动脉——被首次探测到。在这个世纪结束前，挪威教授威廉·比耶克内（Vilhelm Bjerknes）和其他人最终建成一个建立在有效统计数据基础上的天气预报体系。

格莱舍继续留在皇家天文台工作，1874年9月，他和艾里发生了争吵。艾里在一张便条上写道："如果格莱舍先生能在每天下午2点之后再离开天文台，这将会是方便和有利的。天文台的其他员工没有在下午2点前离开的。"格莱舍在他的辞职信中并没有浪费唇舌：

> 今天早上你吹毛求疵的便条让我感到非常痛苦，因此我希望辞职。[36]

对于一段维持了长达40年的科研伙伴关系而言，这个结局有些仓促。在自己当家做主之后，格莱舍继续保持着他众多的兴趣爱好。他之前做过5年的摄影学会主席，1875年他再次担任这一职务，一直做了17年。他还继续从事气象学方面的工作，在1901年之前他一直为总登记官编制每个季度的统计数据——这份工作他做了55年。

直到最后，格莱舍还在他位于克罗伊登的家中使用一所气象站最好的仪器记录气温、气压、风速和风向。1809年，他出生在一个满是帆船、毛瑟枪和大炮的世界，1903年他以93岁的高龄去世，这一年奥维尔·莱特（Orville Wright）在北卡罗来纳的基蒂霍克湾使用汽油发动机完成了首次飞行器飞行。8年后，弗朗西斯·高尔顿也与世长辞。他们的生命都跨越了一个气象学启蒙的时代。

他们这一代人对大气进行了史无前例的编纂、定量、描绘、制图、描述以及预测，随着格莱舍和高尔顿的离世，我们与那个时代的最后一丝联系也消失了。[37]

黄 昏

午后，随着时间的推移，太阳的威力一点点减弱，炎热渐次消散。今天不会再出现积云。随着能量源的消失，云层也变得很稀薄。日落时天空再次变得澄澈起来。

太阳朝着地平线的方向坠去。它的光芒沿着一个很小的角度照亮大气层，此时它的光线异常柔和，地球沐浴在一片绚丽的黄色之中，物体的纹理也显露出来，这是风景摄影家钟爱的黄金时刻。此时太阳与地平线的夹角呈5度，不同的颜色开始出现。白天天边的奶白色变成了橘红色。它上面又是一片红色、橙色和紫色，叠加成一条条水平状的色带。当夕阳西下，阴影开始从东方出现，这是一条蓝灰色的水平状色带，高挂在离地平线6度的位置。

在晴朗的天气里，日落后这种变化会不断加剧。尽管太阳已经下山，暮光却会充盈夜空数个小时。最终，这条独特的彩带慢慢融合在一起，变成一种醒目的紫色，并散发出一层乳白光芒，"和纯紫色相比，它更趋近粉色和橙红色"。[1]这种光会在日落后停留约一个小时，之后会出现一种冷色调的蓝光，它离地平线有20度。这就是暮光。

离赤道越远，暮光停留的时间就越长。在苏格兰北部的奥克尼群岛，从4月中旬一直到8月中旬，暮光会停留一整夜，在午夜看书或者做园艺都没有任何问题。要想让暮光适时结束，夜晚到来，太阳必须处于地平线下19度的位置。在没有到达这一位置之前，光会一直出现，照耀着大地。然而很快，亮度不等的群星就会显现。在离地面50英里的中间层，冰晶构成的夜光云像枝形吊灯一般闪闪发光。它们是所有云中位置最高的。

此刻，白昼的炎热已然散尽。大气凉爽清澈。在下方一处草地上，草叶很快变凉。在一株蒲公英的茎秆上，在一个小到就连詹姆斯·格莱舍和弗朗西斯·蒲福都注意不到的地方，一小滴露珠正在凝结。

新的一天开始了。

后记

西　风

气象局的自我证明

　　风暴即将来临的消息已经在新闻上报了一整天了。当我关上位于伦敦西区的家的房门时，它或许正在英吉利海峡的某个地方卷起滔天巨浪，就像200年前菲茨罗伊和沙利文在"忒提斯号"上预见的一样。那天是2013年10月27日，时间是周六晚上8点45分。按照基督教的传统，第二天是纪念圣犹大的古老节日，他是绝望者的守护神。有些人已经注意到这一点，并开始在社交媒体上造势。在穿过海岸之前，它就已经被命名为"圣犹大飓风"。

　　街上已经起风了。片片枯黄的树叶从法国梧桐上飘落，掉在了过去几天人行道上堆积起来的数百个枯叶堆上。要不了多久，这种难得的平静就会被打破。我拉起我那破旧大衣的兜帽向河边走去。

　　气象局在3天前就已经发布预报，称有一股极具破坏力的风暴将在英国南部登陆。周五时他们把预警升级为琥珀色,让民众"为可能出现的危险状况作好准备"。整个周末我们都在观察卫星图像,看着云在大西洋上顺着逆时针方向盘旋。天气预报员的举止都变了,不再那么轻松愉快。他们表情严峻地盯着摄像头,一遍遍重复着这次风暴"你不会每年都见到"。到了周日,紧张的情绪开始蔓延。铁路公司预计周日上午上班高峰期会出现晚点,消防员和护理人员也严阵以待。为了给每一个尚未听到消息的人强调这则信息,已经退休的英国广播公司前天气预报员迈克尔·费什(Michael Fish)发布了自己的个人预警。费什在1987年因为漏报了一次强温带气旋而出名。"这简直太神奇了,"费什在接受英国广播公司采访时说,"现代化的电脑居然可以虚拟出空气中的这些东西,没有人可以做到这一点。"[1]

在泰晤士河下游的富勒姆区,空气变得沉闷、潮湿和寒冷。在昏暗的光线中我看不到太远的距离,只能勉强分辨出上游100米处哈默史密斯桥绿色的轮廓。我躲在一棵白柳树下听着风声,钠光灯橙色的光柱照亮了倾斜落下的雨水。空气中出现一股麝香的味道,河水开始上涨。铁盖般的天空中传来飞机的呼啸声,它正朝希思罗机场飞去。一个戴着耳机的人蹦蹦跳跳地跑着步。一个遛狗的人紧随其后,他的拉布拉多犬不耐烦地用力拽着他的手。

我想在"圣犹大"到来之前亲身体验一下风暴将至的感觉。这是一种混杂着期待和焦虑的心神不宁的感觉,这就是天气的威力。这就是康斯太勃尔在东贝尔格霍特风车房里经历的感觉,当年还是15岁男孩的他睁大双眼紧盯着地平线,看着云层在头顶快速飞过。这是一种令人焦虑的紧迫感,1846年的那个夜晚,当菲茨罗伊从新西兰回家经过麦哲伦海峡时一定也有这种感觉,那时凯布尔船长已经回到船舱里，而他的气压计的读数在快速下降。

我在柳树下等了半个小时。风越来越大了，我转身朝家里走去。

飓风"圣犹大"4小时后横扫英国南部地区，第二天一醒来我们就看新闻了解它的影响。怀特岛记录的风速是每小时99英里。有6人在这次飓风中丧生，极有可能是被数以百计被刮倒的树木砸死的。希思罗机场有130架航班被取消，85万户家庭断电。多佛港口和邓杰内斯核电站关闭了3个小时。

然而风暴并未就此结束。这个冬天是有文字记录以来历史上最不稳定的冬季之一，而"圣犹大"飓风只是打响了第一枪而已。当我坐在屋内阅读里德、雷德菲尔德、埃斯皮和菲茨罗伊的著作时，一股急流引发的接二连三的风暴如同导弹一般将目标锁定了英国的南海岸。在2014年1月和2月间共发生了6次大风暴，它们带来的雨量打破了所有记录。自从1766年以来——在库克船长乘坐"奋进号"驶向南海的两年前——还没有记录过如此高的雨量。道利什火车站坍塌了，就跟上次"皇家宪章号"在暴风中的遭遇一样。在汉普郡的米尔福德港，巨浪将海滩上的广告牌卷起来砸进了海边一家餐厅的窗户，里面就餐的32名客人只得被营救出来。洪水从萨默塞特郡的莱沃斯向东一直漫到泰晤士河谷。到2月中旬时，伊顿的操场还沉没在水底。

极端天气凸显了气象局中心的作用。它配备的IBM POWER7是世界上功能最强大的电脑之一——每秒钟能够计算一千亿次——气象局通过它可以追踪和预报每一场风暴。在菲茨罗伊去世将近150年之后，他的设想终于变成了现实。气象局不再被当作是一件昂贵的奢侈品而遭到撤销，它是所有行动的中心——通知政治家、商务人士、媒体以及公众。

时至今天，气象局的预算超过了8000万英镑；它拥有大约1500名员工，其中有500位是科学家。[1] 尽管天气——特别是英国的天气——依然还是捉摸不定，但现在我们生活在一个天气预报是值得信赖的世界。根据气象局的最新统计数据，在它针对最高气温所做的预报中，94.2%的误差都在2摄氏度以内，而最低气温中，85%的误差在2摄氏度以内；关于下雨的预报，有73.3%被证明是准确的；而对风暴的预报——除了迈克尔·费什那个罕见的案例之外——几乎从未遗漏过。[2]

气象局的价值在2007年的一份咨询报告体现出来。它总结称气象局的"投入获得了非同凡响的回报"，它不仅挽救了生命，保护了财产，还为社会和环境提供了广泛的好处；它总共为英国节省了3.532亿英镑的开支。19世纪五六十年代那种争论不休的日子已经过去了，很多东西早已改变，但它的初衷并没有改变。菲茨罗伊理想中的公共气象服务——政府为了全体国民的福祉而提供——不仅存活到现在，而且早已融入了我们的生活。[3]

由于菲茨罗伊的远见卓识，他被气象局的员工视为他们的奠基人。它的总部坐落在埃克塞特的菲茨罗伊路，不仅如此，为了向他致敬，英国广播公司在2002年将其中一个名为菲尼斯特雷的虚拟海上气候预报区改成了菲茨罗伊。另有3本关于他的优秀传记。哈里·汤普森（Harry Thompson）在2005年把菲茨罗伊的生平改编

---

① 2014年10月，气象局宣布它成功地为一台价值9700万英镑的全新超级计算机筹措到资金。这台计算机每秒钟能够运算1.6万万亿次，比目前的 IBM POWER7型计算机快将近13倍。——作者注

成了一本激动人心的小说《黑暗这件事》(*This Thing of Darkness*)，该书获得了布克奖提名——这毫无疑问地证明历史总是喜欢反抗者。在远离英国海岸的南巴塔哥尼亚耸立着一座巍峨的山峰，1877年阿根廷探险家弗朗西斯科·莫雷诺 (Francisco Moreno) 为了纪念菲茨罗伊将其命名为"菲茨罗伊峰"，这座山峰如同利齿一般矗立在壮观的大地上。菲茨罗伊峰上的天气非常恶劣。对于登山者来说，它是一次终极攀登，没有多少人能登上顶峰。

在今天，菲茨罗伊之所以被人们记住，主要还是因为他在达尔文的进化论的故事中所扮演的沉默寡言的"小猎犬号"船长的角色。这段历史掩盖了菲茨罗伊后来的生活以及他的气象工作，所以菲茨罗伊一定会痛恨被贴上"达尔文在'小猎犬号'上的船长"这个标签。在诸圣教堂他的墓碑上刻着一篇更好的墓志铭，这段有趣的文字是从《旧约·传道书》上摘录的：

> 风往南刮，又往北转，不住地旋转，而且返回转行原道。

对于气象局那些了解菲茨罗伊故事的人来说，他们心中依然感到有些愤愤不平。"科学界对菲茨罗伊的评价非常糟糕"，气象局首席科学家茱莉亚·斯林戈女爵 (Dame Julia Slingo) 对我说道。我问她，以今天的标准来看，她是否认为他所做的事情并不科学？"不，"她回答道，"他迈出了万里长征的第一步。"[4]

气候变迁：21世纪人类面临的最大问题

假如菲茨罗伊迈出了万里长征第一步的话，那么茱莉亚·斯林戈则迈出了另一段长征的第一步。

1861年2月7日，在菲茨罗伊向东北地区的港口发布英国有史以来首次风暴预警的前一天晚上，皇家科学研究所的自然哲学教授约翰·廷德尔正在皇家学会享有盛誉的贝克利亚讲座上发表演讲。40岁的廷德尔是一名爱尔兰科学家，也是伦敦冉冉升起的明星之一。他是一位天分极高的实验家、通信员和畅销作家，他撰写的关于自己攀登和探索阿尔卑斯山的记录让他声名远播。他登上了阿尔卑斯山脉中许多最艰难的山峰。他在皇家科学研究所工作快10年了，早已确立了自己作为一名优秀演讲家的声誉。在未来一年他将受邀和菲茨罗伊、格莱舍、赫歇尔以及艾里一起在英国科学促进协会热气球委员会任职，但那个晚上，他脑子里想的却是其他事情。

廷德尔演讲的题目叫作"论气体和水蒸气对热量的吸收和辐射"，这是自他1859年开始研究这个问题以来在科学探讨会上作的最新报告。和格莱舍一样，廷德尔也对热量在全球体系中的转移产生出兴趣。就跟格莱舍利用固体物质追踪辐射流一样，廷德尔也决心做同样的事情——但他这一次用到的是气体。他之所以会对此产生兴趣，是因为他意识到地球需要有足够的温度来维持生命，那么某些气体必须能够吸收和保存太阳的部分热量。这看起来很明显，但正如廷德尔料想的那样，这个问题一直以来几乎完全被科学界忽视了。他宣称这是"完全未被开发的领域"。[5]

在两年的时间里，廷德尔一直试图回答这个问题，他测试哪种气体能够更好地吸收热辐射——我们今天称其为"红外线辐射"。他在皇家科学研究所建造了自己的装备，这种装备可以通过气管传递热量并监控吸收量。这是一项非常艰难的任务，但他一直坚持着，从1860年9月9日开始一直到10月29日，他"每天要做8～10个小时的实验"。现在廷德尔已经作好准备要揭示他的结果了。他告诉观众，典型的大气气体——比如氧气、氢气和氮气——似乎只能吸收微不足道的一点热量。但其他气体却具备非同凡响的吸收能力，就跟水蒸气一样。他的其中一项发现和碳酸（二氧化碳）有关。他急切地想纠正一个误解：

> 在弗朗茨博士的实验中，碳酸相比氧气吸收能力更弱。但根据我的实验，在数量较少的情况下，前者（碳酸）的吸收能力是后者（氧气）的150倍；而在大气压力下，碳酸的吸收能力可能将近氧气的100倍。[6]

没有人能猜到在这个2月的夜晚，正当菲茨罗伊为发布第一次风暴预警作准备的时候，廷德尔在皇家学会为史上最具争议性的科学争论之一打下了理论基石。廷德尔的发现透露出的含义非常清楚。大气中水蒸气、二氧化碳和其他"温室气体"越多，大气就会越暖。在演讲结束后的几个星期里，廷德尔在伦敦的报纸上刊登了一条新闻，宣布"过去所有的气候状况现在都为人所知，未来所有的气候变化也都能被计算出来，只需要弄清楚这些可吸收的气体的浓度就可以了"。[7]

多年以来，廷德尔对气体性质的研究总是保持着一种简洁的、尽管有些晦涩的尝试，有些人会记住，但绝大多数人都会忘记。

19世纪末，瑞典气象学家斯凡特·阿伦尼乌斯（Svante Arrhenius）尝试解决这个问题，并针对大气中二氧化碳的含量与地球表面温度之间的相互关系进行过计算。此后，一直到1938年才有人重新开始研究这一课题，这次是一位名叫卡伦德（G. S. Callendar）的英国蒸汽工程师，他设想假如大气中碳含量很高的话会有什么后果。当时英国每年生产大约2.5亿吨煤，这些煤和其他碳氢化合物的燃烧向大气中释放了大量的二氧化碳。根据计算，卡伦德发现温度的升高是由于二氧化碳含量上升了20%，并据此断定这有可能是一件好事：温度升高将有助于避开另一个冰河世纪。

在几十年的时间里，科学家们偶尔会思考大气的这种奇异特征，也就是他们所说的卡伦德效应，但与此同时二氧化碳的含量却在持续升高。浓度的增加是惊人的。大约从1805年开始，也就是菲茨罗伊出生的那一年，一直到20世纪末，二氧化碳的浓度从0.028%上升到0.038%。在20世纪最后一个10年，人们又开始对这个问题产生兴趣。廷德尔的发现不再是科学奇事或数学难题，政客们意识到廷德尔在皇家科学研究所利用密封试管进行的实验现在被置于地球大气层这样一个更宏大的背景下。人们给这个问题起了个名字——全球变暖——它已经成为这个时代具有决定性的科学问题。

这个问题在1988年进入主流政治圈。那一年，玛格丽特·撒切尔就全球变暖向皇家学会做了一次忧心忡忡的讲话，她警告称人类正"愚蠢地用这个星球进行大规模的实验"。[8]美国国家航空航天局科学家詹姆斯·汉森在华盛顿特区的国会委员会上也表达了相同的意见，作为回应，美国政府成立了政府间气候变化专门委员会（IPCC）。这些年来，气候变化委员会就大气状态、二氧化碳和其他温室气体浓度增加有可能产生的影响发布了5份报告。最近一份报告发布于2013年9月的一场新闻发布会。这份报告称现在95%的科学家同意全球变暖正在发生。在他们提交给政策制定者的说明中，气候变化委员会宣布"气候系统的变暖是明确无误的"。[9]

第5份报告增加了大量的统计数据，其中很多都令人不安。在1880～2012年间全球表面温度上升了0.85℃；"和过去至少80万年相比，大气中二氧化碳、甲烷和一氧化二氮浓度的增加速度是空前的"。作为地球正在不断发生变化的证据，它指出格陵兰岛和南极的冰盖正不断缩减；大量的冰川已经消失，消失的还有北极的海冰和北半球的春雪。假如大气中温室气体的含量持续增加，在21世纪结束前我们将发现气温上升3～5摄氏度，海平面将抬高0.5米。发布这份报告的气候变化委员会联席主席托马斯·斯托克说得再明白不过了：气候变迁"威胁我们的星球，我们唯一的家园"。[10]

围绕气候变迁的争论的发展过程非常像慢动作的天气预报，在语气和思路上尤其跟19世纪60年代早期的天气预报相像。相较于过去20年出现的激烈的争论，菲茨罗伊和其他人当时所面临的情况简直是微不足道。和里约、京都或者哥本哈根峰会上的政治辩论相比，1853年布鲁塞尔会议上的困难根本就不值一提。如果我们考虑到今天自由市场中资本家强大的游说能力的话，那么19世纪60年代奥古斯都·史密斯在下议院几乎就不会给人留下什么印象。然而，争辩却奇怪地相像。和之前一样，它的关键在于人们对气象预测的信任度。我们是否相信科学家能够警告我们即将来临的危险吗？我们会承受什么样的经济和社会负担？科学家又是怎么知道他们是对的？

和围绕菲茨罗伊的天气预报的争辩一样，人们在为这些问题进行争吵时也带有相同的不确定性。和当时一样，今天的语言也是两极分化的。对论辩双方而言，存在着贬低和赞美两种不同的表达方式：你要么是变暖论者或否认者，要么是信徒或怀疑论者。在美国这样一个国家——埃斯皮和雷德菲尔德的传统依旧保持着——人们热衷于辩论，支持民主党的新闻节目会使用"气候变迁"这种表达，而它们的共和党对手则更偏爱"全球变暖"。无论哪种表达都会在观众心中引发一种特有的巴甫洛夫反应①。气候变迁这种表达是勇敢的、科学的，对于人类的存亡至关重要。而全球变暖则是昂贵的、反科学的，是最大的宣传陷阱。

在怀疑论者看来，气候变迁只不过是众多危言耸听的言论中最新的一个，这些言论包括马尔萨斯的人口论、对化石燃料消耗的担忧以及"千年虫问题"②。气候变迁是强大的环境游说团敲响的最新鼓点，但他们并没有证据支持其理论。他们指出在过去15年人们并没有观察到变暖的迹象，并把气候变化委员会发表的过多的热量被海洋吸收了的论断戏谑地称为"创造性科学"，他们认为这个解释只是气候变化委员会用来遮掩一个蹩脚理论的说辞。对怀疑论者来说，气候变迁就像是一个歇斯底里的邪教组织，它规

① 即条件反射。——译者注
② 也称"计算机2000年问题"，指在某些使用了计算机程序的智能系统（包括计算机系统、自动控制芯片等）中，由于其中的年份只使用两位十进制数来表示，因此当系统进行（或涉及）跨世纪的日期处理运算（如多个日期之间的计算或比较等）时，就会出现错误的结果，进而引发各种各样的系统功能紊乱甚至崩溃。

模庞大，无法承受失败，更不能容忍批评之声。它的政治和经济优势赋予它一种在和政府以及企业打交道时危险的权力，它在一种极度偏执的状态下摸索前行，却被困在了缄默法则的邪教之中。

对气候变迁政策最持久也是最有效的攻击或许来自自由主义经济学家，他们因为浪费在二氧化碳税上数以百万的英镑而暴跳如雷。他们更偏爱经过论证的经济学理论：最低成本原则。和化石燃料一样，碳氢化合物也是最丰富的能量源之一，它为我们提供了一种快速发展的途径。在《全球变暖时代》(The Age of Global Warming) 一书中，前投资银行家鲁珀特·达沃尔以一种论辩式的分析方法给这个经济学争论作了最清晰的解释。他说，"不管从哪个方面来看，全球变暖都是一场代价高昂的惨败"：

> 德国和西班牙对太阳能以及风能所做的力不从心的承诺；资源丰富的国家从种植粮食向制造生物燃料的不道德的转变；欧盟碳市场的崩盘；英国自由能源市场原本可以生产部分最廉价的电力，现在却变成欧洲最昂贵的电力生产者；围绕清洁发展机制的丑闻；破坏热带雨林来为生产棕榈油的种植园提供场地——所有这些都为宣扬政策失败的学者提供了说辞。[11]

2014年年初，曾在玛格丽特·撒切尔领导下的保守党中担任大臣的布莱比的劳森勋爵 (Lord Lawson of Blaby) 也发表了自己的看法："全球变暖这种正统说法不仅不合理，而且还不道德。"[12]

作为英国上镜最多的气候科学家，茱莉亚·斯林戈女爵已经研究这个课题40年了。20世纪90年代，她在雷丁大学成为英国有史以来第一位女性气象学教授。她在2008年又回到气象局工作，这是她职业生涯开始的地方。她一直引领着关于气候变迁的争论，并向英国公众宣传这门科学以及一个更暖的世界可能导致的危险。

茱莉亚·斯林戈告诉我她对天气的好奇心始于20世纪60年代的学生时期。她说："大多数时间我都会坐在卧室里的桌子上修改我的物理学论文。窗户朝南，我看着云彩，好奇为何风总是从西边吹过来。"[13]

几年后，也就是20世纪70年代早期，作为气象局最年轻的调查员之一的斯林戈开始研究一些最早的气候模型——这在当时还是一个全新的研究领域。"在我刚来气象局上班的时候，我们几乎没见过卫星图像，"她说道，"没有人知道从上面看云会是什么样子，我们什么模型也没有。"斯林戈一开始研究的是二氧化碳的问题。她最初的作品《二氧化碳、气候和社会》(*Carbon Dioxide, Climate and Society*) 研究了气候对于不断增加的温室气体的敏感性。她说道："我当时根本没有意识到它将成为21世纪人类要面对的最大问题，就像现在这样。"[14]

40年后，也就是2013年11月，斯林戈在环境科学研究所的伯恩特伍德讲座上发表了名为"气候模型为何是现代科学最伟大的成就"的演讲。20世纪70年代早已过去。她展示了气候模型演变的过程，以及气象学家是如何理解热量在全球体系中转移的方式——这一研究课题多年之前由格莱舍和廷德尔开创。在外行看来，这些气候模型复杂到难以描述。它们综合了高等数学、牛顿物理学、热力学、辐射传输、粒子微观物理学、化学以及生物学知识，可以对面积越来越小的区域进行天气预报，还能显示未来数年气候将如何演变。所有的运算都是通过位于埃克塞特的IBM

超级计算机进行处理，然后再通报给气候变化委员会。这个系统的复杂程度会让19世纪的科学家感到迷惑、惊讶和激动，因为他们用的只不过是气压计、温度计和气象图而已。"人们总是会有这样一种认识，即气象学只是一种环境科学，但事实上它非常难，"斯林戈告诉我，"它是一门综合性学科，你至少要懂得数学、物理学和化学才行。"[15]

相对于其他基本理论，气象学依然充满争议。几十年来，怀疑论者揭示了气候变迁团体一些不科学的做法。他们指责科学家玩弄数字，利用不正当手段让机器输出数据。当《每日电讯报》(Daily Telegraph) 在2014年发表一篇针对一本有关气候变迁的书的评论时，它收到了9093条读者评论，在这些评论中："怀疑论者"攻击"变暖论者"，"信徒"回击"否认者"。[16]

"现在发生的事情和发生在菲茨罗伊身上的事情在很多方面都很类似，"斯林戈说，"我们是唯一一门不得不进行预测但又会带来麻烦的学科。我也收到过来自皇家学会会员的批评，他们认为如果你在这一领域工作，你就不是一个非常优秀的科学家，他们的这种观点是错误的。其他科学家并不会受到这种批评。你不可能批评首席医疗官，没有人敢像指责气候变迁一样去指责医药学。"[17]

在2014年英国广播公司的一次采访中，斯林戈被问到是否会继续在这一富有争议的领域工作。她在回答中引用了弗兰西斯·培根的话："这对我变得越来越重要，这就是为什么我会在学术界工作多年后转而申请气象局首席科学家的职位。我需要看到我的科学对社会有用——"人类的救赎"。拯救生命，挽回损失，让受到恶劣天气和极端气候影响的人们生活得越来越好……人们不喜欢我关于科学的言论，因为那不符合他们的看法，但这永远不会阻止我把它说出来。"[18]

我说听她讲话让我想起了菲茨罗伊，他在150年前会怎么回答这个问题呢？我问她是否认为他们之间存在相似性。"这个嘛，我可不打算自杀。"她回答道。[19]

和其他科学不同的是，气象学需要信任。对某些人来说，这种要求是不科学的。在《全球变暖时代》一书中，鲁珀特·达沃尔详细描写了"未来的不可预知性"。我们真正会了解到什么？他使用20世纪卡尔·波普尔的证伪理论作为依据——波普尔认为一种理论只有在可以被证伪的情况下才能被称为是科学的。他宣称最好的理论是能够被证伪的理论。达沃尔指出，"全球变暖在过去两个年代已经发生这一说法就是最好的例证"。

他引用哈佛大学物理学家、诺贝尔奖获得者珀西·布里奇曼（Percy W. Bridgman）的言论继续对全球变暖展开攻击。布里奇曼写道：

> 我个人认为人们不应该对未来发表言论。对我来说，发表一项声明就意味着有证实它的真实性的可能性，但这种关于未来的言论的真实性是无法被证实的。[20]

这正是问题的关键所在。为了人类的福祉和安全，气象学家被迫发布预报。依照波普尔的理论，天气预报无法被证伪；按照布里奇曼的标准，它并非无懈可击；但天气预报是一种我们今天普遍信任的东西。当2013年10月飓风"圣犹大"来临之际，没有哪个人会忽视它，就像2012年飓风"桑迪"肆虐美国东海岸时许多人闭门不出一样。飓风"桑迪"和"圣犹大"都无法被证伪，然而它们并非不科学。

时至今日，天气预报已经从过去下议院的笑柄变成了为人们提供保护的重要来源。谁知道气候模型在未来将变得有多好？与此同时，正如气象学家布莱恩·霍斯金斯爵士（Sir Brian Hoskins）告诉英国广播公司的那样：

> 通过增加大气中温室气体，特别是二氧化碳的含量——这种增量在这个星球过去几百万年的时间里都是闻所未闻的——我们正进行一场极其危险的实验，我们非常确定这意味着如果我们继续这么做的话，到本世纪末气温将增加 3～5 摄氏度，海平面将上升 0.5 米。[21]

这是我们自己的实验，在科学、政治和经济之间缔结一个协调一致的条约将会是我们这个时代所面临的挑战之一。我们要么对科学怀有信心，要么任大自然自由发展，就像康拉德的小说《台风》中的马克惠船长那样。

在康拉德的小说开头，当马克惠从"南山号"的海图室观测大气时，他突然拥有了一种先知般的洞察力。

> ……他站在那里，看着气压计的读数下降，他没有理由去怀疑。下降——考虑到仪表的优良性能，每年的这个时节，以及船所处的位置——这是大自然发出的不祥预兆；但这个红脸膛的汉子并没有表现出任何内心的波动。预兆在他看来什么都不是，他并没有发现预兆所传递的信息，直到它变成现实让他深刻体会到它的威

力……苍白的太阳投下模糊暗淡的阴影。海浪越来越高越来越急，船在大海中一个平滑的、深不见底的空洞中蹒跚而行。[22]

菲茨罗伊的气象学群英

　　在《天气学手册》中，菲茨罗伊写道，"一个个杰出的名字出现在我的脑海中，他们为今天人类可以获取的气象学知识作出了巨大的贡献"。他将那些他认为贡献最突出的人罗列出来，以下就是经过补充后的菲茨罗伊气象学群英。

乔治·艾里（1801～1892）

　　英国数学家，并在1835～1881年期间担任皇家天文学家。维多利亚时代科学界的关键人物，19世纪40年代和詹姆斯·格莱舍在格林尼治开创气象数据收集工作，鼓励《每日新闻》刊登第一批天气预报。

弗朗索瓦·阿拉果（1786～1853）

　　富有影响力的法国数学家和天文学家，并在1843～1853年担任巴黎天文台台长。他的《气象学随笔》主要研究闪电方面的问题，并在1855年由爱德华·萨宾翻译成英语。他反对进行预报。

弗朗西斯·蒲福（1774～1857）

水文学家、科学家、水手和"灰衣主教"①，他是最早被广泛采纳的风力和气象等级的创始人，也是罗伯特·菲茨罗伊的导师。

詹姆斯·坎培尔（1743～1825）

英国军官、东印度公司职员。威廉·里德称他是第一个提出风暴做圆周运动的人，尽管这个观点在他生前没有得到普及。

约翰·道尔顿（1766～1844）

贵格派信徒、天气日记作者和教师。他从1787年开始使用自制的仪器记录天气数据，1793年发表《气象观测和随笔》，他在此书中开始思考物质和原子的性质，这标志着现代原子理论的开端。

约翰·弗雷德里克·丹尼尔（1790～1845）

伦敦国王学院化学教授，他于1823年发表的《气象学随笔》很流行。他还发明了丹尼尔湿度计和丹尼尔锌铜电池——这种电池成为莫尔斯电报机的重要元件。他在1845年3月在皇家学会的一次会议上去世，当时他正在描述一种新型的水压计。

---

① 指幕后掌权者。

海因里希·多弗（1803~1879）

普鲁士气象学家，因其对大气层热量分布的研究而在1853年获得了皇家学会颁发的著名的科普利奖章。菲茨罗伊在19世纪50年代将多弗的《风暴规律》翻译成英语，他提出的气团交汇的观点为很多早期的预报方法提供了依据。

詹姆斯·埃斯皮（1785~1860）

特立独行的美国气象学家、古典学者和数学家。他大力宣扬其空气循环大气烟囱模型，让老对手威廉·雷德菲尔德非常反感。后期因为造雨的言论变得声名狼藉。

威廉·费雷尔（1817~1891）

美国教师和气象学家，在19世纪50年代成功地将地球自转定律应用于大气循环理论。费雷尔环流圈——空气循环三大大气环流圈之一——就是为了纪念他而命名的。

托马斯·福斯特（1789~1860）

英国博物学家、天文学家、气象学家和医生。他在1813年发表的《大气现象研究》或许是19世纪早期最受欢迎的气象学著作，吸引了大批读者，其中包括约翰·康斯太勃尔和弗朗索瓦·阿拉果。福斯特对自然天气迹象特别感兴趣，在他的整个职业生涯中发表过很多关于它们的内容。他在1831年展开过一次令人难忘的热气球飞行。

本杰明·富兰克林（1706～1890）

18世纪美国著名的哲学家。他曾在费城的一个雷暴天里放风筝并从天空引出火花，从而证明闪电是一种电流现象，他也因此在气象学史上留名。他曾追踪风暴动向一直到美国东海岸，由此开创了研究风暴的先河。

弗朗西斯·高尔顿（1822～1911）

维多利亚时代的博学家，因识别和创造了"反气旋"这一术语而在气象学史上闻名。从19世纪60年代开始绘制气象图，并于1875年在《泰晤士报》上刊登了有史以来第一幅气象图。他是罗伯特·菲茨罗伊职业上的对手。

詹姆斯·格莱舍（1809～1903）

天文学家、气象学家、摄影家以及热气球驾驶者。他于1840年被任命为格林尼治天文台磁力与气象局的负责人，由此开始了他漫长的气象学职业生涯。他撰写过很多论文，特别是关于露珠和雪花的。他和亨利·葛士维在1861年乘坐热气球打破了飞行高度世界纪录。在1867～1868年担任气象学会主席。

约瑟夫·亨利（1797～1878）

著名的美国科学家、史密森学会首任秘书长、门铃的发明者。对科学作出过许多贡献，特别是在电磁学方面，从19世纪40年代起开始领导史密森气象学计划。

约翰·赫歇尔爵士（1792~1871）

著名的英国科学家和行政官员。在天文学和数学领域作出过许多贡献，对气象学怀有兴趣。支持雷德菲尔德的风循环理论，后来通过信件和菲茨罗伊就彩虹的数学运算、园林艺术和日月理论等问题进行过交流。

卢克·霍华德（1772~1864）

英国药剂师和贵格派信徒，被普遍认为是现代气象学的鼻祖。因为在19世纪早期创立了云的分类体系而获得声望，并陆续发表了很多其他的气象学著作。他被认为是第一个描述城市热岛效应的人，他的《伦敦的气候》开创了气候研究的先河。

奥本·勒维耶（1811~1877）

法国几何学家、数学家、科学行政官员。他出名一是因为在1846年利用数学运算发现海王星，二是因为在接替阿拉果执掌巴黎天文台后专横跋扈的行事作风。从19世纪50年代起开始推动法国气象学的发展。

伊莱亚斯·罗密士（1811~1889）

美国数学家、气象学家和天文学家，在耶鲁学院（耶鲁大学前身）担过任多年教授，是1834年首批观测到哈雷彗星的美国人之一。他对1836年12月的一场风暴进行了广泛的研究，最早开始使用彩色编码绘制气象图。

马修·莫里（1806～1873）

美国海军上尉、海洋学家和行政官员。从19世纪40年代开始将气象数据应用于航海图，为自己赢得了"海洋探路者"的称号。他呼吁欧洲国家在1853年的布鲁塞尔会议上追随美国的领导。

亨利·皮丁顿（1797～1858）

东印度公司船长、气象学家，从19世纪40年代开始对风暴物理学产生兴趣。雷德菲尔德和里德的追随者。在1848年发表了《风暴规律船员入门手册》，这本书将旋风理论带给了大众市场。他推荐的"旋风"这个名字今天依然还在使用。

威廉·雷德菲尔德（1789～1857）

美国商人和气象学家。他于1831年发表了《大西洋沿岸盛行风暴研究》，向美国科学界介绍了内旋风的概念，并开始对风暴进行了数十年的分析。作为威廉·里德的朋友和盟友，他成为首任美国科学促进协会主席。

威廉·里德（1791～1858）

英国军官和殖民地行政官员。1831年经历飓风后开始对气象科学产生兴趣，曾花费多年时间收集西印度群岛的风暴数据，深受雷德菲尔德的影响。他在1838年发表《风暴规律初探》一书。后期担任英国各个海外领土的总督，作为"好总督"而被狄更斯铭记。

约翰·廷德尔（1820~1893）

维多利亚时代广受欢迎的物理学家，他与英国皇家学会保持长久的合作关系。他最重要的成就是在19世纪60年代早期展示了某些气体相比其他气体能够吸收更多的热量，这一现象后来被称为"温室效应"。

亚历山大·冯·洪堡（1769~1859）

普鲁士探险家，首创了"户外科学家"这一概念。他在乘坐皇家海军"小猎犬号"的航行途中对罗伯特·菲茨罗伊和查尔斯·达尔文产生了极大的影响。他渊博的科学知识都浓缩在他的著作《宇宙》一书中，此书在1845年被翻译成英语。

致　谢

　　在本书写作期间，我有幸获得了在位于弗林特郡哈登市格拉斯顿图书馆居住的机会。我工作的地点位于二楼的一条走廊，那里的地板踩上去嘎吱作响，馆内藏书多达3.2万册，全带有格拉斯顿本人的注解，图书馆里所有的书都是这位老前辈用手推车一摞一摞运进来的。对我来说，在这里畅想、阅读和书写有关维多利亚时期社会的故事，真是再合适不过了。在此，我由衷感谢彼得·弗朗西斯（Peter Francis），感谢他对此次研究的资助，并与我一起进行了多次有关天气和宗教问题的探讨。感谢路易莎·耶茨（Louisa Yates）和加里·巴勒特（Gary Butler）帮我检索藏书，使我发现了罗伯特·菲茨罗伊的若干信件，并允许我对插图进行翻印。此外，我还要感谢坚持不懈的赛安·摩根（Siân Morgan）、菲利普·克莱蒙特（Phillip Clement）和凯里·威廉姆斯（Ceri Williams）三人组，以及图书馆其他热心的管理员们。

　　我要对英国国家图书馆、爱尔兰国家图书馆、英国皇家学会

（馆长基思·穆尔，Keith Moore）、亨廷顿图书馆（馆长瓦妮莎·威尔基，Vanessa Wilkie）、耶鲁大学的贝尼克珍本与手稿图书馆（馆长桑德拉·马卡姆和安妮·玛丽·门塔，Sandra Markham and Anne Marie Menta）、维尔康姆图书馆、国家气象图书馆以及埃克塞特市的档案馆准许我查阅和援引相关文献表示感谢。我要感谢我勇敢的朋友大卫·戈德史密斯（David Goldsmith），他为我提供了伊莱亚斯·罗密士关于1836年风暴的天气图表，并对这一课题表现出很大热情，而他自己正在从事的天气项目也很值得期待。

此外，我还要感谢韦克斯福德郡的萨拉·纽曼（Sheila Newman）、乔和本，以及茱莉娅·斯林格（Julia Slingo）、大卫·怀廷（David Whiting）、朱丽叶·威尔莱特（Julie Wheelwright），还有那只聪明伶俐的海豚萨拉。南安普顿大学的克里斯多夫·普赖尔博士（Dr. Christopher Prior）曾通读了本书的初稿，并提出了很多有价值的意见。伯明翰大学的约翰·索恩（John Thornes）教授也提供了巨大的帮助。两个世纪前，人们对云的观测兴趣日益高涨，但面临着如何对高积云与层积云进行准确区分的问题，而索恩教授关于约翰·康斯太勃尔所绘天空的书则对气象学的发展作了很好的介绍。自2012年一次偶然的会面后，约翰·索恩便开始对本研究课题发挥了重要作用，他既是一座信息的宝库，同时也为我的坚持研究提供了巨大鼓励。他曾尽可能地帮助我，使我避免在气象学问题上犯一些低级错误，但本书中若有任何错漏之处，皆是我本人的责任。

我有幸得到 Peters Fraser & Dunlop[①] 一众专家学者的支持和帮助，特别是我的文学代理人安娜贝尔·麦鲁罗（Annabel Merullo），以及雷切尔·米尔斯（Rachel Mills）、劳拉·威廉姆斯（Laura Williams）、玛丽利亚·萨维兹（Marilia Savvides）、金·梅里贾（Kim Méridja）、西尔维娅·莫尔特尼（Silvia Molteni）和詹姆斯·卡洛尔（James Carroll）。我想感谢费伯出版社的米齐·安吉尔（Mitzi Angel）、杰夫·塞罗斯（Jeff Seros）、史蒂芬·维尔（Stephen Weil）、丹尼尔·德齐·瓦勒（Daniel del Valle）和威尔·沃夫斯劳（Will Wolfslau），以及 Mareverlag 出版社的卡佳·施洛兹（Katja Scholz）。

我最应该感谢的还是我在 Chatto & Windus 出版社的编辑朱丽叶·布鲁克（Juliet Brooke），正是在她的努力之下，本书才逐步变得成熟，她总能及时地向我提出一些合理的意见。我还要感谢克拉拉·法默（Clara Farmer）、苏珊娜·奥特尔（Susannah Otter）、凯特·布兰德（Kate Bland）和米凯拉·佩德洛（Mikaela Pedlow），感谢克里斯·波特（Kris Potter）精美的封面设计。

特别要感谢我的爱人克莱尔（Claire），她容许我在家中堆满了19世纪的各种期刊和气象用品。除此以外，她那孜孜不倦的热情和编辑能力是最为可贵的。当伦敦变得过于喧闹时，我有幸在斯塔福德郡获得一张安宁的书桌和舒服的床榻，这得益于我的父亲，那位像弗朗西斯·蒲福一样无所不知的长者。

我的母亲是在约克郡东海岸边长大，她至今仍喜欢用那双深

---

① 一家总部位于英国伦敦的才艺和文学机构。——译者注

邃的眼睛仰望天空。在我年幼的时候，她经常把我从舒服的沙发里拉起来，到外面去欣赏辉煌的落日或观察一片奇异的云彩。这本书献给我的母亲，作为对她的深切期望的一种报答。

缩略词对照

BL 耶鲁大学拜内克古籍善本图书馆

FB 弗朗西斯·蒲福

GL 格拉斯顿图书馆

HC Deb. 下议院辩论

HL 亨廷顿图书馆

NA 国家档案馆

NLI 爱尔兰国家图书馆

NMA 国家气象图书馆和档案馆

RLE 理查德·洛弗尔·埃奇沃思

RS 皇家学会档案馆

章节注释

前言

1. Psalm 19, Bible Gateway: https://www.biblegateway.com/passage/?search=Psalm+19

2. John Frederic Daniell, *Meteorological Essays and Observations* (London: Underwood, 1823), p. 2

3. François Arago, *Meteorological Essays*, translated by Colonel Edward Sabine (London: Longman, Brown, Green & Longmans, 1855), p. 219

4. Jan Golinski, *British Weather and the Climate of Enlightenment* (Chicago: The University of Chicago Press, 2007), p. 18

5. Luke Howard, *Seven Lectures on Meteorology* (1837; Cambridge: Cambridge University Press, 2011), p. 2

6. John Ruskin, *Transactions of the Meteorological Society Instituted in the Year 1823 Vol. One* (London: Smith, Elder & Cornhill, 1839), p. 57

7. Ibid. p. 59

第1章

1. NLI. Francis Beaufort to Fanny Edgeworth, MS 13176 (11)

2. Ibid.

3. *The Annual Register,or a View to the History,Politics,and Literature for the Year 1794* (London: Auld, 1799), p. 51. For more on the discovery of Chappe's telegraph see the Universal Magazine for October 1794.

4. Charles Dibdin, *The Professional Life of Mr Dibdin, written by himself, together with the words of Six Hundred Songs Vol. III* (London: Dibdin, 1803), p. 315

5. *Daniel Beaufort Journal Entry,* Trinity College Dublin, MS4031, 7 March 1789

6. Alfred Friendly, *Beaufort of the Admiralty: The Life of Sir Francis Beaufort* (London: Hutchinson, 1977), p. 50

7. Howard, *Seven Lectures on Meteorology,* p. 16-17

8. NMA. Private Weather Diary of Admiral Beaufort, box 1 HMS *Latona, Aquilon and Phaeton,* MET/2/1/2/3/539

9. NLA. Francis Beaufort to Charlotte Edgeworth, 24 January 1803

10. Daniel Augustus Beaufort, *Memoir of a Map of Ireland* (London: Faden, 1792), p. ix

11. Richard Lovell Edgeworth, *Memoirs of Richard Lovell Edgeworth, begun by himself and concluded by his daughter Maria Edgeworth Vol.II* (London:Bentley, 1844), p. 260

12. Jenny Uglow, *Lunar Men:The Friends that made the Future* (London, Faber & Faber, 2003), p. 292

13. Edgeworth, *Memoirs Vol. I,* p. 140

14. Ibid. p. 141

15. Ibid. p. 147

16. Ibid. p. 142

17. Desmond King-Hele, *The Collected Letters of Erasmus Darwin* (Cambridge: Cambridge University Press, 2006), p. 74

18. Samuel Johnson, *A Dictionary of the English Language Vol. 3* (1755; London: Longman, Hurst, Rees, Orme & Brown, 1818)

19. Ibid. p. 305

20. James Lequeux, *Le Verrier-Magnificent and Detestable Astronomer,* edited and with an introduction by William Sheehan; translated by Bernard Sheehan (New York: Springer, 2013), p. 271

21. Edgeworth, *Memoirs Vol. II,* p. 159

22. NLI. Maria Edge worth to Mrs Ruxton, 4 November 1803 (Friday morning)

23. H.F.B. Wheeler and A.M. Broadley, *Napoleon and the Invasion of England: The Story of the Great Terror* (Cirencester: Nonsuch, 2007), p. 272-3

24. NLI. Charlotte Edgeworth to Emmeline King, 11 July 1804

25. NLI. Maria Edgeworth to Sophy Ruxton, 18 December 1803

26. NLI.Francis Beaufort to Charlotte Edgeworth, MS 13176 (11)

27. HL. 24 December 1803 (Dublin) FB to RLE

28. Ibid.

29. HL. 26 March (Athlone) FB to Daniel Beaufort

30. NLI. Charlotte Edgeworth to Emmeline King, 11 July 1804

31. Friendly, *Beaufort of the Admiralty,* p. 120

32. *Freeman's Journal,* 7 July 1804

33. HL. 27 May 1804 (Galway) FB to William Beaufort

34. Friendly, *Beaufort of the Admiralty,* p. 129

35. Daniel Defoe, *The Storm* (1704; London: Penguin, 2005), p. 24

36. Ibid. p. 24

37. NMA. Private Weather Diary of Admiral Beaufort, HMS *Woolwich* 1805-7, MET/2/1/2/3/540

第2章

1. HL. RLE to FB, 1 June 1810

2. HL. FB to RLE, 9 December 1809

3. Ibid.

4. HL.Joseph Banks to Richard Lovell Edgeworth, 26 December 1813, and 1 December 1813, FB to RLE

5. *The Scots Magazine and Edinburgh Literary Miscellany, Vol.76* (Edinburgh: Constable & Company), p. 152

6. Howard, *Seven Lectures on Meteorology,* p. 115-116

7. *Nicholson's Journal,* January 1814

8. Ronald Brymer Beckett, *John Constable's Correspondence Vol.2* (Ipswich: Suffolk Records Society 1970), p. 118

9. C.R. Leslie, *Memoirs of the Life of John Constable, Esq., RA: composed chiefly of his letters. Second Ed.* (London: Longman, Brown, Green, & Longmans, 1845), p. 132

10. Ibid. p. 16

11. Andrew Shirley, *The Rainbow: A Portrait of John Constable* (London: Joseph, 1949), p. 128

12. Ibid. p. 141

13. Beckett, *John Constable's Correspondence Vol.4* (Ipswich: Suffolk Records Society, 1970), p. 101

14. George Harvey, *A Treatise on Meteorology* (London, 1834), p. 155

15. Leslie, *Memoirs of the Life of John Constable,* p. 49

16. Beckett, *John Constable's Correspondence Vol. 10,* p. 83

17. Thomas Forster, *Researches About Atmospheric Phaenomena. Second Ed.* (London: Baldwin, 1813), p. 126

18. Ibid. p. viii

19. Sir John Barrow, *Autobiographical Memoir of Sir John Barrow, Bart, Late of the Admiralty* (London: John Murray, 1847), p. 10

20. Golinski, *British Weather and the Climate of Enlightenment,* p. 19

21. Luke Howard, *Essay on the Modifications of Clouds. Third Ed.* (London: Churchill, 1865), p. 1

22. Forster, *Researches About Atmospheric Phaenomena,* p. 56

23. Ibid. p.7

24. Gilpin, William *Three Essays on Picturesque Beauty;on Picturesque Travel and on Sketching Landscape: to which is added a poem,on landscape painting. Second Ed.* (London: Blamire, 1794), p. 36

25. Ibid. p. 72

26. Ibid. p. 89

27. Ibid. p. 34

28. Ibid. p. 42

29. John Thornes, *John Constable's Skies* (Birmingham: University of Birmingham Press, 1999), p. 89

30. Leslie, Memoirs of the Life of John Constable, Esq., RA p. 4-5

31. Ibid. p. 350

32. Ibid. p. 123

33. All annotations taken from John Thornes, *John Constable's Skies*

34. Examiner, 27 May 1821

35. Thornes, *John Constable's Skies*, p. 280

36. Leslie, *Memoirs of the Life of John Constable*, p. 300

37. Ibid. p . 350

38. Edmund Burke, *A Philosophical Inquiry into the Origin of our Ideas of the Sublime and Beautiful. A new edition* (Basil: Tournisen, 1792), p. 60

39. Leslie, *Memoirs of the Life of John Constable*, p. 281

40. Mark Evans, *John Constable: Oil Sketches from the Victoria and Albert Museum* (London: Victoria & Albert Museum, 2011), p. 93

41. Thornes, *John Constable's Skies*, p. 73

第3章

1. Robert FitzRoy, Charles Darwin and Phillip King, *Narrative of the Surveying Voyages of His Majesty's Ships Adventure and Beagle, between the Years 1826 and 1836 Vol. I* (London: Colburn, 1839), p. 189-190

2. Ibid. p. 189-190

3. NA. ADM 51/3053-Captains' logs: BEAGLE/1825 September 16-1829 December 31

4. Robert FitzRoy, *The Weather Book:A manual of practical meteorology* (London: Longman, Green, Longman, Roberts & Green, 1863), p. 333

5. FitzRoy et al., *Narrative of the Surveying Voyages Vol. II*, p. 71

6. Ibid. p. 333

7. *Good Words,* 1 June 1866

8. FitzRoy's Memorandum, quoted in John Gribbin and Mary Gribbin, *FitzRoy: The Remarkable Story of Darwin's Captain and the Invention of the Weather Forecast* (London: Review, 2004), p. 301-305

9. James Weddell, *A Voyage Towards the South Pole, performed in the Years 1822-1824* (London: Longman, Rees, Orme, Brown & Green, 1825), p. 202-203

10. Ibid. p. 202-203

11. Ibid. p. 2

12. Ibid. p. 141

13. Herman Melville, *Moby-Dick, or, the Whale* (Boston: St Botolph Society, 1922), p. 434

14. Weddell, *A Voyage Towards the South Pole*, p. 44

15. Ibid. p. 55

16. FitzRoy et al., *Narrative of the Surveying Voyages*, p. 217

17. Ibid. p. 217

18. Ibid. p. 218

19. Ibid. p. 222

20. Ibid. p. 225

21. Ibid. p. 223

22. Ibid. p. 232

23. Ibid. p. 50

24. Ibid. p. 50

25. Ibid. p. 230

26. Ibid. p. 234

27. Henry Norton Sulivan, *Life and Letters of the Late Admiral Sir Bartholomew James Sulivan KCB 1810-1890* (London: John Murray, 1896), p. 15

28. NA. ADM 51/3053 – Captains' logs: BEAGLE/1825 September 16-1829 December 31

29. FitzRoy et al., *Narrative of the Surveying Voyages*, p. 582-4

30. Jeffery Dennis, *Ample Instructions for the Barometer and Thermometer. Third Ed.* (London: Dennis, 1825), p. 2

31. Ibid. p. 2

32. Weddell, *A Voyage Towards the South Pole*, p. 37

33. Thomas Forster, *The Pocket Encyclopaedia of Natural Phenomena* (London: Nicholls, 1827), p. 7-8

34. *Quarterly Journal of Science, Literature and Art, January to June 1829,* p. 425

35. George, *Treatise on Meteorology,* p. 4

36. John Claridge, *The Shepherd of Banbury's Rules to Judge the Changes of the Weather* (London: Chance and Hurst, 1827), p. iv

37. FitzRoy et al., *Narrative of the Surveying Voyages,* p. 178

38. Ibid. p. 179

39. Ibid. p. 153

40. Ibid. p. 361

41. Ibid. p. 421

42. Ibid. p. 427

43. Ibid. p. 432

44. Weddell, *A Voyage Towards the South Pole,* p. 251

45. HL. 20 May 1817, Richard Lovell Edgeworth to Francis Beaufort, Francis Beaufort Collection

46. HL. FB 748 FB to Fanny Edgeworth, 22 June 1817

47. Barrow, *Autobiographical Memoir,* p. 395

48. HL. FB 17 Diary entry for 12 May 1829

49. Harriet Martineau, *Biographical Sketches* (London: Macmillan, 1869), p. 227

50. Ibid. p. 214

51. Francis Darwin (ed.), *The Life and Letters of Charles Darwin Vol.I* (London: John Murray, 1887), p. 168

52. Frederick Burkhardt and Sydney Smith, *The Correspondence of Charles Darwin. Vol. I* (Cambridge: Cambridge University Press, 1985), p. 135-6

53. Francis Darwin (ed.), *The Life and Letters of Charles Darwin Vol. I,* p. 60-1

54. FitzRoy et al., *Narrative of the Surveying Voyages,* p. 37

55. R.D. Keynes (ed.), *Charles Darwin's Beagle Diary* (Cambridge: Cambridge University Press, 1988), p. 11

第4章

1. *New York Evening Post,* 3 September 1831

2. From *the Barbados Globe*, reprinted in the Ithaca Journal, 14 September 1831

3. Anon, *Account of the Fatal Hurricane by which Barbados Suffered in August 1831* (Bridgetown: Hyde, 1831), p. 56

4. HC Deb. 29 February 1832, Vol.10, cc. 971-5, 971

5. Anon, *The Seaman's Practical Guide for Barbados and the Leeward Islands* (London: Smith, Elder, 1832), p. 17

6. John Poyer, *The History of Barbados from the First Discovery of the Island* (London: Mawman, 1808), p. 102

7.Ibid. p. 446

8. From the *Barbados Globe*, reprinted in the Ithaca Journal, 14 September 1830

9. *United Service Magazine,* Vol.30, p. 8

10. Psalm 29. *The Holy Bible: Containing the Old and New Testaments,by the Special Command of King James I of England* (London: Whipple, 1815)

11. Elspeth Whitney, *Medieval Science and Technology* (Westport, Conn.: Greenwood Press, 2004), p. 152

12. William Faulke, *A Goodly Gallerye* (1563; Philadelphia: American Philosophical Society, 1979), p. 28-9

13. James Shapiro, *1599: A Year in the Life of William Shakespeare* (London: Faber & Faber, 2005), p. 117-8

14. Phil, Mundt *A Scientific Search for Religious Truth* (Brisbane: Bridgeway Books, 2006), p. 49

15. 'Part of a letter from John Fuller of Sussex, Esq, concerning a Strange Effect of the Late Great Storm in that County', Philosophical Transactions of the Royal Society 1704-1705, 1 January 1704

16. Vladimir Jankovic', *Reading the Skies: A Cultural History of English Weather 1650-1820* (London: University of Chicago Press, 2000), p. 62

17. Defoe, *The Storm*, p.7

18. Ibid. p. 15

19. Ibid. p. 17

20. Matthew Tindal, *Christianity as Old as the Creation Vol.I* (London, 1730), p. 6

21. John Goad, *Astro-Meteorologica, or Aphorisms and Large Significant Discourses on the Natures and Influences of the Celestial Bodies* (1686; London:Sprint, 1699) jacket quote

22. Ibid. p. 16-17

23. Ibid. p. 25

24. Ibid. p. 27

25. Ibid. p. 39

26. Golinski, *British Weather and the Climate of Enlightenment,* p. 101

27. Weddell, *A Voyage Towards the South Pole,* p. 238

28. FitzRoy et al., *Narrative of the Surveying Voyages,* p. 465-6

29. Harvey, *Treatise on Meteorology,* p. 3

30. *Edinburgh New Philosophical Journal,* October 1838-April 1839, p. 120

31. *Sketches of Sermons, Preached to Congregations in Various Parts of the United Kingdom and on the European Continent Vol. 5* (New York: Bangs and Emasy, 1827), p. 47

32. William Cowper quoted in I.C. Garbett, *Morning Dew; or, Daily readings for the people of God* (1773; Bath: Binns & Goodwin, 1864), p. 222

33. Poyer, *History of Barbados,* p. 67

34. Ibid. p. 33

35. Ibid. p. 33-4

36. Ibid. p. 54 & 61

37. Reid, *An Attempt to Develop the Law of Storms,* p. 1-2

38. Ibid. p. 27

39. Ibid. p. 26

40. Denison Olmstead, *Address on the Scientific Life and Labors of William C. Redfield AM* (New Haven: E. Hayes, 1857), p. 13

41. Ibid. p. 8

42. *American Journal of Science,* Vol. 20, p. 19

43. Ibid. p. 21

44. Ibid. p. 45

45. Ibid. p. 47-48

46. Reid, *An Attempt to Develop the Law of Storms,* p. 3

47. *Edinburgh Review,* January 1839

48. *Manchester Times and Gazette,* 9 July 1836

第5章

1. Albert Barnes, *An Address before the Association of the Alumni of Hamilton College, Delivered 27 July 1836* (Utica: Bennett & Bright, 1836), p. 11

2. Ralph Waldo Emerson, *Miscellanies: Embracing Nature, Addresses and Lectures* (Boston: Phillips, Sampson and Company, 1856), p. 106

3. 'Sketch of J.P.Espy.' Reprint from *Popular Science Monthly,* 1889

4. James P.Espy, 'Circular in relation to Meteorological Observations', *Journal of the Franklin Institute,* Vol. XIII (Philadelphia: Franklin Institute, 1834), p. 383

5. James P. Espy, *The Philosophy of Storms* (Boston: Charles Little & James Brown, 1841), p. iii

6. Ibid. p. iv

7. Harvey, *Treatise on Meteorology,* p. 149

8. Ibid. p. 109

9. W.E. Knowles Middleton, *A History of the Theories of Rain* (London: Oldborne, 1965), p. 151

10. John Blackwell, 'Observations and Experiments, made with a view to ascertain the Means by which the Spiders that produce Gossamer effect their aerial excursions', *Transactions of the Linnean Society of London,* Vol.XV (London: Longman, Rees, Orme, Brown & Green, 1832), p. 449

11. Espy, *Philosophy of Storms,* p. 167

12. Knowles Middleton, *History of the Theories of Rain,* p. 58-62

13. L.M.Morehead, *A Few Incidents in the Life of Professor James P.Espy* (Cincinnati: R.Clarke, 1888)

14. *Journal of the Franklin Institute,* Vol. XVII, 1836, p.240

15. *Journal of the Franklin Institute,* Vol. XV, 1835, p. 373

16. Ibid. p. 373

17. *Journal of the Franklin Institute,* Vol. XVIII. p. 106

18. Ibid. p. 107

19. Espy, *The Philosophy of Storms,* p. 489

20. *New Bedford Mercury,* 11 November 1836

21. James Rodger Fleming, *Meteorology in America, 1800-1870* (Baltimore: Johns Hopkins University Press, 1990), p. 45

22. BL. Portsmouth, 1 February 1838, W.C. Redfield Correspondence, 1822-1857, 3 Vols. Microfilm, GEN MSS

23. BL. New York, 9 April 1838, ibid. GEN MSS 1078

24. Ibid.

25. *Athenaeum,* 25 August 1838

26. *Storms,* The Museum of Foreign Literature,Science,and Art, Vols 35-36 (Philadelphia: Littell, 1839), p. 242

27. *Edinburgh Review,* January 1839, p. 431 notes.

28. RS. Letter from Lt-Col.William Reid, Royal Engineers,to J. F. W. Herschel, 3 January 1839, DM/3/117

29. Ruskin quoted in *Transactions of the Meteorological Society Instituted in the Year 1823* Vol. I, p. 59

30. RS .Archive, EC/1839/12

31. *Journal of the Franklin Institute,* Vol. XXIII, p. 371

32. BL. New York, 17 April 1839, Redfield to Reid, W.C. Redfield Correspondence, 1822-1857, 3 Vols. Microfilm, GEN MSS 1078

33. Fleming, *Meteorology in America,* p. 40

34. *Journal of the Franklin Institute,* Vol. XXIII, p. 325

35. *The Knickerbocker* (New York:Clark & Edson, 1839), p. 379

36. Espy, *The Philosophy of Storms,* p. 495

37. *Rhode Island Republican,* 9 January 1839

38. *New Hampshire Sentinel,* 13 February 1839

39. *Times-Picayune,* 12 May 1839

40. *Times-Picayune,* 22 August 1840

41. Fleming, *Meteorology in America,* p. 40

42. *New Bedford Mercury,* 22 March 1839

43. BL. New York, 25 June 1839, Redfield to Reid, W.C. Redfield Correspondence, 1822-1857, 3 Vols. Microfilm, GEN MSS 1078

44. The British Association Tenth Meeting, *Literary Gazette and Journal of the Belles Lettres, Arts, Sciences,* London, 10 October 1840

45. Fleming, *Meteorology in America,* p. 50

46. Ibid.

47. Espy, *The Philosophy of Storms,* p. v

48. Fleming, *Meteorology in America,* p. 53

49. Ibid. p. 67

第6章

1. *American Quarterly Register,* Vol. 12

2. *Journal of the Franklin Institute,* Vol. XXII, p. 165

3. *Transactions of the American Philosophical Society,* Vol. 7(1841), p. 125

4. Ibid. p. 145

5. Ibid. p. 148

6. Elias Loomis, *On Certain Storms in Europe and America, December 1836* (Washington: Smithsonian, 1859), p. 1

7. *Proceedings of the American Philosophical Society,* Vol.3 (1843), p. 55

8. Ibid. p. 56

9. Samuel F.B. Morse, *Samuel F.B. Morse: His Letters and Journals; edited and supplemented by Edward Lind Morse Vol. II* (New York: Kraus, 1972), p. 211

10. Ibid p. 216

11. Ibid. p. 107

12. Ibid. p. 5

13. Ibid. p. 6

14. Ibid. p. 41

15. Amos Kendall, *Morse's Patent. Full Exposure of Dr Chas T. Jackson's Pretensions to the Invention of the Electro-Magnetic Telegraph* (Washington: Towers, 1852), p. 57

16. James D. Reid, *The Telegraph in America and Morse Memorial* (New York: Polhemus, 1886), p. 48-9

17. Ibid. p. 44

18. Morse, *Samuel F.B. Morse: His Letters and Journals Vol. II,* p. 17

19. Ibid. p. 18

20. Ibid. p. 38

21. Kenneth Silverman, *Lightning Man: The Accursed Life of Samuel F.B.Morse* (Boston: Da Capo, 2004)

22. Ibid.

23. Kendall, *Morse's Patent,* p. 11

24. Ibid. p. 46

25. Alfred Vail, *The American Electro Magnetic Telegraph* (Philadelphia: Lea & Blanchard, 1845), p. 74-5

26. Kendall, *Morse's Patent,* p. 48

27. Ibid. p. 49-51

28. Ibid. p. 19

29. Ibid. p. 54

30. Ibid. p. 58

31. Morse, *Samuel F.B. Morse: His Letters and Journals Vol. II,* p. 70

32. Ibid. p. 73

33. Ibid. p. 75

34. Ibid. p. 81

35. Ibid. p. 172

36. Ibid. p. 222

37. Ibid. p. 225

38. *Pittsfield Sun,* 6 June 1844

39. *Berkshire County Whig,* 20 June 1844

40. *Barre Gazette,* 28 June 1844

41. Henry David Thoreau, *Walden; or Life in the Woods* (1854; Wilder Publications, 2008)

42. Vail, *American Electro Magnetic Telegraph,* p. viii

43. Ibid. p. 52

44. George Brown Goode, *The Smithsonian Institution 1846-1896: The History of its First Half Century* (Washington: Smithsonian, 1897), p. 656

第7章

1. HL. FB Minute Book 1846

2. Ibid.

3. Robert FitzRoy, *Good Words,* 1 June 1866

4. Darwin Correspondence Database, http://www.darwinproject.ac.uk/entry-1002, accessed on 13 September 2014

5. *The Life Boat,* 2 October 1865

6. Captain Robert FitzRoy, *Captain Fitz Roy's Statement (of Circumstances which led to a Personal Collision between Mr Sheppard and Captain Fitz Roy).* August 1841 (London, 1841)

7. FitzRoy, *Good Words,* 1 June 1866

8. FitzRoy, *The Weather Book,* p. 155

9. Ibid. p. 334

10. Ibid. p. 335

11. FitzRoy, *Good Words,* 1 June 1866

12. http://www.darwinproject.ac.uk/entry-1002, accessed on 13 September 2014

13. Howard, *Seven Lectures on Meteorology,* p. 40

14. Ibid. p. 54

15. HL. Francis Beaufort Pocket Book, August 1846

16. *Illustrated London News*, 8 August 1846

17. Jonathan D.C. Webb, 'The Hailstones of 1 August 1846 in Central and Eastern England', *Weather*, Vol. 51, issue 12 (December 1996), p. 413-419

18. 'On the Amount of Radiation of Heat, at Night, from the Earth, and from Various Bodies Placed on or Near the Surface of the Earth', *Philosophical Transactions of the Royal Society,* January 1847

19. George Biddell Airy, *Autobiography* (Cambridge: Cambridge University Press, 1896), p. 2

20. James Glaisher, Camille Flammarion, W. De Fonville and Gaston Tissandier, *Travels in the Air* (London: Bentley & Son, 1871), p. 29

21. Ibid. p. 29

22. *Illustrated London News,* 16 March 1844

23. Ibid.

24. *Edinburgh Review,* July 1838

25. James A. Secord, *Visions of Science: Books and Readers at the Dawn of the Victorian Age* (Oxford: Oxford University Press, 2014), p. 112

26. John Frederic Daniell, *Meteorological Essays and Observations* (London: Underwood, 1823), p. xi

27. *Illustrated London News,* 11 January 1845

28. 'The Game of Chess Played between London and Portsmouth', *Illustrated London News,* 12 April 1845

29. William Marriott, 'The Earliest Telegraphic Daily Meteorological Reports and Weather Maps', *Quarterly Journal of the Royal Meteorological Society,* 29 (1903), p. 123

30. Ibid. p. 130

31. RS. EC/1849/07

32. RS. James Glaisher letter to Council, 15 January 1850, MM/21/70

33. *Jackson's Oxford Journal,* 20 April 1850

34. Marriott, 'Earliest Telegraphic Daily Meteorological Reports and Weather Maps'

35. *Illustrated London News,* 3 May 1851

36. *Monthly Notices of the Royal Astronomical Society, Vol. 64,* 1904, p. 280

第8章

1. RS. EC/1851/07

2. FitzRoy's Memorandum, quoted in Gribbin and Gribbin, FitzRoy, p. 301-5

3. Frederick Burkhardt (ed.), *Origins: Selected Letters of Charles Darwin, 1822-1859.* Anniversary Edition, p. 45

4. Darwin Correspondence Database, http://www.darwinproject.ac.uk/entry-1014, accessed on

13 September 2014

5. Frederick Burkhardt and Sydney Smith, *The Correspondence of Charles Darwin: 1821-1836, Vol. 1* (Cambridge: Cambridge University Press, 1985), p. 226

6. http://www.darwinproject.ac.uk/entry-424, accessed on 13 September 2014

7. GL. Robert FitzRoy to Sir Thomas Gladstone, 14 April 1852

8. http://www.darwinproject.ac.uk/entry-1554A, accessed on 13 September 2014

9. NA. BJ 7/2 – Maury's plan for synoptic charts: memorandum

10. NA. BJ 7/109 – Letter from G.B. Airy to Henry James regarding decision on which government department the work of digesting meteorological observations should be attached to

11.NA. BJ 7/113 – Memorandum by Robert FitzRoy 'with reference to the proposition of Lieutenant Maury'

12. NA. BJ 7/123 – Memorandum by Robert FitzRoy on the establishment of a Meteorological Office, its function and staffing

13. Robert FitzRoy, 'On British Storms', Report of the Meeting of the British Association (London: John Murray, 1860), p. 42

14. HC Deb. 30 June 1854, Vol.134, cc. 959-1008

15. *Lequeux, Le Verrier,* p. 278 notes .

16. Ibid. p. 278

17. *Nautical Magazine,* Vol. 31 (1862), p. 364

18. M.Dickens and Georgina Hogarth, *The Letters of Charles Dickens, two vols* (London, 1880), p. 345

19. *Illustrated London News,* 5 January 1850

20. NA. BJ 7/108 – Letter from George Biddell Airy, Astronomer Royal, Royal Observatory, Greenwich, to Henry James regarding printing of meteorological observations and supporting objective of another mete-orological conference

21. *Manchester Guardian,* 1 January 1855

22. James Glaisher, 'Snow Crystals in 1855', *Transactions of the Microscopical Society of London,* Vol. III, p. 179

23. Ibid. p. 180

24. Ibid. p. 181

25. Ibid. p. 181

26. Ibid. p. 183

27. Ibid. p. 184

28. NA. BJ 7/133 – Draft circular by Robert FitzRoy on the value of mete-orology to shipping

29. NA. BJ 7/8 – Office arrangements

30. NA. BJ 7/77 – Letter from Robert FitzRoy to Matthew Maury

31. NA. BJ 7/544 – Copy of Robert FitzRoy's memorandum 'The Routine of the Meteorological Office' listing duties of himself and his staff, Lieutenant Simpkinson, Assistant, William Pattrickson, Chief Clerk and Draughtsman, J.H. Babington, Mr Townsend and Mr Harding

32. NA. BJ 7/153 – Correspondence between Henry James and Robert FitzRoy regarding FitzRoy's proposals for a new meteorological register and differing opinions as to the form of log

33. *The London, Edinburgh and Dublin Philosophical Magazine and Journal of Science,* Vol.X, July-December 1855, p. 377

34. RS. 25 Lowndes Street, 20 February 1841

35. RS. To Sir John Herschel, 4 May 1858

36. Ibid.

37. FitzRoy *Barometer and Weather Guide.Second Edition* (London: Eyre and Spottiswoode, 1859), p.5

38. Ibid. p. 14

39. Ibid. p. 19

40. NA. BJ 7/95 – Maury to FitzRoy

41. Nicolas Courtney, *Gale Force 10: The Life and Legacy of Admiral Beaufort* (London: Review, 2002), p. 302

42. NA. BJ 7/707 – Death of Sir Francis Beaufort and the Beaufort Testimonial Fund: Correspondence and papers

43. BL. W.C. Redfield Correspondence, 1822-1857, 3 Vols. Microfilm, GEN MSS 1078

44. Ibid.

45. Howard, *Seven Lectures on Meteorology,* p. 23

46. *New York Times,* 19 August 1858

47. *Colburn's United Service Magazine, 1859,* Part III, p. 572

第9章

1. FitzRoy, *The Weather Book,* p. 311

2. Ibid. p. 312

3. Alexander McKee, *The Golden Wreck:the tragedy of the Royal Charter* (Bebbington: Avid Publications, 2000), p. 31

4. Ibid. p. 37

5. FitzRoy, *The Weather Book,* p. 316

6. Ibid. p. 306

7. Ibid. p. 320

8. McKee, *The Golden Wreck,* p. 67

9. Ibid. p. 104

10. W.F. Peacock, *A Ramble to the Wreck of the Royal Charter* (Manchester: Coles, 1860), p. 4

11. 'The Shipwreck', in M.Slater and J.Drew (eds), *Dickens' Journalism, 'The Uncommercial Traveller' and Other Papers* (London: Dent, 2000), p. 30-1

12. *Illustrated London News,* 6 November 1859

13. FitzRoy, *The Weather Book,* p. 420

14. *Philosophical Magazine,* Vol. XX, Fourth Series, p.66

15. FitzRoy, *The Weather Book,* p. 103

16. Ibid. p. 311

17. FitzRoy, 'On British Storms', p. 42

18. FitzRoy, *The Weather Book,* p. 320

19. *Liverpool Mercury,* 28 September 1861

20. FitzRoy, 'On British Storms', p. 43

21. Darwin Correspondence Database, http://www.darwinproject.ac.uk/entry-2567, accessed on 11 September 2014

22. Nicolls, *Evolution's Captain,* p. 318

23. Howard, *Seven Lectures on Meteorology,* p. 11

24. Thomas Forster, *Annals of Some Remarkable Aerial and Alpine Voyages* (London: Keating & Brown, 1832), p. 76

25. Ibid. p. 78

26. Glaisher et al., *Travels in the Air,* p.30 notes.

27. Ibid. p. 43

28. Ibid. p. 43

29. *Transactions of the Meteorological Society Instituted in the Year 1823* Vol. One, p. 57

30. Glaisher et al., *Travels in the Air,* p. 44

第 10 章

1. Glaisher et al., *Travels in the Air,* p. 49

2. Ibid. p. 51

3. NA. BJ 7/723

4. Glaisher et al., *Travels in the Air,* p. 53

5. Ibid. p. 54

6. Ibid. p. 54

7. Ibid. p. 54

8. Glaisher et al., *Travels in the Air,* p. 21

9. *The Times,* 11 September 1862

10. NA. BJ 7/723

11. NA. BJ 7/725

12. Ibid.

13. *On the System of Forecasting the Weather pursued in Holland,Report of the 33rd Meeting of the British Association for the Advancement of Science,* Aug. and September, 1863

14. 'A Visit to Admiral FitzRoy's Weather Office', *United Service Magazine,* July 1866

15. FitzRoy, *The Weather Book,* p. 178

16. Colburn's *United Service Magazine,* 1865, Part II , p. 551

17. FitzRoy, *The Weather Book,* p. 190

18. *Once a Week,* 23 February 1863

19. Ibid.

20. *Morning Post,* 31 March 1862

21. FitzRoy, *The Weather Book,* p. 169

22. Ibid. p. 218

23. *The Times,* 11 April 1862

24. FitzRoy, *The Weather Book,* p. 190

25. Darwin Correspondence Database, http://www.darwinproject.ac.uk/entry-3836, accessed on 14 September 2014

26. RS.16 March 1863

27. FitzRoy, *The Weather Book,* p. 7

28. Ibid. p. 331

29. RS. MS/743/1/57

30. 'Admiral FitzRoy on the Weather', *Eclectic Magazine,* December 1863

31. '*The Weather Book: A manual of practical meteorology* by Rear Admiral FitzRoy', Athenaeum, 17 January 1863

32. Ibid.

第11章

1. *Westminster Review,* Vol. 79-80, 1863, p. 261

2. Martin Brookes, *Extreme Measures: The Dark Visions and Bright Ideas of Francis Galton* (London: Bloomsbury, 2004), p. 18

3. RS. EC/1860/10

4. Brookes, *Extreme Measures,* p. 128

5. Ibid. p. 129

6. Francis Galton, *'A Development of the Theory of Cyclones'* – accessed September 2014 at http://galton.org/essays/1860-1869/galton-1863-proc-royal-soc-cyclones.pdf

7. Francis Galton, *Meteorographica, or Methods of Mapping the Weather* (London: Macmillan, 1863) -accessed September 2014 at http://galton.org/books/meteorographica

8. *The Reader,* 19 December 1863

9. *The Times,* 27 January 1863

10. [Various], *The Science of the Weather in a series of letters and essays* (Glasgow: Laidlow, 1866), p. 26

11. Ibid. p. 26

12. Ibid. p. 192

13. FitzRoy, *The Weather Book,* p. 244

14. Ibid. p. 247

15. RS. 24 December 1862

16. RS.16 March 1863

17. RS.20 March 1863

18. *The Times,* 14 May 1864

19. *The Times,* 16 May 1864

20. *Liverpool Mercury,* 21 October 1863

21. FitzRoy, *The Weather Book,* p. 231

22. Darwin Correspondence Database, http://www.darwinproject.ac.uk/entry-2575, accessed on

14 September 2014

23. James R.Moore, *The Post-Darwinian Controversies:A study of the Protestant struggle to come to terms with Darwin in Great Britain and America 1870-1900* (Cambridge: Cambridge University Press, 1981), p. 91

24. Brookes, *Extreme Measures,* p. 142

25. Katharine Anderson, *Predicting the Weather: Victorians and the Science of Meteorology* (Chicago: University of Chicago Press, 2005), p. 163 notes.

26. Francis Galton, 'Statistical Inquiries into the Efficacy of Prayer', *Fortnightly Review-accessed* September 2014 at http://galton.org/essays/1870-1879/galton-1872-fortnightly-review-efficacy-prayer.html

27. Ibid.

28. *Punch,* 17 October 1863

29. Glaisher et al., *Travels in the Air,* p.92

30. *Punch,* 20 January 1864

31. *Punch,* June 1863

32. *The Times,* 18 June 1864

33. Ibid.

34. *Colburn's United Service Magazine,* 1866, Part II, p. 354

35. FitzRoy, *Good Words,* 1 June 1866

36. RS.5 October 1861

37. Lovell Reeve, *Portraits of Men of Eminence* Vol.III (London: Lovell Reeve, 1863), p. 56

38. FitzRoy, *Good Words,* 1 June 1866

39. Ibid.

40. H.E.L. Mellersh, *FitzRoy of the Beagle* (London: Maison & Lipscomb, 1968), p. 281-284

41. Ibid. p. 281-284

42. Leeds Mercury, 2 May 1865

第12章

1. J.D. Hooker, 2 May 1865. Darwin Correspondence Database, http://www.darwinproject.ac.uk/entry-4826, accessed 14 September 2014

2. Darwin Correspondence Database, http://www.darwinproject.ac.uk/entry-4827, accessed on 14 September 2014

3. 'The Suicide of Admiral Robert FitzRoy', *Nottinghamshire Guardian,* 5 May 1865

4. GL. GG/519, 14 April 1852

5. http://www.darwinproject.ac.uk/entry-4831, accessed on 14 September 2014

6. Journal of the Royal Geographical Society Vol. 35 (London: Murray, 1865), p. cxxxi

7. *The Times,* 26 June 1865

8. http://www.darwinproject.ac.uk/entry-4921, accessed on 14 September 2014

9. Mellersh, *FitzRoy of the Beagle,* p. 286

10. *Sporting Gazette,* 8 July 1865. notes

11. RS. Memorandum on the Meteorological Office by Edward Sabine, 1865, MM/14/74

12. Ibid.

13. Brookes, *Extreme Measures,* p. 137

14. Dr. Leone Levi, *Annals of British Legislation: Being a Digest of the Parliamentary Blue Books* Vol. III (London: Smith, Elder, 1866), p. 453

15. Ibid. p . 454

16. Ibid. p. 456

17. Ibid. p. 460

18. NA. BJ 7/960 – Milner Gibson to Thomas Farrer, 17 May 1866

19. Reeve, *Portraits of Men of Eminence* Vol. I, p. 56

20. *The Works of Lord Bacon* Vol. I (London: Bohn, 1850), p. liii

21. http://www.darwinproject.ac.uk/entry-2122, accessed on 14 September 2014

22. Charles Dickens, *The Pickwick Papers* (1836; London: Wordsworth Classics, 1992)

23. Helen Vendler, *Emily Dickinson: Selected Poems and Commentaries* (Cambridge, Mass.: Belknap, 2010), p. 431

24. Joseph Conrad, *Typhoon* (1902/1903; Ware: Wordsworth Classics, 1998), p. 31

25. Revd Francis Redford to the Board of Trade, Parliamentary Papers (1867) LXVI, p. 185-203

26. Christopher Cooke, *Admiral FitzRoy: His Facts and Failures: a letter to the Marquis of Tweeddale* (London: Hall, 1867), p. 12

27. *Symons's Monthly Meteorological Magazine* (London: Stanford,1867), p. 101

28. Ibid. p. 101

29. Ibid. p. 104

30. Ibid. p. 104

31. *Filey and the gales of 1860, 1867, 1869 AND 1880*, http://www.scarboroughs-maritimeheritage.org.uk/afileygales.php, accessed March 2014

32. Glaisher et al., *Travels in the Air,* p. 95

33. Ibid. p. 85-86

34. Alexander von Humboldt, *Kosmos* Vol. I (London: Baillière, 1845), p. 338

35. Howard, *Seven Lectures on Meteorology,* p. 17

36. J.L. Hunt, James Glaisher FRS (1809-1903) *Astronomer, Meteorologist and Pioneer of Weather Forecasting: 'A Venturesome Victorian'* (Royal Astronomical Society, 1996), p. 340

37. H.P. Hollis and Rev. Tucker, *Glaisher, James J., Oxford Dictionary of National Biography*

黄昏

1. M. Minnaert, *The Nature of Light & Colour in the Open Air,* (New York: Dover, 1954), p. 271

后记

1. *Warnings over storm due to hit England and Wales:* BBC News http://www.bbc.co.uk/news/uk-24674537, accessed July 2014

2. *How accurate are our public forecasts?* http://www.metoffice.gov.uk/about-us/who/accuracy/

forecasts, accessed July 2014

3. *The Public Weather Service's Contribution to the UK Economy,* http://www.metoffice.gov.uk/media/pdf/h/o/P WSCG_benefits_report.pdf, accessed July 2014

4. Dame Julia Slingo, interview with the author, 23 June 2014

5. John Tyndall, 'On the Absorption and Radiation of Heat by Gasses and Vapours', *Philosophical Transactions of the Royal Society of London,* Vol. 151, 1861, p. 2

6. Ibid. p. 27

7. Today these absorptive gases are known under the umbrella term "greenhouse gases". The nineteenth century French mathematician Joseph Fourier is usually credited as the originator of this phrase, though it seems that he never used it, and its exact introduction has been the subject of some academic debate. For a good discussion from Professor Steve Easterbrook, see "Who first coined the term "Greenhouse Effect"? http://www.easterbrook.ca/steve/2015/08/who-first-coined-the-term-greenhouse-effect/

8. Rupert Darwall, *The Age of Global Warming, A History* (London: Quartet, 2013)

9. *Summary for Policy Makers: IPCC Report 2013,* https://www.ipcc.ch/pdf/assessment-report/ar4/wg1/ar4-wg1-spm.pdf, accessed July 2014

10. Climate change 'threatens our only home', warns IPCC: BBC News, http://www.bbc.co.uk/news/science-environment-24299664, accessed July 2014

11. Darwall, *The Age of Global Warming*

12. Lord Nigel Lawson, *The Trouble with Climate Change* (London: Global Warming Policy Foundation, 2014), p. 18

13. Dame Julia Slingo, interview with the author, 23 June 2014

14. Ibid.

15. Ibid.

16. Charles Moore, *'The game is up for climate change believers', Daily Telegraph,* http://www.telegraph.co.uk/culture/books/non_fictionreviews/10748667/The-game-is-up-for-climate-change-believers.html

17. Ibid.

18. Dame Julia Slingo, *The Life Scientific,* BBC Radio 4, 8 April 2014

19. Dame Julia Slingo, interview with the author, 23 June 2014

20. Darwall, *The Age of Global Warming*

21. Sir Brian Hoskins, Radio 4 Today Programme, 13 February 2014

22. Conrad, *Typhoon,* p. 23

部分参考资料

报纸、杂志、议会文件部分

Albany Journal

American Journal of Science

American Quarterly Register

Annual Register

Athenaeum

Barre Gazette

Berkshire County Whig

Boston Evening Mercantile Journal

Boston Paper

Bulletin météorologique

Colburn's United Service Magazine

Cowe's Meterological Register

Daily News

Eclectic Magazine

Edinburgh Journal of Science

Edinburgh New Philosophical Journal

Edinburgh Review

Era

Examiner

Fortnightly Review

Freeman's Journal

Good Words

Guardian

Harper's New Monthly Magazine
Illustrated London Almanac
Illustrated London News
Ithaca Journal
Jackson's Oxford Journal
Journal of Commerce
Journal of Natural Philosophy,Chemistry and the Arts
Journal of the Franklin Institute
Journal of the Royal Geographical Society
Journal of the Statistical Society
Knickerbocker
La Patrie
Leeds Mercury
Life Boat
Literary Gazette
Liverpool Mercury
London,Edinburgh and Dublin Philosophical Magazine and Journal of Science
London Intellectual Observer
Manchester Times and Gazette
Medical Times
Monthly Review or, Literary Journal
Morning Chronicle
Morning Post
Nautical Magazine
New Bedford Mercury
New Hampshire Sentinel
New Monthly Magazine
New York Journal of Commerce
New York Observer
New York Register
New York Times
Nicholson's Journal
Nottinghamshire Guardian
Once a Week
Pamphleteer
Park Lane Express
Philosophical Magazine
Philosophical Transactions of the Royal Society
Pittsfield Sun
Proceedings of the American Philosophical Society
Punch

Putnam's Monthly Magazine of American Literature, Science and Art

Quarterly Journal of Science, Literature and Art

Reader

Rhode Island Republican

Scots Magazine and Edinburgh Literary Miscellany

Sporting Gazette

Symons's Monthly Meteorological Magazine

Telegraph

The Thunderer

The Times

Times-Picayune

Transactions of the Geological Society of Pennsylvania

Transactions of the Linnean Society

Transactions of the Meteorological Society

Universal Magazine

Westminster Review

档案部分

Beineke Rare Book & Manuscript Library, Yale University

W. C. Redfield correspondence, 1822-1857, 3 vols. Microfilm, GEN MSS 1078

Gladstone's Library

The Gladstone/Glynne Papers

Huntington Library, San Marino, California

The Francis Beaufort Collection:private and sundry correspondence, diaries, journals and memorabilia

National Archives,Kew

BJ 7 – FitzRoy Meteorological Department Papers

Admiralty papers, ships'logs, letters from captains, wills

National Library of Ireland, Dublin

Edgeworth and Beaufort Papers

National Meteorological Library and Archive, Exeter

Beaufort's weather diaries

Private Weather Diary: Diary of Admiral Beaufort box 1 HMS Latona, Aquilon and Phaeton MET/2/1/2/3/539

Royal Society Archives, London

Herschel, Reid, FitzRoy, Glaisher, Beaufort and Edgeworth Papers

其他主要来源

A Portable Cyclopaedia or, Compendious Dictionary of Arts and Sciences including the Latest Discoveries (London: Phillips, 1810)

Airy, George Biddell, *Magnetic and Meteorological Observations made at the Royal Observatory, Greenwich in the Year 1842* (London: Palmer & Clayton, 1844)

Airy, George Biddell, *Autobiography,* edited by Wilfrid Airy (Cambridge: Cambridge University Press, 1896)

Annual of Scientific Discovery of Year-Book of Facts in Science and Art for 1855 (Boston: Gould & Lincoln, 1855)

The Annual Register, or a View to the History, Politics, and Literature for the Year 1794 (London: Auld, 1799)

Anon. *Account of the Fatal Hurricane by which Barbados Suffered in August 1831* (Bridgetown: Hyde, 1831)

Anon. *The Seaman's Practical Guide for Barbados and the Leeward Islands* (London: Smith, Elder, 1832)

Arago, Françis, *Meteorological Essays,* translated by Colonel Edward Sabine (London: Longman, Brown, Green and Longmans, 1855)

Aristotle, *Meteorographica,* translated by H.D.P. Lee (Cambridge, Mass.: Loeb Classical Library, 1952)

Barnes, Albert, *An Address before the Association of the Alumni of Hamilton College, Delivered 27 July 1836* (Utica: Bennett & Bright, 1836)

Barrow, Sir John, *Autobiographical Memoir of Sir John Barrow, Bart, Late of the Admiralty* (London: John Murray, 1847)

Beaufort, Daniel Augustus, *Memoir of a Map of Ireland* (London: Faden, 1792)

Beaufort, Francis, *Karamania, or a Brief Description of the South Coast of Asia Minor* (London, Hunter, 1817)

Beckett, Ronald Brymer (ed.), *John Constable's Correspondence. Vols. 1-8* (Ipswich: Suffolk Records Society, 1962-1970) select liography

Burke, Edmund, *A Philosophical Inquiry into the Origin of our Ideas of the Sublime and Beautiful. A new edition* (Basil: Tournisen, 1792)

Chambers'Information for the People, A Popular Encyclopaedia Vol. II (Philadelphia: Smith, 1855)

Claridge, John, *The Shepherd of Banbury's Rules to Judge the Changes of the Weather* (London: Hurst and Chance, 1827)

Conrad, Joseph, *Typhoon* (1902/03; Ware: Wordsworth Classics, 1998)

Cooke, Christopher, *Admiral FitzRoy, His Facts and Failures: a letter to the Marquis of Tweeddale* (London: Hall & Co, 1867)

Daniell, John Frederic, *Meteorological Essays and Observations* (London: Underwood, 1823)

Daniell, John Frederic, *Elements of Meteorology,* two vols (London: Parker, 1845)

Darwin, Charles, *On the Origin of Species* (London: John Murray, 1859)

Darwin, Erasmus, *The Botanic Garden. A Poem in Two Parts* (New York: Swords, 1798)

Darwin, Francis (ed.), *The Life and Letters of Charles Darwin Vol. I* (London: John Murray, 1887)

Davis, G., *Frostiana; or A History of the River Thames in a Frozen State, with an Account of the Late Severe Frost* (London: G. Davis, 1814)

Defoe, Daniel, *The Storm* (1704; London: Penguin, 2005)

Dennis, Jeffery, *Ample Instructions for the Barometer and Thermometer. Third Ed.* (London: Dennis, 1825)

Dibdin, Charles, *The Professional Life of Mr Dibdin,written by himself, together with the words of Six Hundred Songs Vol. III* (London: Dibdin, 1803)

Dickens, Charles, *The Pickwick Papers* (1836; London: Wordsworth Classics, 1992)

Dove, Heinrich, *The Law of Storms* (London: Board of Trade, 1858)

Edgeworth, Richard Lovell, *Memoirs of Richard Lovell Edgeworth,begun by himself and concluded by his daughter Maria Edgeworth, two vols.* (London: Bentley, 1844)

Espy, James P., *The Philosophy of Storms* (Boston: Charles Little & James Brown, 1841)

Faulke, William, *A Goodly Gallerye* (1563; Philadelphia: American Philosophical Society, 1979)

FitzRoy, Robert, Charles Darwin and Phillip King, *Narrative of the Surveying Voyages of His Majesty's Ships Adventure and Beagle, between the years 1826 and 1836. Four Vols* (London: Colburn, 1839)

FitzRoy, Captain Robert, *Captain Fitz Roy's statement (of circumstances which led to a personal collision between Mr.Sheppard and Captain Fitz Roy). August 1841* (London, 1841)

FitzRoy, Rear Admiral Robert, *Barometer and Weather Guide.Second Edition* (London: 1859)

FitzRoy, Rear Admiral Robert, *The Weather Book: A Manual of Practical Meteorology* (London: Longman, Green, Longman, Roberts, & Green, 1863)

Forster, Thomas, *Researches About Atmospheric Phaenomena. Second Ed.* (London: Baldwin, 1815)

Forster, Thomas, *The Pocket Encyclopaedia of Natural Phenomena* (London: Nicholls, 1827)

Forster, Thomas, *Annals of Some Remarkable Aerial and Alpine Voyages* (London: Keating & Brown, 1832)

Galton, Francis, *Meteorographica, or Methods of Mapping the Weather* (London: Macmillan, 1863)

Galton, Francis, ' A Development of the Theory of Cyclones',paper read at the Royal Society, 8 January 1863 – accessed from galton.org

Galton, Francis, ' Statistical Inquiries into the Efficacy of Prayer', *Fortnightly Review,* Vol XII, 1872 – accessed from galton. org

Garbett, I.C., *Morning Dew;or, Daily readings for the people of God* (Bath: Binns & Goodwin, 1864)

Gilpin, William, *Three Essays on Picturesque Beauty; on Picturesque Travel and on Sketching Landscape: to which is added a poem,on landscape painting. Second Ed.* (London: Blamire, 1794)

Glaisher, James, 'Philosophical instruments and processes as repre-sented in the Great Exhibition in Royal Society for the Encouragement of Arts, Manufactures and Commerce. Lectures on the results of the Great Exhibition, etc. ' , Ser. 1, 1852

Glaisher, James, Camille Flammarion, W.De Fonvielle and Gaston Tissandier, *Travels in the Air* (London: Bentley & Son, 1871)

Goad, John, *Astro-Meteorologica or Aphorisms and Large Significant Discourses on the Natures and Influences of the Celestial Bodies* (1686; London: Sprint, 1699)

Goode, George Brown, *The Smithsonian Institution 1846-1896: The History of its First Half Century* (Washington: Smithsonian, 1897)

Harvey, George, *A Treatise on Meteorology* (London, 1834)

Howard, Luke, *The Climate of London, Two Vols* (London: Phillips, 1818)

Howard, Luke, *A Cycle of Eighteen Years in the Seasons of Britain* (London: Ridgeway, 1842)

Howard, Luke, *Essay on the Modifications of Clouds.Third Ed.* (London: Churchill, 1865)

Howard, Luke, *Seven Lectures on Meteorology* (1837; Cambridge: Cambridge University Press, 2011)

Johnson, Samuel, *A Dictionary of the English Language Vol. 3* (1755; London: Longman, Hurst, Rees, Orme & Brown, 1818)

Kaemtz, L.F., *A Complete Course of Meteorology, translated by C.V. Walker* (London: Baillière, 1845)

Kendall, Amos, *Morse's Patent. Full Exposure of Dr Chas T. Jackson's Pretensions to the Invention of the Electro-Magnetic Telegraph* (Washington: Towers, 1852)

Leslie, C.R., *Memoirs of the Life of John Constable, Esq., RA:composed chiefly of his letters. Second Ed.* (London: Longman, Brown, Green & Longmans, 1845)

Levi, Dr Leone, *Annals of British Legislation: Being a Digest of the Parliamentary Blue Books Vol. III* (London: Smith, Elder, 1866)

Loomis, Elias, *On Certain Storms in Europe and America, December, 1836* (Washington: Smithsonian, 1860)

Martineau, Harriet, *Biographical Sketches* (London: Macmillan, 1869)

Melville, Herman, *Moby-Dick, or ,the Whale* (1851; Boston: St Botolph Society, 1922)

Methven, Captain Robert, *Narratives Written by Sea Commanders illustrative of the Law of Storms* (London: Weale, 1851)

Morehead, L.M., *A Few Incidents in the Life of Professor James P. Espy* (Cincinnati: R. Clarke, 1888)

Morse, Samuel Finley Breese, *Samuel F.B.Morse: His Letters and Journals;edited and supplemented by... Edward Lind Morse... with Notes and Diagrams Bearing on the Invention of the Telegraph. Two Vols* (1915; New York: Kraus, 1972)

Murphy, Patrick, *Meteorology considered in its connexion with Astronomy, Climate and the Geographical Distribution of Animals and Plants* (London: Ballière, 1836)

The New Encyclopaedia or, Universal Dictionary of Arts and Sciences. Vol. XIV (London: Vernor, Hood & Sharpe, 1807)

Newton, H.A., *Memoir of Elias Loomis 1811-1889* (Washington: Government Printing Office, 1891)

Olmstead, Denison, *Address on the Scientific Life and Labors of William C.Redfield AM* (New Haven: E. Hayes, 1857)

Oxford Dictionary of National Biography (Oxford: Oxford University Press, 2004; online edition, 2008)

Park, John James, *The Topography and Natural History of Hampstead* (London: White, Cochrane, 1814)

Pasley, C.W., *Description of the Universal Telegraph for Day and Night Signals* (London: Egerton, 1823)

Peacock, W.F., *A Ramble to the Wreck of the Royal Charter* (Manchester: Coles, 1860)

Piddington, Henry, *The Sailor's Horn-Book for the Law of Storms* (New York: John Wiley, 1848)

Poyer, John, *The History of Barbados from the First Discovery of the Island* (London: Mawman, 1808)

Reeve, Lovell, *Portraits of Men of Eminence Vols. I-III* (London: Lovell Reeve, 1863)

Reid, James D., *The Telegraph in America, and Morse Memorial* (New York: Polhemus, 1886)

Reid, Lieut.-Col. William, *An Attempt to Develop the Law of Storms* (London: Weale, 1838)

Report of a Committee appointed to consider certain questions relating to the Meteorological Department of the Board of Trade (presented to both Houses of Parliament) (London: Eyre and Spottiswoode, for H.M.Stationery Office, 1866)

Shaffner, Tal.P., *The Telegraph Manual* (New York: Pudney & Russell, 1859)

Steinmetz, Andrew, *A Manual of Weathercasts: Comprising Storm Prognostics on Land and Sea* (London: Routledge & Son, 1866)

Sulivan, Henry Norton, *Life and Letters of the Late Admiral Sir Bartholomew James Sulivan KCB 1810-1890* (London: John Murray, 1896)

Taylor, Joseph, *The Complete Weather Guide: A Collection of Practical Observations for Prognosticating the Weather* (London: Harding, 1812)

Taylor, Richard (ed.) *Scientific Memoirs Vol. III* (London: Taylor, 1843)

The Book of Common Prayer (London: Rivingtons, 1864)

The Holy Bible:Containing the Old and New Testaments,by the Special Command of King James I of England (London: Whipple, 1815)

Thomson, Thomas, *History of the Royal Society, from its Institution to the End of the Eighteenth Century* (London: Thomson, 1812)

Thoreau, Henry David, *Walden; or, Life in the Woods* (1854; Wilder Publications, 2008)

Tindal, Matthew, *Christianity as Old as the Creation Vol.I* (London, 1730)

Turnbull, Lawrence, *The Electro-Magnetic Telegraph with a Historical Account of its Rise, Progress and Present Condition* (Philadelphia: Hart, 1853)

Vail, Alfred, *The American Electro Magnetic Telegraph* (Philadelphia: Lea & Blanchard, 1845)

[Various] *The Science of the Weather in a Series of Letters and Essays* (Glasgow: Laidlow, 1866)

Vendler, Helen, *Emily Dickinson: Selected Poems and Commentaries* (Cambridge, Mass.: Belknap, 2010)

Von Humboldt,Alexander,*Kosmos Vol. I* (London: Baillière, 1845)

Weddell, James, *A Voyage Towards the South Pole, performed in the Years 1822-24* (London: Longman, Rees, Orme, Brown & Green, 1825)

Wells, William Charles, *An Essay on Dew and Several Appearances Connected with it* (London: Longman, Green, Reader & Dyer, 1866)

Wilkins, John, *Mercury:or The Secret and Swift Messenger* (London: Baldwin, 1694)

Young, Thomas, *A Course of Lectures on Natural Philosophy and the Mechanical Arts, two vols* (London: Johnson, 1807)

次级材料

Anderson, Katharine, *Predicting the Weather: Victorians and the Science of Meteorology* (Chicago: University of Chicago Press, 2005)

Badt, Kurt, *John Constable's Clouds,* translated from the German by Stanley Godman (London: Routledge & Kegan Paul, 1950)

Barlow, Derek, *Origins of Meteorology:An Analytical Catalogue of the Correspondence and Papers of the First Government Meteorological Office,under Rear Admiral Robert FitzRoy, 1854-1865, and Thomas Henry Babington, 1965-1866; of the Successor Meteorological Office* (London: Public Record Office, 1996)

Bone, Stephen, *British Weather* (London: Collins, 1946)

Brookes, Martin, *Extreme Measures: The Dark Visions and Bright Ideas of Francis Galton* (London: Bloomsbury, 2004)

Burton, Jim, 'Robert FitzRoy and the Early History of the Meteorological Office', *British Journal for the History of Science,Vol.19, No.2* (July 1986)

Clarke, Desmond, *The Ingenious Mr Edgeworth* (London: Oldborne, 1965)

Courtney, Nicolas, *Gale Force 10: The Life and Legacy of Admiral Beaufort* (London: Review, 2002)

Cox, John D., *Storm Watchers: The Turbulent History of Weather Prediction from Franklin's Kite to El Niñ* (Hoboken: John Wiley & Sons, 2002)

Darwall ,Rupert, *The Age of Global Warming: A History* (London: Quartet, 2013)

Davis, John L., 'Weather Forecasting and the Development of Meteorological Theory at the Paris Observatory 1853-1878', *Annals of Science, 41*(1984)

Desmond, Adrian and James Moore, *Darwin* (London: Penguin, 1992)

DeYoung, Donald, *Weather and Bible: 100 Questions and Answers* (Grand Rapids: Baker Books, 1992)

Evans, Mark, *John Constable: Oil Sketches from the Victoria and Albert Museum* (London: Victoria & Albert Museum, 2011)

Fleming, James Rodger, *Meteorology in America, 1800-1870* (Baltimore: Johns Hopkins University Press, 1990)

Fleming, James Rodger, *Historical Perceptions on Climate Change* (Oxford, New York: Oxford University Press, 1998)

Friendly, Alfred, *Beaufort of the Admiralty: The Life of Sir Francis Beaufort* (London: Hutchinson, 1977)

Golinski, Jan, *British Weather and the Climate of Enlightenment* (Chicago: University of Chicago Press, 2007)

Gribbin, John and Mary Gribbin, *FitzRoy: The Remarkable Story of Darwin's Captain and the Invention of the Weather Forecast* (London: Review, 2004)

Halford, Pauline, *Storm Warning* (Stroud: Sutton, 2004)

Hamblyn, Richard, *The Invention of Clouds:How an Amateur Meteorologist Forged the Language of the Skies* (London: Picador, 2001)

Holmes, Richard, *The Age of Wonder: How the Romantic Generation Discovered the Beauty and Terror of Science* (London: Harper Press, 2008)

Holmes, Richard, *Falling Upwards* (London: Collins, 2013)

Hunt, J.L., *James Glaisher FRS (1809-1903) Astronomer, Meteorologist and Pioneer of Weather Forecasting: 'A Venturesome Victorian'* (London: Royal Astronomical Society, 1996)

Jankovic , Vladimir, *Reading the Skies: A Cultural History of English Weather 1650-1820* (Chicago, London: University of Chicago Press, 2000)

Kemp, Peter, *The Oxford Companion to Ships and the Sea* (St Albans: Granada Publishing, 1979)

Keynes, R.D. (ed.), *Charles Darwin's Beagle Diary* (Cambridge: Cambridge University Press, 1988)

Knowles Middleton, W.E., *A History of the Theories of Rain* (London: Oldborne, 1965)

Lawson, Lord Nigel, *The Trouble with Climate Change* (London: Global Warming Policy Foundation, 2014)

Leary, Patrick, *A Brief History of the Illustrated London News,* accessed online at www.gale.co.uk/ lin

Lequeux, James, *Le Verrier-Magnificent and Detestable Astronomer,* edited and with an introduction by William Sheehan; translated by Bernard Sheehan (New York: Springer, 2013)

Longshore, David, *Encyclopaedia of Hurricanes, Typhoons and Cyclones* (London: FitzRoy Dearborne, 1999)

Ludlum, David McWilliams, *Early American Hurricanes, 1492-1870* (Boston: American Meteorological Society, 1963)

Marriott, William, 'The Earliest Telegraphic Daily Meteorological Reports and Weather Maps', *Quarterly Journal of the Royal Meteorological Society,* 29 (1903)

McKee, Alexander, *The Golden Wreck: The Tragedy of the Royal Charter* (Bebbington: Avid Publications, 2000)

Mellersh, H.E.L., *FitzRoy of the Beagle* (London: Maison & Lipscomb, 1968)

Minnaert, M., *The Nature of Light & Colour in the Open Air* (New York: Dover, 1954)

Monmontier, Mark, *Air Apparent: How Meteorologists Learned to Map, Predict and Dramatize Weather* (Chicago: University of Chicago Press, 1999)

Moore, James R., *The Post-Darwinian Controversies: A Study of the Protestant struggle to come to terms with Darwin in Great Britain and America 1870-1900* (Cambridge: Cambridge University Press, 1981)

Nicolls, Peter, *Evolution's Captain: The Tragic Fate of Robert FitzRoy, the Man who Sailed Charles Darwin Around the World* (London: Profile Books ,2004)

Pesic, Peter, *Sky in a Bottle* (Cambridge, Mass.: MIT Press, 2005)

Secord, James A., *Visions of Science: Books and Readers at the Dawn of the Victorian Age* (Oxford: Oxford University Press, 2014)

Shirley, Andrew, *The Rainbow: A portrait of John Constable* (London: Joseph, 1949)

Silverman, Kenneth, *Lightning Man: The Accursed Life of Samuel F.B. Morse* (Boston: Da Capo, 2004)

Slater, M.and J. Drew (eds), *Dickens'Journalism, 'The Uncommercial Traveller' and Other Papers* (London: Dent, 2000)

Thompson, Robert Luther, *Wiring a Continent: The History of the Telegraph Industry in the United States 1832-1866* (New York: Arno Press, 1972)

Thornes, John, *John Constable's Skies* (Birmingham: University of Birmingham Press, 1999)

Uglow, Jenny, *Lunar Men: The Friends that Made the Future* (London: Faber & Faber, 2003)

Walker, Malcolm, *History of the Meteorological Office* (Cambridge: Cambridge University Press, 2011)

Wheeler, H.F.B.and A.M.Broadley, *Napoleon and the Invasion of England: The Story of the Great Terror* (Cirencester: Nonsuch, 2007)

Whitney, Elspeth, *Medieval Science and Technology* (Westport, Conn.: Greenwood Press, 2004)

Wood, Gillen D'Arcy, 'Constable, Clouds, Climate Change',*Wordsworth Circle,* Vol. 38,1-2(2007)